建筑工程概预算与工程量清单计价

（第4版）

主　编　张根凤

重庆大学出版社

内 容 简 介

本书是根据国家有关工程造价的最新法规政策编写的。全书分建筑工程定额原理、建筑工程概预算、工程量清单的编制与计价3篇共计14章。书中全面系统地介绍了建筑工程概预算的基本概念和原理,工程施工图预算、设计概算、投资估算、竣工结算、竣工决算等造价文件的编制和审核,详尽论述了建筑安装工程施工定额、预算定额、概算定额等的编制与使用方法,以及计算机辅助工程造价管理的基本知识。

本书内容翔实,结构严谨,重点突出,示例典型,具有很强的实用性和理论性,可作为大专院校相关专业教材或教学参考书,也可作为有关单位、部门从事工程造价管理人员的业务参考用书。

图书在版编目(CIP)数据

建筑工程概预算与工程量清单计价 / 张根凤主编
. -- 4版. -- 重庆 : 重庆大学出版社, 2023.7
高职高专建筑工程技术专业系列教材
ISBN 978-7-5624-3255-5

Ⅰ.①建… Ⅱ.①张… Ⅲ.①建筑概算定额—高等职业教育—教材②建筑预算定额—高等职业教育—教材③建筑造价管理—高等职业教育—教材 Ⅳ.①TU723.3

中国国家版本馆 CIP 数据核字(2023)第132301号

建筑工程概预算与工程量清单计价
(第4版)
主 编 张根凤
责任编辑:曾令维 李定群 版式设计:曾令维
责任校对:任卓惠 责任印制:张 策
*
重庆大学出版社出版发行
出版人:饶帮华
社址:重庆市沙坪坝区大学城西路21号
邮编:401331
电话:(023) 88617190 88617185(中小学)
传真:(023) 88617186 88617166
网址:http://www.cqup.com.cn
邮箱:fxk@cqup.com.cn (营销中心)
全国新华书店经销
重庆天旭印务有限责任公司印刷
*
开本:787mm×1092mm 1/16 印张:22.25 字数:555千
2023年7月第4版 2023年7月第11次印刷
印数:23 001—24 000
ISBN 978-7-5624-3255-5 定价:48.00元

第4版前言

建筑工程概预算与工程量清单计价是学习工程造价的核心课程。其教学内容与国家有关政策的变化紧密相连。本书的编写是在第1版的基础上,考虑国家工程造价政策的最新变化及各地工程造价的实际情况,对其内容进行了一定的充实和调整,使本书的内容更加贴近、适应工程造价的实际及教学需要。

本书在习近平新时代中国特色社会主义思想指导下,落实“新工科”建设新要求,根据《建筑工程建筑面积计算规范》对建筑面积的计算内容进行了重新编写;考虑到工程量清单计价已在全国普遍实施,对工程量清单部分的内容进行了充实和系统介绍;根据教学需要及工程造价的实际情况对全书内容进行了调整和充实,修正了第1版中已变化的内容。与第1版相比,其内容更加新颖翔实,系统结构更加合理,理论性和操作性更强,实用性和适应性更广,可作为不同地区大专院校相关专业教材或教学参考书,也可作为有关单位、部门从事工程造价管理人员的业务参考用书。

本书由中铁管理干部学院张根凤进行了全面修改和审定。由于作者水平有限,本书难免有错误及不妥之处,敬请读者批评指正。

编　者

2018年10月

第1版前言

基本建设是发展我国国有经济,满足人民不断增长的物质文化需要的重要保证。随着改革的不断深化和社会主义市场经济体制的不断完善,现代建设工程规模的日益扩大,高科技和现代管理方法的日益深入,使原有的工程概预算制度已不能满足市场经济发展需要,要求重新建立一套遵循商品价值规律,适应社会主义市场经济体制,符合中国国情并与国际惯例接轨的工程造价管理体制,以达到合理使用投资,有效控制工程造价,取得最佳投资效益的目的。

国家建设管理部门已制定了"政府宏观指导,企业自主报价,竞争形成价格"的造价管理体制改革方案,颁布了全国统一的工程量计算规则和消耗量基础定额及建设工程工程量清单计价规范。为适应改革形势的要求,满足大专院校相关教学需要,我们参考全国统一建筑工程基础定额和部分省市建筑安装工程预算定额,以及《建设工程工程量清单计价规范》,编写了《建筑工程概预算与工程量清单计价》一书。

全书共分3篇12章。

第1篇为建筑工程定额原理,主要介绍了施工定额、预算定额、概算定额等的编制和使用方法。

第2篇为建筑工程概预算,主要介绍了施工图预算、设计概算等的编制与审核管理。

第3篇为工程量清单计价,主要介绍了建筑工程工程量清单的编制与计价的基本要求,以及计算机在造价管理工作中的应用。

本书内容新颖,结构严谨,条理清晰,实例较多,具有理论性、系统性和操作性强的特点,可作为大专院校相关专业教材或教学参考书,也可作为有关单位、部门从事工程造价管理人员的业务参考用书。

本书绪论、第5,9,10,11,12章由中铁管理干部学院张根凤编写;第1,2章由重庆工业职业技术学院许军编写;第4,6,7章由河北工业职业技术学院王秀册编写;第8章由重庆石油高等专科学校谢炳科编写;第3章的3.1,3.2,3.3,3.5节由张根凤编写,3.4节由王秀册编写。

由于作者水平有限,本书难免有错误及不妥之处,敬请读者批评指正。

编　者

2004年7月

目 录

绪　论

0.1　课程的研究对象和任务

0.1.1　课程的研究对象和任务

物质资料的生产是人类赖以生存、延续和发展的基础,而任何物质生产活动都必须消耗一定的活劳动与物化劳动。建筑业是从事建筑安装工程施工的物质生产部门。建筑业的经营范围,从广义上讲包括全部属于土木工程范畴内的所有工程的设计、施工和安装;狭义地讲,则仅指工业与民用建筑工程的设计、施工和安装。建筑产品的生产过程,同其他物质生产过程一样,存在着产品的质量和数量与资源的质量和资源消耗的数量之间的关系问题,以及产品的价格问题。

建筑工程生产中的消耗,虽然受管理体制、管理水平、生产力水平等诸多因素的影响,但在一定的生产力水平条件下,生产一定质量合格的建筑产品与所消耗的人力、物力和财力之间存在着一种必然的定量关系,这种关系形成了建筑工程定额。

建筑工程概预算与工程量清单计价是建筑工程专业的一门专业课,它是建筑企业进行现代科学管理的基础,它从研究完成建筑产品的生产消耗规律入手,合理地确定单位产品的消耗数量标准(定额)和建筑产品价格(预算),并在此基础上加强建筑企业管理和经济核算,力求用最少的人力、物力和财力,生产出更好、更多的建筑产品。

随着我国从计划经济体制向市场经济体制的转变,研究建筑产品的生产消耗,在理论与实践上都有重大意义。它可以使定额更符合市场在资源配置中的基础作用,使生产更符合市场的实际,进一步降低生产消耗和工程成本,节约建设资金和提高投资经济效益。这是建筑工程管理中的课题,也是本课程的主要任务。

在我国,工程造价管理体制改革的目标是要在统一工程量计算规则和消耗定额的基础上,遵循商品价值规律,建立以市场形成价格为主的价格机制,企业依据政府和社会咨询机构提供的市场价格信息和造价指数,结合企业自身实际情况,自主报价,通过市场价格机制的运行,形成统一、协调、有序的工程造价管理体系,达到合理地使用投资、有效地控制工程造价、取得最佳投资效益的目的，逐步建立起适应社会主义市场经济体制、符合中国国情与国际惯例接轨的工程造价管理体制。

目前，全国已制订了统一的工程量计算规则和消耗量基础定额及工程量清单计价规范，各地普遍制订了工程造价管理办法，各地区、各部门工程造价管理部门定期发布反映市场价格水平的价格信息和调整指数，建立了工程造价社会咨询机构，实行注册造价工程师认证制度等。这些改革措施对促进工程造价管理、合理控制投资起了积极的作用。

0.1.2 本课程与其他学科的关系和学习方法

本课程是建筑工程专业的一门专业课。它具有很强的实践性、政策性和实用性，它是建筑企业进行经济核算、考核工程成本、工程建设投资、合理分配利润的依据，是一门技术性、专业性和综合性很强的专业课程。它涉及建筑识图、建筑构造、建筑材料、建筑施工技术、建筑施工组织管理、建筑结构和其他工程技术及工程造价理论等有关知识。要学好这门课程应与上述有关课程内容结合起来，并加强练习，做到学练结合，才能收到好的效果。此外，学习本课程应结合各地情况解决以下问题：

①本课程的教学内容具有很强的地区性，授课时要注意地区特点，使学生了解本地区各种建筑工程定额、构成本地区建筑工程概（预）算的各项费用及费率标准，使教材内容与各地区的有关规定结合起来，做到普遍性与特殊性的统一。

②套用定额时，要做到套用准确，科学把握，灵活运用，必要时应进行人工、材料、机械的消耗量和价格换算，不可生搬硬套。

0.2 基本建设概述

0.2.1 基本建设的概念

基本建设是指投资建造固定资产和形成物质基础的经济活动。凡是固定资产扩大再生产的新建、扩建、改建及其与之有关的活动均称为基本建设。基本建设的实质是形成新的固定资产的经济活动。

固定资产是指在社会再生产过程中，可供生产或生活较长时间使用，在使用过程中基本保持原有实物形态的劳动资料或其他物质资料，如建筑物、构筑物、电气设备及运输设备等。固定资产按经济用途可分为生产性固定资产和非生产性固定资产。

在我国会计制度中，凡称为固定资产的，应具有以下条件：

①使用期限在 1 年以上，单位价值在规定的限额以上（按企业规模大小分别规定）。

②使用期限在 2 年以上，单位价值在 2 000 元以上，但不属于劳动资料范围的非生产经营用房屋设备。

基本建设为发展社会生产力提供物质技术基础，为改善生活提供物质条件。基本建设是一种宏观的经济活动，它是通过建筑业的勘察、设计和施工等活动，以及其他有关部门的经济活动来实现的，它横跨于国民经济各部门，既有非物质生产活动，又有物质生产活动。

0.2.2 基本建设的分类

基本建设是由一个一个的基本建设项目(简称建设项目)组成的。根据不同的分类标准,基本建设项目大致可分为以下几类:

(1)按建设项目建设性质的不同分类

1)新建项目

新建项目是指新开始建的项目,或对原有建设单位重新进行总体设计,经扩大建设规模后,其新增加的固定资产价值超过原有固定资产价值3倍以上的建设项目。

2)扩建项目

扩建项目是指原有建设单位,为了扩大原有主要产品的生产能力或效益,或增加新产品生产能力,在原有固定资产的基础上兴建一些主要车间或其他固定资产的项目。

3)改建项目

改建项目是指原有建设单位,为了提高生产效率,对原有设备、工艺流程进行技术改造的项目。

4)迁建项目

迁建项目是指原有建设单位,由于各种原因迁到另外的地方建设的项目。

5)恢复项目

恢复项目是指因重大自然灾害或战争而遭受破坏的固定资产,按原来规模重新建设或在重建的同时进行扩建的项目。

(2)按建设项目建设过程的不同分类

1)筹建项目

筹建项目是指在计划年度内,只做准备还不能开工的项目。

2)施工项目

施工项目是指正在继续施工的项目。

3)投产项目

投产项目是指可以全部竣工并已投产或交付使用的项目。

4)收尾项目

收尾项目是指已经竣工投产或交付使用,设计能力全部达到,但还遗留少量扫尾工程的项目。

(3)按建设项目用途的不同分类

1)生产性建设项目

生产性建设项目是指直接用于物质生产或满足物质生产需要的建设项目,它包括工业、农业、林业、水利、气象、交通运输、邮电通讯、商业和物资供应设施建设、地质资源勘探建设等。

2)非生产性建设项目

非生产性建设项目是指用于人们物质和文化生活需要的建设项目,包括住宅建设、文教卫生建设、公用事业设施建设、科学实验研究及其他非生产性建设项目。

(4)按项目资金来源渠道的不同分类

1)国家投资的建设项目

国家投资的建设项目是指国家预算直接安排的投资项目。

2)银行信用筹资的建设项目

银行信用筹资的建设项目是指通过银行信用方式进行贷款建设的项目。

3)自筹投资的建设项目

自筹投资的建设项目是指国家预算计划以外的,各地区、各部门、各企事业单位按照财政制度提留、管理和自行分配用于固定资产再生产的资产进行建设的投资项目。

4)引进外资的建设项目

引进外资的建设项目是指利用外资进行建设的项目。外资的来源有借用国外资金和吸引外国资本直接投资。

5)资金市场筹资的建设项目

资金市场筹资的建设项目是指利用国家债券和社会集资而建设的项目。

(5)按建设项目投资规模的不同分类

按建设项目投资规模的不同可分为大、中、小型项目。其划分标准在各行业中有所不同,一般情况下按产品的设计能力或按其全部投资额划分。

0.2.3 基本建设的项目划分

基本建设工程按照它组成的内容不同,从大到小,把一个建设项目划分为单项工程、单位工程、分部工程及分项工程等项目。这样划分便于计算基本构成项目,汇总这些基本构成项目能准确地计算出工程造价。

(1)建设项目

建设项目是指按一个总体设计和总概(预)算书组织施工的一个或几个单项工程所组成的建设工程。一般以一个企事业单位作为一个建设项目。例如,在工业建设中,一般是以一座工厂为一个建设项目,如一座汽车厂、机械制造厂等;在民用建设中,一般是以一所学校、医院等为一个建设项目。它具有以下特点:

①具有独立的行政组织机构。

②是独立的经济实体。

③具有一个总体设计和总概(预)算。

一个建设项目中,可以有几个单项工程,也可以只有一个单项工程。

(2)单项工程

单项工程是建设项目的组成部分。

单项工程是指在一个建设项目中,具有独立的设计文件和相应的概(预)算书,建成后可以独立发挥生产能力或使用效益的工程项目。例如,一座工厂的各个车间、办公楼、礼堂及住宅等;一所医院中的门诊楼、病房楼等。

单项工程是具有独立存在意义的一个完整的建筑及设备安装工程,也是一个很复杂的综合体。为了便于计算工程造价,单项工程仍需进一步分解为若干单位工程。

(3)单位工程

单位工程是单项工程的组成部分。

单位工程是指具有独立的设计文件和相应的概(预)算书,可以独立组织施工和单独成为核算对象,但建成后一般不能单独进行生产或发挥效益的工程项目。例如,某车间是一个单项工程,该车间的土建工程是一个单位工程,该车间的设备工程也是一个单位工程,等等。任何一个单项工程都是由若干个不同专业的单位工程组成的。这些单位工程可以归纳为建筑工程和设备安装工程两大类。

建筑设备安装工程是一个比较复杂的综合体,需要根据其中各组成部分的性能和作用,分解为若干单位工程。

1)建筑工程通常所包括的单位工程

①一般土建工程。一切建筑物、构筑物的结构工程和装饰工程均属于土建工程。

②电气照明工程。如室内外照明设备、灯具的安装,室内外线路敷设等工程。

③卫生工程。如给排水工程、采暖通风工程、卫生器具等工程。

④工业管道工程。如煤气、工业用水等管道工程。

2)设备安装工程通常所包括的单位工程

①机械设备安装工程。如一台车床的机械安装、一台锅炉的安装等工程。

②电气设备安装工程。如一台车床的电气设备安装调试工程。

每一个单位工程仍然是一个比较大的综合体,对单位工程还可以按工程的结构形式、工程部位等进一步划分为若干分部工程。

(4)**分部工程**

分部工程是单位工程的组成部分。

分部工程是按单位工程的结构形式、工程部位、构件性质、使用材料及设备种类等的不同而划分的工程项目。例如,一般土建工程可以划分为土石方工程、桩基础工程、脚手架工程、砖石工程、混凝土及钢筋混凝土工程、构件运输与安装工程、木作工程、楼地面工程、屋面工程、装饰工程、金属结构工程、总体工程及构筑物工程等分部工程。

在分部工程中,影响工料消耗的因素仍然很多。例如,同样是砖石工程,由于工程部位(外墙、内墙及墙体厚度等)不同,则每一计量单位砖石工程所消耗的工料有差别。因此,还必须把分部工程按照不同的施工方法、不同的材料(设备)等,进一步划分为若干分项工程。

(5)**分项工程**

分项工程是分部工程的组成部分。

分项工程是指用较为简单的过程就能完成的,以适当的计量单位就可以计算工料消耗的最基本构成项目,一般是按选用的施工方法、所使用材料及构件规格的不同等因素从分部工程中划分出来的。例如,砖石工程根据施工方法、材料种类及规格等因素的不同,可进一步划分为砖基础、内墙、外墙、女儿墙、保护墙、空心砖墙、砖柱、小型砌体及墙勾缝等分项工程。

分项工程是单位工程组成部分中最基本的构成因素。每个分项工程都可以用一定的计量单位(如墙的计量单位为 $10\ m^3$,墙面勾缝的计量单位为 $10\ m^2$)计算,并能求出完成相应计量单位分项工程所需消耗的人工、材料、机械台班的数量及预算价值。

综上所述,一个建设项目是由一个或几个单项工程组成的;一个单项工程是由几个单位工程组成的;一个单位工程又可以划分为若干分部工程;一个分部工程又可以划分成许多分项工程。

建筑及设备安装工程造价的计算就是从最基本的构成因素开始的。首先,把建筑及设备安装工程的组成分解为简单的便于计算的基本构成项目;其次,根据国家现行统一规定的工程量计算规则和地方主管部门制订的完成一定计算单位相应的基本构成项目的单价,对每个基本构成项目逐一地计算出工程量及相应的价值,这些基本构成项目价值的总和就是建筑及设备安装工程直接费;最后,根据直接费(定额工资总额)和有关部门规定的各项费用标准计取间接费、利润和税金。上述各项费用的总和即为建筑及设备安装工程造价。由此可见,对基本建设项目进行科学的分析与分解,有利于国家对基本建设项目工程造价的统一管理,便于建设工程概预(算)的编制。

0.2.4 基本建设程序

基本建设程序是指基本建设项目在整个建设过程中各项工作必须遵循的先后次序。我国的基本建设程序按现行的分法包括以下几个阶段:项目建议书阶段、可行性研究阶段、设计阶段、建设准备阶段、建设实施阶段和竣工验收阶段。实际上,随着我国市场体制日趋成熟和深入,计划体制流传下来的项目建议书与可行性研究阶段可以合二为一,变成项目论证决策阶段。目前,许多省市已经取消了除国家投资项目、特别规定的项目、重大项目及外商投资项目外的项目建议书与可行性报告审批。

(1)项目论证决策阶段

项目论证决策阶段是根据需要,在调查研究、分析的基础上,对拟建的建设项目进行投资决策前的技术经济研究论证。它的主要任务是收集有关资料,研究建设项目在技术上是否先进实用,经济上是否合理,以减少项目投资决策的盲目性。

(2)设计阶段

设计阶段是对建设工程实施的计划与安排,决定建设工程的轮廓与功能。设计是根据项目论证报告进行的。一般项目进行"两阶段设计",即初步设计阶段和施工图设计阶段。根据建设项目的特点和需要,也可在初步设计阶段之后,增加技术设计阶段,习惯上称为"三阶段设计"。初步设计是根据设计基础资料,拟订工程实施的初步方案,阐明工程在拟订的时间、地点及投资数额内在技术上的可能性和经济上的合理性,并编制项目总概算。技术设计又称为扩大初步设计,是根据初步设计和更详细的调查研究资料而编制的,以进一步解决初步设计中的重大技术问题,如工艺流程、建设结构、设备选型及数量确定等,使建设项目的设计更具体、更完善,技术指标更好。施工图设计是工程建设方案进一步的具体化、明确化,通过详细的计划和安排,绘制出正确、完整的建筑安装图纸并编制施工图预算。设计阶段应经有关部门(如消防、环保、安全及规划等)批准。

(3)建设准备阶段

建设准备阶段是要进行工程开工的各项准备工作。它主要内容包括征地拆迁、"三通(水、电、路通)一平(场地平整)"、组织施工招投标、选择施工单位、办理开工手续及施工单位进场等工作。

(4)建设实施阶段

建设实施阶段是项目实施、建成投产发挥投资效益的关键环节。开工建设的时间是指项目设计文件中规定的任何一项永久性工程第一次破土开槽开始施工的日期。不需要开槽的,正式打桩的日期就是开工日期。铁路、公路、水库等以开始进行土石方工程作为正式开工日期。施工活动应按设计要求、合同条款、预算投资、施工程序和顺序及施工组织设计,在保证质量、工期和成本计划等目标的前提下进行,并达到竣工标准要求,经过验收后,移交给建设单位。

在建设实施阶段还要进行生产准备,适时地由建设单位组织专门班子或机构进行包括招

1.1.3　建设工程定额的性质

(1)**科学性**

建设工程定额的科学性体现在两个方面:一是指用科学的态度制订定额,尊重施工生产消耗的客观规律,力求使定额水平合理;二是制订定额的方法是科学的,利用了大量现代科学管理的成就。

(2)**系统性**

工程建设的多种类、多层次性,以及在实施过程中有严密的逻辑阶段,决定了服务于工程建设的建设工程定额的多种类、多层次,即具有系统性。

(3)**权威性**

工程建设定额具有很高权威,这种权威在一些情况下具有经济法规性质。权威性反映统一的意志和统一的要求,也反映信赖程度和定额的严肃性。这种权威性表现在它一定要得到执行,其客观基础是定额的科学性。应该指出,在社会主义市场经济条件下,对定额的权威性不应该绝对化,一些与经营决策有关的建设工程定额的权威性特征就弱化了,如企业定额。

(4)**稳定性与时效性**

任何一种建设工程定额都是一定时期技术发展和管理水平的反映,因而在一定时期都表现出稳定的状态。稳定的时间有长有短,一般为 5 ~ 10 年。保持定额的稳定性是维护其权威性所必需的,更是有效贯彻定额所必需的。如果某种定额经常修改变动,必然造成执行的困难和混乱,使人感到无所适从,进而导致定额丧失权威性。

但是定额的稳定性是相对的,当生产力向前发展了,施工消耗就会变化,定额也就必须跟着变化,需要重新编制或修订,即定额具有时效性。

1.1.4　建设工程定额的作用

建设工程定额的作用主要有 3 个方面:组织施工,决定分配,投资和经营决策。具体如下:

(1)**定额是编制计划的基础**

国家制定基本建设计划、企业编制施工计划都直接或间接地以各种定额作为计算人力、物力和财力等各种资源需要量的依据,因此定额是编制计划的基础。

(2)**定额是确定工程造价和进行技术经济评价的依据**

建设工程定额是控制建设项目投资和计算工程造价的依据,亦是各种不同设计方案的经济效果及工料消耗量比较的依据,用以选择最优方案。

(3)**定额是确定成本和进行经营决策的依据**

在产品生产过程中,所消耗的人工、材料和机械的数量是构成其成本的决定性因素,而它们的消耗量又是根据定额确定的。因此,定额是核算成本的依据。

企业在进行投标决策时,必须明确自己的成本限额,以便合理报价,既能中标又能赚取利润。

(4)**定额是贯彻按劳分配的尺度**

在施工管理中,必须将定额规定的资源消耗量标准具体落实到每个劳动者身上,才能有效管理,而这必须以劳动定额作为衡量尺度。因而,定额可用来对工人所完成工作进行考核,确定他们所付出的劳动量及所作贡献的大小,并据此付给报酬。

(5)定额是加强企业管理的重要工具

某些定额具有法定标准的性质,要求每一个执行它的人都必须严格遵守,并与每个劳动者的报酬紧密挂钩,从而提高劳动生产率,降低成本。同时,企业在计算和平衡资源需要量、组织材料供应、编制施工进度计划和作业计划、组织生产劳动、签发任务书、考核工料消耗、实行部门及班组承包等一系列管理工作中,都需要以定额作为计算标准。因此,定额是加强企业管理的重要工具。

(6)定额是总结先进生产方法的手段

定额是在先进合理的条件下制订出来的,以它作为参照可以准确地反映出生产技术和劳动组织的先进合理程度。对同一产品在不同施工方法条件下进行分析和研究,并总结和优化,便可得到比较完善的生产方法。

1.2 建设工程定额的分类

建设工程定额的种类很多,根据使用对象和施工的具体目的与要求的不同,定额的种类有所不同。建设工程定额可依据不同的标准进行分类。

1.2.1 按生产要素分类

建设工程定额可划分为劳动消耗定额、材料消耗定额和机械消耗定额 3 种。

(1)劳动消耗定额

劳动消耗定额简称劳动定额(也称为人工定额),是指完成一定数量的合格产品(工程实体或劳务)规定活劳动消耗的数量标准。为了便于综合和核算,劳动定额大多采用工作时间消耗量来计算劳动消耗的数量。

(2)材料消耗定额

材料消耗定额简称材料定额,是指完成一定数量的合格产品所需消耗材料的数量标准。

材料是工程建设中使用的原材料、成品、半成品、构配件、燃料及水、电等动力资源的统称。材料作为劳动对象构成工程的实体,需用数量很大,种类很多。因此,材料消耗量的多少,消耗是否合理,不仅关系到资源的有效利用,影响市场供求状况,而且对建设工程的项目投资和建筑产品的成本控制都起着决定性的影响。

(3)机械消耗定额

机械消耗定额是以一台机械一个工作班为计量单位,故又称为机械台班定额。机械消耗定额是指为完成一定数量的合格产品(工程实体或劳务)所规定的施工机械消耗的数量标准。

以上 3 种定额是制订其他各种定额的基础,故又称为基础定额。

1.2.2 按定额编制程序和用途分类

建设工程定额可划分为施工定额、预算定额、概算定额、概算指标及投资估算指标 5 种。

(1)施工定额

施工定额是以同一性质的施工过程——工序,作为研究对象,表示生产产品数量与生产要素消耗综合关系编制的定额。施工定额是施工企业(建筑安装企业)组织生产和加强管理在企业内部使用的一种定额，属于企业定额的性质。为了适应组织生产和管理的需要，施工定额的项目划分很细，是工程建设定额中分项最细、定额子目最多的一种定额，也是工程建设定额中的基础性定额。

施工定额主要用于工程的直接施工管理，以及作为编制工程施工设计、施工预算、施工作业计划、签发施工任务单、限额领料卡及结算计件工资或计量奖励工资的依据，它同时是编制预算定额的基础。

(2)**预算定额**

预算定额是以分项工程和结构构件为对象编制的定额，是一种计价性定额。从编制程序上看，预算定额是以施工定额为基础综合扩大编制的，同时它也是编制概算定额的基础。

预算定额是在编制施工图预算阶段，计算工程造价和计算工程中的劳动、机械台班及材料需要量时使用，它是调整工程预算和工程造价的重要基础，也可以作为编制施工组织设计、施工技术财务计划的参考。

(3)**概算定额**

概算定额是以扩大分项工程或扩大结构构件为对象编制的，计算和确定劳动、机械台班及材料消耗量所使用的定额，也是一种计价性定额。

概算定额是编制扩大初步设计概算、确定建设项目投资额的依据。概算定额的项目划分粗细，与扩大初步设计的深度相适应，一般是在预算定额的基础上综合扩大而成的，每一综合分项概算定额都包含了数项预算定额。

(4)**概算指标**

概算指标是概算定额的扩大与合并。它是以整个建筑物和构筑物为对象，以更为扩大的计量单位来编制的，也是一种计价性定额。

概算指标一般是在概算定额和预算定额的基础上编制的，比概算定额更加综合扩大。它是设计单位编制工程概算或建设单位编制年度任务计划、施工准备期间编制材料和机械设备供应计划的依据，也可供国家编制年度建设计划参考。

(5)**投资估算指标**

投资估算指标是在项目建议书和可行性研究阶段编制投资估算、计算投资需要量时使用的一种定额。它非常概略，往往以独立的单项工程或完整的工程项目为计算对象，编制内容是所有项目费用之和。它的概略程度与可行性研究阶段相适应。投资估算指标往往根据历史的预、决算资料和价格变动等资料编制，但其编制基础仍然离不开预算定额和概算定额。

1.2.3　按编制单位和执行范围分类

建设工程定额可分为全国统一定额、行业统一定额、地区统一定额、企业定额及补充定额5种。

(1)**全国统一定额**

全国统一定额是由国家建设行政主管部门综合全国工程建设中技术和施工组织管理的情况编制，并在全国范围内执行的定额。

(2)**行业统一定额**

行业统一定额是考虑到各行业部门专业工程技术特点，以及施工生产和管理水平编制的。一般是只在本行业和相同专业性质的范围内使用。

(3)**地区统一定额**

地区统一定额包括省、自治区、直辖市定额。地区统一定额主要是考虑地区性特点和全国统一定额水平作适当调整和补充编制的。

(4)**企业定额**

企业定额是由施工企业考虑本企业具体情况,参照国家、部门或地区定额的水平制订的定额。企业定额只在本企业范围内使用,主要用于生产管理和经营决策。

(5)**补充定额**

补充定额是指随着设计和施工技术的发展,现行定额不能满足需要的情况下,为了补充缺陷所编制的定额。补充定额只能在指定的范围内使用,可以作为以后修订定额的基础。

上述各种定额虽然适用于不同的情况和用途,但是它们是一个互相联系、有机的整体,应在实际工作中配合使用。

1.2.4 按专业分类

建设工程定额按专业进行分类如下:

①建筑工程定额。

②装饰工程定额。

③安装工程定额。

④市政工程定额。

⑤仿古及园林工程定额。

⑥公路工程定额。

⑦井巷工程定额。

⑧水利工程定额等。

复习思考题

1. 什么是建设工程定额?它有什么作用?
2. 什么是定额水平?影响定额水平的因素有哪些?
3. 建设工程定额具有哪些性质?起什么作用?
4. 建设工程定额有哪些类别?

第2章 施工定额

2.1 施工定额概述

2.1.1 施工定额的作用

施工定额是建筑施工企业直接用于建筑工程施工管理的一种定额。它是以同一性质的施工过程或工序为测定对象，确定在正常施工条件下，为完成一定计量单位的某一施工过程或工序所需消耗的人工、材料、机械台班数量标准。施工定额由劳动定额、材料消耗定额和机械台班消耗定额组成。

为了适应组织生产和劳动的需要，施工定额的项目划分很细，是工程建设定额中分项最细、定额子目最多的一种定额，也是建筑工程中的一种基础性定额。

施工定额的作用如下：

(1)施工定额是企业计划管理的依据

施工定额既是企业编制施工组织设计的依据，也是企业编制施工作业计划的依据。

(2)施工定额是组织指挥施工生产的有效工具

企业组织和指挥施工生产，是按照施工作业计划，通过下达施工任务书和限额领料单来实现的。而施工任务书是根据任务量、人员和机械配备情况结合施工定额填写的；限额领料单是根据施工任务书和材料消耗定额签发的。

(3)施工定额是计算工人劳动报酬的依据

施工定额是衡量工人劳动数量和质量，提供劳动成果和效益的标准。因而它是计算工人劳动工资的依据。

(4)施工定额是建筑企业编制施工预算，加强企业成本管理的基础

施工预算是施工单位用以确定单位工程人工、材料、机械和资金需要量的计划文件。施工预算以施工定额为编制依据，既要反映设计图纸的要求，又要考虑节约资源降低成本，这就有效地控制了人力、物力消耗，节约成本。

（5）**施工定额是编制预算定额的依据**

预算定额是在施工定额基础上综合而成的。这样既使预算定额符合施工生产和管理的实际情况，又减少了大量繁杂的工作。

由此可见，施工定额在建筑安装企业管理的各个环节中都具有举足轻重的作用。施工定额管理是企业的基础性工作，具有不容忽视的作用。在目前实行清单计价的背景下，企业应努力积累资料，争取及早编制自己的企业定额。

2.1.2　施工定额的编制

（1）**编制原则**

在施工定额编制过程中，必须贯彻如下原则：

1）定额水平平均先进的原则。所谓平均先进水平，是指在正常情况下，多数施工班组或个人经过努力可以达到，少数班组或个人可以接近，个别班组或个人可以超过的水平。通常低于先进水平，略高于平均水平。平均先进水平鼓励先进，勉励中间，鞭策后进，因而能提高劳动生产率、降低材料消耗量。

2）简明适用的原则。所谓简明适用，是指定额结构合理，步距大小适当，文字通俗易懂，计算方法简单，便于群众掌握运用，要考虑满足施工管理中多方面的需要。因而需做到项目划分合理，步距大小适当。

此外，还应注意以专为主，专群结合，即编制定额的人员组成中，以专家为主，同时吸收施工一线的技术人员和工人参与，这样，有利于定额的编制和贯彻执行。

（2）**编制方法**

目前，施工定额的编制方法有两种：

1）实物法。即施工定额由劳动定额、材料消耗定额和机械台班消耗定额组成。

2）实物单价法。即由劳动定额、材料消耗定额和机械台班消耗定额分别乘以各自单价并汇总得出单位总价，称为“施工定额单价表”。

2.2　劳动定额

2.2.1　劳动定额的概念

劳动定额是在正常的施工技术和生产组织条件下，完成单位合格的建筑产品所需要的劳动消耗量标准，也称“人工定额”。

在上述概念中，应明确以下两点：

①劳动定额是在一定条件下制订的，与具体的生产技术组织条件相联系。

②劳动定额的研究对象是劳动者付出的劳动量，是对产品生产过程有效的、符合质量要求的、劳动的消耗量规定。

2.2.2　劳动定额的表现形式

劳动定额的表现形式可分为时间定额和产量定额两种。

(1)**时间定额**

时间定额是完成单位合格建筑产品所必须消耗的工时。需要注意,确定这个工时消耗的前提是:在合理的技术组织条件下,一定技术水平等级的工人小组或个人完成质量合格的产品。

一个工人工作 8 h 的工作时间为"一个工日"。施工企业一般用"工日"作为时间定额的计量单位,如工日/m、工日/m^2、工日/t 等,其计算公式为

$$单位产品的时间定额(工日)=\frac{消耗的总工日数}{产品的数量} \tag{2.1}$$

(2)**产量定额**

产量定额是单位时间(一个工日)内,完成合格产品的数量。这里存在同样的前提,即要在合理的生产技术和劳动组织条件下,以一定技术等级的工人小组或个人,完成质量合格的产品。根据产品的特征,其单位一般有 m/工日、m^2/工日、m^3/工日、kg/工日、t/工日、块/工日等。其计算公式为

$$每工的产量定额=\frac{1}{单位产品消耗的时间(工日)} \tag{2.2}$$

如果以小组来计算,则

$$小组台班产量定额=\frac{小组成员工日数总和}{单位产品消耗的时间(工日)} \tag{2.3}$$

时间定额和产量定额是同一劳动定额的不同表现形式,它们都表示同一劳动定额,但各有其用途。时间定额因为单位统一,便于综合,计算劳动量比较方便;而产量定额具有形象化的特点,使工人的奋斗目标明确,便于分配工作任务。

不难看出,时间定额和产量定额二者互为倒数,即

$$时间定额=\frac{1}{产量定额}\quad 或\quad 产量定额=\frac{1}{时间定额} \tag{2.4}$$

或

$$时间定额\times 产量定额=1 \tag{2.5}$$

建筑工程劳动定额的表示方法有单式和复式的区别。单式表示法一般只列出时间定额,复式表示法则既列出时间定额又列出产量定额,以分数形式表示,即$\frac{时间定额}{产量定额}$,如表 2.1 所示。

表 2.1　《建筑安装工程统一劳动定额》示例

砖墙

工作内容:包括砌墙面艺术形式、墙垛、平碹及安装平碹模板,梁板头砌砖,梁板下塞砖,楼梯间砌砖,留楼梯踏步斜槽,留孔洞,砌各种凹进处,山墙泛水槽,安放木砖、铁件,安装 60 kg 以内的预制混凝土门窗过梁、隔板、垫块,以及调整立好后的门窗框等。

表 2.1A　每 1 m³ 砌体的劳动定额

工日/m³

项目		双面清水			单面清水					序号
		1 砖	1.5 砖	2 砖及其以外	0.5 砖	0.75 砖	1 砖	1.5 砖	2 砖及其以外	
综合	塔吊	$\frac{0.994}{1.01}$	$\frac{0.942}{1.06}$	$\frac{0.878}{1.14}$	$\frac{1.19}{0.84}$	$\frac{1.15}{0.87}$	$\frac{0.961}{1.04}$	$\frac{0.897}{1.11}$	$\frac{0.843}{1.19}$	一
	机吊	$\frac{1.11}{0.901}$	$\frac{1.06}{0.943}$	$\frac{0.996}{1}$	$\frac{1.31}{0.763}$	$\frac{1.27}{0.787}$	$\frac{1.08}{0.926}$	$\frac{1.02}{0.98}$	$\frac{0.961}{1.04}$	二
砌砖		$\frac{0.556}{1.8}$	$\frac{0.5}{2}$	$\frac{0.435}{2.3}$	$\frac{0.769}{1.3}$	$\frac{0.73}{1.37}$	$\frac{0.523}{1.91}$	$\frac{0.455}{2.2}$	$\frac{0.4}{2.5}$	三
运输	塔吊	$\frac{0.356}{2.81}$	$\frac{0.356}{2.81}$	$\frac{0.356}{2.81}$	$\frac{0.35}{2.86}$	$\frac{0.352}{2.84}$	$\frac{0.356}{2.81}$	$\frac{0.356}{2.81}$	$\frac{0.356}{2.81}$	四
	机吊	$\frac{0.474}{2.11}$	$\frac{0.474}{2.11}$	$\frac{0.474}{2.11}$	$\frac{0.467}{2.17}$	$\frac{0.469}{2.13}$	$\frac{0.474}{2.11}$	$\frac{0.474}{2.11}$	$\frac{0.474}{2.11}$	五
调制砂浆		$\frac{0.082}{12.2}$	$\frac{0.086}{11.6}$	$\frac{0.087}{11.5}$	$\frac{0.069}{14.5}$	$\frac{0.072}{13.9}$	$\frac{0.082}{12.2}$	$\frac{0.086}{11.6}$	$\frac{0.087}{11.5}$	六
编号		4	5	6	7	8	9	10	11	

表 2.1B　每 1 m³ 砌体的劳动定额

工日/m³

项目		混水内墙				混水外墙					序号
		0.5 砖	0.75 砖	1 砖	1.5 砖及 1.5 砖以外	0.5 砖	0.75 砖	1 砖	1.5 砖	2 砖及 2 砖以外	
综合	塔吊	$\frac{1.09}{0.917}$	$\frac{1.05}{0.952}$	$\frac{0.808}{1.24}$	$\frac{0.787}{1.27}$	$\frac{1.13}{0.885}$	$\frac{1.09}{0.917}$	$\frac{0.838}{1.19}$	$\frac{0.799}{1.25}$	$\frac{0.776}{1.29}$	一
	机吊	$\frac{1.2}{0.833}$	$\frac{1.17}{0.855}$	$\frac{0.926}{1.08}$	$\frac{0.905}{1.1}$	$\frac{1.25}{0.8}$	$\frac{1.21}{0.826}$	$\frac{0.956}{1.05}$	$\frac{0.917}{1.09}$	$\frac{0.894}{1.29}$	二
砌砖		$\frac{0.667}{1.5}$	$\frac{0.625}{1.6}$	$\frac{0.37}{2.7}$	$\frac{0.345}{2.9}$	$\frac{0.714}{1.4}$	$\frac{0.667}{1.5}$	$\frac{0.4}{2.5}$	$\frac{0.357}{2.8}$	$\frac{0.333}{3}$	三
运输	塔吊	$\frac{0.35}{0.86}$	$\frac{0.352}{2.84}$	$\frac{0.356}{2.81}$	$\frac{0.356}{2.81}$	$\frac{0.35}{2.86}$	$\frac{0.352}{2.84}$	$\frac{0.356}{2.81}$	$\frac{0.356}{2.81}$	$\frac{0.356}{2.81}$	四
	机吊	$\frac{0.467}{2.14}$	$\frac{0.469}{2.13}$	$\frac{0.474}{2.11}$	$\frac{0.474}{2.11}$	$\frac{0.467}{2.14}$	$\frac{0.469}{2.13}$	$\frac{0.474}{2.11}$	$\frac{0.474}{2.11}$	$\frac{0.474}{2.11}$	五
调制砂浆		$\frac{0.069}{14.5}$	$\frac{0.072}{13.9}$	$\frac{0.082}{12.2}$	$\frac{0.086}{11.6}$	$\frac{0.069}{14.5}$	$\frac{0.072}{13.9}$	$\frac{0.082}{12.2}$	$\frac{0.086}{11.6}$	$\frac{0.037}{11.5}$	六
编号		12	13	14	15	16	17	18	19	20	

表2.1C　每1 m^{3}砌体的劳动定额　　工日/m^3

项　目		空斗墙		花式墙		序　号
		清水	混水	平砌	立、斜、侧砌	
综　合	塔吊	$\frac{0.708}{1.41}$	$\frac{0.593}{1.69}$	$\frac{1.06}{0.943}$	$\frac{1.2}{0.833}$	一
	机吊	$\frac{0.769}{1.3}$	$\frac{0.654}{1.53}$	$\frac{1.14}{0.877}$	$\frac{1.28}{0.781}$	二
砌　砖		$\frac{0.5}{2}$	$\frac{0.385}{2.6}$	$\frac{0.769}{1.3}$	$\frac{0.909}{1.1}$	三
运　输	塔吊	$\frac{0.185}{5.41}$	$\frac{0.185}{5.41}$	$\frac{0.242}{4.13}$	$\frac{0.242}{4.13}$	四
	机吊	$\frac{0.246}{4.07}$	$\frac{0.246}{4.07}$	$\frac{0.322}{3.11}$	$\frac{0.322}{3.11}$	五
调制砂浆		$\frac{0.023}{43.5}$	$\frac{0.023}{43.5}$	$\frac{0.049}{20.4}$	$\frac{0.049}{20.4}$	六
序　号		21	22	23	24	

注:1. 墙面艺术形式以10%以内为准。
2. 砖墙不分单、双面出垛,工程量均并入墙身计算,不另行加工。
3. 砌外墙不分里、外架子,均按定额执行。
4. 女儿墙按相应外墙定额执行,包括出垛、檐帽等。
5. 地下室墙按相应内墙定额执行。
6. 空斗墙以不加填充料为准,工程量包括实砌部分,如加填充料者,每1 m^{3}砌体增加0.2工日。
7. 围墙及花式围墙的实砌部分,均按砖墙的机吊相应定额执行,包括搭拆架子,墙垛、墙头帽出檐也不另加工。花式墙计算工程量时,空心部分不扣除。
8. 围墙、栏杆通花部分均按花式墙相应部分执行。
9. 墙的转角和搭接处安放钢筋及通筋(包括抗震筋),每100 kg增加1.5工日。

2.2.3　劳动定额的作用

(1)劳动定额是计划管理的基础

建筑施工企业的计划管理,需编制年、季、旬生产计划、作业计划、劳动工资计划等,确定上述计划中基本数据的根据是劳动定额。应该指出,编制建筑施工企业所有计划,均应以本企业平均先进的劳动定额为依据。

(2)劳动定额是科学组织施工生产与合理组织劳动的依据

要科学地组织生产,在生产过程中必须使劳动力、劳动工具和劳动对象之间做到科学有效的结合,以求得最大的经济效益。为了保证施工过程的紧密衔接和均衡施工,企业需要在时间和空间上合理地组织劳动者协作配合。这就必须用劳动定额比较准确地计算每个工人的劳动量,做好不同工种工人之间的数量搭配。如果没有劳动定额,则无从谈起。

(3)劳动定额是衡量工人劳动生产率的尺度

由于劳动定额是完成单位产品的劳动消耗量的标准,它与劳动生产率有着密切的关系。衡量建筑施工企业、部门、班组及个人的劳动生产率高低,劳动定额是唯一标准。

(4)劳动定额是贯彻按劳分配的重要依据

劳动定额是劳动者付出劳动量大小和贡献大小的尺度,在贯彻按劳分配原则时,应以劳动定额为依据。否则,按劳分配就是一句空话。

(5)劳动定额是企业实行经济核算的重要依据

建筑企业控制、考核与分析建筑产品劳动量消耗,是以劳动定额为依据进行核算的,并用来控制劳动消耗和人工费用。

(6)劳动定额是制订预算定额的依据

确定建筑工程预算定额中的各施工过程或单位产品的劳动力消耗,是以劳动定额为基础的。因此,它是建筑工程定额中最基本、最重要的组成部分。

2.2.4 劳动定额的制订方法

(1)技术测定法

技术测定法是根据先进合理的技术条件和组织条件,对施工过程进行实地观察测定,并参考以往数据,经过科学分析计算以制订劳动定额的一种方法。这种方法有比较充分的依据,准确程度较高,是一种科学的方法,适用性广。但因工作量大,使其应用受到一定限制。

技术测定法包括测时法、写实记录法和简易计时观察法。

1)测时法。这种方法主要适用于测定那些定时重复的循环工作的工时消耗,是精确度比较高的一种技术测定法。

2)写实记录法。这是一种研究各种性质的工时消耗的方法。采用这种方法,可以获得分析工作时间消耗的全部资料,是一种值得提倡的方法。写实记录法可分为工作日写实和过程写实两种,前者是以整个工作班延续时间为单元的写实记录,后者是以一件或一项产品的生产过程为单元的写实记录。

3)简易计时观察法。这种方法实质上就是对上述两种方法的简化,用于检查定额完不成的原因或次要项目的定额资料收集。它可根据测定的目的选择观察对象的组成内容,而将其他部分予以合并,从而使观察计时和资料整理的工作大为简化。

(2)经验估计法

经验估计法一般是根据老工人、施工技术员和定额员的实践经验并参照有关的技术资料,通过座谈、讨论和综合计算来确定。

经验估计法一般可用下面的经验公式进行优化处理为

$$t = \frac{a + 4m + b}{6}$$

式中 t——优化定额时间;

a——先进作业时间;

m——一般作业时间;

b——后进作业时间。

这种方法工作量小,简便易行。但其准确程度依赖于参加估工人员的经验,有一定的局限性,因而经验估计法只适用于不易计算工作量的施工作业,通常作为一次性定额使用。要使定额更符合实际情况,应根据优化处理结果,结合现行定额的工时消耗做必要的综合分析而确定。

(3)**统计分析法**

根据过去一定时期实际生产中,同类工程工时消耗和产品完成数量的统计资料(如施工任务单、考勤报表及其他有关的统计资料)及原始记录,经过整理,结合当前的组织技术和生产条件,分析对比从而制订劳动定额。这种方法更能反映实际情况,比较简便易行。但往往在统计资料中不可避免地包含一些不合理的因素,以致影响定额的准确性。为了减少不合理因素的影响,就必须采取措施,提高定额资料统计工作质量,做好分析工作,选择有代表性的施工班组的统计资料作为制订定额的依据。

(4)**比较类推法**

比较类推法是以同类型项目和相似项目定额进行对比分析,制订新定额。

《全国建筑安装工程统一劳动定额》2-2-3 挖地槽、地沟(见表2.2)。表中挖一类土的时间定额和二、三、四类土的时间定额比例关系,是根据测定资料的数据确定,二、三、四类土时间定额则是按比较类推法制订。

表2.2　挖地槽、地沟

工作内容:包括挖土、抛土和装土、修整底边,并保持槽坑两侧1 m内不得有弃土。

项　目		挖土槽、地沟,深在1.5 m内			比例关系		
		上口宽在(m以内)			上口宽在(m以内)		
		0.8	1.5	3.0	0.8	1.5	3.0
一类土	时间定额	0.167	0.144	0.133	1	1	1
二类土	时间定额	0.238	0.205	0.192	1.43	1.43	1.45
三类土	时间定额	0.417	0.357	0.338	2.5	2.49	2.55
四类土	时间定额	0.629	0.538	0.500	3.76	3.75	3.77

注:1.挖土如一面抛土者,其时间定额乘以1.15。

2.…

上述4种方法,各有其优缺点,可结合具体情况具体分析并决定采用,也可以两种方法结合使用。

2.2.5　劳动定额的应用

(1)**劳动定额手册的内容**

劳动定额手册是劳动定额的汇集,它不仅包括所有的定额子目,而且还对影响定额水平的各种因素做出了明确的规定与说明,以方便基层使用。定额手册的内容由以下3部分组成:

1)文字说明。劳动定额的文字说明部分由总说明、分册说明及项目工作内容说明构成。它是劳动定额的使用指南,使用前必须认真阅读并正确理解。

2)定额项目表部分。定额项目表是定额手册的核心内容,反映了各个项目的人工消耗量指标及每工应完成的合格产品的数量额度。同时,还标明定额的计量单位及定额的编号等。

3)附录部分。主要包括对定额中专业术语或名词所作的解释及加减工换算等。

(2)**劳动定额的具体应用**

建筑产品的特点导致劳动定额项目繁多,因此,实际应用时其针对性很强,必须注意找准适用定额。这就要求定额与预算工作人员熟悉施工技术知识和施工工艺，正确理解劳动定额手册的有关内容、说明及规定。

定额的应用分为直接套用和换算套用两种。

1）定额的直接套用。当设计及施工组织设计要求同定额项目的工作内容相一致时，方可直接套用定额。

例 2.1 某砌筑班组共22名工人，砌筑1砖混水外墙（塔吊），共计划3天完成任务，试确定该墙体工程量。

解 查表2.1，定额编号为18，时间定额为0.838工日/m^3。

$$产量定额=\frac{1}{时间定额}=1\div0.838\ 工日/m^3=1.19\ m^3/工日$$

完成该任务耗用总工日数 = 22工日/天×3天 = 66工日

所以该墙体工程量为 1.19 m^3/工日×66工日 = 78.5 m^3

例 2.2 某工程有250 $m^3$1.5砖混水内墙，采用塔吊做吊装机械，每天有22名砌筑工人进行砌筑，试计算完成该工程的定额施工天数。

解 查表2.1，定额编号为15，时间定额为0.787工日/m^3。

完成砌筑任务所需的总工日数 = 250 m^3×0.787工日/m^3 = 196.8工日

则

需要的施工天数 = 196.8工日÷22工日/天 = 9天

2）换算套用。当设计要求与定额项目的工作内容不完全一致，按定额说明或者附注应当进行换算的，需按要求换算。

例 2.3 某住宅楼，设计要求地面为C10混凝土面层，8 cm厚，最大房间面积为14.8 m^2，该项工程量为15.2 m^3，试计算该分项工程的用工数量（机械搅拌、机械振捣、双轮车运输及混凝土搅拌机容量为250 L）。

解 （1）查定额，确定定额编号为10-2-15，定额用工量为0.704工日/m^3。

（2）根据分册说明第七条及附注第二条规定，每立方米混凝土应增加0.04工日，并乘以系数1.3。

（3）计算该分项工程的用工数量为

$$15.2\times(0.704+0.04)\times1.3=14.7(工日)$$

2.3 材料消耗定额

2.3.1 材料消耗定额的概念

材料消耗定额是指在合理使用材料的前提下，生产单位合格产品所必须消耗的材料数量。这些消耗量中，包括材料的净用量和合理损耗量。材料的种类包括半成品、燃料、配件和水、电等。

材料是完成建筑产品的基本物质条件，在我国建筑产品的直接成本中，材料费平均占70%左右。材料的运输、存贮和管理，在工程施工中占有极其重要的地位，对工程成本有直接影响。正确规定材料消耗定额，对合理使用材料、减少浪费和积压、正确计价均有极其重要的意义。

材料消耗定额是编制材料需用量计划、运输计划、供应计划、计算仓库面积、签发限额领料单、考核消耗和经济核算的依据,也是编制预算定额的依据。

2.3.2 材料消耗定额的组成

完成单位合格建筑产品所必须消耗的材料总耗用量,由两部分组成:单位合格产品的净用量及合理损耗。用计算公式表示为

$$材料消耗量 = 材料净用量 + 材料损耗量 \tag{2.6}$$

材料损耗量是指不可避免的损耗。例如,场内运输中在允许范围内不可避免的损耗、加工制作中的合理损耗及施工操作中的合理损耗等。材料损耗量按下式计算为

$$材料损耗量 = 材料消耗量 \times 材料损耗率 \tag{2.7}$$

将式(2.7)代入式(2.6),经整理后得

$$材料消耗量 = \frac{材料净用量}{1 - 材料损耗率} \tag{2.8}$$

材料损耗率的计算公式为

$$损耗率 = \frac{损耗量}{消耗量} \times 100\% \tag{2.9}$$

建筑材料、成品、半成品场内运输及操作损耗率参见表2.3。

表2.3 建筑材料损耗率参考表

序号	材料名称	工程项目	损耗率/%	序号	材料名称	工程项目	损耗率/%
1	红(青)砖	基础	0.4	19	砌筑砂浆	加气混凝土块	2
2	红(青)砖	实砖墙		20	混合砂浆	抹天棚	1.5
3	红(青)砖	方砖柱	3	21	混合砂浆	抹墙及墙裙	2
4	红(青)砖	圆砖柱	7	22	石灰砂浆	抹天棚	1.5
5	红(青)砖	地面屋面、空斗墙	1	23	石灰砂浆	抹墙及墙裙	1
6	瓷砖、面砖缸砖		1.5	24	水泥砂浆	抹天棚、挑檐	2.5
7	陶瓷锦砖		1	25	水泥砂浆	抹墙及墙裙	1
8	天然砂		2	26	水泥砂浆	地面及构筑物	1
9	砂	混凝土用	1.5	27	石灰膏		1
10	白石子		4	28	混凝土(预制)	梁、柱	1
11	砾(碎)石		2	29	混凝土	空心板及其余	1.5
12	乱毛石		1	30	钢筋(非预应力)		6
13	乱毛石	砌墙	2	31	混凝土(现浇)	地面	1
14	方整石	砌墙	1	32	混凝土(现浇)	其余部分	1.5
15	水泥		1	33	白石子浆	地面	1.5
16	砌筑砂浆	砖砌体	1	34	模板制作	各种混凝土结构	5
17	砌筑砂浆	空斗墙	5	35	模板安装	工具式钢模板	1
18	砌筑砂浆	毛石、方石砌体	1	36	刷沥青	屋面、地面	

2.3.3　材料消耗定额的制订方法

(1)直接性材料消耗定额的制订方法

直接构成工程实体的材料称为直接性材料。

确定材料消耗定额,常用观测法、试验法、统计法和理论计算法4种,现分述如下:

1)观测法。是指在合理使用材料的前提下,对施工生产过程进行实地观察测定,确定该产品的材料损耗量或损耗率,进而确定单位产品材料消耗定额。观测对象的选择是观测法的首要任务。要选择典型的工程项目,其施工技术、组织及产品质量均要符合技术规范的要求;材料的品种、型号、质量也应符合设计要求;产品检验合格,操作工人能合理使用材料和保证产品质量。所有这些均是观测法的前提条件,并且应选择平均先进水平。

在观测前,应做好准备工作,如应选择标准的衡量工具和运输工具,采取减少材料损耗措施等。

在现场观测中,主要是确定材料损耗量,因此,应注意区别哪些是可以避免的损耗,哪些是合理损耗。然后通过分析讨论与计算,确定正常情况下大多数企业可以达到的材料消耗标准。

观察法主要适用于确定材料损耗量。

2)试验法。是指在试验室中通过专门仪器设备测定材料消耗数量的一种方法。这种方法主要是对材料的结构、化学成分做出科学的结论,从而给材料消耗定额的制订提供可靠的技术依据,如确定混凝土的配合比、砂浆的配合比等,然后计算出水泥、砂、石子和水的用量。试验法的优点是能深入细致地研究各种因素对材料消耗的影响,其缺点是无法估计到施工现场的某些因素对材料消耗的制约,因而需要与其他方法结合使用。

3)统计法。是以现场用料的大量统计资料为依据,通过分析计算,获得材料消耗数量的各项依据,然后确定材料消耗量的一种方法。假设某项产品在施工前共领取某种材料数量为N_0,完工后的剩余材料数量为ΔN,则用于该产品上的材料数量N为

$$N = N_0 - \Delta N$$

若完成产品的数量为n,则单位产品的材料消耗量m为

$$m = \frac{N}{n} = \frac{N_0 - \Delta N}{n}$$

统计法虽然简单,但不能区分材料消耗的性质,即材料的净用量,不可避免的损耗量,可以避免的损耗量。只能笼统地确定出总的消耗量。因此,用该方法拟定的材料消耗定额在质量上要差一些。实际制订定额时,要注意统计资料的真实性和系统性,统计对象也应加以认真选择,统计资料要进行分析研究,以便尽可能地提高所制订定额的精确程度。

4)计算法。是以施工图纸为依据,采用理论计算公式计算出某种产品所需要的材料净用量,然后再查找损耗率,从而制订出材料消耗定额的一种方法。理论计算法主要用于制订块、板类等不易产生损耗,容易确定废料的材料消耗定额,如砖石、钢材、玻璃、锯材、镶贴材料及混凝土等。例如:

①每1 m^3砖砌体材料消耗量的计算(只用于实砌墙)。其计算公式为

$$\text{每立方米砌体标准砖净用量} = \frac{2 \times \text{墙厚的砖数}}{\text{墙厚} \times (\text{砖长} + \text{灰缝}) \times (\text{砖厚} + \text{灰缝})} \qquad (2.10)$$

$$\text{每立方米砌体中砂浆的净用量} = 1 - \text{砖净用量} \times \text{每块砖的体积} \qquad (2.11)$$

式中,墙厚砖数是指用标准砖的长度来标明的墙体厚度,如表 2.4 所示。

表 2.4　墙厚砖数

墙厚砖数	$\frac{1}{2}$	$\frac{3}{4}$	1	$1\frac{1}{2}$	2
墙厚/m	0.115	0.18	0.24	0.365	0.49

例 2.4　试计算每立方米一砖半墙中标准砖和砂浆的净用量及消耗量。

解　(1)标准砖的净用量 $=\dfrac{2\times1.5}{0.365\times0.25\times0.063}=521.9$(块)

(2)砂浆净用量 $=1-521.9\times0.24\times0.115\times0.053=0.2365(m^3)$

(3)标准砖消耗量 $=\dfrac{521.9}{1-0.01}=527$(块)

(4)砂浆消耗量 $=\dfrac{0.2365}{1-0.01}=0.2389(m^3)$

②100 m^2 块料面层材料消耗量的计算。块料面层一般指瓷砖、预制水磨石、大理石等。通常以 100 m^2 为计量单位,其计算公式为

$$\text{面层净用量}=\frac{100}{(\text{块料长}+\text{灰缝})\times(\text{块料宽}+\text{灰缝})} \tag{2.12}$$

$$\text{面层砂浆净用量}=(\text{结合层砂浆厚度}+\text{块料厚度})\times100-\text{块料净用量}\times\text{每块块料体积} \tag{2.13}$$

(2)**周转性材料消耗定额的制订**

周转性材料是指在施工中多次使用而逐渐消耗的工具性材料,如脚手架、挡土板、临时支撑及混凝土工程的模板等。它在周转过程中多次使用,逐渐消耗,不断补充。因此,周转性材料的消耗量,应按多次使用、分次摊销的方法确定。周转性材料消耗定额用摊销量表示。

1)确定周转性材料消耗量的有关因素

①一次使用量。是指第一次制作时的材料消耗量。

②每周转一次的材料损耗率。称为周转损耗率,周转损耗率随周转次数的增多而加大,因此,一般情况下采用平均周转损耗率,也称补损率。

③周转使用量。是指在补损条件下,每周转一次平均所需材料数量。

④回收量。是指在一定的周转次数下,平均每周转一次可以回收的材料数量。

⑤摊销量。是指周转性材料在重复使用条件下,应分摊到每一计量单位结构构件的材料消耗量。定额表中规定的数量,即为该周转材料的摊销量。

⑥周转次数。是指周转性材料从第一次使用起可重复使用的次数。这与周转材料种类、工程部位、施工方法及操作技术有关。周转次数须经过现场观测统计和分析来确定。

2)现浇构件模板摊销量的计算

$$\text{摊销量}=\text{周转使用量}-\text{回收量} \tag{2.14}$$

$$\text{周转使用量}=\frac{\text{一次使用量}+\text{一次使用量}\times(\text{周转次数}-1)\times\text{补损率}}{\text{周转次数}}$$

$$= 一次使用量 \times \frac{1 + (周转次数 - 1) \times 补损率}{周转次数} \tag{2.15}$$

$$回收量 = \frac{一次使用量 - 一次使用量 \times 补损率}{周转次数}$$

$$= 一次使用量 \times \frac{1 - 补损率}{周转次数} \tag{2.16}$$

例 2.5 某工程现浇钢筋混凝土独立基础，按施工图纸计算出其模板接触面积为 50 m^2，查表《混凝土构件模板接触面积及使用量参考表》得知，一次使用模板每 10 m^2 需用板材 0.36 m^3，枋材 0.45 m^3。模板周转 6 次，每次周转损耗率 16.6%；支撑周转 9 次，周转损耗率 11.1%。计算混凝土模板及支撑的一次使用量和摊销量。

解 (1)模板一次使用量 $= 0.36 \times \frac{50}{10} = 1.8(m^3)$

(2)模板周转使用量 $= 0.36 \times \frac{50}{10} \times \frac{1 + (6 - 1) \times 16.6\%}{6} = 0.549(m^3)$

(3)模板回收量 $= 0.36 \times \frac{50}{10} \times \frac{1 - 16.6\%}{6} = 0.25(m^3)$

(4)模板摊销量 $= 0.549 - 0.25 = 0.299(m^3)$

(5)支撑一次使用量 $= 0.45 \times \frac{50}{10} = 2.25(m^3)$

(6)支撑周转使用量 $= 0.45 \times \frac{50}{10} \times \frac{1 + (9 - 1) \times 11.1\%}{9} = 0.472(m^3)$

(7)支撑回收量 $= 0.45 \times \frac{50}{10} \times \frac{1 - 11.1\%}{9} = 0.222(m^3)$

(8)支撑摊销量 $= 0.472 - 0.222 = 0.25(m^3)$

此外，现浇结构模板摊销量计算还可采用近似计算方法，即不考虑补损量和回收量，则

$$摊销量 = \frac{一次使用量}{周转次数}$$

其计算结果相似。也可以通过查《混凝土构件模板接触面积及使用量参考表》得到模板摊销量。

3)预制混凝土构件模板计算方法

预制构件模板虽然与现浇构件模板一样是多次使用的，但由于损耗很少，可以不考虑每次周转损耗率(即补损率)，采用多次使用平均摊销的方法进行计算。因此，计算预制构件模板摊销量时，只需确定其周转次数，按图纸计算出模板一次使用量后，摊销量按下式计算为

$$摊销量 = \frac{一次使用量}{周转次数} \tag{2.17}$$

例 2.6 预制 0.5 m^3 以内钢筋混凝土柱，每 10 m^3 混凝土的模板一次使用量为 10.20 m^3，周转 25 次，求每 10 m^3 混凝土的模板摊销量。

解　模板摊销量 $= \frac{10.2}{25} = 0.408(m^3)$

2.4　机械台班定额

2.4.1　机械台班定额的概念

一台施工机械工作 8 h 为“一个台班”。

机械台班定额，又称机械台班消耗定额，是指在合理的施工条件和劳动组织下，完成单位合格产品所需消耗的机械台班数量标准；或者在单位台班内机械必须完成的合格产品的数量标准。前者称为机械时间定额，后者称为机械产量定额。其计算公式分别为

$$\text{机械时间定额(台班)} = \frac{1}{\text{机械台班的产量}} \tag{2.18}$$

$$\text{机械产量定额} = \frac{1}{\text{机械时间定额}} \tag{2.19}$$

机械时间定额和机械产量定额互为倒数关系，即

$$\text{机械时间定额} \times \text{机械产量定额} = 1 \tag{2.20}$$

2.4.2　机械台班人工配合定额

实际上，一般的施工机械都是在人工配合下完成施工任务的，因而，还存在机械人工配合定额的问题。机械人工配合定额，也称机械台班劳动定额，是指配合机械完成某种合格单位产品所必须消耗的人工数量标准。其计算公式为

$$\text{机械人工时间定额(工日)} = \frac{\text{班组总工日数}}{\text{每台班产量}} \tag{2.21}$$

$$\text{机械人工产量定额} = \frac{\text{每台班产量}}{\text{班组总工日数}} \tag{2.22}$$

很显然，机械人工时间定额与机械人工产量定额之间也互为倒数。

机械时间定额与人工时间定额的关系为

$$\text{人工时间定额} = \text{配合机械作业的人数} \times \text{机械时间定额} \tag{2.23}$$

2.4.3　机械台班定额的表现形式

机械台班定额包括前述的机械时间定额、机械产量定额和配合机械的人工定额。在《全国建筑安装工程统一劳动定额》中，机械台班定额是以一个单机作业的定额定员人数（台班工日数）完成的台班产量和时间定额来表示的。其表现形式为

$$\frac{\text{机械人工时间定额}}{\text{台班产量}} \text{或} \frac{\text{机械人工时间定额}}{\text{台班产量}} \Bigg| \text{台班工日数}$$

例 2.7　机械挖土方，采用铲斗容量为 1 m^3 的正铲挖土机，挖四类土，挖土深度 2 m 以内。

计算 480 m^3需要的工作台班数(包括装车)。

根据条件,查1985年《全国建筑安装工程统一劳动定额》合订本(二),找到定额15-3-98(三):$\frac{0.42}{4.76}\Big|2$,定额计量单位为100 m^3。它表示每100 m^3人工时间定额 =0.42 工日;每台班产量定额 =4.76(100 m^3);台班工日数为2 工日/台班。

挖480 m^3土所需工作台班为$\frac{480}{100}\div 4.76\approx 1$(台班)。

2.4.4 机械台班定额的拟订

(1)机械时间利用系数的确定

为了便于机械台班定额的制订,将定额时间划分为净工作时间和其他工作时间两类。

净工作时间是指工人使用机械对劳动对象进行加工,用于完成基本操作所消耗的时间。该类时间与完成的产品数量成正比。其他工作时间是指除了净工作时间以外的定额时间。

净工作时间的确定要依据对机械作业过程进行多次工作日写实的数据,并参考机械说明书等有关技术资料认真分析后取定。应尽可能提高机械净工作时间,保证机械在工作班内最大的生产效率。

机械时间利用系数(k_B)是机械的净工作时间(t)与工作班的延续时间(T)的比值,即

$$k_B = \frac{t}{T}$$

(2)施工机械生产率的确定

施工机械生产率是测定机械净工作1 h的生产率。施工机械可分为循环动作机械和连续动作机械两类,应分别计算其生产率。

1)循环动作机械净工作1 h的生产率

循环动作机械如挖土机、起重机等,净工作1 h生产率N_S,取决于1 h的循环次数n及每一循环中所生产的产品数量m,即

$$N_S = n \times m$$

2)连续动作机械净工作1 h的生产率

连续动作机械,如混凝土搅拌机、碎石机等,测定其1 h的生产率N_L,一般通过试验和实测在一定时间(t)内完成的合格产品数量m,按下式计算为

$$N_L = \frac{m}{t}$$

(3)机械台班产量定额的确定

机械台班产量根据机械净工作1 h的生产率N、工作班延续时间T(8 h)及时间利用系数k_B而拟订,按下式计算为

$$N_D = N \times T \times k_B$$

式中 N——机械净工作1 h生产率,对循环动作机械为N_S,对连续动作机械为N_L;

N_D——机械台班产量。

其他符号意义同前。

对于一次循环时间大于 1 h 的机械，则不必计算其净工作 1 h 的生产效率，可按下式计算其台班产量为

$$N_D = \frac{T}{t} \times m \times k_B$$

式中　t——机械一次循环时间，h；

m——机械每次循环的产量。

其余符号意义同前。

2.5　施工定额的内容及应用

2.5.1　施工定额的内容

施工定额是由文字说明、定额项目表和附录 3 部分组成的。

(1) **文字说明**

文字说明是由总说明、分册说明及项目工作内容说明构成的。

总说明：是对全册定额中共性的问题进行解释，以及编制施工预算的有关注意事项，如有关规定、定额的适用范围、定额的编制依据、工程质量及安全操作要求、定额表现形式及在实际应用中应注意的问题。又如，地面水平运距的计算，建筑物高度的取定，系数的用法和“以内”、“以外”的含义，等等。

分册说明：主要综合叙述本册共性方面的内容，如主要工作内容、施工方法、质量安全要求、工程量计算、劳动组织、技术等级、附加工的应用及其他规定的说明等。

章节说明：是对本章、本节某些项目做更详细的阐述，其工作内容的说明更加详尽具体，并对某些项目在执行中应注意的事项在附注中予以注明。

(2) **定额项目表部分**

定额项目表是定额手册的核心内容，反映了各个项目的人工消耗量指标及每工应完成的合格产品的数量额度。同时还标明定额的计量单位及定额的编号等。

(3) **附录部分**

附录主要包括对定额中专业术语或名词所做的解释及加减工换算等。

2.5.2　施工定额的应用

施工定额项目繁多，要正确使用施工定额，必须熟悉施工技术知识和施工工艺，正确理解施工定额手册的文字说明及附注和加工表，熟悉定额项目表。

施工定额的应用分为直接套用和换算套用两种。

(1) **直接套用定额**

当设计及施工组织设计要求同定额项目的工作内容相一致时，可直接套用定额，如表 2.5

所示。

表 2.5　干粘石

工作内容:包括清扫、打底、弹线、嵌条、筛洗石渣、配色、抹光、起线、粘石等。　　单位:10 m^2

编号	项　目			人　工 综合	人　工 技工	人　工 普工	水泥 (kg)	砂 (kg)	石渣 (kg)	107 胶 (kg)	甲基硅醇钠 (kg)
147	墙面、墙裙			$\frac{2.62}{0.38}$	$\frac{2.08}{0.48}$	$\frac{0.54}{1.85}$	92	324	60		
148	混凝土墙面	不打底	干粘石	$\frac{1.85}{0.54}$	$\frac{1.48}{0.68}$	$\frac{0.37}{2.7}$	53	104	60	0.26	
149	混凝土墙面	不打底	机喷石	$\frac{1.85}{0.54}$	$\frac{1.48}{0.68}$	$\frac{0.37}{2.7}$	49	46	60	4.25	0.4
150	柱		方柱	$\frac{3.96}{0.25}$	$\frac{3.1}{0.32}$	$\frac{0.86}{1.16}$	96	340	60		
151	柱		圆柱	$\frac{4.21}{0.24}$	$\frac{3.24}{0.31}$	$\frac{0.97}{1.03}$	92	324	60		
152	窗盘心			$\frac{4.05}{0.25}$	$\frac{3.11}{0.32}$	$\frac{0.94}{1.06}$	92	324	60		

注:1. 墙面(裙)、方柱以分格为准,不分格者,综合时间定额乘以 0.85。

2. 窗盘心以起线为准,不带起线者,综合时间定额乘以 0.8。

例 2.8　某教学楼砖外墙干粘石(墙面分格),按施工定额工程量计算规则计算,墙面干粘石工程量为 4 200 m^2,试计算其工料用量。

解　由表 2.5,查得定额编号为 147,该项目设计与定额工作内容完全相符,直接套用施工定额,其工料用量为

$$人工消耗量=\frac{2.62\times 4\ 200}{10}=1\ 100.4(工日)$$

$$水泥用量=\frac{92\times 4\ 200}{10}=38\ 640(kg)$$

$$砂用量=\frac{324\times 4\ 200}{10}=136\ 080(kg)$$

$$石渣用量=\frac{60\times 4\ 200}{10}=25\ 200(kg)$$

(2)**施工定额的换算套用**

当设计要求与定额项目内容不完全一致,按定额要求应进行换算时,必须根据定额说明、附注或加工表换算后再套用。

例 2.9　某办公楼,按施工定额工程量计算规则计算,其窗间墙干粘石工程量为 600 m^2(不分格),试计算其工料用量。

解　查表 2.5,查得定额编号为 147,再由表注 1 规定:墙面(裙)、方柱以分格为准,不分格者,综合时间定额乘以 0.85。由此可知,该设计项目与定额内容不符,按表注规定,应对定额 147 进行换算。其工料用量为

$$人工消耗量 = \frac{2.62 \times 0.85 \times 600}{10} = 133.6(工日)$$

$$水泥用量 = \frac{92 \times 600}{10} = 5\ 520(kg)$$

$$砂用量 = \frac{324 \times 600}{10} = 19\ 440(kg)$$

$$石渣用量 = \frac{60 \times 600}{10} = 3\ 600(kg)$$

(3)使用定额的注意事项

1)熟悉定额。认真熟悉定额的文字说明、工作内容及附录是正确套用定额的前提条件，只有掌握了定额使用与计算的有关规定，才能正确地套用定额。

2)认真熟悉图纸，正确计算工程量。施工定额项目繁多，针对性强，要正确应用定额，就必须根据定额的有关规定和要求，按照施工图纸的内容，正确计算出工程量。例如，计算墙面干粘石工程量，不能笼统地计算干粘石墙面面积，而应该按混凝土墙面和非混凝土墙面以及分格与不分格分别计算，并剔出其中窗盘心的面积单独计算，这是因为这些都与套用定额有关。又如，在混凝土工程中，同样只能从图纸中得知构件的几何形状，从而计算其工程量(体积)和套用定额。

3)熟悉施工组织设计，了解施工现场有关情况。要正确套用定额，就必须熟悉施工组织设计所采用的施工方法施工技术措施。例如，砌墙是采用外架还是内架，是单排还是双排；垂直运输是采用塔吊还是井架等，这是因为不同的施工方法或技术措施须套用不同的定额项目。另外，现场使用的机具、材料、半成品与定额规定是否一致，材料运输是否有超运距，等等，这些具体情况都只有深入现场才能知道，而它们都是正确套用定额所必须知道的。

2.6　企业定额

2.6.1　企业定额的概念、性质和特点

(1)企业定额的概念

企业定额是指建筑安装企业根据企业自身的技术水平和管理水平，所确定的完成单位合格产品所需人工、机械、材料消耗的数量及费用标准。企业定额反映了企业的施工水平、装备水平和管理水平，是考核建筑安装企业劳动生产率水平、管理水平的标尺和确定工程成本、投标报价的依据。工程量清单计价方法实施的关键在于企业的自主报价，企业运用自己的企业定额资料去确定工程量清单中的报价、材料损耗、用工损耗、机械种类和使用办法、管理费用的构成等各项指标，才能表现自己企业施工和管理上的个性特点，在投标报价中增强竞争力。因此，企业定额体系的建立是推行工程量清单计价的重要工作。

企业定额应包括工程实体性消耗定额、措施性消耗定额和费用定额。

企业定额的构成及表现形式根据编制目的的不同可采用多种形式。例如，企业定额的编制目的，如果是为了控制工耗和计算工人劳动报酬，应采取劳动定额的形式；如果是为了企业

进行工程成本核算，以及为投标报价提供依据，则应采用施工定额或定额估价表的形式。常见的企业定额的构成及表现形式主要有以下5种：

①企业劳动定额。

②企业材料消耗定额。

③企业机械台班使用定额。

④企业机械台班租赁价格。

⑤企业周转材料租赁价格。

(2)企业定额的性质

企业定额是用于建筑安装企业内部管理的定额，从性质上看，企业定额是施工定额的异称。企业定额影响范围涉及企业内部管理的各个方面，包括企业生产经营活动的计划、组织、协调、控制和指挥等各个环节。企业应根据本企业的具体条件和可能挖掘的潜力、市场的需求和竞争环境，根据国家有关政策、法律、规范和制度，编制自己的定额，自行决定定额的水平，允许同类企业和同一地区的企业之间存在定额水平的差距。

(3)企业定额的特点

①各项平均消耗应比社会平均水平低，以体现其先进性。

②可以体现本企业在某些方面的技术优势。

③可以体现本企业局部或全部管理方面的优势。

④所有匹配的单价都是动态的，具有市场性。

⑤能与施工方案全面接轨。

2.6.2 企业定额的编制原则和编制步骤

(1)企业定额的编制原则

1)执行国家、行业的有关规定，适应《建设工程工程量清单计价规范》的原则。各类相关法律、法规和标准等是制订企业内部定额的前提和必备条件，在建立企业定额的过程中，细分工程项目、明确工艺组成、确定定额消耗构成均必须以此为前提。同时，企业定额的建立必须与《建设工程工程量清单计价规范》的具体要求相统一，以保证投标报价的实用性和可操作性。

2)真实、平均先进性原则。企业定额应当能够真实地反映企业管理现状，真实地反映企业人工、机械装备及材料储备情况。同时，还要依据成熟的及推广应用的先进技术和先进经验确定定额水平，并且应是大多数的生产者必须经过努力才能达到或超过的水平，以促使生产者努力提高技术操作水平，珍惜劳动时间，节约物料消耗，起到鼓励先进、勉励中间、鞭策后进的作用。

3)简明适用原则。适用性要求是指企业定额必须满足适用于企业内部管理和对外投标报价等多种需要。简明性要求是指企业定额必须做到项目齐全、划分恰当、步距合理，正确选择产品和材料的计量单位，适当确定系数，提供必要的说明和附注，达到便于查阅、便于计算、便于携带的目的。简明适用是就企业定额的内容和形式而言，要方便于定额的贯彻和执行。

4)时效性和相对稳定性原则。企业定额是一定时期内技术发展和管理水平的反映，因此，必须在一段时期内表现出稳定的状态。但这种稳定性是相对的，它还有显著的时效性。当企业定额不再适应市场竞争和成本监控的需要时，就要重新编制和修订。另外，及时地将新技术、新结构、新材料和新工艺的应用编入定额中,满足实际施工需要也体现了时效性原则。

5)独立自主编制原则。施工企业作为具有独立法人地位的经济实体,应根据企业的具体情况,结合政府的价格政策和产业导向,自行编制企业定额。贯彻这一原则有利于企业自主经营;有利于推行现代化企业财务制度;有利于减少对施工企业过多的行政干预,使企业更好地面对建筑市场的竞争环境。

6)以专为主、专群结合的原则。编制施工企业定额的人员结构,应以专家、专业人员为主,并吸收工人和工程技术人员参与。这样既有利于制订出高质量的企业定额,也为定额的施行奠定了良好的群众基础。

(2)企业定额的编制步骤

1)制订编制计划

一般包括以下内容:

①企业定额编制的目的。由于编制目的决定了企业定额的适用范围,同时也决定了企业定额的表现形式,因此,企业定额编制的目的一定要明确。

②确定定额水平。企业定额应能真实地反映本企业的消耗量水平,企业定额水平确定的准确与否,是企业定额能否实现编制目的的关键。定额水平过高或过低,背离企业现有水平,对项目成本核算和企业参与投标竞争都不利。

③确定编制方法和定额形式。定额的编制方法很多,对不同形式的定额,其编制方法也不相同。例如,劳动定额的编制方法有技术测定法、统计分析法、类比推算法及经验估算法等;材料消耗定额的编制方法有观察法、试验法和统计法等。因此,定额编制究竟采取哪种方法应根据具体情况而定,可综合应用多种方法进行编制。

企业定额应形式灵活、简明适用,并具有较强的可操作性,以满足投标报价与企业内部管理的要求。

④成立专门机构,由专人负责。企业定额的编制工作是一个系统性的工作。在一开始,就应设置一个专门的机构(中小企业也可由相关部门代管),并由专人负责,而定额的编制则应由定额管理人员、现场管理人员和技术工人组成的“三合一”小组来完成。

⑤明确应收集的数据和资料。定额在编制时,要尽量多地收集与定额编制有关的各种数据。在编制计划书中,要制订一份按门类划分的资料明细表。

⑥确定编制进度目标。定额的编制工作量大,不可能一下子完成,因此,应确定一个合理的工期和进度计划表,可根据定额项目使用的几率有重点的编制,采用循序渐进、逐步完善的方式完成。这样,既有利于编制工作的开展,又能保证编制工作的效率和及时的投入使用。

2)资料的收集、分析和综合测算

应收集的资料包括如下:

①有关建筑安装工程的设计规范、施工及验收规范、工程质量检验评定标准和安全操作规程。

②现行社会定额,包括基础定额、预算定额、消耗量定额和工程量计算规则。

③本企业近几年各工程项目的财务报表、公司财务总报表及历年收集的各类经验数据。

④本企业近几年所完成工程项目的施工组织设计、施工方案及工程成本资料与结算资料。

⑤企业现有机械设备状况、机械效率、寿命周期和价格;机械台班租赁价格行情。

⑥本企业近几年主要承建的工程类型及所采用的主要施工方法。

⑦本企业目前工人技术素质及构成比例。

⑧有关的技术测定和经济分析数据。

⑨企业现有的组织机构、管理制度、管理人员的数量及管理水平。

资料收集后，要进行认真地分析、整理和综合测算，提取可供使用的各种技术数据。

3）拟订企业定额的工作方案

其主要包括以下内容：

①确定企业定额的内容及专业划分。

②确定企业定额的章、节的划分和内容的框架。

③确定合理的劳动组织、明确劳动手段和劳动对象。

④确定企业定额的结构形式及步距划分原则。

4）定额消耗量的确定及定额水平的测算

定额消耗量的确定及定额水平的测算同施工定额。

2.6.3 企业定额的管理

（1）定额管理是一个长期连续和不断完善的循环过程

定额水平是承包人在一定时期内生产力水平的反映。它与操作人员的技术水平、机械化程度、新材料、新工艺、新技术的发展和应用有关，与企业的组织管理水平和全体人员的社会劳动积极性有关。因此，定额不是一成不变一劳永逸的，它应随着新技术、新材料、新工艺的应用和工人熟练程度的提高而不断变化。应在使用一段时间后，做出相应的调整，以保持和企业实际的生产消耗水平相一致，为准确地编制工程报价提供依据。因此，定额管理是一个连续、长期和不断完善的循环过程。

（2）在企业定额管理中应注意的问题

1）对企业定额的认识和定位。首先，企业定额要体现成本，只有在成本的基础上再考虑竞争情况以合适的利润水平进行报价，企业才能对自己的盈亏情况做到心中有数。其次，企业定额应该为控制成本服务，它应该是企业内部消耗水平的标尺。如果没有这一个标尺，很多基础管理工作（如任务单、限额领料及对人员的考核工作）就没有依据。因此，不能仅仅把企业定额作为投标报价的依据考虑。

2）利用工程档案，注意成本数据积累。企业的工程档案是企业长期积累下来的重要资源，也是企业的无形资产和宝贵财富。利用工程档案所积累的数据编制企业定额，可以起到事半功倍的效果，应成为企业定额编制的一种主要方式。

3）定额应该是随着企业水平而不断更新的动态定额。编制定额固然重要，更重要的是要建立一套有效的管理机制。企业只有在实际成本控制过程中不断地使用企业定额，再依据企业的实际消耗数据及时地对其修正，企业定额才会真正发挥作用。只有这样，企业定额才能随着企业管理水平的提高而不断得到动态更新，从而更好地为投标报价和施工管理服务。

4）严格保密、谨防外泄。企业定额是施工企业进行施工管理和投标报价的基础，根据某企业的定额能够估计出该企业完成某工程的大致成本与投标报价。如被竞争对手获取会使本企业陷入十分被动的境地，给企业带来严重的损失。因此，从一定意义上讲，企业定额是企业的商业秘密，应采取切实的保护措施，严格防止其外泄。

当然，建立企业定额的问题还很多，如企业定额的范围和深度问题，应该说，企业定额是企业的内部定额，它必须首先考虑的是企业的实际需要；其次，企业定额的建立是事关企业长远发展的一项重要工作，因此，必须要从战略的角度来看待该问题，而非仅仅看到一时的得失。

复习思考题

1. 什么是施工定额？它有什么作用？

2. 何谓定额水平？施工定额的定额水平应该怎样确定？为什么？

3. 什么叫劳动定额？它有哪几种表示方法？相互关系是怎样的？

4. 劳动定额的制订方法有哪几种？适用条件分别是怎样的？

5. 什么是材料消耗定额？它由哪些内容组成？其相互关系怎样？

6. 什么是周转性材料？编制它们的材料消耗定额需要考虑哪些因素？

7. 某房屋砖墙，有一砖单面清水墙 210 m^3，1 砖混水内墙 560 m^3，采用塔吊运输。已知砌筑班组有工人 22 人，试问完成该任务需多少天？

8. 计算每 10 m^3实砌半砖墙所需要的标准砖和砂浆净用量、消耗量分别是多少？（灰缝为 10 mm）

9. 某瓷砖墙面装饰工程，用水泥砂浆贴 150 mm×150 mm×5mm 瓷砖，结合层厚 10 mm。已知工程量为 500 m^2，瓷砖损耗率为 1.5%，砂浆损耗率为 1%。试计算瓷砖和砂浆的总消耗量（灰缝宽 2 mm）。

10. 什么是机械台班定额？它有哪几种表示方法？其相互关系是怎样的？

11. 简述企业定额的性质、作用和特点。

12. 企业定额的编制原则是什么？如何编制企业定额？

第 3 章 建筑安装工程预算定额

3.1 预算定额的概念与作用

3.1.1 预算定额的概念

预算定额是指在正常施工条件下,确定完成一定计量单位分项工程或结构构件的人工、材料和机械台班消耗量的标准。

建筑安装工程预算定额包括建筑工程预算定额和设备安装工程预算定额。它是在编制施工图预算时,计算工程造价和计算工程中人工、材料、机械台班需要量使用的一种定额。因此,预算定额不但规定了人、材、机消耗的数量标准,而且还规定了人、材、机消耗的货币标准和每个定额项目的预算定额单价,使预算定额成为一种计价性的定额。在工程委托承包的情况下,它是确定工程造价的主要依据。在招标承包的情况下,它是计算标底和确定报价的主要依据。因此,预算定额在建筑工程定额中占有很重要的地位。

预算定额除表示完成一定计量单位分项工程或结构构件的人工、材料、机械台班消耗量标准外,还规定了完成定额所包括的工程内容。

预算定额是在施工定额的基础上,适当合并相关施工定额的工序内容,进行综合扩大而编制成的。但它与施工定额有所不同,施工定额只适用于施工企业内部作为经营管理的工具,而预算定额是用来确定建筑安装产品价格并作为对外结算的依据。但从编制程序上看,施工定额是预算定额的编制基础,而预算定额则是概算定额或概算指标的编制基础。可以说,预算定额在计价定额中也是基础性定额。

预算定额是工程建设中一项重要的技术经济文件。它是由国家主管部门或其授权机关组织编制、审批并颁布执行。在现阶段,预算定额是一种法令性指标,在执行过程中有很大的权威性。预算定额的各项指标反映了建筑企业单位在完成施工任务中消耗劳动力、材料、机械台班的数量限度。国家和建设单位按预算定额的规定,为建筑工程提供必要的人力、物力和资金供应。作为一种计价定额,它主要在于确定建筑安装工程中每一单位分项工程的预算基价,它要求上述内容采用社会平均水平。施工企业则在预算定额范围内,通过自己的施工组织管理,采用先进技术、管理方法，按质按量地完成施工任务，这样企业才有利可图。因此，施工定额要求采用先进水平。在一般情况下，预算定额水平要比施工定额水平低，只有这样才能符合大多数企业实际可能达到的水平。

3.1.2 预算定额的作用

(1)预算定额是编制地区单位估价表、确定分项工程直接费、编制施工图预算的依据

按预算定额规定的完成一定计量单位分项工程所需要的人工、材料、机械台班消耗量，再根据相应的工资标准、材料预算价格和施工机械台班使用费，就可以编制单位估价表，确定分项工程直接费并汇总，即为单位工程直接费。

在工资标准、材料预算价格和施工机械台班单价不变的情况下，工程预算费用的高低，完全取决于预算定额的水平。因此，预算定额起着控制建筑工程预算费用的作用。

(2)预算定额是编制施工组织设计、进行材料分析、实行经济核算的依据

确定施工中所需人力、物力和机械设备的供求量，并做出最佳安排，是施工组织设计的重要任务之一。根据预算定额能较精确地计算出施工需求量，就能为有计划地组织材料采购、劳动力和施工机械的调配，提供可靠的计算数据。施工企业在完成工程任务时，为了降低工程成本和创造更多的赢利，就必须以预算定额为标准，加强企业经济核算，努力提高劳动生产率，以取得较好的经济效益。

(3)预算定额是建筑工程拨款、竣工结算的依据

符合预算定额规定工程内容的已完分项工程，通常是按施工进度预付工程价款的。单位工程竣工验收后，根据预算定额并在施工图预算的基础上进行结算，可保证投资的合理使用。

(4)预算定额是编制概算定额、概算指标和编制招标标底、投标报价的基础材料

现行的概算定额和概算指标是以预算定额为基础，并进行综合扩大而编制的。利用预算定额编制概算定额和概算指标，不仅可以节省编制工作中的大量人力、物力和时间，还可使概算定额和概算指标在水平上与预算定额一致。

3.2 预算定额的组成及应用

3.2.1 预算定额的组成

一般预算定额是按工程种类的不同，以分部工程分章编制的，如土方工程、砖石工程、混凝土及钢筋混凝土工程、木作工程、楼地面工程等。每一章又按工程内容、施工方法和使用材料等分成若干节。每一节再按工程性质、材料类别等分成若干定额项目(定额子目)。

预算定额手册一般由总目录、总说明及各章说明、工程量计算规则、定额项目表及有关附录组成。建筑面积计算规则及工程量计算规则也可单列成册。

(1)总说明、各章说明

总说明介绍了预算定额的编制原则、编制依据、适用范围、编制定额时已考虑的和没有考虑的因素。另外，也指出了预算定额实际应用中应注意的事项和有关规定。

各章说明介绍了分部工程预算定额的统一规定，包括的子目数量及使用中的有关规定，定额的换算方法,同时也规定了各分项工程量计算规则。

(2)**定额项目表**

定额项目表一般由工程内容、计算单位及项目表组成。

工程内容是规定分项工程预算定额所包括的工作内容,各工序所消耗的人工、材料、机械台班消耗量亦均包括在定额内。

项目表是定额手册的主要组成部分。它反映了一定计量单位分项工程的预算价值(定额基价),以及其中人工费、材料费、机械使用费,人工、材料和机械台班消耗量标准。有些地区的预算定额在项目表下面列有附注,说明当设计与定额不符时,如何调整和换算定额。地区预算定额一般都列有单位产品基价,为了加强工程造价动态管理,实行量价分离,全国统一预算定额即基础定额不再列有单位产品基价。

定额项目表中,各子目工程的预算价值(定额基价)、人工费、材料费、机械费与人工、材料、机械台班消耗量指标之间的关系,可用下列公式表示为

$$\text{预算价值} = \text{人工费} + \text{材料费} + \text{机械费}$$

式中

$$\text{人工费} = \text{定额合计用工量} \times \text{定额日工资标准}$$

$$\text{材料费} = \sum(\text{定额材料用量} \times \text{材料预算价格}) + \text{其他材料费}$$

$$\text{机械费} = \sum(\text{定额机械台班用量} \times \text{机械台班使用费})$$

(3)**附录**

附录一般在各册预算定额的后面,通常包括各种砂浆、混凝土配合比表;各种材料、机械台班选价表等有关资料,供不同材料预算价格的预算和编制施工计划使用。

3.2.2 预算定额的应用

预算定额是编制施工图预算、确定工程造价的主要依据,定额应用正确与否直接影响建筑工程造价。在编制施工图预算应用定额时,通常会遇到以下3种情况:定额的套用、换算和补充。

(1)**预算定额的直接套用**

在应用预算定额时,要认真地阅读掌握定额的总说明、各分部工程说明、定额的适用范围,已经考虑和没有考虑的因素,以及附注说明等。当分项工程的设计要求与预算定额条件完全相符时,则可直接套用定额。

根据施工图纸,对分项工程施工方法、设计要求等了解清楚,选择套用相应的定额项目。对分项工程与预算定额项目,必须从工程内容、技术特征、施工方法及材料规格上进行仔细的核对,然后才能正式确定相应的预算定额套用项目。这是正确套用定额的关键。

(2)**预算定额的换算**

当设计要求与定额的工程内容、材料规格、施工方法等条件不完全相符时,则不可直接套用定额。可根据编制总说明、分部工程说明等有关规定,在定额规定范围内加以调整换算。

定额换算的实质就是按定额规定的换算范围、内容和方法,对某些分项工程预算单价的换算。通常只有当设计选用的材料品种和规格同定额有出入,并规定允许换算时,才能换算。在换算过程中,定额单位产品材料消耗量一般不变,仅调整与定额规定的品种或规格不相同的预算价格。经过换算的定额编号在下端应写上“换”字。

定额的换算主要有以下3个方面:

1)砂浆强度等级的换算

砂浆一般分为砌筑砂浆和抹灰砂浆,砌体工程和抹灰工程各子项工程预算定额(定额基价),通常是按某一强度等级砌筑砂浆和按某一配合比砂浆的预算单价编制的。如果设计要求与定额规定的砂浆强度等级或配合比不同时,预算定额基价要经过换算才能套用。其换算公式为

$$\text{换算后的定额基价} = \text{换算前的定额基价} \pm \left[\text{应换算砂浆定额用量} \times \text{不同强度等级的砂浆单价差}\right]$$

式中,正负号的规定:当设计要求的砂浆强度等级高于定额子目中取定的砂浆强度等级时,则取正值;反之,取负值。

2)混凝土强度等级的换算

现浇和预制钢筋混凝土工程,由于混凝土强度等级不同而引起定额基价的变化。目前,各地区确定混凝土及钢筋混凝土工程各子目定额基价,通常采用两种形式:一种是定额基价按某一强度等级混凝土单价确定,其换算方法同砂浆强度等级的换算;另一种是定额基价用不完全价格来表示。即定额基价不含混凝土单价,其换算方法可表示为

$$\text{换算后的定额基价} = \text{定额不完全价格} + \text{应补充混凝土定额用量} \times \text{相应混凝土强度等级预算单价}$$

3)定额按说明的有关规定进行换算

预算定额总说明及分部说明统一规定中,规定了当设计项目与定额规定内容不符时,定额基价需要换算。其换算通常有以下两种情况:

①定额乘系数的换算。凡定额说明规定,按定额工、料、机乘以系数的分项工程,应将系数乘在定额基价上(或乘在人工费、材料费、机械费某一项费用上)。

②定额其他换算。定额其他换算是根据定额说明的有关规定进行的。

(3)预算定额的补充

当分项工程的设计要求与定额条件完全不相符时,或者由于设计采用新结构、新材料及新工艺施工,在预算定额中没有这类项目,属于定额缺项时,可编制补充预算定额。

编制补充预算定额的方法通常有两种:一种是按照 3.3 节预算定额的编制方法,计算人工、各种材料和机械台班消耗量指标,然后乘以人工工资标准、材料预算价格及机械台班使用费并汇总,即得补充预算定额基价。另一种方法是补充项目的人工、机械台班消耗量,可以用同类型工序、同类型产品定额水平消耗的工时、机械台班标准为依据,套用相近的定额项目;而材料消耗量按施工图纸进行计算或实际测定(可按 2.3 节材料消耗定额的制订方法来确定)。

编制好的补充定额,如果是多次使用的,一般要报有关主管部门审批,或与建设单位进行协商,经同意后再列人工程预算表正式使用。

3.3　预算定额的编制

3.3.1　预算定额的编制原则

(1)按平均水平确定预算定额的原则

在市场经济体制下,预算定额作为确定建筑产品价格的工具,必须遵照价值的客观要求,

即按建筑产品生产过程中所消耗的必要劳动时间确定定额水平。预算定额的平均水平是在现有社会正常生产条件下，按照社会平均劳动熟练程度和平均劳动强度下，完成单位建筑产品所需的劳动时间来确定的。

预算定额的水平是以施工定额水平为基础的。但是，因为预算定额综合和扩大了施工定额，包含了更多的可变因素，因此与施工定额需要保留一个合理水平的幅度差。另外，预算定额是平均水平，而施工定额是平均先进水平，因此，预算定额水平与施工定额水平相比要相对低一些。

(2)**贯彻简明适用性原则**

定额项目齐全对定额适用性的影响很大，如果项目不全，定额缺漏项较多，可使建筑产品价格缺少充足的、可靠的依据。要注意补充那些因采用新技术、新结构、新材料和先进技术而出现的新定额项目。

定额项目划分要粗细恰当、步距合理。对于那些主要常用项目，定额划分要细，步距要小；次要的不常用的项目，定额划分要粗，步距也可适当放大。

此外，还应考虑简化工程量的计算工作；同时，为了稳定定额的水平，除了对设计和施工中变化较多、影响较大的因素应允许换算外，定额要尽量少留活口，减少换算工作量。

总之，预算定额的内容和形式既要满足不同用途，有多方面的适用性，又要简单明了，易于掌握和应用。

(3)**技术先进、经济合理原则**

技术先进是指定额项目的确定、施工方法和材料选择等，能够正确反映建筑技术水平，及时采用已经成熟并得到普遍推广使用的新技术、新材料和新工艺，以促进生产的提高和建筑技术的进一步发展。

经济合理是指纳入预算定额的材料规格、质量、数量、劳动效率和施工机械的配备等，必须符合经济合理的要求。

3.3.2 预算定额的编制依据

①现行建筑工程设计规范、施工验收技术规范、工程质量评定标准及安全技术操作规范等建筑技术法规。

②建筑工程通用标准图集，以及有关科学实验、测定、统计和经济分析资料。

③现行的施工定额、劳动定额、材料消耗定额和施工机械台班定额。

④现行的地区建筑安装人工工资标准和材料预算价格。

上述各种编制依据是否齐全，对预算定额的编制水平有很大的影响。因此，在定额编制前，必须将收集上述各种资料的工作放在重要的地位。

3.3.3 预算定额的编制步骤

①建立组织机构，确定编制预算定额的指导思想和编制原则。

②制订编制预算定额的细则，收集编制预算定额所需要的各种依据和有关技术资料。

③审查、熟悉和修改所收集的资料，按确定的定额项目和有关的技术资料分别计算工程量。

在工程量计算表中要注明最后综合取定工程量数据。例如，一砖内墙综合取定工程量为：

砌双面清水墙占 20%，单面清水墙占 20%，混水墙占 60%。又如，砌砖基础厚度综合取定工程量为：一砖厚占 70%，一砖半厚占 20%，二砖厚占 10%。

④规定人工幅度差、机械幅度差、材料损耗率、材料超运距及其他工料费的计算要求，并分别计算出一定计量单位分项工程或结构件的人工、材料和施工机械台班消耗量标准。

⑤根据上述计算的人工、材料和机械台班消耗量标准及本地区人工工资标准、材料预算价格、机械台班使用费，计算预算定额基价，即完成一定计量单位分项工程或结构件所消耗的人工费、材料费、机械费。

⑥编制定额项目表。

⑦测算定额水平，审查修改所编制的定额，并报请有关部门批准。

3.3.4　预算定额人工、材料和机械台班消耗量指标的确定

确定分项工程或结构构件的定额消耗指标，包括确定计量单位，确定劳动力、材料和机械台班的消耗量指标。

(1)计量单位的确定

预算定额的计量单位主要是根据分项工程和结构构件的形体特征变化规律而确定的。一般要遵循以下规律：

①如果在分项工程或结构构件的长、宽、高 3 个方向的尺寸都经常发生变化时，选用立方米为计量单位，如土石方工程、混凝土及钢筋混凝土工程、砖石工程等。

②如果在分项工程和结构构件的高度或厚度方向的尺寸不变化，而长、宽两个方向尺寸经常发生变化时，选用平方米为计量单位，如楼地面工程、抹灰工程等。

③如果分项工程或结构构件的截面尺寸基本固定时，采用延长米作为计量单位，如踢脚线、栏板、楼梯扶手及管道工程等。

④当分项工程或结构构件无一定规格，而构件又比较复杂时，可按个、块、套、座、吨等作为计量单位。例如，全装配工程阳台防水、阳台勾缝等按个计算；预埋件安装、金属结构制作等按吨计算。

确定预算定额的计量单位是一个十分重要的工作，计量单位恰当与否，直接影响定额子目的繁简，也会影响工程预算编制工作量。

(2)人工消耗量指标的确定

1)人工消耗量指标内容

预算定额人工消耗量指标是指完成一定计量单位分项工程或结构构件所需的各种用工量总和，内容包括基本用工量和其他用工量。

①基本用工量。是指完成一定计量单位分项工程或结构构件所需消耗的主要用工量。它是按综合取定的工程量和现行全国建筑安装工程统一劳动定额中的时间定额为基础进行计算的。缺项部分可参考地区现行定额及实际调查资料计算，其计算公式为

$$\text{基本用工量} = \sum(\text{工序工程量} \times \text{时间定额})$$

②其他工消耗量。是指劳动定额内没有包括而在预算定额内又必须考虑的工时消耗，包括辅助用工、超运距用工和人工幅度差。

A. 辅助用工是指预算定额中基本工以外的劳动定额未包括的各种辅助工序用工，如材料加工等所用的工时。例如，砌砖工程需筛砂、淋白灰膏等增加的用工量。辅助用工计算可用下

式表示为

$$辅助用工量 = \sum(材料加工数量 \times 时间定额)$$

B. 超运距用工是指预算定额取定的材料、成品、半成品等运输距离超过劳动定额(或施工定额)所规定的运输距离,而需增加的工日数量。超运距及超运距用工量的计算可用下式表示为

$$超运距 = 预算定额取定运距 - 劳动定额规定的运距$$

$$超运距用工量 = \sum(超运距材料数量 \times 时间定额)$$

C. 人工幅度差是指劳动定额中没有包括而在正常施工条件下所必须发生的各种零星工序用工因素造成的必须考虑的工时消耗。它包括:各工种间的工序搭接、交叉作业互相配合所造成的不可避免的停歇用工;施工机械在单位工程之间变换位置或临时移动水电线路所造成的间歇用工;施工过程中水电维修、隐检验收等质量检查而影响操作用工;场内单位工程之间操作地点转移影响工人操作的时间;施工中不可避免的少量用工,等等。

人工幅度差计算可用下式表示为

$$人工幅度差 = (基本用工 + 超运距用工 + 辅助用工) \times 人工幅度差系数$$

国家现行规定人工幅度差系数为 10% ~15%。

2)人工消耗量指标的计算

预算定额是综合性定额,它包括了为完成一定计量单位分项工程或结构构件所必需的全部工程内容。要想确定预算定额某分项工程人工消耗量指标,首先应测算分项工程所包括的各种工程内容和所占的工程数量比例。然后按综合取定的工程量和现行全国统一劳动定额、人工幅度差系数等,计算预算定额某分项工程的综合工日数。

例 3.1 以基础定额第 4 章砌筑工程砖基础定额(4-1)为例,其确定过程如下:

定额中不分工种、技术等级,一律以综合工日表示,内容包括基本用工、超运距用工、辅助用工、人工幅度差。

$$综合工日 = \sum(劳动定额基本用工 + 超运距用工 + 辅助用工) \times (1 + 人工幅度差系数)$$

基础定额综合取定砌一砖基础占 70%,砌一砖半基础占 20%,砌二砖基础占 10%,10 m^3 砖基础增加圆形、弧形砖基础用工 5%。具体计算如表 3.1 所示。

表 3.1 砖基础人工计算表

项目名称	单位	计算量	劳动定额编号	时间定额	工日/10 m^3
砌一砖基础	m^3	7	4-1-1(一)	0.89	6.020
砌一砖半基础	m^3	2	4-1-2(一)	0.86	1.720
砌二砖基础	m^3	1	4-1-3(一)	0.833	0.833
圆形及弧形砖基加工	m^3	0.5	4-2-加工表	0.100	0.050
标准砖超运 100 m	m^3	10	4-15-177(一)	0.109	1.090
砂浆超运 100 m	m^3	10	4-15-177(二)	0.048 8	0.408
筛砂工	m^3	2.36×1.02	1-4-83	0.196	0.472
小　计					10.593
定额工日	(人工幅度差 15%)10.593×1.15				12.182

（3）材料消耗量指标的确定

1）预算定额与施工定额中材料消耗量指标的差异

预算定额材料消耗量指标的确定方法与施工定额相应内容基本相同，但由于预算定额中分项子目内容已经在施工定额基础上做了某些综合，有些工程量计算规则也做了调整，因此，材料消耗量指标也有了变化。两种定额材料消耗量指标在编制形式上的差异主要有以下6个方面：

①施工材料消耗定额反映的是平均先进水平，预算定额中材料消耗量指标反映的是平均水平，二者水平差对主要材料是通过不同的损耗率来体现，对周转材料可通过周转补损率和周转次数来体现，即编制预算定额时应采用比施工定额较大的损耗率，周转材料周转次数应按平均水平确定。

②预算定额的某些分项内容比施工定额的内容具有较大的综合性。例如，某些地区预算定额一砖内墙砌体就综合了施工定额中的双面清水墙、单面清水墙和混水墙的用料，以及附属于内墙的烟囱、孔洞等结构的加工材料。因此，编制预算定额材料消耗量指标时应根据定额分项子目内容进行相应综合。

③有些项目在计算方法上不一致。例如，模板用量的计算，在施工定额中模板用料指标是按照图示实际接触面积用量加规定的损耗率来确定，而预算定额的模板摊销量指标是以混凝土体积为单位，综合若干同类分项子目的模板消耗量进行加权平均求得的，数据较粗。

④对于某些有尺寸规格要求的材料，预算定额的规定较笼统，有的不列规格，有的则只列主材规格，而施工定额规定必须按图示的不同规格分别计算。

⑤施工定额中一般是按材料品种、类型、规格逐项制订其损耗率，以确定各项材料消耗量指标。预算定额是综合考虑每一分项子目的不同构造做法、不同施工方法的材料品种和消耗量指标。因此，预算定额的材料消耗量指标只是一个近似于实际情况的数值。

⑥在编制预算定额时，次要零星材料通常不一一列出，而是以其他材料费表示，其他材料费是以其占有该项目材料费或主材费的百分数表示的。

2）主要材料和周转性材料消耗量指标的确定

预算定额材料消耗量指标的确定，应根据材料消耗定额和编制预算定额的原则、依据，采用理论与实际相结合、图纸计算与施工现场测算相结合等方法进行计算。使编制的定额既符合有关政策规定，又基本上与客观情况相一致，便于贯彻执行。其确定方法与施工定额材料消耗量的确定方法基本相同，通常采用的方法在2.3节已详细介绍，这里不再赘述。仅以基础定额中一砖半混水墙定额（4-11）材料消耗量的计算为例做一说明。

例3.2　基础定额一砖半混水墙定额（4-11）材料消耗量的计算。

基础定额综合取定外墙占47.7%，内墙占52.3%。外墙梁头垫块占0.115%，外墙突出砖线条占1.25%，内墙梁头垫块占0.332%。砖损耗率2%，砂浆损耗率1%。每千块用水湿砖需水按0.2 m^3。

$$每\ m^3\ 砖净用量=\frac{墙厚的砖数\times 2}{墙厚\times(砖长+灰缝)\times(砖厚+灰缝)}$$

$$=\frac{1.5\times 2}{0.356\times(0.24+0.01)\times(0.053+0.01)}$$

$$=521.85(块/m^3)$$

$$\begin{aligned}\text{每 m}^3\text{砖定额耗用量} &= \sum[\text{墙类比例}\times(1\pm\text{附件占有率})]\times\text{砖净用量}\times(1+\text{损耗率})\\&=[47.7\%(1+1.25\%-0.115\%)+52.3\%(1-0.332\%)]\times 521.85\times(1+2\%)\\&=534.6(\text{块/m}^3)\\&=5\ 350(\text{块/10 m}^3)\end{aligned}$$

砂浆净用量 $=1-0.24\times0.115\times0.053\times521.85=0.236\ 6(\text{m}^3/\text{m}^3)$

$$\begin{aligned}\text{砂浆定额耗用量} &= \sum[\text{墙类比例}\times(1\pm\text{附件占有率})]\times\text{砂浆净用量}\times(1+\text{损耗率})\\&=[47.7\%(1+1.25\%-0.115\%)+52.3\%(1-0.332\%)]\times0.2366\times(1+1\%)\\&=0.24(\text{m}^3/\text{m}^3)=2.4(\text{m}^3/\text{10 m}^3)\end{aligned}$$

定额用水量 $=5.35(\text{千块})\times0.2(\text{m}^3/\text{千块})=1.07(\text{m}^3/\text{10 m}^3)$

3)次要材料消耗指标的确定

预算定额的材料消耗量是以主要材料为主列出的,次要材料不一一列出,往往把次要材料综合为其他材料费以金额“元”来表示。

计算各定额子目的其他材料费时,应首先列出次要材料的内容和消耗量,然后分别乘以材料的预算单价,其计算可用下式表示为

$$\text{其他材料费}=\sum[\text{材料净用量}\times(1+\text{损耗率})\times\text{材料预算价格}]$$

(4)机械台班消耗指标的确定

预算定额中的施工机械消耗指标是以台班为单位进行计算的,每一个台班为 8 个工作小时。

1)编制依据

定额的机械化水平应以多数施工企业采用和已推广的先进方法为标准。

确定预算定额中施工机械台班消耗指标,应根据现行全国统一劳动定额中各机械施工项目所规定的台班产量进行计算。

2)机械幅度差

编制预算定额时,在按照全国统一劳动定额计算施工机械台班消耗量时,还应考虑在合理的施工组织设计条件下机械停歇因素,另外增加一定的机械幅度差。

机械幅度差是指全国统一劳动定额规定范围内没有包括而实际中又必须增加的机械台班量。机械幅度差通常包括以下 8 项内容:

①施工中机械转移及配套机械互相影响损失的时间。

②机械在正常施工情况下,机械不可避免的工序间歇。

③工程结尾工作量不饱满所损失的时间。

④检查工程质量影响机械操作时间。

⑤临时水电线路的移动所发生的不可避免的机械操作间歇时间。

⑥冬季施工期间内发动机械的时间。

⑦不同厂牌机械的工效差。

⑧配合机械施工的工人,在人工幅度差范围以内的工作间歇影响的机械操作时间。

在计算预算定额机械台班消耗指标时,施工机械幅度差通常以系数表示。例如,大型机械

的机械幅度差：土方机械为 1.25，吊装机械为 1.3，打桩机械为 1.33 等。

3）机械台班消耗指标计算的两种情况

①大型机械施工的土石方、打桩、构件吊装及运输项目的台班消耗量应在劳动定额相应的机械台班定额基础上另加机械幅度差计算，在预算定额内编列机械台班的种类、型号和机械台班数量。

②混凝土搅拌机、卷扬机等中小型机械，由于是按小组配用，应以小组产量计算机械台班产量，不另增加机械幅度差。有些地区，混凝土搅拌机等中小型机械，不列入预算定额机械台班消耗指标内，而以“中小型机械费”列入预算定额其他直接费项目内，按建筑面积计算其费用，并入直接费；也有些地区把中小型机械与大型机械台班消耗指标同时列入定额项目表内。

3.4　建筑安装工程预算单价的确定

建筑安装工程预算单价由人工费、材料费、机械费组成，其中人工费、材料费和机械费的编制，简单地说，就是工、料、机的消耗量和工、料、机单价的结合过程。计算公式为

$$\text{分项工程预算单价} = \text{人工费} + \text{材料费} + \text{机械费}$$

式中

$$\text{人工费} = \sum(\text{人工工日消耗量} \times \text{人工日工资单价})$$

$$\text{材料费} = \sum(\text{各种材料耗用量} \times \text{相应的材料预算价格})$$

$$\text{机械费} = \sum(\text{各种机械台班使用量} \times \text{相应机械台班预算单价})$$

3.4.1　人工单价的确定

(1) 人工单价的概念和组成

人工单价是指一个建筑安装工人一个工作日在计价时应计入的全部人工费用。它基本反映了该地区建筑安装工人的工资水平。

按照现行规定，生产工人的人工单价由基本工资、工资性补贴、辅助工资、职工福利费及劳动保护费等内容组成，如表 3.2 所示。

表 3.2　人工单价组成内容

基本工资	岗位工资
	技能工资
	年功工资
工资性津贴	交通补贴
	流动施工津贴
	住房补贴
	煤、燃气补贴
	物价补贴
辅助工资	非作业日发放的工资和工资性补贴

续表

职工福利费	书报费
	洗理费
	取暖费
劳动保护费	劳保用品购置及修理费
	徒工服装补贴
	防暑降温费
	保健费用

(2)人工单价的确定方法

1)基本工资

基本工资是指发放生产工人的基本工资。生产工人的基本工资执行岗位工资和技能工资制度,分为岗位工资、技能工资和年功工资3部分。岗位工资按标准设8个岗次;技能工资分为初级工、中级工、高级工、技师和高级技师5类工资标准33档;年功工资是按职工工作年限确定的工资。

$$\text{基本工资}(G_1)=\frac{\text{生产工人平均月工资}}{\text{年平均每月法定工作日}}$$

式中

$$\text{年平均每月法定工作日}=\frac{(\text{全年日历日}-\text{法定假日})}{12}$$

2)工资性补贴

工资性补贴是指按规定标准发放的物价补贴,煤、燃气补贴,交通费补贴,住房补贴,流动施工津贴,以及地区津贴等。

$$\text{工资性补贴}(G_2)=\frac{\sum\text{年发放标准}}{\text{全年日历日}-\text{法定假日}}+\frac{\sum\text{月发放标准}}{\text{年平均每月法定工作日}}+\text{每工作日发放标准}$$

式中,法定假日是指双休日和法定节日。

3)辅助工资

辅助工资是指生产工人年有效施工天数以外非作业天数的工资。它包括职工学习、执行必要社会义务、培训期间的工资,调动工作、探亲、年休假期间的工资,因气候影响的停工工资,女工哺乳时间的工资。

$$\text{生产工人辅助工资}(G_3)=\frac{\text{全年无效工作日}\times(G_1+G_2)}{\text{全年日历日}-\text{法定假日}}$$

4)职工福利费

职工福利费是指按国家规定标准计提的职工福利费,即

$$\text{职工福利费}(G_4)=(G_1+G_2+G_3)\times\text{福利费计提比例}(\%)$$

5)生产工人劳动保护费

生产工人劳动保护费是指按国家规定标准发放的劳动保护用品的购置费及修理费,徒工

服装补贴,防暑降温费,在有碍身体健康环境中的施工保健费用等。

$$\text{生产工人劳动保护费}(G_5) = \frac{\text{生产工人年平均支出劳动保护费}}{\text{全年日历日} - \text{法定假日}}$$

(3)影响人工单价的因素

影响建筑安装工人人工单价的主要因素如下:

1)社会平均工资水平。社会平均工资水平取决于经济发展水平,随着我国经济的迅速发展,社会平均工资水平有大幅的增长,从而影响建筑安装工人人工单价的大幅提高。

2)生活消费指数。生活消费指数的变动决定于物价的变动,尤其决定于生活消费品物价的变动。生活消费指数的提高会带动人工单价的提高。

3)劳动力市场供需变化。劳动力市场供大于求,会导致人工单价降低;劳动力市场供不应求,会导致人工单价提高。

4)人工单价的组成内容。如住房消费、养老保险、医疗保险、失业保险等列入人工单价,会使人工单价提高。

5)社会保障和福利政策。各种保险和福利列入人工单价,也会使人工单价提高。

3.4.2 材料价格的确定

(1)材料价格的概念和组成

材料价格是指材料由来源地或交货地点,经中间转运,到达工地仓库或施工现场堆放地点后出库的综合平均价格。材料价格一般由材料原价(或供应价格)、材料运杂费、运输损耗费、采购及保管费组成。这4项构成了材料基价,此外,在计价时还应包括单独列项计算的检验试验费。

(2)材料价格的确定方法

1)材料基价

材料基价由材料原价(或供应价格)、材料运杂费、运输损耗费及采购保管费合计而成。

①材料原价(或供应价格)。是指材料的出厂价格,进口材料抵岸价或销售部门的批发牌价和市场采购价格(或信息价)。

在确定原价时,凡同一种材料因来源地、交货地、供货单位、生产厂家不同,而有几种价格(原价)时,根据不同来源地供货数量比例,采取加权平均的方法确定其综合原价。

例3.3 某地所建工程需要425#硅酸盐水泥,甲厂供应的原价为380元/吨,乙厂供应的原价为376元/吨,丙厂供应的原价为365元/吨,供应的比例为60%,30%,10%,求425#硅酸盐水泥的原价。

解 该水泥原价 $=380\times60\%+376\times30\%+365\times10\%=377.3$(元/吨)

②材料运杂费。是指材料自来源地运至工地仓库或指定堆放地点所发生的全部费用。含外埠中转运输过程中所发生的一切费用和过境过桥费用,包括调车和驳船费、装卸费、运输费及附加工作费等。

同一品种的材料有若干个来源地,应采用加权平均的方法计算材料运杂费。

另外,在运杂费中需要考虑为了便于材料运输和保护而发生的包装费。材料包装费用有两种情况:一种情况是包装费已计入材料原价中,此种情况不再计算包装费,如袋装水泥,水泥纸袋已包括在水泥原价中;另一种情况是材料原价中未包含包装费,如需包装时包装费则应计入材料价格内。

③运输损耗费。在材料的运输中应考虑一定的场外运输损耗费用。这是指材料在运输装卸过程中不可避免的损耗。运输损耗费的计算公式为

运输损耗费 =（材料原价 + 运杂费）× 相应材料损耗率

④采购及保管费。是指材料供应部门（包括工地仓库及其以上各级材料主管部门）在组织采购、供应和保管材料过程中所需的各项费用，包含采购费、仓储费、工地管理费和仓储损耗。

采购及保管费一般按照材料到库价格以费率取定。材料采购及保管费计算公式如下：

采购及保管费 = 材料运到工地仓库价格 × 采购及保管费率

或　　采购及保管费 =（材料原价 + 运杂费 + 运输损耗费）× 采购与保管费率

国家规定的综合采保费率为 2.5%（其中采购费率为 1%，保管费率为 1.5%）。由建设单位供应材料到现场仓库的，施工单位只收保管费。

综上所述，材料基价的计算公式为

材料基价 =（材料原价 + 运杂费）×（1 + 运输损耗率）×（1 + 采购与保管费率）

2）检验试验费

检验试验费是指对建筑材料、构件和建筑物进行一般鉴定、检查所发生的费用，包括自设实验室进行试验所耗用的材料和化学用品等费用，而不包括新结构、新材料的试验费和建设单位对具有出厂合格证明的材料进行检验，对构件做破坏性试验及其他特殊要求检验试验的费用。其计算公式为

$$检验试验费 = \sum(单位材料量消耗标准 \times 材料消耗量)$$

例 3.4　某工地需要购进某种地方材料，由甲、乙、丙 3 个生产厂供应，供应情况如表 3.3 所示。运输费 2.5 元/(t · km)，装卸费用为 10 元/t，途中损耗率 1%，采购保管费率 2.5%，计算该种材料的预算价格。

表 3.3　某种材料的供应情况表

供应厂家	出厂价格/(元 · t^{-1})	供货距离/km	供货比例/%
甲	250	15	45
乙	260	25	20
丙	240	20	35

解　材料原价 = 250 × 45% + 260 × 20% + 240 × 35% = 248.50（元/t）

平均运输距离 = 15 × 45% + 25 × 20% + 20 × 35% = 18.75（km）≈ 19（km）

材料运杂费 = 2.5 × 19 + 10 = 57.50（元/t）

材料运输损耗费 =（248.5 + 57.50）× 1% = 3.06（元/t）

采购保管费 =（248.5 + 57.50 + 3.06）× 2.5% = 7.73（元/t）

水泥预算价格 = 248.5 + 57.50 + 3.06 + 7.73 = 316.79（元/t）

（3）影响材料预算价格变动的因素

①材料生产成本的变动和市场供需变化。

②材料的供应体制和流通环节的多少。

③材料运输距离和运输方法的改变。

④国际市场行情会对进口材料价格产生影响。

3.4.3　施工机械台班单价的确定

(1)施工机械台班单价的概念和组成

施工机械台班单价以“台班”为计量单位,一台机械工作一班(一般为8 h)为一个台班。施工机械台班单价是指在一个台班中为保证机械正常运转所支出和分摊的各种费用之和。

施工机械台班单价一般由折旧费、大修理费、经常修理费、安拆及辅助设施费、进出场费、燃料动力费、人工费、养路费和车船使用税等费用组成。

(2)施工机械台班预算价格的确定

1)折旧费

折旧费是指机械设备在规定的使用期限内陆续收回原值及贷款利息等费用,即

台班折旧费 = [机械预算价格 ×(1 - 残值率)] × 时间价值系数 ÷ 耐用总台班

①机械预算价格

A. 国产机械的预算价格。国产机械预算价格按照机械原值、供销部门手续费和一次运杂费及车辆购置税之和计算。

a. 机械原值。国产机械原值应按下列途径询价、采集:编制期施工企业已购进施工机械的成交价格;编制期国内施工机械展销会发布的参考价格;编制期施工机械生产厂、经销商的销售价格。

b. 供销部门手续费和一次运杂费可按机械原值的5%计算。

c. 车辆购置税的计算。车辆购置税应按下列公式计算:

车辆购置税 = 计税价格 × 车辆购置税率

其中　　计税价格 = 机械原值 + 供销部分手续费和一次运杂费 - 增值税

车辆购置税应执行编制期间国家的有关规定。

B. 进口机械的预算价格。进口机械的预算价格按照机械原值、关税、增值税、消费税、外贸手续费和国内运杂费、财务费、车辆购置税之和计算。

a. 进口机械的机械原值按其到岸价格取定。

b. 关税、增值税、消费税及财务费应执行编制期国家有关规定,并参照实际发生的费用计算。

c. 外贸部门手续费和国内一次运杂费应按到岸价格的6.5%计算。

d. 车辆购置税的计税价格是到岸价格、关税和消费税之和。

②残值率

残值率是指机械报废时回收的残值占机械原值的百分比。残值率按目前有关规定执行:运输机械2%,掘进机械5%,特大型机械3%,中小型机械4%。

③时间价值系数

时间价值系数是指购置施工机械的资金在施工生产过程中随着时间的推移而产生的单位增值。其计算公式为

$$\text{时间价值系数} = 1 + \frac{(\text{折旧年限} + 1)}{2} \times \text{年折现率}$$

其中,年折现率应按编制期银行年贷款利率确定。

④耐用总台班

耐用总台班是指施工机械从开始投入使用至报废前使用的总台班数,应按施工机械的技术指标及寿命期等相关参数确定。

机械耐用总台班的计算公式为

$$\text{耐用总台班} = \text{折旧年限} \times \text{年工作台班} = \text{大修间隔台班} \times \text{大修周期}$$

年工作台班是根据有关部门对各类主要机械最近3年的统计资料分析确定。

大修间隔台班是指机械自投入使用起至第一次大修止或自上一次大修后投入使用起至下一次大修止,应达到的使用台班数。

大修周期是指机械正常的施工作业条件下,将其寿命期(即耐用总台班)按规定的大修理次数划分为若干个周期。其计算公式为

$$\text{大修周期} = \text{寿命期大修理次数} + 1$$

2)大修理费

大修理费是指机械设备按规定的大修间隔台班进行必要的大修理,以恢复机械正常功能所需的费用。台班大修理费是机械使用期限内全部大修理费之和在台班费用中的分摊额,它取决于一次大修理费用、大修理次数和耐用总台班的数量。其计算公式为

$$\text{大修理费} = \frac{\text{一次大修理费} \times \text{寿命期内大修理次数}}{\text{耐用总台班}}$$

①一次大修理费是指施工机械一次大修理发生的工时费、配件费、辅料费、油燃料费及送修运杂费。一次大修费应以《全国统一施工机械保养修理技术经济定额》为基础,结合编制期市场价格综合确定。

②寿命期大修理次数是指施工机械在其寿命期(耐用总台班)内规定的大修理次数,应参照《全国统一施工机械保养修理技术经济定额》确定。

3)经常修理费

经常修理费包括机械设备除大修以外的各种保养(包括一、二、三级保养)及临时故障排除所需的费用,为保障机械正常运转所需替换设备、随机使用工具、附件摊销和维护的费用,机械运转与日常保养所需的润滑油脂、擦拭材料费用;机械停置期间的维护保养费用等。

$$\text{经常修理费} = \frac{\sum(\text{各级保养一次费用} \times \text{寿命期各级保养总次数}) + \text{临时故障排除费}}{\text{使用总台班}} + \text{替换设备及工具附具费} + \text{例保辅料费}$$

或

$$\text{经常修理费} = \text{大修理费} \times K$$

式中,K为经常维修系数,如载重汽车系数为1.46,自卸汽车系数为1.52,塔式起重机系数为1.69等。

①各级保养一次费用。分别是指机械在各个使用周期内为保证机械处于完好状况,必须按规定的各级保养间隔周期,保养范围和内容进行的一、二、三级保养或定期保养所消耗的工时、配件、辅料、油燃料等费用。应以《全国统一施工机械保养修理技术经济定额》为基础,结合编制期市场价格综合确定。

②寿命期各级保养总次数。分别是指一、二、三级保养或定期保养在寿命期内各个使用周期中保养次数之和,应按照《全国统一施工机械保养修理技术经济定额》确定。

③临时故障排除费。是指机械除规定的大修理及各级保养以外,排除临时故障所需费用以及机械在工作日以外的保养维护所需润滑擦拭材料费,可按各级保养(不包括例保辅料费)费用之和的 3% 计算。

④替换设备及工具附具台班摊销费。是指轮胎、电缆、蓄电池、运输皮带、钢丝绳、胶皮管及履带板等消耗性设备和按规定随机配备的全套工具附具的台班摊销费用。

⑤例保辅料费。即机械日常保养所需润滑擦拭材料的费用。替换设备及工具附具台班摊销费、例保辅料费的计算应以《全国统一施工机械保养修理技术经济定额》为基础,结合编制期市场价格综合确定。

4)安拆费及场外运费

安拆费是指施工机械在现场进行安装与拆卸所需的人工、材料、机械和试运转费用,以及机械辅助设施的折旧、搭设、拆除等费用;场外运费是指施工机械整体或分体自停放地点运至施工现场或由一施工地点运至另一施工地点的运输、装卸、辅助材料及架线等费用。

安拆费及场外运费根据施工机械不同分为计入台班单价、单独计算和不计算 3 种类型。

①工地间移动较为频繁的小型机械及部分中型机械,其安拆费及场外运费应计入台班单价。台班安拆费及场外运费应按下列公式计算:

$$\text{安拆费及场外运费} = \text{一次安拆费及场外运费} \times \text{年平均安拆次数} \div \text{年工作台班}$$

A. 一次安拆费应包括施工现场机械安装和拆卸一次所需的人工费、材料费、机械费及试运转费。

B. 一次场外运费应包括运输、装卸、辅助材料和架线等费用。

C. 年平均安拆次数应以《全国统一施工机械保养修理技术经济定额》为基础,由各地区(部门)结合具体情况确定。

D. 运输距离均应按 25 km 计算。

②移动有一定难度的特、大型(包括少数中型)机械,其安拆费及场外运费应单独计算。

单独计算的安拆费及场外运费除应计算安拆费、场外运费外,还应计算辅助设施(包括基础、底座、固定锚桩及行走轨道枕木等)的折旧、搭设和拆除等费用。

③不需安装、拆卸且自身又能开行的机械和固定在车间不需安装、拆卸及运输的机械,其安拆费及场外运费不计算。

④自升式塔式起重机安装、拆卸费用的超高起点及其增加费,各地区(部门)可根据具体情况确定。

5)人工费

人工费是指专业操作机械的司机、司炉及操作机械的其他人员的工资,即

$$\text{台班人工费} = \text{人工消耗量} \times \left(1 + \frac{\text{年制度工作日} - \text{年工作台班}}{\text{年工作台班}}\right) \times \text{人工单价}$$

①人工消耗量是指机上司机(司炉)和其他操作人员工日消耗量。

②年制度工作日应执行编制期国家的有关规定。

③人工单价应执行编制期工程造价管理部门的有关规定。

6)燃料动力费

燃料动力费是指机械在运转时所消耗的电力、燃料、水、风力等费,即

$$\text{燃料动力费} = \text{台班燃料动力消耗量} \times \text{相应单价}$$

①燃料动力消耗量应根据施工机械技术指标及实测资料综合确定。例如,可采用下列公式计算为

$$台班燃料动力消耗量=\frac{实测数\times 4+定额平均值+调查平均值}{6}$$

②燃料动力单价应执行编制期工程造价管理部门的有关规定。

7)养路费及车船使用税

养路费及车船使用税是指机械按照国家和有关部门规定应交纳的养路费、车船使用税、保险费及年检费用等,即

$$养路费及车船使用税=\frac{年养路费+年车船使用税+年保险费+年检费用}{年工作台班}$$

①年养路费、年车船使用税、年检费用应执行编制期有关部门的规定。

②年保险费执行编制期有关部门强制性保险的规定,非强制性保险不应计算在内。

在计算机械台班费时,应注意以下两点:

A. 折旧费、大修理费、经常修理费、安拆费及场外运费是一种比较固定的经常费用,不论施工条件、施工地点、机械是否开动,都按全年的费用分摊到全年的每一个台班中。

B. 人工费、燃料动力费、养路费及车船使用税是可变费用,只有机械运转才会发生,并且随施工条件和地点的变化而变化。

3.5 建筑安装工程单位估价表

3.5.1 单位估价表的概念和组成内容

单位估价表是确定建筑安装产品直接费用的文件,它以建筑安装工程概预算定额规定的人工、材料、机械台班消耗量为依据,以货币形式表示分部分项工程单位概预算价值而制订的价格表。其组成内容主要有以下 3 个部分:

①完成该分项工程所需消耗的人工、材料和施工机械的实物数量。

②该分项工程消耗的人工、材料和施工机械的预算价格,即相应的人工工日单价、材料预算价格和施工机械台班使用费。

③该分项工程的定额基价,即是将预算定额规定的人工、材料、施工机械台班消耗量与相应的人工、材料、施工机械台班单价相乘,计算出分项工程的人工费、材料费和施工机械台班使用费,然后将这 3 项费用相加而成,即

$$定额基价=人工费+材料费+机械费$$

$$人工费=概预算定额人工工日数\times 地区相应人工预算价格$$

$$材料费=\sum(概预算定额材料消耗数量\times 地区材料预算价格)$$

$$机械费=\sum(概预算定额机械消耗数量\times 地区相应机械台班预算价格)$$

3.5.2 单位估价表的分类

单位估价表按其编制依据、编制对象及适用范围的不同等,可做如下分类:

(1)按工程性质划分

①建筑工程单位估价表是指用于建筑工程的单位估价表。

②设备安装工程单位估价表是指用于设备安装工程的单位估价表。

(2)按编制依据划分

①定额单位估价表是指根据预算定额编制的单位估价表。

②补充单位估价表是指由于定额单位估价表中有缺项而补充编制的单位估价表。

(3)按编制对象划分

①个别工程单位估价表是指为某一个别工程而专门编制的单位估价表。

②地区工程估价表是指为某一特别地区的所有工程而统一编制的单位估价表。

3.5.3　单位估价表的编制依据和编制步骤

(1)单位估价表的编制依据

①现行全国统一概预算定额、本地区统一概预算定额及有关定额资料。

②现行地区的工资标准。

③现行地区材料预算价格。

④现行地区施工机械台班预算价格。

⑤国务院有关地区单位估价表的编制方法及其他有关规定。

⑥其他有关资料。

(2)单位估价表的编制步骤

1)选定预算定额项目

单位估价表是针对某一地区使用而编制的,因此要选用本地区适用的定额项目(包括定额项目名称、定额消耗量和定额计量单位等),本地区不用的项目可不编入单位估价表。本地区常用的预算定额中没有的项目可做补充完善,以满足使用要求。

2)抄录预算定额人工、材料、机械台班消耗数量

将预算定额中所选用的项目的人工、材料、机械台班消耗数量,抄录在单位估价表的分项工程相应栏目中。

3)选择和填写单价

将地区工资标准、材料预算价格、施工机械台班预算价格分别填入工程单价计算表中相应的单价栏内。

4)进行基价计算

基价计算可直接在单位估价表中进行,也可通过工程单价计算表计算出各项费用后,再把结果填入单位估价表。

5)复核与审批

将单位估价表中数量、单价、费用等认真进行核对,以便纠正错误,汇总成册,由主管部门审批后,可出版印刷并颁发执行。

3.5.4　单位估价表与预算定额、综合预算定额的关系与区别

从理论上讲,预算定额只规定单位分项工程或结构构件的人工、材料、机械台班消耗的数量标准,不用货币表示。地区单位估价表是将单位分项工程或结构构件的人工、材料、机械台

班消耗量在本地区用货币形式表示,一般不列工、料、机消耗的数量标准。但实际上,为了便于进行施工图预算的编制,有些地区往往将预算定额与地区单位估价表合并,即在预算定额中不仅列出“三量”指标及定额基价,还列出基价所依据的单价并在附录中列出材料预算价格,使预算定额与地区单位估价表融为一体。

综合预算定额是在预算定额或单位估价表的基础上,在合理确定定额水平的前提下,对定额项目进行综合扩大,使定额项目减少,定额项目包括的工作内容增加。用综合预算定额编制预算,可以简化编制手续,节省编制时间,提高工作效率。

综合预算定额一般有两种表现形式:一种是定额的形式,即在综合预算定额内,不仅表现价格,还表现主要工程量、用工数量及主要材料消耗量。另一种是单位估价表,即只表示定额基价,不表示人工、材料、机械台班消耗量。

复习思考题

1. 什么是预算定额?预算定额的作用是什么?
2. 预算定额与施工定额的区别是什么?
3. 在什么情况下可以进行定额的换算?如何换算?
4. 预算定额的编制依据和原则是什么?
5. 预算定额的计量单位是如何确定的?
6. 预算定额人工消耗量指标包括哪些内容?如何计算?
7. 预算定额中的主要材料消耗量是怎样确定的?次要材料消耗量在定额中是如何表示的?
8. 预算定额机械台班消耗量指标是如何确定的?
9. 预算定额中日工资标准由哪几部分组成?
10. 材料预算价格由哪些费用组成?如何计算?
11. 施工机械台班预算价格由哪几部分组成?如何计算?
12. 什么是单位估价表?其基价是如何确定的?

第 4 章 概算定额、概算指标与投资估算指标

4.1 概算定额

4.1.1 概算定额的概念

建筑工程概算定额，又称扩大结构定额，是在预算定额的基础上以主要分项工程为准综合相关分项的扩大定额。它是国家或授权机关为了编制概算，规定生产一定计量单位的建筑工程、扩大结构构件或扩大分项工程所需要的人工、材料和施工机械台班消耗量及费用的数量标准。

概算定额的项目划分是在预算定额的基础上进一步综合和扩大，以主体结构分部为主，根据施工顺序相衔接和关联性较大的分项工程划分项目。例如，挖地槽、砌筑基础、敷设防潮层、回填土及余土外运等工程内容，在预算中分别编制 5 个分项工程定额。在概算定额中，将这 5 个施工顺序衔接和关联的分项工程合并为一个扩大分项工程砖基础定额。由于概算定额综合了若干分项工程预算定额项目，比预算定额更具综合性。因此，同一工程概算中各子目录的计算比预算子目录的计算简便，概算书的编制比预算简化了很多，但精确度相对降低了。

4.1.2 概算定额的作用

①概算定额是初步设计阶段编制建设项目概算的依据。基本建设程序规定，采用两阶段设计时，初步设计必须编制概算；采用三阶段设计时，技术设计必须编制修正概算，对拟建项目进行总评估。

②概算定额是对设计方案进行技术经济分析、比较和选择的依据。通过分析比较，在满足使用功能的条件下，选择出技术先进可靠、造价低、资源消耗少的方案。

③概算定额是编制主要材料需要量的计算基础。以便在施工图设计之前提出各种资源的需求计划，为材料的供应做好准备。

④概算定额是国家控制基本建设拨款、施工图预算及进行竣工决算的依据。

⑤概算定额是确定基本建设项目投资额，编制基本建设计划的依据。

⑥概算定额是在实行工程总承包时工程价款结算的依据。

⑦概算定额是编制概算指标的基础。

4.1.3 概算定额的内容

概算定额一般包括下列主要内容：

(1)总说明

说明概算定额的编制目的、编制依据、编制原则、工程内容、用途、适用范围和有关规定，建筑面积计算规则、某些费用的取费标准和工程概算造价的计算公式，并说明在定额中考虑和没有考虑的因素等。

(2)定额项目表格

一般土建工程概算定额按结构性质可划分为土石方工程、基础工程、墙壁工程、梁柱工程、楼地面工程、屋面工程、天棚工程、门窗及木装修工程、金属结构工程、构筑物工程及其他工程等。

各节定额由工程内容和定额表组成，并加必要的附注：

1)工程内容

说明各定额项目所包括的工程组成部分。

2)定额表

列出概算定额的基价及人工、主要材料、施工机械台班消耗数量。

4.1.4 概算定额的编制

(1)概算定额的编制原则

概算定额应贯彻社会平均水平和简明适用的原则。概算定额在工程取值、工程标准和施工方法进行综合取定时，允许与预算定额水平之间有一个必要的幅度差，一般控制在5%以内，并分别计入概算定额综合基价中。概算定额的编制尽量不留或少留活口。

由于概算定额编制时间较长，往往不能进行及时修订，因此，概算定额在未修订前要及时进行调整。

(2)概算定额的编制依据

概算定额的编制依据如下：

①现行的标准设计图纸、设计规范和施工验收规范。

②现行的概算定额及其编制资料。

③现行的预算定额。

④现行的人工工资标准、材料预算价格、机械台班预算价格等。

⑤现行的建筑工程间接费定额、利润及有关工程的施工图预算和结算资料。

(3)概算定额的编制步骤

1)准备阶段

准备阶段主要是确定编制机构和人员组成，并进行调查研究，收集各种编制依据，了解现行概算定额执行情况与存在问题，制订概算定额的编制细则和项目划分。

2)编制阶段

根据制订的编制细则、项目划分和工程量计算规则，对收集到的设计图纸和资料进行细致的分析和测算,编出概算定额初稿。将概算定额的分项定额总水平与预算水平相比较,幅度差应控制在允许的幅度之内,以保证两者在水平上的一致性。

3)审查报批阶段

在广泛征求意见的基础上形成报批稿,送国家授权单位审批。

4)概算定额的编制方法

编制概算定额时,首先,根据审定的图纸(现行的标准构件和配件施工图,标准设计和经济合理的设计)计算工程量;然后,根据工程量和预算定额计算人工、材料和施工机械台班消耗量;最后,根据人工、材料、施工机械台班消耗数量和地区工资标准、材料预算价格、施工机械台班预算价格计算每个概算定额的基价。

概算定额的项目划分要简明适用,以立体结构分部工程为主合并有关部分,在预算定额的基础上,根据建筑工程通用图和标准图等资料,进行适当地综合扩大预算定额的分项工程。具体编制概算定额时,应注意以下 3 点:

①概算定额的表现形式为分节的定额表格,其计量单位、小数取位应与预算定额一致。定额的计量单位通常在定额表的右上角,若表中有个别项目的计量单位不同的,应在项目栏中予以标注。

②概算定额项目一般按施工程序排列,定额中分章、节、项目 3 级,分部工程为章,每章中列有节,每节中又分为项目。

③定额中只为某章或某节服务的表,应作为附表附在章节的后面;为多数章节服务的表,应作为附录排列在整个定额的最后。个别章节的附注,应列在定额表的左下角。

4.2　概算指标

4.2.1　概算指标的概念及作用

概算指标是以整个建筑物或构筑物为对象,以建筑面积、体积或成套设备装置的台或组为计量单位而规定的人工、材料和机械台班的消耗量标准和造价指标。

概算指标一般按整个房屋每百平方米建筑面积、每千立方米建筑体积(一般民用建筑为百平方米,工业建筑为千立方米)或每座构筑物规定人工、材料和施工机械台班的消耗量,比概算定额进一步综合、扩大。因此,根据概算指标编制概算比根据概算定额编制概算更加简化。

概算指标的主要作用如下:

①概算指标是设计单位在方案设计阶段编制投资估算的依据。

②概算指标是对设计方案进行技术经济分析、衡量设计水平、选择设计方案和考核基本建设投资效果的依据。

③概算指标是编制初步设计概算的依据。

④概算指标是编制基本建设投资计划和确定主要材料需求量的依据。

4.2.2 概算指标的内容及分类

(1)概算指标的内容

概算指标的内容一般包括文字说明和列表形式两部分,以及必要的附录。

1)文字说明

文字说明包括总说明和分册说明。其内容一般包括概算指标的作用、编制依据、适用范围、分册情况、工程量计算规则和指标使用方法等。

2)列表形式

①建筑结构示意图。说明建筑物、构筑物的结构形式,工业厂房还表示出吊车起重能力。

②结构特征及工程量指标。说明构造的内容及每百平方米建筑面积(或每千立方米建筑体积)的扩大分项工程量指标。

③经济指标。说明每百平方米(或每千立方米、每座构筑物)的造价,以及人工、主要材料消耗指标。

(2)概算指标的分类

概算指标分为建筑工程概算指标和设备安装工程概算指标两类。

1)建筑工程概算指标

①一般土建工程概算指标。

②给排水工程概算指标。

③采暖工程概算指标。

④通信工程概算指标。

⑤电气照明工程概算指标。

⑥工业管道工程概算指标。

2)设备安装工程概算指标

①机器设备及安装工程概算指标。

②电气设备及安装工程概算指标。

③器具及生产家具购置费概算指标。

4.2.3 概算指标的编制

(1)概算指标的编制原则

①概算指标按社会平均水平确定的原则。

②概算指标内容和表现形式简明适用的原则。

③概算指标编制依据具有代表性的原则。

(2)概算指标的编制依据

①标准设计图纸和各类工程典型设计。

②国家颁发的设计标准、设计规范、建筑标准和施工规定等。

③现行的概算定额、预算定额及补充定额资料等。

④现行的人工工资标准、材料预算价格和机械台班预算价格。

⑤国家和地区颁发的工程造价指标及有关文件。

⑥各种类型的典型工程结算资料。

(3)**概算指标的编制步骤**

概算指标一般按下列 3 个阶段进行编制：

1)准备阶段。首先成立编制小组，拟订工作方案，明确编制原则和方法，确定指标的内容及表现形式，收集整理有关文件资料。

2)编制阶段。按指标内容和表现形式的要求进行具体的计算分析，计算建筑面积(体积)和各分项工程量，编制单位工程预算书，确定工、料、机消耗量指标。

3)审定审批阶段。要对初步确定的概算指标进行认真的审核、平衡分析和水平测算，并做必要的调整后定稿，送国家授权机关审批。

(4)**概算指标的编制方法**

1)根据选定的图纸(现行的标准设计、经济合理的设计)计算工程量，计算出建筑面积(体积)和各分部分项工程量，并将项目进行适当合并，以每百平方米(每千立方米)为计量单位，换算出合并后所含的扩大分项工程量指标。

折算工程量指标的计算公式为

折算工程量指标 = 分部分项工程量 × 概算指标的计量单位/单位工程总建筑面积(体积)

例 4.1　办公楼的建筑面积为 6 000 平方米，砖基础的工程量为 500 立方米，则 100 平方米建筑面积的砖基础折算工程量指标为

$$500 \times 100/6\ 000 = 8.33(\text{立方米})$$

2)根据分项工程量和预算定额、地区工资标准、地区材料预算价格、地区机械台班预算价格等资料编制预算，并求出整个房屋(包括土建、水卫、照明等各单位工程)每平方米建筑面积(或每千立方米体积)的预算造价和人工、机械、主要材料消耗量指标。

构筑物以座为单位编制概算指标，计算工程量并根据工程量和预算定额、地区工资标准、地区材料预算价格、地区机械台班预算价格等资料编制出的预算，即每座构筑物的概算指标。

4.3　投资估算指标

4.3.1　投资估算指标的概念及作用

工程建设投资估算指标是项目建设前期对建设项目从立项筹建到竣工验收交付使用的总投资进行估算的技术经济指标。以投资估算指标为依据编制的投资估算，包含整个项目建设的全部投资。估算指标是编制建设项目建议书、可行性研究报告等前期工作阶段投资估算的依据，是合理确定项目投资的基础，在固定资产的投资中起着预测、控制和效益分析的作用。估算指标对提高估算的准确度，对建设项目的合理评估、正确决策具有重要意义。

投资估算指标比其他计价定额、指标具有更大的综合性和概括性。

4.3.2　投资估算指标的内容

投资估算指标的范围涉及建设前期、建设实施期和竣工验收交付使用期等各个阶段的费用支出，其内容一般可分为单位工程指标、单项工程指标和建设项目综合指标。

(1)单位工程指标

单位工程指标是指按规定应列入能独立设计、施工的工程项目的费用,即建筑安装工程费用,其费用组成包括直接费、间接费、利润和税金。

单位工程指标一般表示为:房屋区别不同结构形式以“元/平方米”表示,道路区别不同结构层、面层以“元/平方米”表示,水塔区别不同结构层、容积以“元/座”表示,管道区别不同材质、管径以“元/米”表示。

(2)单项工程指标

单项工程指标是指按规定应列入能独立设计、独立施工、独立发挥生产能力或使用效益的单项工程内的全部投资额,包括建筑工程费、安装工程费、设备、工器具及生产家具购置费和其他费用。

单项工程一般划分如下:

1)主要生产工程项目。根据建设项目的性质和设计要求确定,是指直接参加生产产品的工程项目,如生产车间或生产装置。

2)辅助生产工程项目。是指为主要生产车间服务的工程项目,如机修车间、工具车间、木工车间及仓库等。

3)公用基础配套设施工程项目。包括给排水系统(如泵房、水塔、水池及外管等),供电及通信系统(如变电、配电所、广播站及输电、通讯线路等),供汽系统(如锅炉房、供热站及外管),总图运输工程(如码头、围墙、大门、公路、铁路、道路及运输车辆),厂外工程(如厂外输水管道、厂外供电线路等),环保工程(如“三废”处理、综合利用设施和绿化工程等)。

4)福利设施工程项目。包括生活、福利、文化、教育及服务性工程(如住宅、宿舍、厂部办公室、浴室、医务室、图书馆及子弟学校等)。

单项工程指标一般以单项工程的生产能力单位投资表示,如变配电站以元/(kV·A)表示,锅炉房以元/吨表示,供水站以元/立方米表示,房屋以元/平方米表示。

(3)建设项目综合指标

建设项目综合指标是指按规定应列入建设项目总投资的从立项筹建开始至竣工验收交付使用的全部投资,包括单项工程投资、工程建设其他费用和预备费、贷款利息、固定资产投资方向调节税等。

建设项目综合指标一般以项目的综合生产能力单位投资表示,如元/平方米、元/吨等。

4.3.3 投资估算指标的编制

(1)投资估算指标的编制原则

1)估算指标的项目划分、项目内容、表现形式应符合编制建设项目建议书和可行性研究报告的需要。同时,贯彻能分能合、有粗有细、细算粗编的原则,做到既能综合使用又能个别分解使用。

2)估算指标既要反映当前正常建设条件下的造价水平,又能适应以后几年的科技发展水平,坚持技术上先进、可行和经济上的合理。

3)估算指标要反映不同行业、项目和工程的特点,有一定的深度和广度,具有更大的综合性。

4)估算指标的编制要贯彻静态和动态相结合的原则,充分考虑建设期的动态因素,最大限度地减少动态因素对投资估算准确度的影响。

(2)**投资估算指标的编制方法**

估算指标一般按以下 3 个阶段进行编制:

1)收集整理资料阶段。收集已建成或正在建设的,符合现行技术政策和技术发展方向、有代表性的工程设计施工图、标准设计,以及相应的施工图预算、竣工决算等资料,对资料和数据进行认真的分析、整理及归类,按照编制年度的现行定额、费用标准和价格,调整成编制年度的造价水平及相互比例。

2)平衡整理阶段。收集的资料经过分析、整理和归类,但由于设计方案、建设条件和时间的不同会带来差异和影响,数据可能会失准或多项漏项等,必须对资料进行综合、平衡、调整。

3)测算审查阶段。将新编的估算指标和选定工程的概预算在同一价格条件下进行比较,测算其"量差"的偏离程度是否符合编制要求,如果偏差过大,则要进行修正。在认真测算并做必要的调整后定稿,送国家授权机关审批。

复习思考题

1. 什么是概算定额?它有哪些作用?
2. 什么是概算指标?它有哪些作用?
3. 概算定额与预算定额有哪些区别?
4. 概算定额与概算指标有哪些区别?
5. 概算定额如何使用?

第 2 篇
建筑工程概预算

第 5 章

建筑安装工程概预算概述

5.1　建筑安装工程概预算分类

建筑安装工程概预算是指在执行工程建设程序过程中，根据不同的设计阶段设计文件的具体内容和国家（或地方主管部门）规定的定额、指标及各项取费标准，预先计算和确定建设项目投资额中建筑安装工程部分所需要的全部投资额的文件。

按设计阶段和编制依据的不同，建筑安装工程概预算可分为设计概算、施工图预算和施工预算3种。

（1）**设计概算**

设计概算是指在初步设计阶段，由设计单位根据初步设计或扩大初步设计图纸、概算定额（或概算指标）、各项费用定额（或取费标准）等有关资料，预先计算和确定建筑安装工程费用的文件。

概算文件应包括建设项目总概算、单项工程综合概算、单位工程概算及其他工程和费用概算。

（2）**施工图预算**

施工图预算是指在施工图设计阶段，当工程设计完成后，在工程开工前，由施工单位根据施工图纸计算的工程量、施工组织设计和国家（或地方主管部门）规定的现行预算定额、单位估价表及各项费用定额（或取费标准）等有关资料，预先计算和确定建筑安装工程建设费用的文件。

（3）**施工预算**

施工预算是施工单位内部编制的一种预算。它是指施工阶段在施工图预算的控制下，施工单位根据施工图计算的工程量、施工定额、单位工程施工组织设计等资料，通过工料分析，预先计算和确定完成一个单位工程或其中的分部工程所需的人工、材料、机械台班消耗量及其相应费用的文件。

施工预算是签发施工任务单、限额领料、开展定额经济包干、实行按劳分配的依据，也是施工企业开展经济活动分析和进行施工预算与施工图预算的对比依据。

5.2 建筑安装工程费用的构成与确定

5.2.1 建筑安装工程费用项目组成

为了适应工程计价改革工作的需要，按照国家有关法律、法规，并参照国际惯例，建设部、财政部在总结建设部、中国人民建设银行《关于调整建筑安装工程费用项目组成的若干规定》(建标[1993]894号)执行情况的基础上，制订了《建筑安装工程费用项目组成》(建标[2003]206号)，自2004年1月1日起实施。

按照《建筑安装工程费用项目组成》(建标[2003]206号)文件的规定，建筑安装工程费由直接费、间接费、利润和税金组成，如图5.1所示。

(1)直接费

直接费是由直接工程费和措施费组成。

1)直接工程费

直接工程费是指施工过程中耗费的构成工程实体的各项费用，包括人工费、材料费、施工机械使用费。

①人工费：是指直接从事建筑安装工程施工的生产工人开支的各项费用。其内容包括如下：

A.基本工资：是指发放给生产工人的基本工资。

B.工资性补贴：是指按规定标准发放的物价补贴，煤、燃气补贴，交通补贴，住房补贴，以及流动施工津贴等。

C.生产工人辅助工资：是指生产工人年有效施工天数以外非作业天数的工资，包括职工学习，培训期间的工资，调动工作、探亲、休假期间的工资，因气候影响的停工工资，病假在6个月以内的工资及产、婚、丧假期的工资。

D.职工福利费：是指按规定标准计提的职工福利费。

E.生产工人劳动保护费：是指按规定标准发放的劳动保护用品的购置费及修理费，徒工服装补贴，防暑降温费，以及在有碍身体健康环境中施工的保健费用等。

②材料费：是指施工过程中耗费的构成工程实体的原材料、辅助材料、构配件、零件及半成品的费用。其内容包括以下：

A.材料原价(或供应价格)。

B.材料运杂费：是指材料自来源地运至工地仓库或指定堆放地点所发生的全部费用。

C.运输损耗费：是指材料在运输过程中不可避免的损耗。

D.采购及保管费：是指为组织采购、供应和保管材料过程中所需要的各项费用。它包括采购费、仓储费、工地保管费及仓储损耗。

E.检验试验费：是指对建筑材料、构件和建筑物进行一般鉴定、检查所发生的费用，包括自设实验室进行试验所耗用的材料和化学用品等费用。它不包括新结构、新材料的试验费和建设单位对具有出厂合格证明的材料进行检验，对构件做破坏性试验及其他特殊要求检验试验的费用。

③施工机械使用费：是指施工机械作业所发生的机械使用费及机械安拆费和场外运费。

- 建筑安装工程费
  - 直接费
    - 直接工程费
      - 1. 人工费
      - 2. 材料费
      - 3. 施工机械使用费
    - 措施费
      - 1. 环境保护
      - 2. 文明施工
      - 3. 安全施工
      - 4. 临时设施
      - 5. 夜间施工
      - 6. 二次搬运
      - 7. 大型机械设备进出场及安拆
      - 8. 混凝土、钢筋混凝土模板及支架
      - 9. 脚手架
      - 10. 已完工程及设备保护
      - 11. 施工排水、降水
  - 间接费
    - 规费
      - 1. 工程排污费
      - 2. 工程定额测定费
      - 3. 社会保障费
      - (1)养老保险费
      - (2)失业保险费
      - (3) 医疗保险费
      - 4. 住房公积金
      - 5. 危险作业意外伤害保险
    - 企业管理费
      - 1. 管理人员工资
      - 2. 办公费
      - 3. 差旅交通费
      - 4. 固定资产使用费
      - 5. 工具用具使用费
      - 6. 劳动保险费
      - 7. 工会经费
      - 8. 职工教育经费
      - 9. 财产保险费
      - 10. 财务费
      - 11. 税金
      - 12. 其他
  - 利润
  - 税金

图 5.1　建筑安装工程费的组成

施工机械台班单价应由下列 7 项费用组成:

A. 折旧费:是指施工机械在规定的使用年限内,陆续收回其原值及购置资金的时间价值。

B. 大修理费:是指施工机械按规定的大修理间隔台班进行必要的大修理,以恢复其正常功能所需费用。

C. 经常修理费:是指施工机械除大修理以外的各级保养和临时故障排除所需的费用。它包括为保障机械正常运转所需替换设备与随机配备工具附具的摊销和维护费用,机械运转中日常保养所需润滑与擦拭的材料费用,以及机械停滞期间的维护和保养费用等。

D. 安拆费及厂外运费:安拆费是指施工机械在现场进行安装与拆卸所需的人工、材料、机械和试运转费用及机械辅助设施的折旧、搭设、拆除等费用;场外运费是指施工机械整体或分体自停放地点运指施工现场或由一施工地点运至另一施工地点的运输、装卸、辅助材料及架线等费用。

E. 人工费:是指机上司机(司炉)和其他人员的工作日人工费及上述人员在施工机械规定的年工作台班以外的人工费。

F. 燃料动力费:是指施工机械在运转作业中所消耗的固体燃料(煤、木柴),液体燃料(汽油、柴油)及水、电等。

G. 养路费及车船使用税:是指施工机械按照国家规定和有关部门规定应缴纳的养路费、车船使用税、保险费及年检费等。

2)措施费

措施费是指完成工程项目施工、发生于该工程施工前和施工过程中非工程实体项目的费用。

其内容包括如下:

①环境保护费:是指施工现场为达到环保部门要求所需要的各项费用。

②文明施工费:是指施工现场文明施工所需各项费用。

③安全施工费:是指施工现场安全施工所需各项费用。

④临时设施费:是指施工企业为进行建筑工程施工所必需搭设的生活和生产用的临时建筑物、构筑物和其他临时设施费用等。

临时设施包括:临时宿舍、文化福利及公用事业房屋与构筑物,仓库、办公室、加工厂,以及规定范围内道路、水、电、管线等临时设施和小型临时设施。

临时设施费用包括临时设施的搭设、维修、拆除费或摊销费。

⑤夜间施工费:是指因夜间施工所发生的夜间补助费、夜间施工降效、夜间施工照明设备摊销及照明用电等费用。

⑥二次搬运费:是指因施工场地狭小等特殊情况而发生的二次搬运费用。

⑦大型设备进出场及安拆费:是指机械整体或分体自停放场地运指施工现场或由一个施工地点运至另一个施工地点,所发生的机械进出场运输及转移费用及机械在施工现场进行安装、拆卸所需的人工费、材料费、机械费、试运转费和安装所需的辅助设施的费用。

⑧混凝土、钢筋混凝土模板及支架费:是指混凝土施工过程中所需要的各种钢模板、木模板、支架等的支、拆、运输费用及模板、支架的摊销(或租赁)费用。

⑨脚手架费:是指施工需要的各种脚手架的搭、拆、运输费用及脚手架的摊销(或租赁)费用。

⑩已完工程及设备保护费:是指竣工验收前,对已完成工程及设备进行保护所需费用。

⑪施工排水、降水费:是指为确保工程在正常条件下施工,采取各种排水、降水措施所发生的各项费用。

(2)间接费

间接费是由规费、企业管理费组成。

1)规费

规费是指政府和有关权力部门规定必须缴纳的费用(简称规费)。其内容包括如下:

①工程排污费:是指施工现场按规定缴纳的工程排污费。

②工程定额测定费:是指按规定支付工程造价(定额)管理部门的定额测定费。

③社会保障费:

A. 养老保险费:是指企业按规定标准为职工缴纳的基本养老保险费。

B. 失业保险费:是指企业按照国家规定标准为职工缴纳的失业保险费。

C. 医疗保险费:是指企业按规定标准为职工缴纳的基本医疗保险费。

④住房公积金:是指企业按规定标准为职工缴纳的住房公积金。

⑤危险作业意外伤害保险:是指按照建筑法规定,企业为从事危险作业的建筑安装施工人员支付的意外伤害保险费。

2)企业管理费

企业管理费是指建筑安装企业组织施工生产和经营管理所需的费用。

其内容包括如下:

①管理人员工资:是指管理人员的基本工资、工资性补贴、职工福利费及劳动保护费。

②办公费:是指企业管理办公用的文具、纸张、账表、印刷、邮电、书报、会议、水电、烧水和集体取暖(包括现场临时宿舍取暖)用煤等费用。

③差旅交通费:是指职工因公出差、调动工作的差旅费、住勤补助费,市内交通费和误餐补助费、职工探亲路费、劳动力招募费、职工离退费、退职一次性路费、工伤人员就医费、工地转移费,以及管理部门使用的交通工具的油料、燃料、养路费及牌照费。

④固定资产使用费:是指管理和试验部门及附属生产单位使用的属于固定资产的房屋、设备仪器等的折旧、大修、维修或租赁费。

⑤工具用具使用费:是指管理使用的不属于固定资产的生产工具、起居、家具、交通工具和检验、试验、测绘、消防用具等的购置、维修和摊销费。

⑥劳动保险费:是指由企业支付离退休职工的易地安家补助费、职工退职金,6 个月以上的病假人员工资,职工死亡丧葬补助费、抚恤费,以及按规定支付给离休干部的各项经费。

⑦工会经费:是指企业按职工工资总额计提的工会经费。

⑧职工教育经费:是指企业为职工学习先进技术和提高文化水平,按职工工资总额计提的经费。

⑨财产保险费:是指施工管理用财产、车辆保险。

⑩财务费:是指企业为筹集资金而发生的各种费用。

⑪税金:是指企业按规定缴纳的房产税、车船使用税、土地使用税及印花税等。

⑫其他:包括技术转让费、技术开发费、业务招待费、绿化费、广告费、公证费、法律顾问费、审计费及咨询费等。

(3)**利润**

利润是指施工企业完成所承包工程获得的盈利。

(4)**税金**

税金是指国家税法规定的应计入建筑安装工程造价内的营业税、城市维护建设税及教育费附加等。

①营业税的税率。国家规定,建筑安装工程营业税按营业收入额(即建筑安装工程全部收入)的 3% 计算。

②城市维护建筑税的税率。国家规定,城市维护建设税的税率要根据纳税人所在地不同,可分3种情况予以确定。

纳税人所在地在市区者,为营业税的7%,即3%×7%=0.21%。

纳税人所在地在县城、镇者,为营业税的5%,即3%×5%=0.15%。

纳税人所在地不在市区、县城或镇者,为营业税的1%,即3%×1%=0.03%

③教育费附加税的税率。国家规定,教育费附加税率为营业税的3%,即3%×3%=0.09%。

5.2.2　建筑安装工程费用计算方法

(1)直接费

1)直接工程费

$$\text{直接工程费}=\text{人工费}+\text{材料费}+\text{施工机械使用费}$$

①人工费

$$\text{人工费}=\sum(\text{工日消耗量}\times\text{日工资单价})$$

$$\text{日工资单价}(G)=\sum_{1}^{5}G$$

A.基本工资

$$\text{基本工资}(G_1)=\frac{\text{生产工人平均月工资}}{\text{年平均每月法定工作日}}$$

B.工资性补贴

$$\text{工资性补贴}(G_2)=\frac{\sum\text{年发放标准}}{\text{全年日历日}-\text{法定假日}}+\frac{\sum\text{月发放标准}}{\text{年平均每月法定工作日}}+\text{每工作日发放标准}$$

C.生产工人辅助工资

$$\text{生产工人辅助工资}(G_3)=\frac{\text{全年无效工作日}\times(G_1+G_2)}{\text{全年日历日}-\text{法定假日}}$$

D.职工福利费

$$\text{职工福利费}(G_4)=(G_1+G_2+G_3)\times\text{福利费计提比例}(\%)$$

E.生产工人劳动保护费

$$\text{生产工人劳动保护费}(G_5)=\frac{\text{生产工人年平均支出劳动保护费}}{\text{全年日历日}-\text{法定假日}}$$

②材料费

$$\text{材料费}=\sum(\text{材料消耗量}\times\text{材料基价})+\text{检验试验费}$$

A.材料基价

$$\text{材料基价}=(\text{供应价格}+\text{运杂费})\times(1+\text{运输损耗费率})\times(1+\text{采购保管费率})$$

B.检验试验费

$$\text{检验试验费}=\sum(\text{单位材料量消耗标准}\times\text{材料消耗量})$$

③施工机械使用费

$$\text{施工机械使用费}=\sum(\text{施工机械台班消耗量}\times\text{机械台班单价})$$

机械台班单价 = 台班折旧费 + 台班大修费 + 台班经常修理费 + 台班安拆费及场外运费 + 台班人工费 + 台班燃料动力费 + 台班养路费及车船使用税

2)措施费

本规则中只列通用措施费项目的计算方法,各专业工程的专用措施费项目的计算方法由各地区或国务院有关专业主管部门的工程造价管理机构自行制订。

①环境保护费

$$环境保护费 = 直接工程费 \times 环境保护费费率(\%)$$

$$环境保护费费率(\%) = \frac{本项费用年度平均支出}{全年建安产值 \times 直接工程费占总造价比例(\%)}$$

②文明施工费

$$文明施工费 = 直接工程费 \times 文明施工费费率(\%)$$

$$文明施工费费率 = \frac{本项费用年度平均支出}{全年建安产值 \times 直接工程费占总造价比例(\%)}$$

③安全施工费

$$安全施工费 = 直接工程费 \times 安全施工费费率(\%)$$

$$安全施工费费率(\%) = \frac{本项费用年度平均支出}{全年建安产值 \times 直接工程费占总造价比例(\%)}$$

④临时设施费

临时设施费由以下 3 部分组成:

A. 周转使用临建(如活动房屋)。

B. 一次性使用临建(如简易建筑)。

C. 其他临时设施(如临时管线)。

临时设施费 =(周转使用临建费 + 一次性使用临建费)×[1 + 其他临时设施所占比例(%)]

其中:

a. 周转使用临建费

$$周转使用临建费 = \sum \left[\frac{临建面积 \times 每平方米造价}{使用年限 \times 365 \times 利用率(\%)} \times 工期(天) \right] + 一次性拆除费$$

b. 一次性使用临建费

$$一次性使用临建费 = \sum 临建面积 \times 每平方米造价 \times [1 - 残值率(\%)] + 一次性拆除费$$

c. 其他临时设施在临时设施费中所占比例,可由各地区造价管理部门依据典型施工企业的成本资料经分析后综合测定。

⑤夜间施工增加费

$$夜间施工增加费 = \left(1 - \frac{合同工期}{定额工期}\right) \times \frac{直接工程费中的人工费合计}{平均日工资单价} \times 每工日夜间施工费开支$$

⑥二次搬运费

$$二次搬运费 = 直接工程费 \times 二次搬运费费率(\%)$$

$$二次搬运费费率(\%) = \frac{年平均二次搬运费开支额}{全年建安产值 \times 直接工程费占总造价的比例(\%)}$$

⑦大型机械进出场及安拆费

$$大型机械进出场及安拆费=\frac{一次进出场及安拆费\times 年平均安拆次数}{年工作台班}$$

⑧混凝土、钢筋混凝土模板及支架

A. 模板及支架费

模板及支架费 = 模板摊销量 × 模板价格 + 支、拆、运输费

$$摊销量=一次使用量\times(1+施工损耗)\times\left[\frac{1+(周转次数-1)\times 补损率-(1-补损率)\times 50\%}{周转次数}\right]$$

B. 租赁费

租赁费 = 模板使用量 × 使用日期 × 租赁价格 + 支、拆、运输费

⑨脚手架搭拆费

A. 脚手架搭拆费

脚手架搭拆费 = 脚手架摊销量 × 脚手架价格 + 搭、拆、运输费

$$脚手架摊销量=\frac{单位一次使用量\times(1-残值率)}{耐用期\div 一次用期}$$

B. 租赁费

租赁费 = 脚手架每日租金 × 搭设周期 + 搭、拆、运输费

⑩已完工程及设备保护费

已完工程及设备保护费 = 成品保护所需机械费 + 材料费 + 人工费

⑪施工排水、降水费

$$排水降水费=\sum 排水降水机械台班费\times 排水降水周期+排水降水使用材料费、人工费$$

(2)间接费

间接费的计算方法按取费基数的不同,可分为以下3种:

1)以直接费为计算基础

间接费 = 直接费合计 × 间接费费率(%)

2)以人工费和机械费合计为计算基础

间接费 = 人工费和机械费合计 × 间接费费率(%)

间接费费率(%) = 规费费率(%) + 企业管理费费率(%)

3)以人工费为计算基础

间接费 = 人工费合计 × 间接费费率(%)

①规费费率

根据本地区典型工程发承包价的分析资料,综合取定规费计算中所需数据:

a. 每万元发承包中人工费含量和机械费含量。

b. 人工费占直接费的比例。

c. 每万元发承包价中所含规费缴纳标准的各项基数。

规费费率的计算公式如下:

A. 以直接费为计算基础

$$规费费率(\%)=\frac{\sum 规费缴纳标准\times 每万元发承包价计算基数}{每万元发承包价中的人工费含量}\times$$

人工费占直接费比例(%)

B.以人工费和机械合计为计算基础

$$规费费率(\%)=\frac{\sum 规费缴纳标准\times 每万元发承包价计算基数}{每万元发承包价中的人工费含量和机械费含量}\times 100\%$$

C.以人工费为计算基础

$$规费费率(\%)=\frac{\sum 规费缴纳标准\times 每万元发承包价计算基数}{每万元发承包价中的人工费含量}\times 100\%$$

②企业管理费费率

企业管理费费率的计算公式如下:

A.以直接费为计算基础

$$企业管理费费率(\%)=\frac{生产工人年平均管理费}{年有效施工天数\times 人工单价}\times 人工费占直接费比例(\%)$$

B.以人工费和机械费合计为计算基础

$$企业管理费费率(\%)=\frac{生产工人年平均管理费}{年有效施工天数\times(人工单价+每日机械使用费)}\times 100\%$$

C.以人工费为计算基础

$$企业管理费费率(\%)=\frac{生产工人年平均管理费}{年有效施工天数\times 人工单价}\times 100\%$$

(3)**利润**

利润的计算公式见5.2.3节建筑安装工程计价程序。

(4)**税金**

$$税金=(税前造价+利润)\times 税率(\%)$$

税率的计算公式如下:

1)纳税地点在市区的企业

$$税率(\%)=\frac{1}{1-3\%-(3\%\times 7\%)-(3\%\times 3\%)}-1$$

2)纳税地点在县城、镇的企业

$$税率(\%)=\frac{1}{1-3\%-(3\%\times 5\%)-(3\%\times 3\%)}-1$$

3)纳税地点不在市、县城、镇的企业

$$税率(\%)=\frac{1}{1-3\%-(3\%\times 1\%)-(3\%\times 3\%)}-1$$

所以

纳税人所在地在市区者:应纳税额=不含税工程造价×3.41%

纳税人所在地在县城、镇者:应纳税额=不含税工程造价×3.34%

纳税人所在地不在市区、县城、镇者:应纳税额=不含税工程造价×3.22%

5.2.3　建筑安装工程计价程序

根据建设部第 107 号部令《建筑工程施工发包与承包计价管理办法》的规定,发包与承包的计算方法分为工料单价法和综合单价法,其计价程序如下:

(1)工料单价法计价程序

工料单价法是以分部分项工程量乘以单价后的合计为直接工程费,直接工程费以人工、材料、机械的消耗量及其相应价格确定。直接工程费汇总后另加间接费、利润、税金生成工程发承包价,其计算程序分为以下 3 种:

1)以直接费为计算基础,如表 5.1 所示。

表 5.1

序　号	费用项目	计算方法	备　注
1	直接工程费	按预算表	
2	措施费	按规定标准计算	
3	小计	(1)+(2)	
4	间接费	(3)×相应费率	
5	利润	[(3)+(4)]×相应利润率	
6	合计	(3)+(4)+(5)	
7	含税造价	(6)×(1+相应税率)	

2)以人工费和机械费为计算基础,如表 5.2 所示。

表 5.2

序　号	费用项目	计算方法	备　注
1	直接工程费	按预算表	
2	其中人工费和机械费	按预算表	
3	措施费	按规定标准计算	
4	其中人工费和机械费	按规定标准计算	
5	小计	(1)+(3)	
6	人工费和机械费小计	(2)+(4)	
7	间接费	(6)×相应费率	
8	利润	(6)×相应利润率	
9	合计	(5)+(7)+(8)	
10	含税造价	(9)×(1+相应税率)	

3)以人工费为计算基础,如表5.3所示。

表5.3

序　号	费用项目	计算方法	备　注
1	直接工程费	按预算表	
2	直接工程费中人工费	按预算表	
3	措施费	按规定标准计算	
4	措施费中人工费	按规定标准计算	
5	小计	(1)+(3)	
6	人工费小计	(2)+(4)	
7	间接费	(6)×相应费率	
8	利润	(6)×相应利润率	
9	合计	(5)+(7)+(8)	
10	含税造价	(9)×(1+相应税率)	

(2)**综合单价法计价程序**

综合单价法是分部分项工程单价为全费用单价,全费用单价经综合计算后生成,其内容包括直接工程费、间接费、利润和税金(措施费也可按此方法生成全费用价格)。

各分项工程量乘以综合单价的合价汇总后,生成工程发承包价。

由于各分部分项工程中的人工、材料、机械含量的比例不同,各分项工程可根据其材料费占人工费、材料费、机械费合计的比例(以字母"C"代表该项比值),在以下3种计算程序中选择一种计算其综合单价。

1)当$C>C_0$(C_0为本地区原费用定额测算所选典型工程材料费占人工费、材料费和机械费合计的比例)时,可采用以人工费、材料费、机械费合计为基数计算该分项的间接费和利润。

以直接费为计算基础,如表5.4所示。

表5.4

序　号	费用项目	计算方法	备　注
1	分项直接工程费	人工费+材料费+机械费	
2	间接费	(1)×相应费率	
3	利润	[(1)+(2)]×相应利润率	
4	合计	(1)+(2)+(3)	
5	含税造价	(4)×(1+相应税率)	

2)当$C<C_0$值的下限时,可采用以人工费和机械费合计为基数计算该分项的间接费和利润。

以人工费和机械费为计算基础,如表5.5所示。

表 5.5

序　号	费用项目	计算方法	备　注
1	分项直接工程费	人工费 + 材料费 + 机械费	
2	其中人工费和机械费	人工费 + 机械率	
3	间接费	(2) × 相应费率	
4	利润	(2) × 相应利润率	
5	合计	(1) + (3) + (4)	
6	含税造价	(5) × (1 + 相应税率)	

3)如该分项的直接费仅为人工费、无材料费和机械费时,可采用以人工费为基数计算该分项的间接费和利润。

以人工费为计算基础,如表 5.6 所示。

表 5.6

序　号	费用项目	计算方法	备　注
1	分项直接工程费	人工费 + 材料费 + 机械费	
2	直接工程费中人工费	人工费	
3	间接费	(2) × 相应费率	
4	利润	(2) × 相应利润率	
5	合计	(1) + (3) + (4)	
6	含税造价	(5) × (1 + 相应税率)	

复习思考题

1. 建筑安装工程概(预)算按设计阶段和编制依据的不同,通常分为几种?
2. 建筑安装工程费用由几种费用构成? 每一种费用都包括哪些内容?
3. 建筑安装工程税金有几种? 如何计算?
4. 建筑安装工程计价程序有哪几种?

第 6 章 工程量计算原理与方法

6.1 工程量计算概述

工程量是把设计图纸的内容转化为按定额的分项工程或按结构构件项目划分的以物理计量单位或自然计量单位表示的实物数量。

物理计量单位是以分项工程或结构构件的物理属性为计量单位，如长度、面积、体积和重量等。

1）当建筑结构构件的断面形状一定而长度不定时，宜采用延长米为计量单位，如木装修、落水管等。

2）当建筑结构构件厚度固定不变，而长度和宽度变化不定时，宜采用平方米为计量单位如楼地面、墙面抹灰等。

3）当建筑结构构件的长、宽、高均变化不定时，宜采用立方米为计量单位，如土方、砖石、混凝土工程等。

4）有的分项工程面积、体积相同，但重量和价格差异很大，这时宜采用吨或公斤为计量单位，如金属构件的制作、运输及安装等。

自然计量单位是以客观存在的自然实体为单位的计量单位，当分部分项工程或结构构件没有一定规格，而构件较复杂时，可按个、块、套、座等作为计量单位，如消防栓、洗涤盆等。

6.1.1 工程量计算的依据

1）施工设计图纸及设计说明。它反映了工程内容、构造与尺寸，是工程量计算的基本对象。

2）施工组织设计。它涉及施工方法和工程量的变化，是工程量计算的补充和调整依据。

3）工程量计算规则（包括清单工程量计算规则和定额工程量计算规则）。它具体给出了各计价项目的计量单位、计算界线和计算方法，是工程量计算的基本依据。

4）其他资料。如招标文件、施工合同、图纸会审纪要及工程签证等。

6.1.2 工程量计算的一般原则

(1)计算口径必须一致

计算工程量时,根据施工图及有关资料列出的分项工程的口径(指分项工程所包括的项目特征、工程内容、工作内容及范围),必须与清单计价规则或定额中相应分项工程的口径相一致。只有口径一致,才能准确地套用定额单价。

为了确保口径一致,在工程量计算时,除必须熟悉施工图和有关资料外,还必须熟悉定额中每一个定额项目所包括或所综合的工程内容、工作内容和范围。

(2)计量单位必须一致

计算工程量时,分项工程工程量的计量单位,必须与定额相应项目中的计量单位一致。例如,在现浇混凝土钢筋混凝土分部工程中,梁、板、柱、墙定额计量单位是立方米,该分项工程量应按体积计算;整体楼梯定额计量单位是平方米,该分项工程量应按水平投影面积计算。

(3)工程量的计算必须与图纸设计的规定一致

工程量计算时,必须严格按照设计文件内容和所标注尺寸进行计算。工程量计算的项目必须与设计的构造层次、材料品种、施工方法及厚度等相一致,不得任意加大或缩小、随意增加或减少,更不能随意修改名称或内容而去高套定额。例如,墙面抹灰,图纸设计为水泥石灰砂浆,不能高套为水泥砂浆墙面,也不能低套石灰砂浆墙面。

(4)工程量的计算必须按工程量计算规则计算

预算定额各个分部(即各章)都列有工程量计算规则,清单计价规范每一清单项目也都规定了工程量计算规则。工程量计算规则给出了计算单位、计算界线和计算的方法,它是计算和确定定额各项消耗指标的基础和依据,是统一计算尺度和标准的法则,也是具体进行工程实物数量测算和分析消耗数量的准绳。在计算工程量时,必须严格执行工程量计算规则,否则,就会造成计算不一,数据混乱,造价不正确,招标投标以及工程结算实难进行。例如,在计算砖石工程时,砖基础与墙身的划分,以设计室内地坪为界,设计室内地坪以下为基础,以上为墙身。砖石基础按图示尺寸以立方米计算。砖石基础长度,外墙按外墙中心线长度;内墙按内墙净长计算。砖石基础大放脚的T形接头处的重复计算部分及嵌入基础的钢筋、铁件、管子、基础防潮层及单个面积在0.3 m^2 以内孔洞所占的体积不予扣除,但靠墙暖气沟的挑砖亦不增加。附墙垛基础宽出部分体积应并入基础工程量内。又如,人工土方工程量计算时,是否需要放坡以及放坡为多少?清单计价规则和定额的规定不完全一样。清单工程量计算规则规定按设计图示尺寸以体积计算,不考虑放坡;而消耗量定额中则给出放坡起点和放坡系数的计算规则,并且规定不按实际放坡情况计算。再如,一砖半墙的厚度,无论施工图中所标注的尺寸是360 mm,还是370 mm,都应以计算规则所规定的365 mm进行计算。

(5)必须列出计算式

为了准确计算,便于审核和校对,每个分项工程工程量计算时,必须详细列出计算式,并注明所在部位或轴线,计算式应力求简单明了,并应按一定的次序排列计算。例如,面积为:长×宽或长×高;体积为:长×宽×高(厚);计算钢筋、型钢重量时为:长度×每米重量等。任何项目都不应随意估算。

(6)计算必须准确,不重算、不漏算

必须严格按照图纸设计的尺寸、项目计算,不得任意加大或缩小工程量。

(7)工程量计算的精确度要统一

工程量计算的精度将直接影响工程造价的精度。因此,计算过程和计算结果要准确。一般情况下,钢材、木材的计算结果应保留小数点后三位小数,第四位四舍五入;其余项目,以物理计量单位表述的项目,计算结果应保留小数点后两位小数,第三位四舍五入;以自然计量单位表述的项目,应取整数。

(8)讲究计算方法,合理安排计算顺序

为了计算时不重不漏项目,必须讲究计算方法和计算顺序,尤其对于初学人员,应首先根据图纸、定额和有关资料列出本工程的各分部分项工程的项目,然后按照施工图和有关资料,循着一定的顺序,逐项计算。计算中,发现未预料的项目,应随时用文字标注以便补充调整。

(9)必须检查、复核

工程量计算完毕后,必须先进行自我复核,检查项目、算式、数据、单位等有无错误和遗漏,然后再进行他人复检,以保证计算的准确性。

6.1.3　工程量计算的方法和顺序

(1)单位工程的计算顺序

单位工程(一栋房屋的土建工程)可采用以下计算顺序:

1)按图纸顺序计算

施工图设计本身是有规矩和规律的。建筑工程设计是由建筑施工图和结构施工图两大部分组成。这种方法就是按图纸的顺序由建施到结施,由前到后依次计算。计算建筑施工图上内容时,可先按平面图统计和计算门窗、半成品数量和内外墙的长度,以及室内净面积,再依据剖面、立面图及详图,计算墙体工程量;再根据建筑用料说明,计算出各装饰、地面、屋面工程量。计算结构施工图上内容时,可先逐张统计结构平面图上的构件数量和有关尺寸,填入构件汇总表中,再按每张构件详图,计算其各构件工程量。用这种方法计算工程量,要求对预算定额的章节内容很熟悉,否则容易出现项目之间的混淆及漏项。

2)按施工顺序计算

先地下,后地上;先基础,后结构;先结构,后围护;先主体,后装修。也即按施工的顺序,一项项计算。用这种方法计算工程量,要求具有一定的施工经验,能掌握组织施工的全过程,并且要求对定额及图纸内容十分熟悉,否则容易漏项。

3)按工程量清单编码或预算定额编号的顺序计算

此种计算方法是按清单或定额的章节、子目次序、由前到后,逐项对照计算。这种方法要求首先熟悉图纸,要有很好的工程设计基础知识。使用时应注意,工程图纸是按使用要求设计的,其平立面造型、内外装修、结构形式及内部设计千变万化,有些设计采用了新工艺、新材料,或有些零星项目可能没有相应的清单编码或定额编码,在计算工程量时应单列出来,不能因缺项而漏掉,即按照土方工程、桩基工程、砖石工程及钢筋混凝土工程等项目顺序进行列项计算。

4)统筹安排,连续计算

统筹法是根据预算定额和工程量计算规则,找出项目之间的内在联系,按先后主次,运用统筹法原理安排计算程序,将烦琐的工程量计算加以简化,明确工作重点,提高工作质量和效率的科学计算方法。

①统筹法计算工程量的要点

A. 统筹程序,合理安排

工程量计算程序是否合理,直接关系到预算编制工作的效率的高低。按定额顺序或施工顺序逐项计算工程量,会造成计算上的重复,甚至出现计算差错。

例如,地面工程中工程量计算顺序是室内回填土、地面垫层、地面找平层、地面面层,结果在4个分项工程中,3次重复计算长乘宽,影响计算速度。按照统筹法原理,根据计算规律,抓住共性因素,先主后次,统筹安排。又如,上例中把地面面层放在前面,用它的数量计算其他分项工程量,避免了重复计算。

B. 利用基数,连续计算

基数是指工程量计算时重复利用的数据,在计算过程中经常以"三线一面"为基数。

"三线"是指建筑设计平面图中所标示的外墙中心线、内墙净长线和外墙外边线。根据分项工程量计算的不同需要,与外墙中心线有关的项目有外墙基础地槽挖土、基础垫层、基础砌筑、墙基防潮层、基础梁、圈梁及墙身砌筑等分项工程。与外墙外边线有关的计算项目有外墙面勾缝、外墙抹灰、散水及明沟等分项工程。与内墙净长线有关的计算项目有内墙基础砌筑、内墙基础防潮层、基础梁、墙身砌筑及内抹灰等分项工程。

"一面"是指一个单位工程建筑平面图所标示的底层建筑面积。与这一面积有关的计算项目有:平整场地、楼地面垫层、找平层、防潮层、面层,以及天棚和屋面等分项工程。

利用基数,连续计算,就是把这"三线"和"一面"先算好,作为基数,然后利用这些基数计算与它们有关的分项工程量。

C. 一次算出,多次使用

对于不能用"线"和"面"基数进行连续计算的项目,如常用的预制混凝土构件、基础大放脚断面系数、木门窗等分项工程。按它们的计量单位,预先计算工程量,汇编成册,供编制预算时使用。

D. 联系实际,灵活机动

用"线、面"和手册计算工程量,可以算出一般工程的大多数工程项目。由于建筑工程结构和造型,各部位的装饰材料及标准不相同,因此,在计算工程量时要结合设计图纸的情况,灵活机动地进行计算。当基础断面尺寸和埋深不同,在计算分项基础工程量时立分段计算;当建筑物的各楼层的建筑面积、墙厚、砂浆标号不同时,应采用分层的方法计算工程量;当楼地面、墙面装饰有多种做法时,应分块计算,先算较小块,后用总面积减去这些小分块面积,即得较大的分块面积;当建筑物每层墙体布局、墙厚、砌筑高度相同,仅某一层多(或少)了一道隔墙时,则按每层都没有或有这一隔墙的情况计算,然后再补加(减)这一隔墙的体积。

②统筹法计算工程量的步骤

A. 计算基数:外墙中心线 $L_{中}$、内墙净长线 $L_{内}$、外墙外边线 $L_{外}$ 及首层建筑面积 $S_{底}$。

B. 计算与基数相关项目的工程量。

C. 统计木门窗、预制钢筋混凝土构件数量,利用手册计算工程量。

D. 计算其他不能利用基数、手册的项目。

实际应用中,不能生搬硬套,要结合建筑工程的实际进行计算。

(2)**每张图纸的计算顺序**

在计算一张图纸内的工程量时,为了防止重复计算或漏项,也应该遵循一定的顺序。通常有以下4种:

1)按顺时针方向计算

从平面图左上角开始,按顺时针方向逐步计算,绕1周后回到左上角,如图6.1所示。这种方法适用于计算外墙、外墙基础、外墙地槽、外墙垫层、楼地面、天棚及室内装修等工程量。

2)按先横后竖、先上后下、先左后右的顺序计算

以平面图上的横竖方向分别从左到右或从上到下逐步计算。如图6.2所示,先计算横向,先上后下有1,2,3,4,5道,后计算竖向、先左后右有6,7,8,9,10,11道。此方法适用于计算内墙、内墙基础、内墙地槽、内墙垫层和各种间隔墙等工程量。

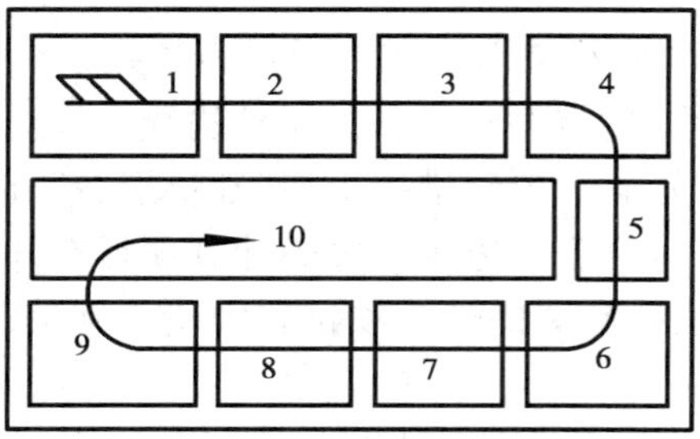

图6.1　按顺时针计算

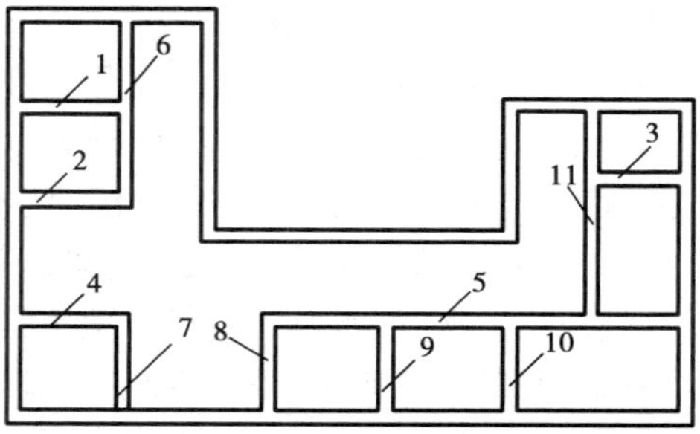

图6.2　按先横后竖、先上后下、先左后右顺序计算

3)按轴线编号顺序计算工程量

对于结构较复杂的工程,仅按上述顺序可能发生重复和遗漏,为了便于计算和审核,还应按设计图纸的轴线编号顺序,从左到右、从上到下进行计算,如图6.3所示。这种方法适用于计算内外墙挖地槽、内外墙基础、内外墙砌体及内外墙装饰等工程。

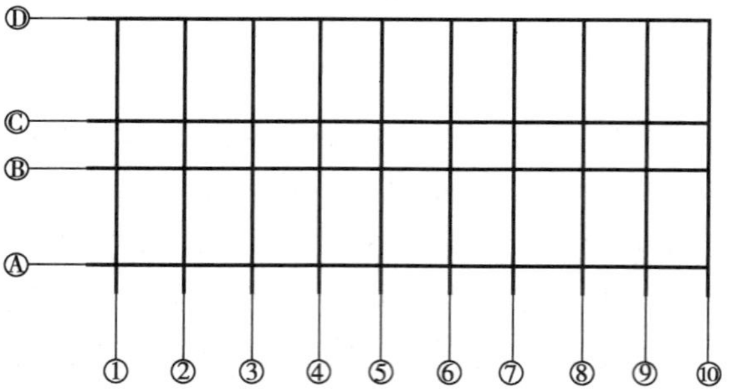

图6.3　按轴线编号顺序

4)按图纸上的构、配件编号分类依次计算

这种方法是按照各类不同的构、配件的自身编号分别依次计算,如图6.4所示。这种方法适用于钢筋混凝土构件、金属构件和木门窗等工程。

以上所述的仅是工程量计算的一般方法,在实际工作中,应视具体情况灵活运用。不论采用何种计算方法,都应做到项目不重复、不漏项,数据准确可靠,方法科学简便,以提高预算的编制速度和质量。

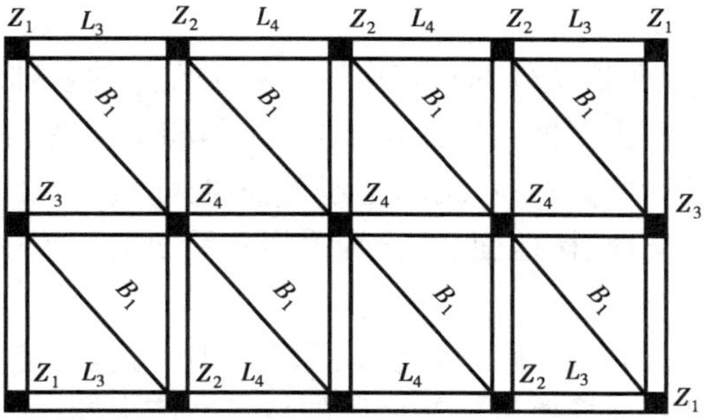

图 6.4　按构、配件计算顺序

6.2　建筑面积计算

6.2.1　建筑面积的概念和作用

(1)建筑面积的概念

建筑面积是指房屋建筑各层水平平面的总面积。建筑面积包括使用面积、辅助面积和结构面积 3 部分面积。

使用面积是指建筑物各层平面布置中可直接为人们生活、工作和生产使用的净面积的总和。辅助面积是指建筑物各层平面布置中为辅助生产、生活和工作所占的净面积(如建筑物内的设备管道层、贮藏室、水箱间、垃圾道、通风道、室内烟囱等)及交通面积(如楼梯间、通道、电梯井等所占净面积)。结构面积是指建筑物各层平面布置中的内外墙、柱体等结构所占面积的总和(不含抹灰厚度所占面积)。

使用面积与辅助面积的总和也称为有效面积,即

建筑面积 = 使用面积 + 辅助面积 + 结构面积

= 有效面积 + 结构面积

(2)建筑面积的作用

1)建筑面积是控制设计、评价设计方案的重要依据。

在控制设计、评价工程设计方案时,通常要有占地面积、建筑密度、居住面积系数,以及单位面积、工程造价等指标,它们都与建筑面积密切相关,为准确评价设计方案,必须正确地计算建筑面积。

2)建筑面积是统计部门汇总发布房屋建筑面积完成情况的基础,是编制和考核固定资产投资计划,评价国民经济建设和发展状况的一项重要经济指标。

统计和发布房屋建筑完成情况,评价固定资产投资规模,除用投资额和建筑安装工程工作量货币指标表示外,还用建筑面积和各种实物工程量指标表示,其中建筑面积是控制固定资产投资规模,平衡建筑工程所需人、财、物的重要的计划指标。建筑面积的完成情况是考核建设计划执行情况的重要依据。

在国民经济一定时期内,完成建设工程建筑面积的多少,人均达到住房建筑面积的多少,标志着一个国家国民经济发展状况,人民生活居住条件的改善和文化生活福利设施发展的

程度。

3）建筑面积是编制工程造价文件和建筑房屋计算工程量的基础。

在编制设计概算时，一般要根据建筑面积、建筑体积和结构特征等参数，查出概算定额或概算指标，编制出某工程设计概算书；在编制土建工程预算时，建筑面积是确定其他分部、分项工程量的基础数据，如平整场地、楼地面、综合脚手架和屋面工程等项目，都与建筑面积有直接关系。

4）建筑面积是计算单位建筑面积工程造价、用工、用料等技术经济指标的基础。

有了建筑面积，才有可能计算单位建筑面积的技术经济指标，才能以此评价设计方案和施工的经济效益及管理水平。其常用的技术经济指标如下：

①单方造价。用工程总（预算）造价除以总建筑面积，就是单位（项）工程每平方米建筑面积的（预算）造价，简称单方造价（元/m^2），即

$$单方造价（元/m^2）= 工程总（预算）造价（元）\div 总建筑面积（m^2）$$

②单方用工量。用工程的总耗工日数除以总建筑面积，就是单位（项）工程每平方米建筑面积的耗用工日数，简称单方用工（工日/m^2），即

$$单方用工（工日/m^2）= 工程总耗工日数（工日）\div 总建筑面积（m^2）$$

③单方用料量。用消耗于工程中的某种材料的总量除以总建筑面积，就是此材料单方用料量，如单方用钢量、单方水泥耗用量等。

5）建筑面积的计算对于建筑施工企业实行内部经济承包责任制、投标报价、编制施工组织设计、配备施工力量、成本核算及物资供应等各个方面，都具有重要意义。

由上述可见，建筑面积计算不仅是编制概、预算，拨款与贷款提供指标，同时，在建筑面积的合理利用，合理进行平面布局，充分利用建筑空间，评价设计水平，加强企业管理，降低工程造价，提高投资经济效果等方面都具有很重要的经济意义。因此，工程造价人员，必须熟练掌握国家主管部门规定的建筑面积计算规则，认真对待和细心计算建筑面积。

6.2.2 建筑面积的计算规定

随着我国建筑市场的发展，建筑新结构、新材料、新技术及新方法的层出不穷，为了解决建筑技术的发展产生的面积计算问题，使建筑面积的计算更加科学合理，完善和统一建筑面积的计算范围和计算方法，对建筑市场发挥更大的作用，建设部、国家质量监督检验检疫总局在2005年联合发布了《建筑工程建筑面积计算规范》（GB/T 50353—2005），对原《建筑面积计算规则》（建设部[1995]736号通知）进行了修订。该《建筑工程建筑面积计算规范》充分反映出新的建筑结构和新技术等对建筑面积计算的影响，考虑了建筑面积计算的习惯和国际上通用的做法，同时与《住宅设计规范》和《房产测量规范》的有关内容做了协调，适用于新建、扩建、改建的工业与民用建筑工程的建筑面积的计算，并且各部门（包括设计、施工、建设管理以及房屋营销等）都应统一按此规范计算建筑面积。

《建筑工程建筑面积计算规范》由总则、术语和计算建筑面积的规定3部分组成。在应用《建筑工程建筑面积计算规范》时，应正确理解、准确掌握其各项条款的规定，将允许计算建筑面积的范围和不允许计算建筑面积的范围联系起来，一同理解记忆并严格区分。另外，在同一工程中经常用到多项条款来计算建筑面积，要注意它们之间的界线划分和计算方法，以免算错。

（1）**单层建筑物**

单层建筑物的建筑面积，应按其外墙勒脚以上结构外围水平面积计算。单层建筑物高度在2.20 m及以上者，计算全面积；高度不足2.20 m者，计算1/2面积。利用坡屋顶内空间时，顶板下表面至楼面的净高超过2.10 m的部位，计算全面积；净高在1.20～2.10 m的部位，计算1/2面积；净高不足1.20 m的部位，不计算建筑面积。

建筑面积的计算是以勒脚以上外墙结构外边线（即建施平面图所标注的外墙外轮廓线）计算。勒脚是墙根部很矮的一部分墙体加厚，不能代表整个外墙结构，因此要扣除勒脚墙体加厚的部分；此外，建筑物外墙上的外装饰面层，突出墙外的构、配件，以及附墙柱垛等均不计算建筑面积。

单层建筑物应按不同的高度确定其面积的计算。其高度是指室内地面标高至屋面板板面结构标高之间的垂直距离。遇有以屋面板找坡的平屋顶单层建筑物，其高度是指室内地面标高至屋面板最低处板面结构标高之间的垂直距离。

1）单层建筑物建筑面积的计算

单层建筑不论其形式如何，均应按其外墙勒脚以上结构外围水平面积计算建筑面积，不包括勒脚，也不包括外墙上的外装饰面层，突出墙外的构、配件，以及附墙柱垛等。

如图6.5所示的单层建筑，设其高度为H，则其建筑面积S计算如下：

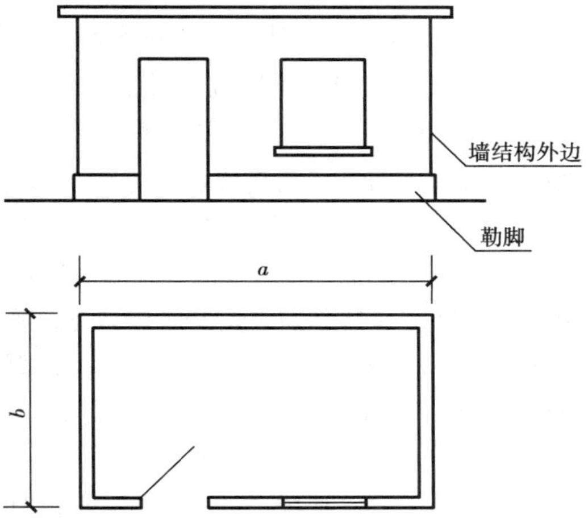

图6.5　单层建筑物

$H \geq 2.20$ m时：　　$S = a \times b$

$H < 2.20$ m时：　　$S = a \times b \times \frac{1}{2}$

2）单层建筑物利用坡屋顶内空间时建筑面积的计算

利用坡屋顶内空间是指在坡屋顶下加设阁楼或加层。净高是指坡屋顶顶板下表面至楼面的垂直距离。当利用坡屋顶内空间时，坡屋顶单层建筑物除了按外墙勒脚以上结构外围水平面积计算其建筑面积外，还应按顶板下表面至楼面的不同净高分别计算坡屋顶内容空间的建筑面积。

利用坡屋顶内空间时，顶板下表面至楼面的净高超过2.10 m的部位，计算全面积；净高在1.20～2.10 m的部位，计算1/2面积；净高不足1.20 m的部位，不计算建筑面积。现以图6.6来说明其计算界限和方法。

图6.6中，h_1为坡屋顶可利用空间净高等于1.2 m的起始位置，h_2为净高等于2.1 m的起始位置，通过h_1和h_2划分出坡屋顶可利用空间的各部分建筑面积计算的界限，从而依据计算规则确定出坡屋顶加设阁楼或加层的建筑面积；同时单层建筑物的下部分建造面积应根据H的高度确定和计算出其建筑面积；上、下两部分相加，即可得到利用坡屋顶内空间时单层建筑物总的建筑面积。

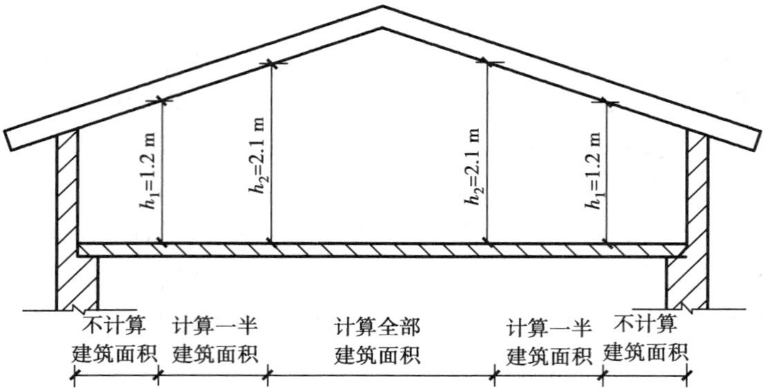

图 6.6　坡屋顶下加设阁楼或加层时建筑面积计算示意

(2)**单层建筑物内设有局部楼层**

单层建筑物内设有局部楼层者,局部楼层的二层及二层以上楼层,有围护结构的应按其围护结构外围水平面积计算,无围护结构的应按其结构底板水平面积计算。层高在 2.20 m 及以上者,计算全面积;层高不足 2.20 m 者,计算 1/2 面积。

层高是指上、下两层楼面结构标高之间的垂直距离。建筑物最底层的层高,有基础底板的是指基础底板上表面结构标高至上层楼面的结构标高之间的垂直距离;没有基础底板的是指地面标高至上层楼面结构标高之间的垂直距离。最上一层的层高是指楼面结构标高至屋面板板面结构标高之间的垂直距离,遇有以屋面板找坡的屋面,层高是指楼面结构标高至屋面板最低处板面结构标高之间的垂直距离。

计算单层厂房、剧场、礼堂等建筑面积时,若其单层建筑物内带有部分楼层,则只能增加计算二层及二层以上楼层的建筑面积,底层不能重复计算。二层及二层以上楼层部分建筑面积,应根据其高度,按其二层及其以上外墙外围水平面积计算。

如图 6.7 所示的建筑物,单层内设有部分楼层,假定墙厚均为 240 mm,则其建筑面积应为

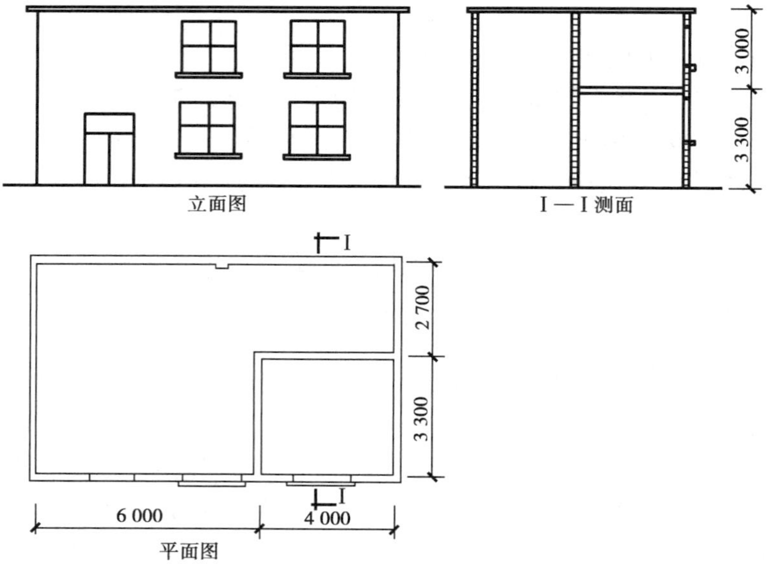

图 6.7　单层建筑物内带有楼层

底层建筑面积 = (6.0 + 4.0 + 0.24) × (3.30 + 2.70 + 0.24)
= 10.24 × 6.24
= 63.90(m^2)

楼层建筑面积 = (4.0 + 0.24) × (3.30 + 0.24)
= 4.24 × 3.54
= 15.01(m^2)

总建筑面积 = 63.90 + 15.01 = 78.90(m^2)

(3) **多层建筑物**

多层建筑物首层应按其外墙勒脚以上结构外围水平面积计算；二层及以上楼层应按其外墙结构外围水平面积计算。层高在 2.20 m 及以上者，计算全面积；层高不足 2.20 m 者，计算 1/2 面积。

1) 多层建筑物建筑面积，按各层建筑面积之和计算，其首层建筑面积按单层建筑面积的计算要求计算，二层及二层以上的楼层，应根据其层高，按其外墙结构的外围水平面积计算。多层建筑的层高是指上、下两层楼面结构标高之间的垂直距离。建筑物最底层的层高，有基础底板的是指基础底板上表面结构标高至上层楼面的结构标高之间的垂直距离；没有基础底板的是指地面标高至上层楼面的结构标高之间的垂直距离；最上一层的层高是指楼面结构标高至屋面板板面结构标高之间的垂直距离，遇有以屋面板找坡的屋面，层高是指楼面结构标高至屋面板最低处板面结构标高之间的垂直距离。

如图 6.8 所示的多层建筑物，若所标尺寸线为墙的中心线，墙厚 365 mm，则其建筑面积为

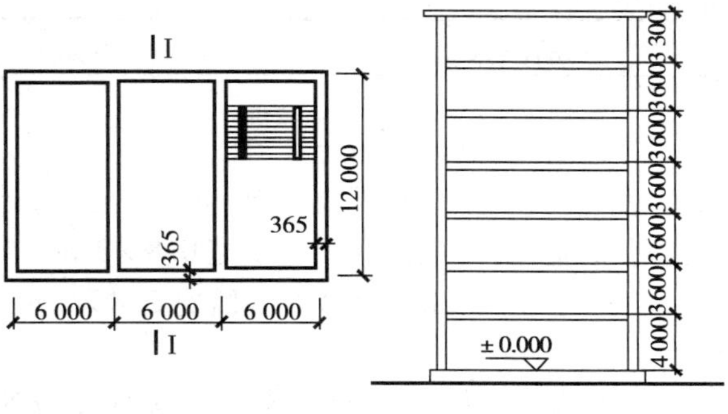

图 6.8　多层建筑物

$$S = (6.0 \times 3 + 0.365) \times (12.0 + 0.365) \times 7 = 1\,589.58(m^2)$$

如果出现某层层高小于 2.2 m，应计算 1/2 面积后再累加入总的计算面积。

2) 当外墙外边线不一致时，应分开计算水平面积。

如图 6.9 所示的建筑物有 3 个自然层，应将其三层的水平面积累加到一起作为此房屋的总建筑面积。自然层是指按楼板、地板结构分层的楼层。若一层为 365 墙，二、三层为 240 墙，且外墙内齐外不齐，则一层建筑面积必然与二、三层建筑面积不同，应分别计算后再汇总。

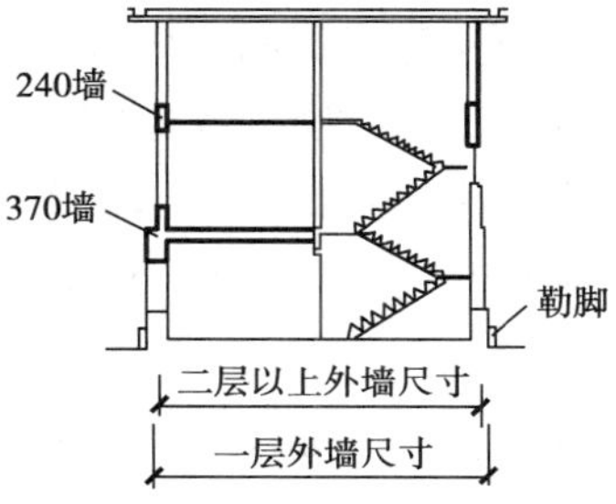

图 6.9　建筑物外墙外边线不一致

3) 同一建筑物如结构、层数不同时，应分别计算建筑

面积。在同一建筑物中,若一部分为框架结构,另一部分为砖混结构者,应分别按框架结构以柱外边线(有墙时,以墙外边线),砖混结构以砖混结构的墙外边线分开计算建筑面积,然后按各自的层数分别累加。

(4)**多层建筑坡屋顶内和场馆看台下**

多层建筑坡屋顶内和场馆看台下,当设计加以利用时,顶板下表面至楼面的净高超过2.10 m部位,计算全面积;净高在1.20~2.10 m的部位,计算1/2面积,设计不利用或室内净高不足1.2 m时,不计算建筑面积。

多层建筑屋顶内空间设计加以利用时,坡屋顶内空间的计算方法与单层建筑相同。设计不利用或净高不足1.2 m的空间,不应计算建筑面积。

如图6.10所示体育场的看台,若看台下的空间设计加以利用时,其计算面积应按其高度分别计算后再汇总。

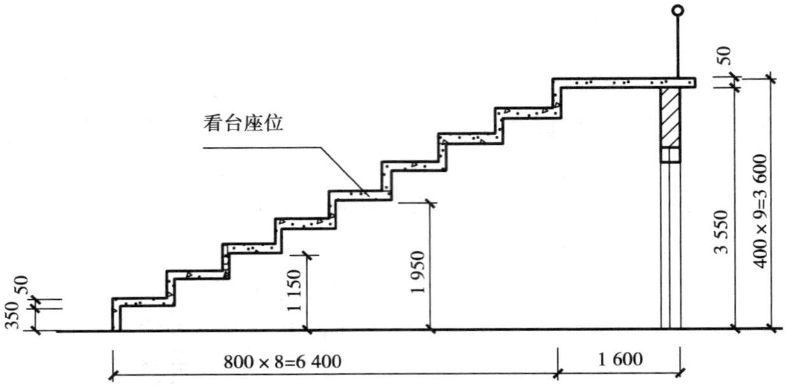

图6.10 看台下空间

计算全面积的部分的宽度: 平台宽度1.60 m+最上3个台阶宽0.8×3 m

计算1/2建筑面积的部分的宽度: 中间3个台阶宽0.8×3 m

不计算的部分: 最下面2个台阶宽0.8×2 m

(5)**地下室、半地下室**

地下室、半地下室(车间、商店、车站、车库及仓库等),包括相应的有永久性顶盖的出入口,应按其外墙上口(不包括采光井、外墙防潮层及其保护墙)外边线所围水平面积计算。层高在2.20 m及以上者,计算全面积;层高不足2.20 m者,计算1/2面积。

地下室是指房间地面低于设计室外地面的高度超过该房间净高1/2者;半地下室是指房间地面低于设计室外地面的高度超过该房间净高1/3,且不超过1/2者。地下室、半地下室应以其外墙上口外边线所围水平面积计算。

如图6.11所示的地下室,若层高为H,平面长度为b,则建筑面积为:

$H \geqslant 2.20$ m时: $S = a \times b$

$H < 2.20$ m时: $S = a \times b \times \frac{1}{2}$

(6)**建筑物吊脚架空层、深基础架空层**

建于坡地的建筑物吊脚架空层、深基础架空层,设计加以利用并有围护结构的,层高在

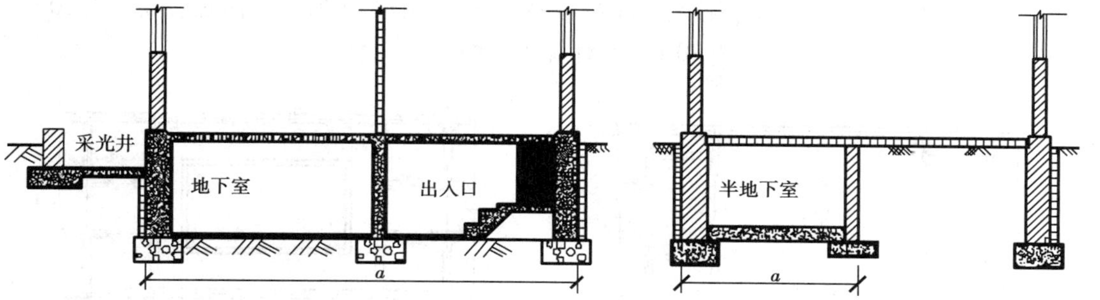

图 6.11　地下室建筑物

2.20 m及以上的部位,计算全面积;层高不足 2.20 m 的部位,计算 1/2 面积。设计加以利用、无围护结构的建筑吊脚架空层,应按其利用部位水平面积的 1/2 计算;设计不利用的深基础架空层、坡地吊脚架空层、多层建筑坡屋顶内、场馆看台下的空间不计算。

架空层是指建筑物深基础(见图 6.12)或坡地建筑吊脚架空部位(见图 6.13)不回填土石方形成的建筑空间。坡地吊脚架空层一般是指沿山坡、丘陵、河坡建设建筑物,为了少开挖土石方,采用打桩或筑柱的方法来支撑建筑物底层板的一种结构。这种结构若加上围护墙,应按围护结构外围水平面积计算建筑面积,层高在 2.20 m 及以上的部位,计算全面积;层高不足 2.20 m 的部位,计算 1/2 面积。

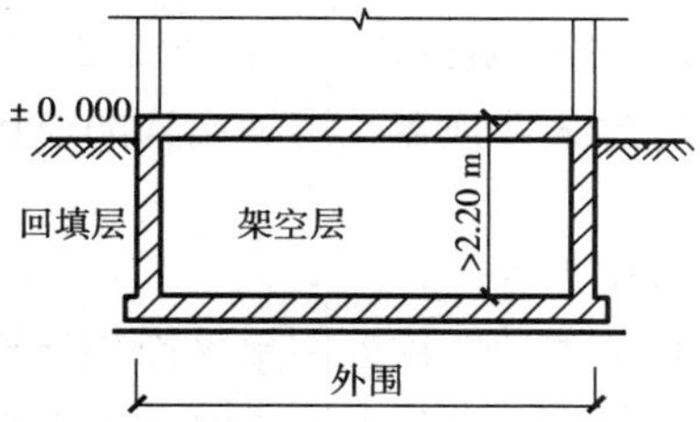

图 6.12　深基础架空层

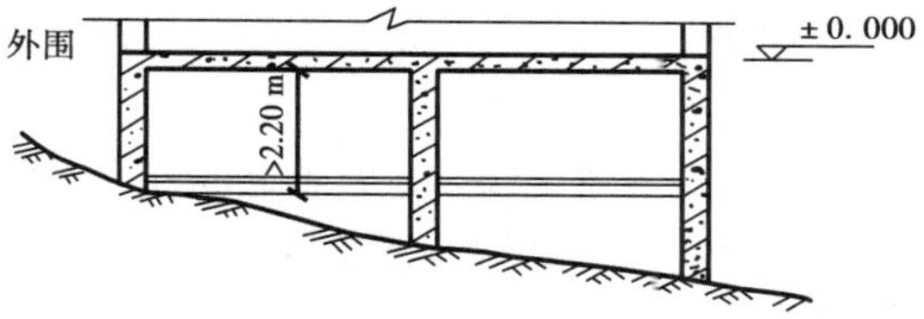

图 6.13　坡地建筑吊脚架空层

(7)建筑物的门厅、大厅

建筑物的门厅、大厅按一层计算建筑面积。门厅、大厅内设有回廊时,应按其结构底板水平面积计算。回廊层高在 2.20 m 及以上者,计算全面积;层高不足 2.20 m 者,计算 1/2 面积。

门厅是指公共建筑物的大门至内部房间、大厅或通道的连接空间或厅室。大厅是指人群聚会活动、散步或招待宾客所用的场所,根据其使用功能有不同名称,如会客厅、餐厅、展览厅及舞厅等。计算门厅、大厅时,应注意如下:

1)如果是单层建筑物,其内部的门厅、大厅均已含在整个单层建筑物的建筑面积内,无须另行计算。

2)若是楼层建筑,门厅、大厅的建筑面积只能按一层计算、其他部分的楼层均应按自然层计算建筑面积。一般建筑物楼层的门厅、大厅因功能需要,内空高度常高于一层楼层层高,当门厅、大厅上方的二层建筑的层高超在 2.20 m 及以上者,计算全面积;层高小于 2.20 m 者,计算 1/2 面积。其一层通道、门厅、大厅的建筑面积仍包含在整个楼层建筑面积之内,无须另行计算。

3)门厅、大厅内设有回廊是指建筑物门厅、大厅的上部(一般该大厅、门厅占 2 个或 2 个以上建筑物层高）四周向大厅、门厅、中间挑出的走廊，如图 6. 14 所示。回廊层高在 2. 20 m 及以上者，计算全面积；层高小于 2. 20 m 者，计算 1/2 面积。

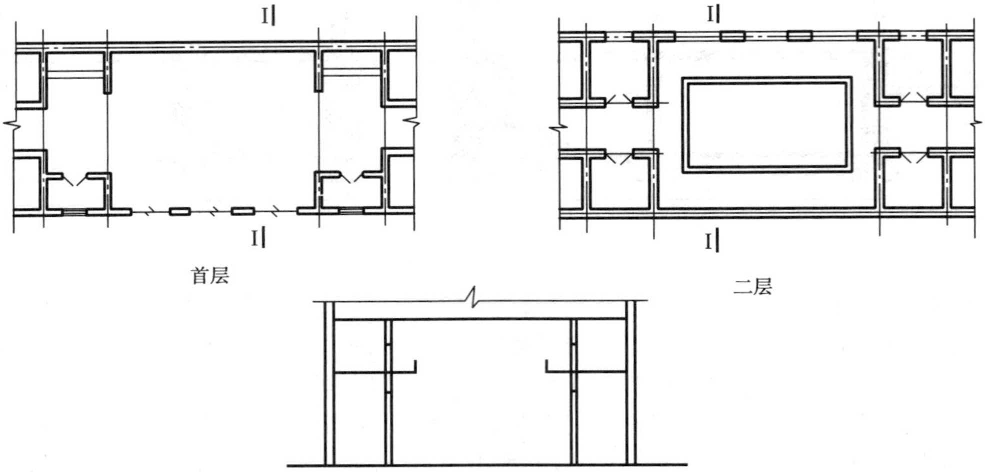

图 6. 14　门厅、大厅、二层回廊

（8）**架空走廊**

建筑物间有围护结构的架空走廊，应按其围护结构外围水平面积计算。层高在 2. 20 m 及以上者，计算全面积；层高不足 2. 20 m 者，计算 1/2 面积。有永久性顶盖无围护结构的应按其结构底板水平面积的 1/2 计算。

架空走廊是指建筑物与建筑物之间起交通联系作用的楼层走廊。

1）有顶盖和围护结构的架空走廊（见图 6. 15），建筑面积按围护结构外围水平面积计算。

2）当图 6. 15 的架空走廊，有永久性顶盖无围护结构时，其建筑面积按其结构底板水平面积的 1/2 计算。

3）当架空走廊无永久性顶盖时（见图 6. 16），不计算建筑面积。

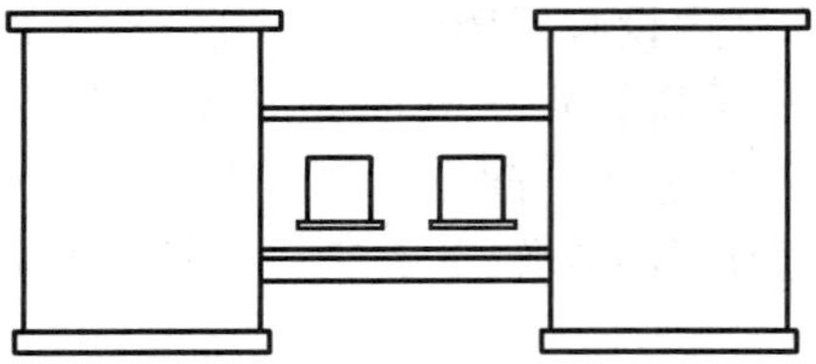

图 6. 15　有顶盖架空走廊

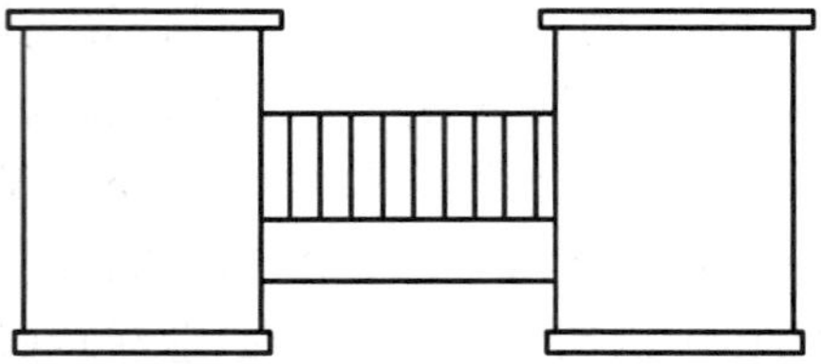

图 6. 16　无顶盖架空走廊

（9）**立体书库、立体仓库、立体车库**

立体书库、立体仓库、立体车库无结构层的应按一层计算，有结构层的应按其结构层面积分别计算。层高在 2. 20 m 及以上者，计算全面积；层高不足 2. 20 m 者，计算 1/2 面积。

书库、仓库的结构层是指承受货物的承重层，往往是建筑的自然层。自然层是指按楼板、地板结构分层的楼层。计算时，无结构层的应按一层计算，有结构层的应均按其各层的外围水平投影面积计算建筑面积，层高在 2. 20 m 及以上者，计算全面积；层高不足 2. 20 m 者，计算 1/2 面积。如图 6. 17 所示图书馆中书库的建筑面积为：

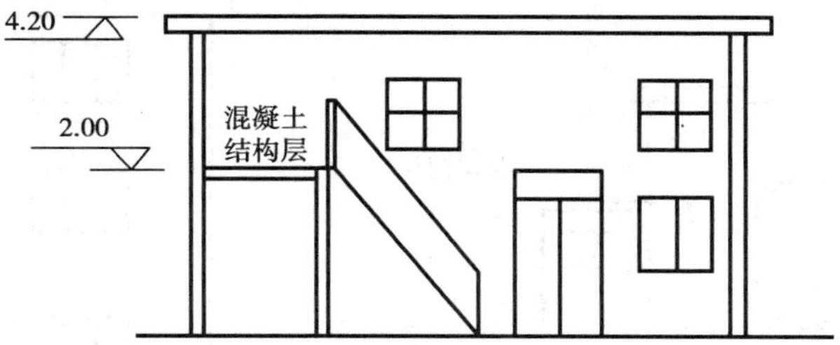

I—I

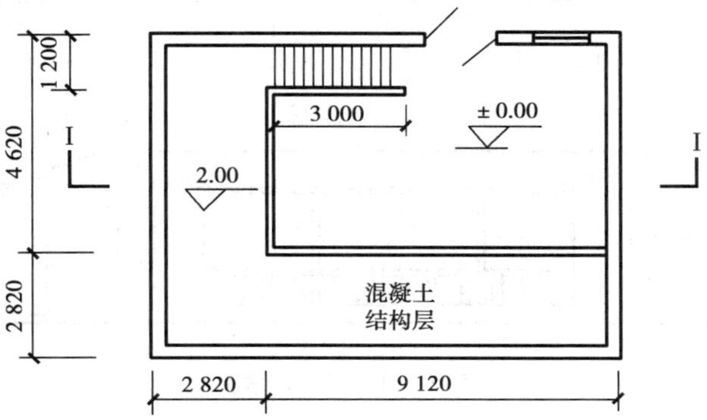

图 6.17　立体书库

底层建筑面积 $=(2.82+9.12)\times(2.82+4.62)+3.00\times1.20$

$=11.94\times7.44+3.60$

$=92.43(\text{m}^2)$

结构层建筑面积 $=(2.82+9.12+4.62)\times2.82\times0.50$

$=16.56\times2.82\times0.50$

$=23.35(\text{m}^2)$

(10)**舞台灯光控制室**

有围护结构的舞台灯光控制室,应按其围护结构外围水平面积计算。层高在 2.20 m 及以上者,应计算全面积;层高不足 2.20 m 者,计算 1/2 面积。

大部分剧院将舞台灯光控制室设在舞台内侧夹层上或设在耳光室中,实际上是一个有墙有顶的分隔间,应按围护的层数计算建筑面积。如果舞台灯光控制室有围护结构且只有一层,那么就不能另外计算面积,因为整个舞台的面积计算已经包含了该灯光控制室的面积。

(11)**落地橱窗、门斗、挑廊、走廊、檐廊**

建筑物外有围护结构的落地橱窗、门斗、挑廊、走廊、檐廊,按其围护结构外围水平面积计算。层高在 2.20 m 及以上者,计算全面积;层高不足 2.20 m 者,应计算 1/2 面积。有永久性顶盖无围护结构的按其结构底板水平面积的 1/2 计算。

落地橱窗是指突出外墙面,根基落地的橱窗。门斗是指在建筑物出入口设置的起分隔、挡风、御寒等作用的建筑过渡空间,如图 6.18 所示。挑廊是指挑出建筑物外墙的水平交通空间,如图 6.19 所示;走廊是指建筑物底层的水平交通空间,如图 6.19 所示;檐廊是指设置在建筑物底层檐下的水平交通空间,如图 6.20 所示。

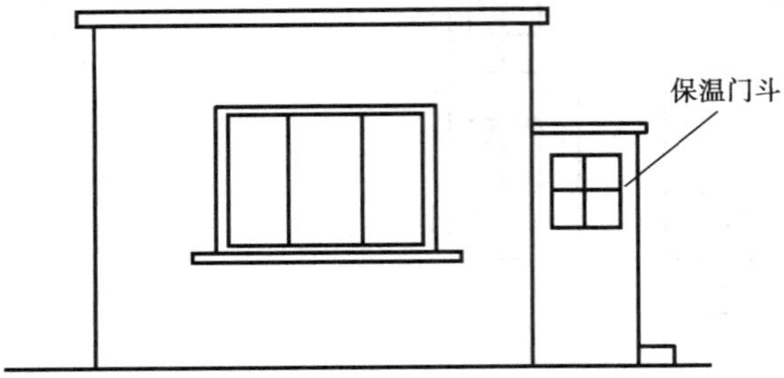

图 6.18　门斗

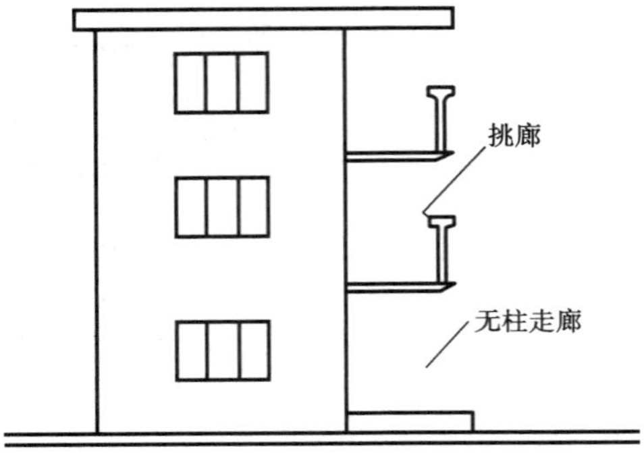

图 6.19　挑廊、走廊

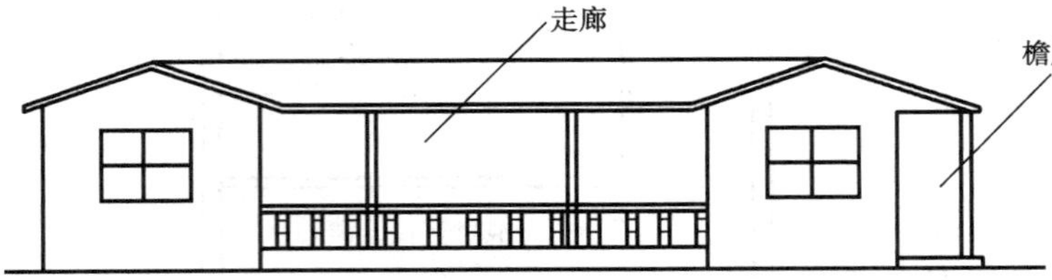

图 6.20　走廊、檐廊

(12)**场馆看台**

有永久性顶盖无围护结构的场馆看台,应按其顶盖水平投影面积的 1/2 计算。

这里所称的"场馆",实质上,"场"是指看台上有永久性顶盖部分如足球场、网球场等。"馆"是指有永久性顶盖和围护结构的,应按单层或多层建筑相关规定计算面积。

(13)**建筑物顶部楼梯间、水箱间、电梯机房等**

建筑物顶部有围护结构的楼梯间、水箱间、电梯机房等,层高在 2.20 m 及以上者,计算全面积;层高不足 2.20 m 者,计算 1/2 面积。

建筑物屋顶水箱间、电梯机房如图 6.21 所示。若有围护结构(屋盖、墙等)应根据其层高按围护结构外围水平面积计算建筑面积;若图 6.21 中的屋顶水箱间、电梯机房无顶盖,则不计算建筑面积。如遇建筑物屋顶的楼梯间是坡屋顶时,应按坡屋顶的相关规定计算面积。单独放在建筑物屋顶上的混凝土水箱或钢板水箱,不计算面积。

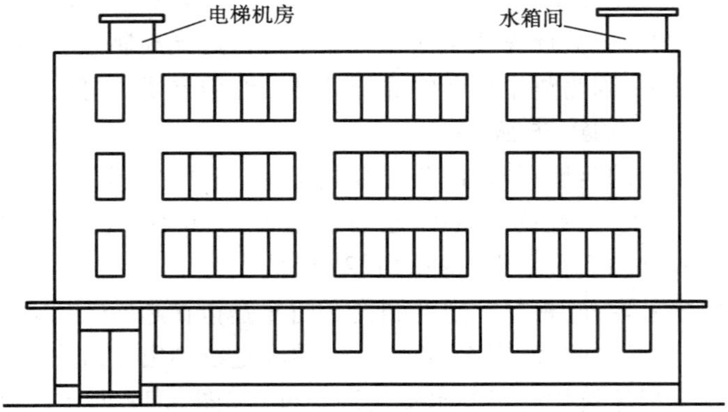

图 6.21　电梯机房、水箱间

(14)**不垂直于水平面而超出底板外沿的建筑物**

设有围护结构不垂直于水平面而超出底板外沿的建筑物,应按其底板面的外围水平面积计算。层高在 2.20 m 及以上者,计算全面积;层高不足 2.20 m 者,计算 1/2 面积。

设有围护结构不垂直于水平面而超出地板外沿的建筑物是指向建筑物外倾斜的墙体(见图 6.22)。若遇有向建筑物内倾斜的墙体,应视为坡屋面,按坡屋顶的有关规定计算面积。

图 6.22　不垂直于水平面而超出地板外沿的建筑物

(15)**室内楼梯间、电梯井、垃圾道等**

建筑物内的室内楼梯间、电梯井、观光电梯井、提物井、管道井、通风排气竖井、垃圾道及附墙烟囱按建筑物的自然层计算面积。

1)室内楼梯间的面积计算,应按楼梯依附的建筑物的自然层数计算,合并在建筑物面积内。若遇跃层建筑,其共用的室内楼梯应按自然层计算面积;上、下两错层户室共用的室内楼梯,应选上一层的自然层计算面积,如图6.23 所示。

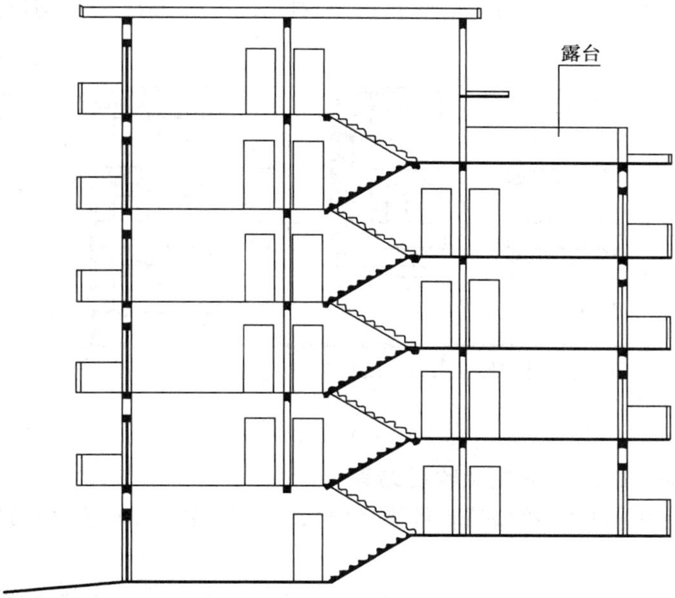

图 6.23　上、下两错层户室共用的室内楼梯

2)电梯井是指安装电梯用的垂直通道,如图 6.24 所示。

3)提物井是指图书馆提升书籍、酒店提升食物的垂直通道。

4)垃圾道是指写字楼等大楼内每层设垃圾倾倒口的垂直通道。

5)管道井是指宾馆或写字楼内集中安装给排水、采暖、消防、电线管道用的垂直通道。

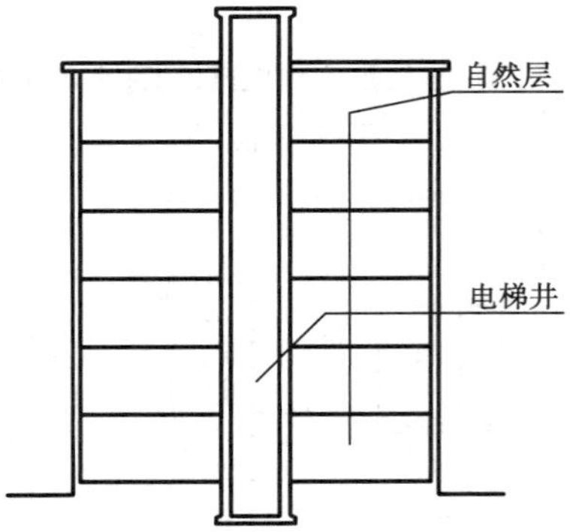

图 6.24　电梯井

(16) **雨篷**

雨篷结构的外边线至外墙结构外边线的宽度超过 2.10 m 者,应按雨篷结构板的水平投影面积的 1/2 计算面积。

雨篷不论其形式如何,有柱还是无柱,悬挑结构还是梁板结构,混凝土结构还是钢结构,其建筑面积计算的关键是雨篷结构的外边线至外墙结构外边线的宽度是否超过 2.10 m,超过 2.10 m 者,应按雨篷结构板的水平投影面积的 1/2 计算面积;未超过的,则不计算建筑面积。

(17) **室外楼梯**

有永久性顶盖的室外楼梯,按建筑自然层的水平投影面积 1/2 计算。

室外楼梯,最上层楼梯无永久性顶盖或不能完全遮盖楼梯的雨篷,上层楼梯不计算面积;上层楼梯可视为下层楼梯的永久性顶盖,下层楼梯应计算面积。

(18) **阳台**

建筑物的阳台均按其水平投影面积的 1/2 计算。

建筑物的阳台,不论是凹阳台、挑阳台,还是封闭阳台、不封闭阳台均按其水平投影面积的 1/2 计算,如图 6.25 所示。

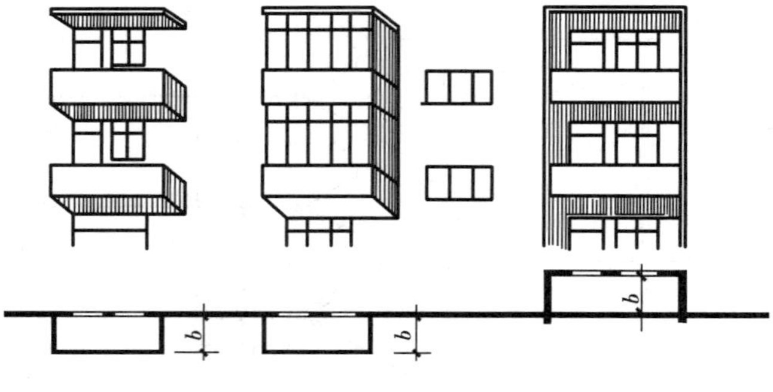

图 6.25　阳台

(19) **车棚、货棚、站台、加油站及收费站等**

有永久性顶盖无围护结构的车棚、货棚、站台、加油站及收费站等,应按其顶盖水平投影面积的 1/2 计算。

由于建筑技术的发展,车棚、货棚、站台、加油站及收费站等出现许多新型结构,如柱不再是单纯的直立的柱,而出现正 V 形柱、倒八形柱等不同类型的柱,给面积计算带来许多争议,为此,不以柱来确定面积的计算,而依据顶盖的水平投影面积计算。在车棚、货棚、站台、加油站及收费站内设有有围护结构的管理室、休息室等,另按相关条款计算面积。

有永久性顶盖无围护结构的车棚、货棚、站台、加油站及收费站等,不论其形式如何,都应按其顶盖水平投影面积的 1/2 计算,如图 6.26 所示。

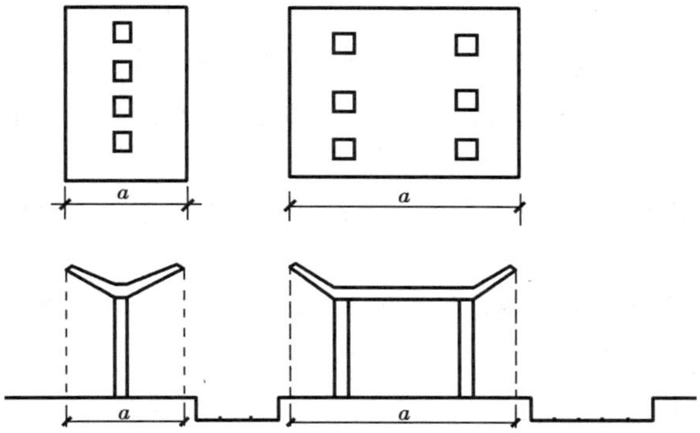

图6.26　有柱站台

（20）**高低联跨的建筑物**

高低联跨的建筑物应以高跨结构外边线为界分别计算建筑面积。

高低联跨的单层建筑物的总建筑面积仍按上述整个单层建筑物计算规则计算。当需分别计算建筑面积，由于高低联跨的单层建筑物，一般各跨高度都大于2.2 m。如遇到高度小于2.2 m，且不小于1.2 m的特殊情况，应按其计算面积的1/2计算；高度小于1.2 m者，不计算建筑面积。高低联跨的建筑物计算方法，如图6.27所示。

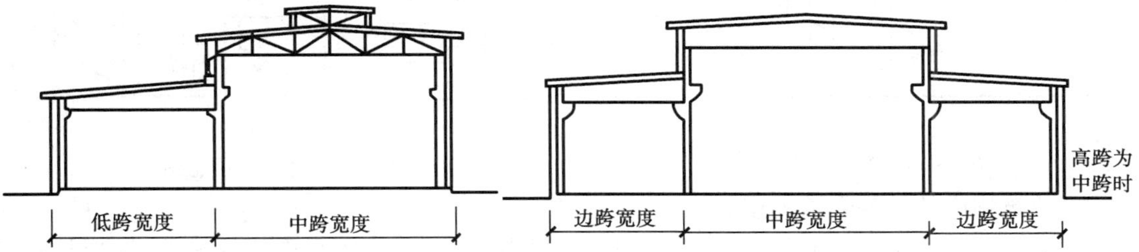

图6.27　高低联跨单层建筑物

1）当高跨为边跨时，高跨建筑面积为勒脚以上两端山墙外表面间的水平长度，乘以勒脚以上外墙表面至高跨中柱外边线的水平宽度计算；低跨建筑面积为勒脚以上低跨部分的外墙外边线与高跨共用柱的高跨外边线所围的水平面积或低跨建筑面积等于单层建筑物总建筑面积减去高跨建筑面积。

2）当高跨为中跨时，高跨建筑面积为勒脚以上两端山墙外表面间的水平长度，乘以中柱外边线的水平宽度计算。

也就是说，高低联跨的单层建筑物，若需分别计算高跨和低跨的建筑面积时，不论高跨为中跨还是边跨，均以高低联跨处高跨的柱外边线为分界线，并按单层建筑物面积计算规则计算各自的建筑面积。如果高低跨之间有变形缝的，则变形缝所占面积并入低跨建筑面积计算。

（21）**以幕墙作为围护结构的建筑物**

以幕墙作为围护结构的建筑物，应按幕墙外边线计算建筑面积。

围护结构是指围合建筑空间四周的墙体、门、窗等。围护性幕墙是指直接作为外墙起围护作用的幕墙。装饰性幕墙是指设置在建筑物墙体外起装饰作用的幕墙。

（22）**建筑物外墙外侧有保温隔热层的**

建筑物外墙外侧有保温隔热层的，应按保温隔热层外边线计算建筑面积。

(23)**变形缝**

建筑物内的变形缝,应按其自然层合并在建筑物面积内计算。

建筑物内的变形缝是指与建筑物相连通的变形缝,即暴露在建筑物内,在建筑物内可以看得见的变形缝。

建筑物内各种变形缝,均分层计算建筑面积,其层数按建筑物的自然层数计取。在计算时,注意以下两种特殊情况:

1)缝两侧建筑物高度相同层数不同时,取自然层数多的一侧建筑物层数为缝的层数。

2)缝两侧建筑高度不同时,取低的一侧层数为缝的层数。

(24)**不应计算建筑面积的项目**

1)建筑物通道(骑楼、过街楼的底层)。

骑楼是指楼层部分跨在人行道上的临街楼房,如图 6.28 所示。

过街楼是指有道路穿过建筑空间的楼房,如图 6.29 所示。

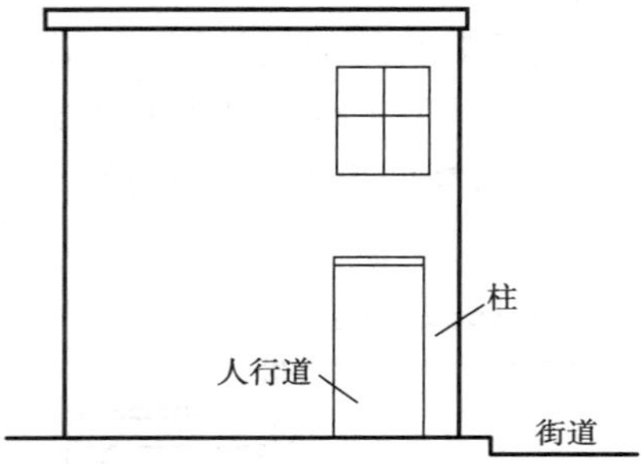

图 6.28　骑楼示意图

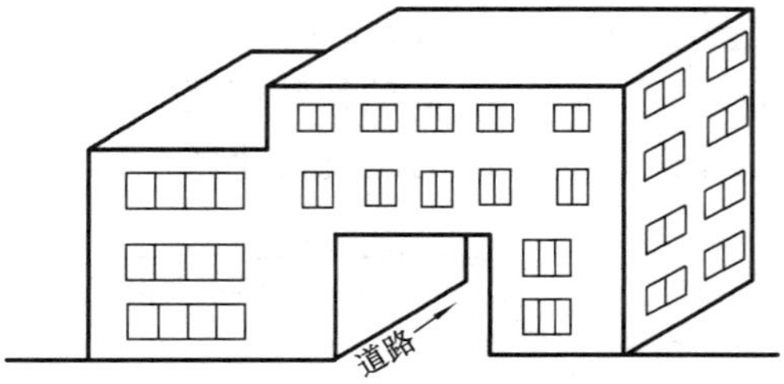

图 6.29　过街楼示意图

2)建筑物内的设备管道夹层。

设备管道夹层又称技术层,主要用来安置通讯电缆、空调通风和冷热管道等,无论是满设还是部分设置均不计算建筑面积。

建筑物内的设备管道夹层不论其高度如何,均不计算建筑面积。

3)建筑物内分隔的单层房间,舞台及后台悬挂幕布、布景的天桥、挑台等(见图 6.30)。

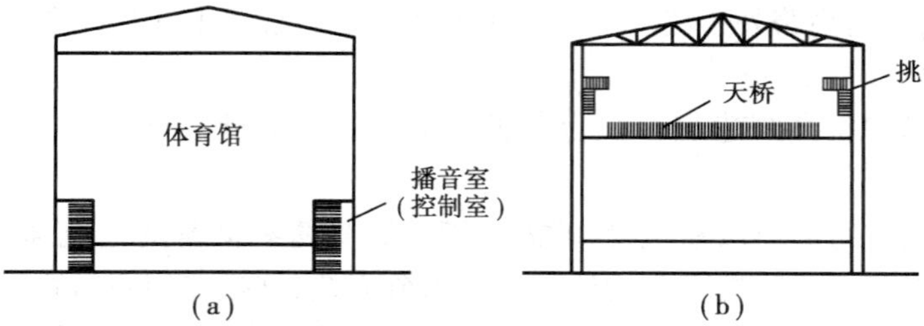

图 6.30　单层建筑物内分隔单层房间

(a) 控制室　(b)天桥、挑台

4)屋顶水箱、花架、凉棚、露台、露天游泳池。

5)建筑物内的操作平台、上料平台、安装箱和罐体的平台。

建筑物内的操作平台、上料平台、安装箱和罐体的平台都是无墙无顶的构件(见图 6.31),无论是钢筋混凝土的还是钢结构的,均不计算建筑面积。

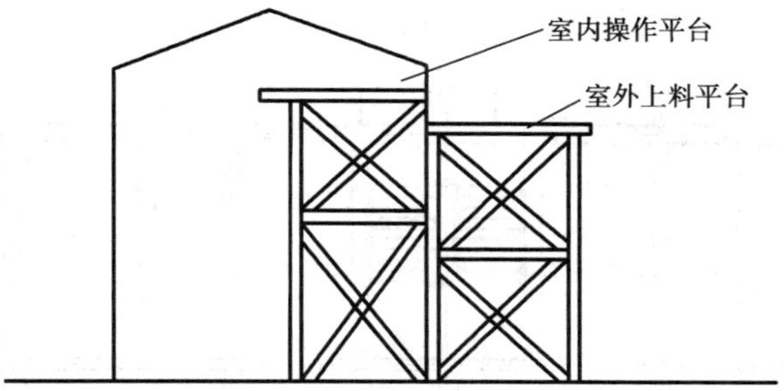

图 6. 31　操作平台、上料平台

6) 勒脚、附墙柱、垛、台阶、墙面抹灰、装饰面、镶贴块料面层、装饰性幕墙、空调室外机搁板(箱)、飘窗、构件、配件，宽度在 2. 10 m 及以内的雨篷，以及与建筑物内不相连通的装饰性阳台、挑廊。

突出墙外的勒脚、附墙柱、垛、台阶、墙面抹灰、装饰面、镶贴块料面层、装饰性幕墙、空调室外机搁板(箱)、飘窗、构件、配件，宽度在 2. 10 m 及以内的雨篷，以及与建筑物内不相连通的装饰性阳台、挑廊等均不属于建筑结构，故不计算建筑面积，如图 6. 32 所示。

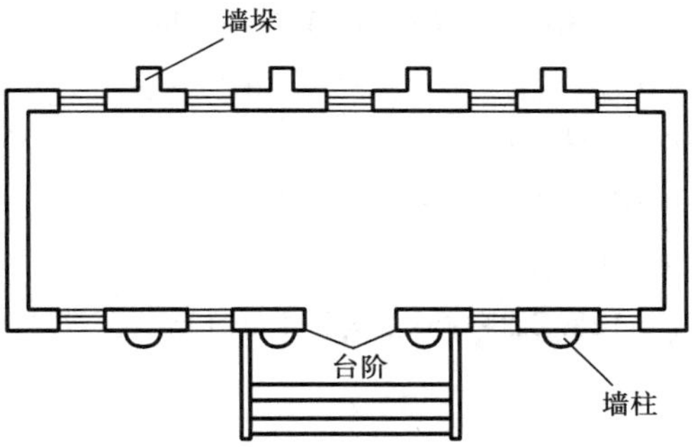

图 6. 32　不计算面积的配件

7) 无永久性顶盖的架空走廊、室外楼梯和用于检修、消防等的室外钢楼梯、爬梯(见图6. 33)。

8) 自动扶梯、自动人行道。

自动扶梯(斜步道滚梯)，除两端固定在楼层板或梁之外，扶梯本身属于设备，因此，扶梯不计算建筑面积。水平步道(滚梯)属于安装在楼板上的设备，也不计算建筑面积。

9) 独立烟囱、烟道、地沟、油(水)罐、气柜、水塔、贮油(水)池、贮仓、栈桥、地下人防通道及地铁隧道等构筑物。

构筑物不计算建筑面积。

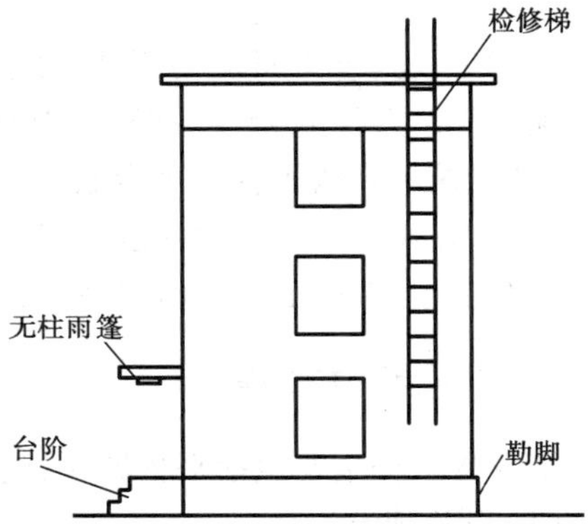

图 6. 33　用于检修、消防等的室外钢爬梯

例 6. 1　某 6 层砖混结构住宅楼，2 ~ 6 层建筑平面图均相同，阳台为不封闭阳台，首层无阳台，其他均与二层相同，请计算其建筑面积，如图 6. 34 所示。

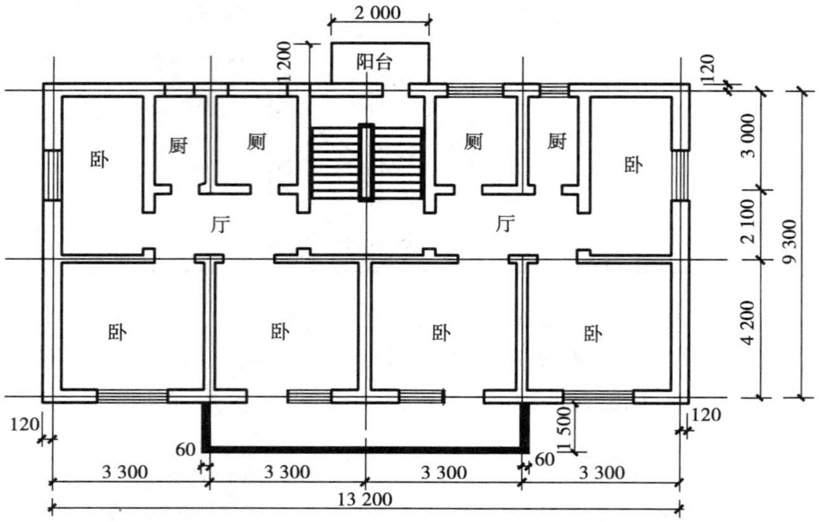

图 6.34　某住宅楼

解　首层建筑面积：$S_1=(9.30+0.24)\times(13.2+0.24)=128.22(m^2)$

2～6 层建筑面积：$S_{2\text{-}6}=S_{主体}+S_{阳台}$

$S_{主体}=S_1\times5=128.22\times5=641.1(m^2)$

$S_{阳台}=1.5\times(3.3\times2+0.06\times2)\times5\div2=25.2(m^2)$

$S_{2\text{-}6}=641.1+25.2=666.3(m^2)$

总建筑面积 $=S_1+S_{2\text{-}6}=128.22+666.3=794.52(m^2)$

6.3　土建工程预算工程量计算方法

土建工程具有工期长、工序复杂、造价高的特点，一般低层、多层民用住宅楼土建造价能占到单项工程总造价的 75%～85%，因此，土建工程预算在工程预算中占有十分重要的地位。

《全国统一建筑工程基础定额》包括土石方工程、桩基础工程、脚手架工程、砌筑工程、混凝土及钢筋混凝土工程、构件运输安装工程、门窗及木结构工程、楼地面工程、屋面工程、保温隔热防腐工程、装饰工程、金属结构工程、垂直运输和建筑物超高费等分部工程。

6.3.1　土石方工程

土石方工程主要包括平整场地、挖土、运土及回填土等项目。

(1)**有关规定**

1)土石方工程的计量单位

土石方工程量计量单位分为两种：一是以平方米为单位计算面积，这样的工程有平整场地、碾压、地基强夯。二是以立方米为单位计算体积，除计算面积的工程项目其余都是计算体积。

2)土方体积按挖掘前的天然密实体积计算

天然密实体积就是自然方。在外购土方、地基强夯和松填回填时，都必须折算为自然方。国家对折算系数有统一的规定，如表 6.1 所示。

虚方体积是指未经填压自然形成的土；夯实后体积是指按规范要求经过分层碾压、夯实的土；松填体积是指挖出的自然土，自然堆放未经夯实填在槽、沟中的土。

表 6.1　土方体积折算表

虚方体积	天然密实体积	夯实后体积	松填体积
1.00	0.77	0.67	0.83
1.30	1.00	0.87	1.08
1.50	1.15	1.00	1.25
1.20	0.92	0.80	1.00

例如，已知挖天然密实土方 5 m^3，则虚方体积 $=5\times1.30=6.50$ m^3。

3）挖填土方的起点标高

一般按施工图纸设计的室外地坪标高为准，标高以下为挖土，标高以上为山坡切土。

4）土壤类别的划分

土壤类别与工程量计算、选套定额项目的单价等有直接的影响，计算土石方工程之前，应根据地质勘探报告所提供的资料确定土壤的类别。在建筑工程中，土壤分类通常采用两种方法：一是按土的坚硬程度、开挖难易划分，二是按土的地质成因、颗粒组成或塑性指数及工程特征来划分。预算定额中所采用的土壤及岩石分类是根据前者方法编制的，这种方法是苏联地质教授 M · M 普罗括吉亚柯诺夫提出的，故称为谱氏分类法。土的工程分类如表 6.2 所示。

表 6.2　土的工程分类

土的分类	土的级别	土的名称	坚实系数 f	密度 /($t\cdot m^{-3}$)	开挖方法及工具
一类土（松软土）	1	砂土、粉土、冲积砂土、疏松的种植土、淤泥（泥炭）	0.5 ~ 0.6	0.6 ~ 1.5	用锹、锄头挖掘，少许用脚蹬
二类土（普通土）	2	粉质黏土、潮湿的黄土，夹有碎石、卵石的砂，粉土混卵（碎）土，种植土、填土	0.6 ~ 0.8	1.1 ~ 1.6	用锹、锄头挖掘，少许用镐翻松
三类土（坚土）	3	软及中等密实黏土，重粉质黏土、砾石土，干黄土、含有碎石卵石的黄土、粉质黏土，压实的填土	0.8 ~ 1.0	1.75 ~ 1.9	主要用镐，少许用锹、锄头挖掘，部分用撬棍
四类土（砂砾坚土）	4	坚硬密实的黏性土或黄土，含碎石卵石的中等密实的黏性土或黄土，粗卵石，天然级配砂石，软泥灰岩	1.0 ~ 1.5	1.9	整个先用镐、撬棍，后用锹挖掘，部分用楔子及大锤
五类土（软土）	5 ~ 6	硬质黏土，中密的页岩、泥灰岩、白垩土，胶结不紧的砾岩，软石灰及贝壳石灰石	1.5 ~ 4.0	1.1 ~ 2.7	用镐或撬棍、大锤挖掘，部分用爆破方法

续表

土的分类	土的级别	土的名称	坚实系数 f	密度 /(t·m⁻³)	开挖方法及工具
六类土（次坚土）	7～9	泥岩、砂岩、砾岩；坚实的页岩、泥灰岩，密实的石灰岩；风化花岗岩、片麻岩及正长岩	4.0～10.0	2.2～2.9	用爆破方法开挖，部分用风镐
七类土（坚土）	10～13	大理石，辉绿岩，玢岩，粗、中粒花岗岩，坚实的白云岩、砂岩、砾岩、片麻岩、石灰岩，微风化安山岩，玄武岩	10.0～18.0	2.5～3.1	用爆破方法开挖
八类土（特坚土）	14～16	安山岩，玄武岩、花岗片麻岩、坚实的细粒花岗岩、闪长岩、石英岩、辉长岩、辉绿岩、玢岩、角闪岩	18.0～25.0以上	2.7～3.3	用爆破方法开挖

注：1. 土的级别为相当于一般16级土石分类级别。
2. 坚实系数 f 为相当于普氏岩石强度系数。

5）挖土施工方法

土方工程的施工方法对土方工程量计算、定额的套用有很大的关系，不同的施工方法，其工程量的计算、选套的定额基价不同。在计算工程量前，应认真熟悉施工组织设计中的有关内容，明确具体施工方法，确保工程量计算准确。

如果采用机械挖土的施工方法，在套用定额时，总挖方量的90%按机械挖土；总挖方量的10%按人工挖土，定额基价乘以系数2。

6）干土与湿土的划分

预算定额的人工挖土是按自然干土编制的，如为人工挖湿土时，按相应定额项目乘以系数1.18。干、湿土的划分应根据地质勘察资料规定的地下水位确定，地下常水位以上的为干土，以下的为湿土。在同一槽内或坑内有干、湿土时，应分别计算工程量。

机械挖土方均以天然湿度（<25%）为准，土壤含水率超过25%，定额基价中的人工、机械均须乘以系数1.5；若含水率大于40%时，则另行计算。

7）挖土放坡的确定

土方工程施工时，如果挖土较深，为了防止土壁坍塌，保持边壁稳定，一般土壁要放坡或支挡土板。建筑工程中坡度通常用1∶K 表示，“K”为放坡系数，如表6.3所示。

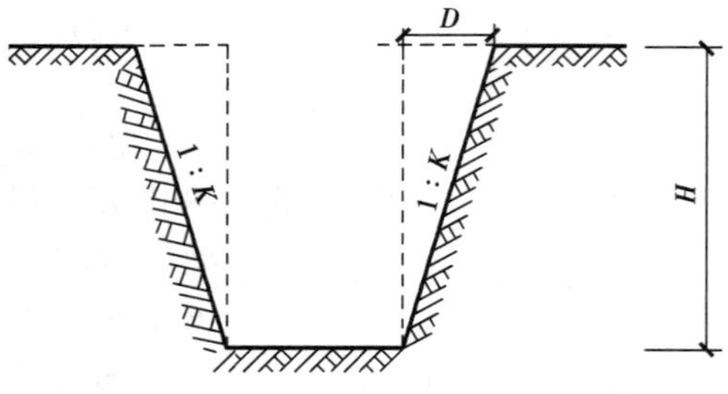

图6.35　放坡示意图

放坡系数的计算公式为

$$K=\frac{D}{H}$$

式中　H——挖土深度；

D——边坡上口一侧放坡宽度，$D=KH$。

土壤放坡系数按预算定额中的规定执行，如图6.35所示。

表 6.3　挖土放坡系数表

土壤类别	放坡起点深度	人工挖土	机械作业	
			在坑内作业	在坑上作业
一、二类土	1.20	1∶0.50	1∶0.27	1∶0.69
三类土	1.50	1∶0.33	1∶0.25	1∶0.67
四类土	2.00	1∶0.25	1∶0.10	1∶0.33

8）挡土板

在需要放坡的土方工程中，随着挖土深度的增加，放坡会造成地槽上口宽度太大，同时又增加了土方量，当施工现场狭窄或其他特殊情况而不能采取放坡挖土时，为了保证土方工程的施工安全，通常采用支挡土板的施工方法。放坡不再计算挡土板工程量，支挡土板不计算放坡工程量。计算支挡土板的挖土工程量时，单面加 10 cm，双面加 20 cm 计算。计算土方工程量时，是否支挡土板，根据施工组织设计确定。

9）挖土工作面的确定

基础工程施工所需增加的工作面，按预算定额规定计算，如表 6.4 所示。

表 6.4　槽坑工作面增加宽度表

基础材料	每边各增加工作面/cm
砖	20
浆砌毛石、条石	15
混凝土基础垫层需支模	30
基础垂直面做防水层	80

10）管道沟底宽度的确定

图纸设计有规定的按设计规定，无规定的则按表 6.5 计算。

表 6.5　管道沟底宽度尺寸表

管径/mm	铸铁管、钢管、石棉水泥管/m	混凝土管、钢筋混凝土管、预应力钢筋混凝土管/m	陶土管/m
50～70	0.60	0.80	0.70
100～200	0.70	0.90	0.80
250～350	0.80	1.00	0.90
400～450	1.00	1.30	1.10
500～600	1.30	1.50	1.40
700～800	1.60	1.80	—
900～1 000	1.80	2.00	—
1 100～1 200	2.00	2.30	—
1 300～1 400	2.20	2.60	—

11)人工挖土定额使用

定额中人工挖土是按 1.5 m 考虑的,如果挖土深度超过 1.5 m,按表 6.6 计算。

表 6.6 人工挖土方超深增加工日表 100 m^3

深 2 m 以内	深 4 m 以内	深 6 m 以内
5.55 工日	17.60 工日	26.16 工日

12)土石方运输距离

若土石方运输的距离不同,则所选用的定额项目就不同。运距应根据施工组织设计的规定执行,如无规定可按下列方法计算:

①推土机运距。按挖方区重心至填方区重心之间的直线距离计算。

②铲运机运距。按挖方(铲土)重心至卸土区(或堆放地点)重心加转向距离 45 m 计算。

③自卸汽车、普通载重汽车、翻斗车、大小四轮拖拉机和马车运距。一律按挖方区重心至填土区(或堆放地区)重心的最短距离计算。

(2)土石方工程量的计算方法

1)平整场地

平整场地是指厚度在室外设计地坪标高在 ±30 cm 以内的就地高挖低填找平工作。其工程量按建筑物(或构筑物)底层平面外墙外边线的尺寸每边各增加 2 m 计算,如图 6.36 所示。其计算公式为

$$S_{平整场地} = S_{底} + 2L_{外} + 16$$

式中 $S_{平整场地}$——平整场地的面积;

$S_{底}$——建筑物底层建筑面积;

$L_{外}$——外墙外边线总长;

16——4 个角的正方形面积之和(2 ×2 ×4)。

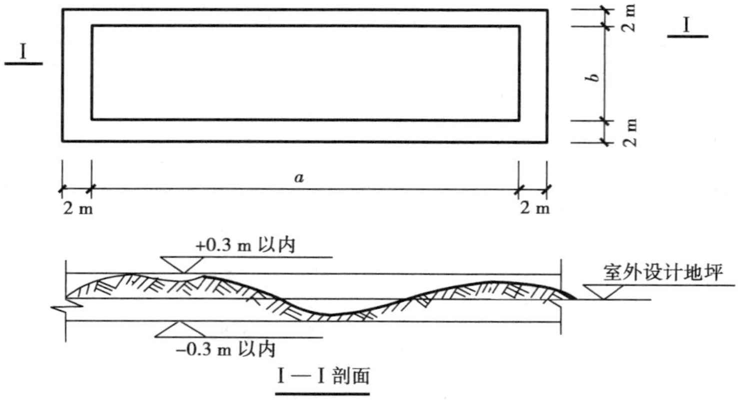

图 6.36 平整场地

2)挖土

①挖地槽

凡槽底宽在 3 m 以内,槽长大于槽宽 3 倍的沟槽挖土为挖地槽。外墙沟槽的长度按图示中心线长度计算,内墙按图示尺寸的地槽净长线计算,管道沟槽的长度按设计规定的图示尺寸

净长线计算。沟槽工程量计算按是否支挡土板、放坡和加工作面等情况分别计算。其计算方法如下：

A. 不设工作面、不放坡和不支挡土板，如图6.37所示。其工程量计算公式为

$$V = LaH$$

式中　V——挖土体积；

L——沟槽长度；

a——基础宽度；

H——沟槽深度。

B. 设工作面、不放坡和不支挡土板，如图6.38所示。其工程量计算公式为

$$V = L(a + 2c)H$$

式中　c——工作面宽度；

L——沟槽长度；

a——基础宽度；

H——沟槽深度。

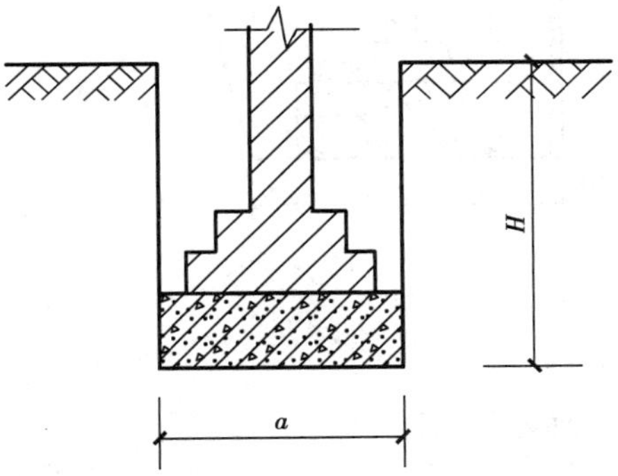

图6.37　不放坡、不设工作面

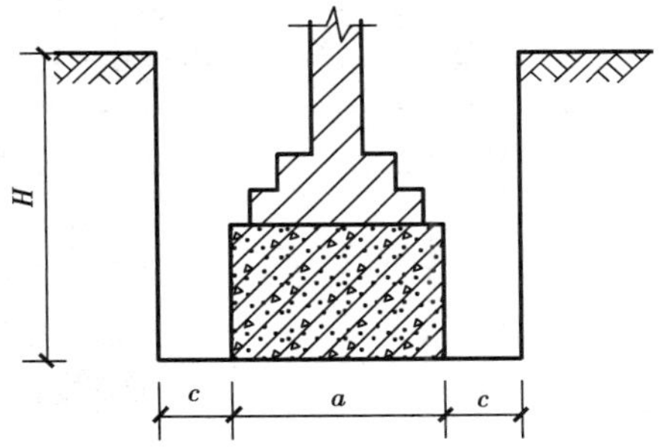

图6.38　设工作面、不放坡和不支挡土板

C. 设工作面和放坡（地槽交接处放坡产生的重复工程量不予扣除）。

第一种情况：由垫层下表面放坡，如图6.39（a）所示。其工程量计算公式为

$$V = LH(a + KH + 2c)$$

式中　K——放坡系数；

H——槽深。

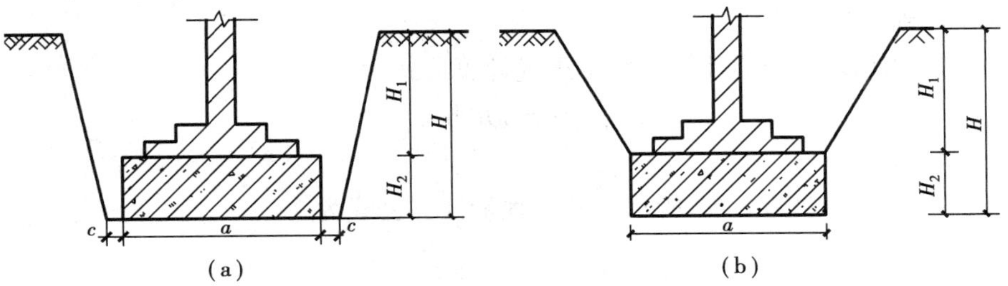

图6.39　沟槽放坡

（a）垫层地面放坡　（b）垫层顶面放坡

第二种情况:由垫层上表面放坡,如图 6.39(b)所示。其工程量计算公式为

$$V = L[H_1(a + KH_1) + aH_2]$$

式中 K——放坡系数;

H_1——槽上口面至垫层上表面的深度;

H_2——垫层厚度。

D. 设工作面和支挡土板。

第一种情况:双面支挡土板,如图 6.40(a)所示。其工程量计算公式为

$$V = L(a + 2c + 0.2)H$$

式中 0.2——双面支挡土板所占的宽度。

第二种情况:一面放坡一面支挡土,如图 6.40(b)所示。其工程量计算公式为

$$V = L[(a + 2c + 0.1)H + 0.5KH^2]$$

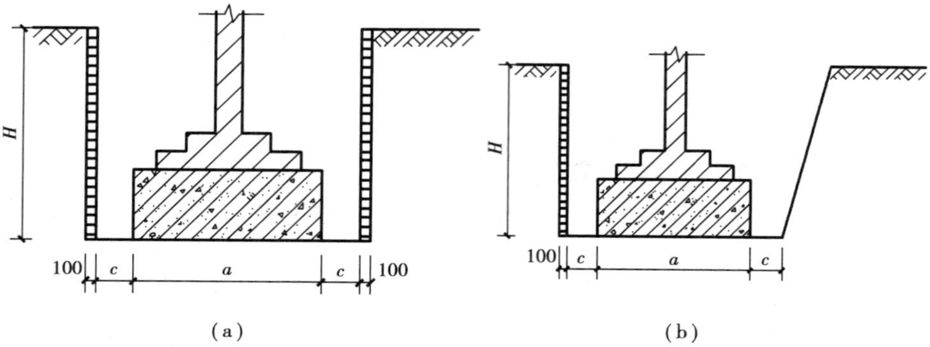

图 6.40 挡土板

(a)双面支挡土板 (b)单面支挡土板

②挖地坑(石方工程称基坑)

坑长小于坑宽 3 倍,坑底面积在 20 m^2 以内的挖土称为挖地坑(石方工程称为基坑)。

A. 不放坡的矩形坑,即长方体。其工程量计算公式为

$$V = Hab$$

式中 V——挖土体积;

H——挖土深度;

a——基础底宽;

b——基础底长。

B. 不放坡的圆形坑,即圆柱体。其工程量计算公式为

$$V = \pi R^2 H$$

式中 R——坑底半径。

C. 放坡的矩形坑,如图 6.41 所示。其工程量计算公式为

$$V = H(a + 2c + KH) \times (b + 2c + KH) + \frac{1}{3}K^2H^3$$

式中 K——放坡系数;

$\frac{1}{3}K^2H^3$——基坑四角的一个角锥体积。

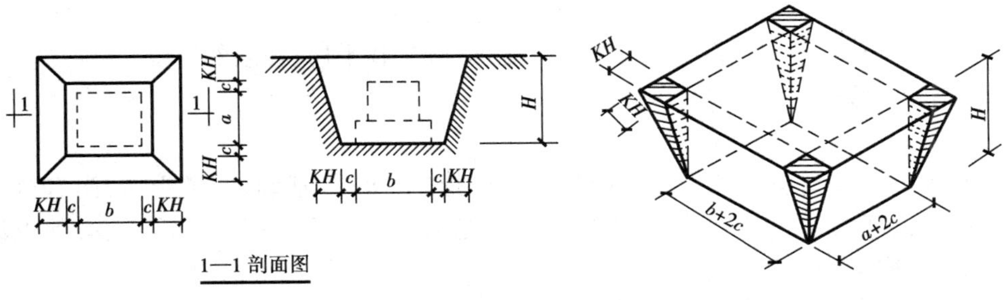

图6.41　放坡的矩形坑

D. 放坡的圆形坑。其工程量计算公式为

$$V=\frac{1}{3}\pi H_1(R_1^2+R_2^2+R_1R_2)+H_2\pi R_1^2$$

式中　R_1——坑底半径；

R_2——坑上口半径，$R_2 = R_1 + KH_1$；

H_1——槽上口面至垫层上表面的深度；

H_2——垫层厚度。

③挖土方（石方工程称为平基）

凡是槽底宽度大于3 m，或坑底面积大于20 m^2 的挖土称为挖土方，其计算方法同挖地坑。

3）回填土

回填土分为基础回填土和房心回填土。

①基础回填土

基础回填土是指基础工程完成后，将槽、坑四周未做基础部分进行回填至室外设计地坪标高。基础回填土必须夯填密实，执行夯填土定额。其工程量计算公式为

$$V_{基础回填土}=V_{挖土}-V_{设计室外地坪以下埋设的砌筑物(基础、垫层)}$$

管道沟槽回填土为

$$V_{回填}=V_{挖土}-V_{管道}$$

注意：管道直径在500 mm以内（不含500 mm）的体积不扣除，每米管道扣减的体积如表6.7所示。

表6.7　每米管道扣除土方体积表　　单位：m^3

管道直径	管道直径/mm					
	500～600	600～800	800～1 000	1 001～1 200	1 201～1 400	1 401～1 600
钢管	0.21	0.44	0.71	—	—	—
铸铁管	0.24	0.49	0.77	—	—	—
混凝土	0.33	0.60	0.92	1.15	1.35	1.55

②房心回填土

房心回填土指由室外设计地坪填至室内地坪垫层地面标高的夯填土。房心回填土套用地面分部工程的室内素土定额。其工程量计算公式为

$$V_{\text{房心回填土}} = S_{\text{主墙间的净面积}} \times h_{\text{填土}}$$

式中 $h_{\text{填土}}$ = 设计室内外标高差 - 地面垫层、找平层、面层的厚度

主墙:混凝土墙厚≥100 mm,砌体墙厚≥180 mm。

4)运土

运土有余(弃)土运输和取土运输两种。经过挖土、垫层、基础、回填土后,尚有剩余的土方需要运出施工现场时,称为余(弃)土外运。当挖出的土方不够回填所需,而必须由场外运入土方时,称为取土。

运土的工程量以天然密实体积计算,其计算公式为

$$V_{\text{余土}} = V_{\text{挖土}} - V_{\text{回填土}}$$

$$V_{\text{取土}} = V_{\text{回填土}} - V_{\text{挖土}}$$

6.3.2 桩基础工程

当地基是较厚的软弱层或杂填土时,基础很难坐落在这样的土层中,如果基础深埋杂填土之下,工程造价高,不经济。此时,通常采用桩基础,桩基节约了大量土方开挖工作。桩按施工方法分为预制桩和灌注桩。预制桩是把预先预制好的钢筋混凝土桩,用打桩机打入地下,作为基础承重结构。灌注桩是先从地面钻孔或挖孔成型,成型孔内放入钢筋并灌注混凝土制成桩。

(1)有关规定

1)单位工程少量打桩

打桩工程量在表6.8规定数量以内时,定额基价中的人工、机械按相应的定额项目乘以1.25;在表6.8规定数量以上时,直接套用相应的定额项目。

表6.8 少量打桩的规定

项　目	单位工程工程量	项　目	单位工程工程量
钢筋混凝土方桩	150 m^3	打孔灌注混凝土桩	60 m^3
钢筋混凝土管桩	50 m^3	打孔灌注砂、石桩	60 m^3
钢筋混凝土板桩	50 m^3	钻孔灌注混凝土桩	100 m^3
钢板桩	50 t	潜水钻孔灌注混凝土桩	100 m^3

2)定额项目中包括的内容

①静力压桩包括接桩,若设计要求接桩的,工程量不再计算。

②定额中各种灌注的材料用量中,均已包括表6.9规定的充盈系数和材料消耗。

表6.9 充盈系数表

项目名称	充盈系数	损耗率/%
打孔灌注混凝土桩	1.25	1.5
钻孔灌注混凝土桩	1.30	1.5
打孔灌注砂桩	1.30	3
打孔灌注砂石桩	1.30	3

③金属周转材料中包括桩帽、送桩器、桩帽盖、活瓣桩尖、钢管及料斗等属于周转性使用的

材料。

3）套用定额时应注意的问题

①打试验桩按相应定额项目的人工、机械乘以系数 2 计算。

②打桩、打孔，桩间净距小于 4 倍桩径（桩边长）的，按相应定额项目的人工、机械乘以系数 1.13 计算。

③定额以打直桩为准，若打斜桩斜度在 1∶6 以内的，按相应定额项目的人工、机械乘以系数 1.25 计算；若斜度在 1∶6 以上的，按相应定额项目的人工、机械乘以系数 1.43 计算。

④定额以平地（坡度 $<15°$）打桩为准，若在堤坡上（坡度 $>15°$）打桩时，按相应定额项目的人工、机械乘以系数 1.15 计算；如在基坑内（基坑深度 >1.5 m）打桩或在地坪上打坑槽内桩（坑槽深度 >1 m），按相应定额项目的人工、机械乘以系数 1.11 计算。

⑤在桩间补桩或强夯后的地基打桩时，按相应定额项目的人工、机械乘以系数 1.15 计算。

⑥打送桩时，可按相应打桩定额项目综合工日及机械台班乘以表 6.10 规定系数计算。

表 6.10　送桩系数表

送桩深度	系　数
2 m 以内	1.25
4 m 以内	1.43
4 m 以上	1.67

4）定额允许换算的项目

焊接桩接头钢材用量，设计与定额用量不同时，可按设计用量换算。

（2）**工程量计算**

1）预制钢筋混凝土桩

①方桩

打桩体积按设计全长（包括桩尖，不扣除桩尖虚体积）乘以截面面积计算。其计算公式为

$$V = LAn$$

式中　V——打桩总体积；

L——单桩设计全长；

A——单桩截面积；

n——打桩根数。

例 6.2　某工程打钢筋混凝土桩，桩尺寸如图 6.42 所示，计算一根桩体积。

解　其体积计算为　　$V = LAn = 10.5 \times 0.4 \times 0.4 = 1.68(\text{m}^3)$

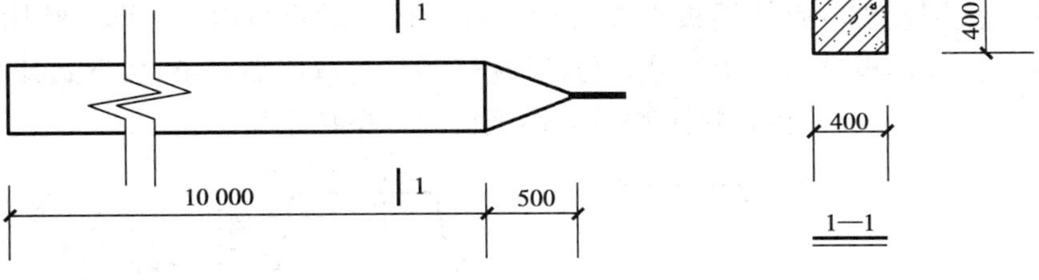

图 6.42　钢筋混凝土方桩

②管桩

管桩的空心部分应扣除，如管桩空心部分按设计要求加注混凝土或其他填充料时，应另行计算，如图 6.43 所示。其计算公式为

$$V = L\pi(R-r)^2 n$$

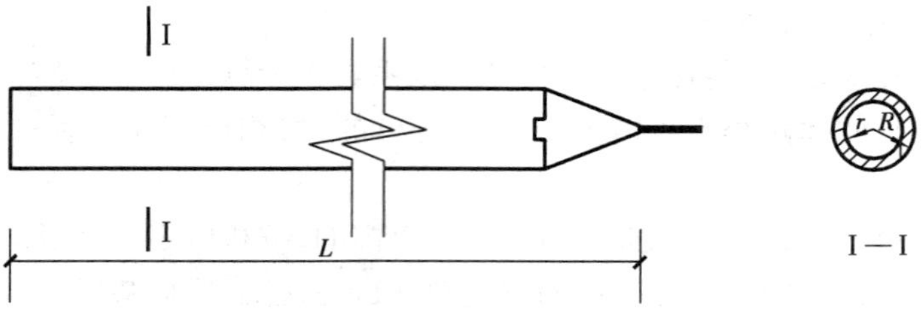

图 6.43　钢筋混凝土管桩

式中　R——桩的外半径；

　　r——桩的内半径。

2）送桩

在打桩过程中，有时要求将桩顶面打到低于桩架操作平台以下，或由于某种原因要求将桩顶面打入自然地面以下，这时桩锤就不能直接触击到桩头，因而需要用送桩器加在桩帽上以传递桩锤的力量，使桩锤将桩打到要求的位置，最后将送桩器拔出，这一过程称为送桩。

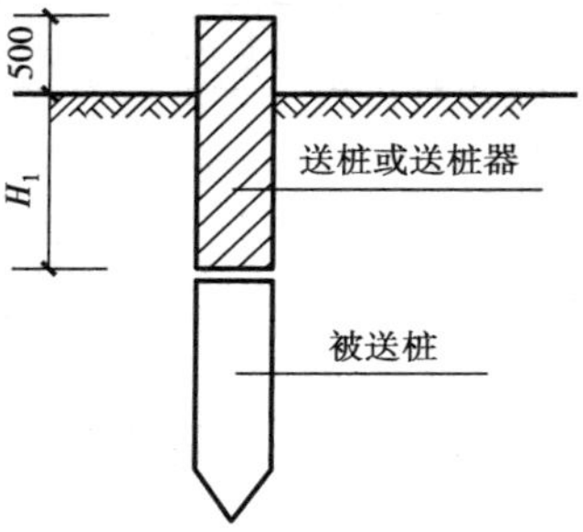

图 6.44　送桩

工程量计算按桩截面面积乘以送桩长度，送桩长度按打桩架底至桩顶面高度或自桩顶面至自然地坪面另加 0.5 m 计算，如图 6.44 所示。其计算公式为

$$V = A(H_1 + 0.5)$$

式中　A——桩截面面积。

3）接桩

一般钢筋混凝土预制桩都不超过 30 m，因为过长，对桩的起吊和运输很不利，但如果基础本身要求有很长的桩时，一般采用分段预制。打桩时先把第一段打到地面附近，然后采用特定的技术和措施，把第一段与第二段连接牢固，再继续向下打入土中，这一过程称为接桩。

工程量计算应按连接方式不同分别计算，电焊接桩按设计接头，以个计算；硫磺胶泥接桩以截面面积计算工程量。

4）钢板桩

钢板桩多用于地下室工程起挡土、挡流砂作用，一般属临时性的，工程完成后又要拔出回收，故也称为打拔钢板桩。打拔钢板桩按设计图纸钢板桩的重量以 t 计算。常用的钢板桩如图 6.45 所示。如果钢板桩为定型产品，可按其规格型号查取产品目录，按下式计算为

$$钢板桩工程量 = 钢板桩长 \times 单位重量$$

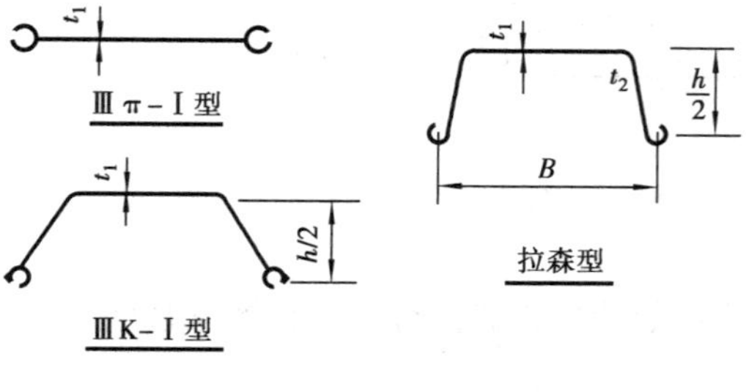

图 6.45　钢板桩

5)钻孔灌注桩

钻孔工程量按实钻孔长度乘以设计桩断面计算，灌注混凝土按设计桩长(包括桩尖长度，不扣除桩尖虚体积)与超灌长度的和乘以设计桩断面面积计算。超灌长度设计有规定的，按设计规定；设计无规定的，按0.25 m计算。

6)打孔灌注桩

①混凝土桩、砂桩、砂石桩、碎石桩的体积，按设计规定的桩长(包括桩尖长度)乘以钢管管箍外径截面面积计算。

②扩大桩的体积用复打法时按单桩体积乘以次数计算。

③打孔后先埋入预制混凝土桩尖，再灌注混凝土者，桩尖按钢筋混凝土章节计算体积。灌注桩按设计长度(包括桩尖长度)乘以钢管管箍外径截面面积计算。

7)人工挖孔混凝土桩

①挖土按实挖体积计算，如设计无混凝土护壁，挖土尺寸按设计桩身直径加200 mm计算。

②人工挖孔混凝土桩从桩承台以下，按设计图示尺寸计算体积；混凝土护壁按体积另列项目计算，设计有护壁的，按图示尺寸计算，设计无护壁的，护壁厚度按100 mm计算。

8)混凝土锚杆

按设计图计算体积。水泥砂浆锚杆直径按ϕ22 mm计算，如直径不同，可以换算，锚杆按净重量计算，不加损耗。

6.3.3　脚手架工程

在建筑施工中，施工高度超过地面(室外自然地面、室内地面、室外设计地面)1.2 m，为继续进行操作、堆放和运送材料，必须搭设相应高度的架子——脚手架。工程预算中，选择脚手架类型的合适度和计算脚手架费用的正确性，可直接影响施工作业的顺利和安全，并且关系到工程质量、施工进度和施工单位经济效益。

脚手架定额中，有外脚手架、里脚手架、满堂脚手架、悬空脚手架、挑脚手架、防护架、安全网、电梯井架及烟囱(水塔)脚手架等。

(1)**有关规定**

1)预算定额的编制

脚手架材料为周转材料，预算定额中材料消耗量是使用一次的材料摊销量。定额按搭设种类划分，外脚手架、里脚手架分为木制、竹制、钢管脚手架；烟囱、电梯脚手架为钢管脚手架。

脚手架工程的工作内容包括场内、外材料的搬运、搭设、拆除脚手架、上料平台、安全网、脚手板及脚手架拆除后材料的堆放。

2)脚手架的综合内容

①外脚手架定额中均综合了上料平台、护卫栏杆等。

②烟囱脚手架综合了垂直运输架、斜道、揽风绳及地锚等。

3)定额的使用

①斜道按依附斜道编制的，独立斜道按依附斜道定额项目基价乘以系数1.8。

②水塔脚手架按相应的烟囱脚手架人工乘以系数1.11，其他不变。

③架空运输道，以架宽2 m为准，如架宽超过2 m时，应按相应项目乘以系数1.2；超过

3 m时，按相应项目乘以系数 1.5。

④外架全封闭材料按竹席考虑，如采用竹笆板时，人工乘以系数 1.10；采用纺织布时，人工乘以系数 0.80。

⑤外脚手架在定额中分为单、双排脚手架。在下列情况执行双排脚手架：

A. 设计室外地坪至檐口（或女儿墙上表面）的高度在 15 m 以上时，套用双排脚手架。

B. 在 15 m 以内时，外墙门窗洞口及装饰面积超过整个建筑物外墙面积 60% 以上。

C. 采用竹制脚手架。

其余情况按单排脚手架套用。

⑥内墙脚手架分里脚手架、单排脚手架。凡设计室内地坪至顶板下表面的砌筑高度在 3.6 m以下的，按里脚手架计算；砌筑高度超过 3.6 m 时，按单排脚手架计算。

（2）**工程量计算方法**

1）砌筑脚手架

①外墙脚手架

外脚手架工程量 = 外墙外围长度 × 外墙高度

式中，外墙高度是指设计室外地坪至檐口滴水的高度，檐口滴水线如图 6.46 所示；山墙部分按山墙平均高度计算；带女儿墙的建筑物，其高度算至女儿墙顶。

外墙外围长度是指建筑物外墙外围长度及突出墙外宽度在 24 cm 以上的墙垛、附墙烟囱、阳台等图示尺寸的展开长度。

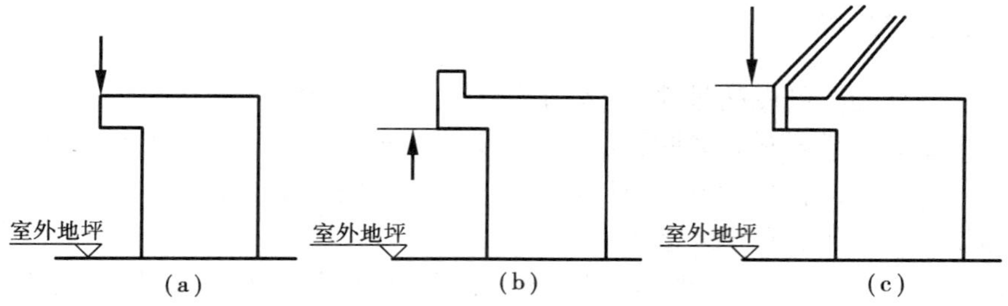

图 6.46　檐口滴水线示意图

（a）自由排水　（b）卷檐排水　（c）多孔板斜屋面排水

注意：

A. 计算工程量不扣除门、窗洞口及穿过建筑物的通道的空洞面积。

B. 外墙装饰脚手架不再计算。

C. 套用定额区分单、双排脚手架。

D. 同一建筑物高度不同时，应按不同高度分别计算。

例 6.3　根据如图 6.47 所示尺寸，计算建筑物外墙脚手架工程量。

解　单排脚手架（15 m 高）= (26 + 12 × 2 + 8) × 15 = 870(m^2)

双排脚手架（24 m 高）= (18 × 2 + 32) × 24 = 1 632(m^2)

双排脚手架（27 m 高）= 32 × 27 = 864(m^2)

双排脚手架（36 m 高）= (26 − 8) × 36 = 648(m^2)

双排脚手架（51 m 高）= (18 + 24 × 2 + 4) × 51 = 3 570(m^2)

②内墙脚手架

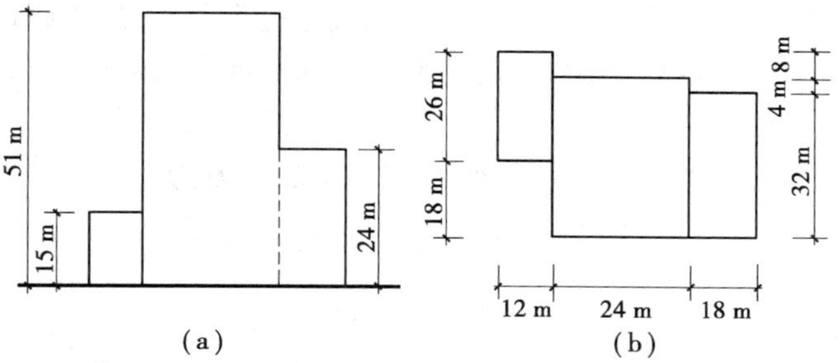

图6.47　计算外墙脚手架工程量示意图
(a)建筑物立面　(b)建筑物平面

内墙脚手架工程量 = 内墙净长线×砌筑高度

即墙面垂直投影面积。

注意:计算工程量不扣除门、窗洞口及穿过建筑物的通道的空洞面积。

③独立柱

独立柱脚手架工程量 =(柱外周围长 +3.6 m)×柱高

注意:套用定额时,按双排外脚手架计算;能利用砌墙脚手架的柱,不再另行计算柱脚手架。

④围墙脚手架

围墙脚手架工程量 = 围墙中心线长度×砌筑高度

注意:凡室外自然地坪至围墙顶面的砌筑高度在3.6 m以内,按里脚手架计算;砌筑高度超过3.6 m以上时,按单排脚手架计算。

⑤石砌墙体(砌筑高度超过1.0 m)

脚手架工程量=墙长度×平均高度

注意:定额的套用按外脚手架计算。

2)现浇钢筋混凝土框架脚手架

①现浇钢筋混凝土柱

现浇钢筋混凝土柱脚手架工程量 = (图纸设计周长 +3.6 m)×柱高

注意:套用定额按相应外脚手架定额。

②现浇钢筋混凝土梁、墙

现浇钢筋混凝土梁、墙脚手架工程量 = 梁、墙净长×高度

式中,高度是指首层按设计室外地坪至一层顶楼板底之间的高度;二层以上按当层楼面至上一层楼板底之间的高度。

注意:套用定额按相应双排外脚手架定额。

3)室内装饰工程脚手架

①满堂脚手架

室内高度超过3.6 m的抹灰天棚、钉板天棚、吊顶天棚的装饰工程均计算满堂脚手架。其工程量按室内净面积计算。

室内地面或楼面至装饰天棚的高度以室内地坪至天棚底面为准。无吊顶天棚的算至楼板底,有吊顶天棚的算至天棚面层,斜天棚按平均高度计算。

高度为3.6~5.2 m时,计算满堂脚手架基本层;超过5.2 m时,每超过1.2 m计算一个满堂脚手架增加层。计算增加层脚手架时,超高部分在0.6 m以内,舍去不计;超过0.6 m,计算一个增加层。

例6.4 建筑天棚高为9.5 m,其满堂脚手架的增加层数为

$$\frac{9.5-5.2}{1.2}=3 \quad 余0.7\ m$$

那么就应该计算一个满堂脚手架基本层及4个增加层。

注意:计算满堂脚手架后,室内墙、柱面装饰工程不再计算脚手架。

②墙面装饰脚手架

高度在3.6 m以上的内墙、柱面抹灰、防水处理等装饰工程不能利用原砌筑脚手架时,计算装饰脚手架。

装饰脚手架按墙垂直投影面积计算,柱面按柱的周长加3.6 m乘以高度计算。

注意:套用定额按双排脚手架乘以系数0.3计算。

③挑脚手架

按搭设长度和层数计算延长米。挑脚手架适用于单独施工的外墙脚手架。

④悬空脚手架

按搭设水平投影面积计算。

4)其他脚手架

①水平防护架、垂直防护架

水平防护架和垂直防护架是指脚手架以外单独搭设的,用于车辆通道、人行通道而搭设的临街防护等。

水平防护架按实际铺板的水平投影面积,以平方米计算。

垂直防护架按自然地坪至最上一层横杆之间的搭设高度,乘以搭设长度,以平方米计算。

②架空运输脚手架

按搭设长度以延长米计算。

③烟囱、水塔脚手架

区别不同高度、直径按"座"计算。

④电梯井脚手架

按单孔以"座"计算。

⑤斜道

区别不同高度,以"座"计算。

⑥砌筑贮仓脚手架

不分单筒或贮仓组,均按单筒外边线周长乘以设计室外地坪至贮仓上口之间的高度,以"平方米"为单位计算。

⑦贮水(油)池脚手架

按外壁周长乘以室外地坪至池壁顶面之间的高度,以"平方米"为单位计算。

⑧大型设备基础脚手架

按其外形周长乘以地坪至外形顶面边线之间高度,以"平方米"为单位计算。

⑨建筑物垂直封闭

按封闭面的垂直投影面积计算。

⑩满堂基础

按其底板面积的50%套用满堂脚手架基本层定额。

5)安全网

①立挂式安全网,按架网部分的实挂长度乘以实挂高度计算。

②挑出式安全网,按挑出的水平投影面积计算。

6.3.4 砌筑工程

砌筑工程是以砖石或其他块料为主要材料,用砂浆砌筑而成。其内容主要包括砖石基础、砖石墙、砖柱、各种砌块墙、其他各种砌体及砖砌体钢筋加固等工程。

(1)有关规定

1)墙体综合的内容

砌墙定额中,已包括先立门窗框(先塞口)的调直用工及腰线、窗台线、挑檐等一般出线用工程,也包括原浆勾缝,但加浆勾缝另算。

2)砌体材料规格

定额中,砖的规格是按标准砖编制的;砌块、多孔砖规格是按常用规格编制的。采用材料规格分别为:

标准砖:240 mm×115 mm×53 mm

加气混凝土块:600 mm×240 mm×150 mm

空心砌块:390 mm×190 mm×190 mm,190 mm×190 mm×190 mm,90 mm×190 mm×190 mm

硅酸盐砌块:880 mm×430 mm×240 mm,580 mm×430 mm×240 mm,430 mm×430 mm×240 mm,280 mm×430 mm×240 mm

方整石:砌柱时450 mm×220 mm×200 mm;砌墙时400 mm×220 mm×200 mm

条石:1 000 mm×300 mm×300 mm

料石:1 000 mm×400 mm×200 mm

3)普通砖墙计算厚度

我国现行标准砖的规格为240 mm×115 mm×53 mm,墙体砌筑的横竖灰缝一般以10 mm为准。设计图纸用习惯方法标注的尺寸与标准砖尺寸不符时,应按表6.11的规定计算。

表6.11 普通砖计算厚度

墙厚/砖	1/4	1/2	3/4	1	3/2	2	5/2	3
计算厚度/mm	53	115	180	240	365	490	615	740

4)基础与墙身的界限划分

①基础与墙身使用同一材料时,以设计室内地面为界(有地下室的,以地下室室内设计地面为界),以下为基础,以上为墙(柱)身,如图6.48(a)所示。

②基础与墙身使用不同材料时,若两种材料的交接处在设计室内地面±300 mm以内时,以不同材料为分界线;若超过±300 mm时,以设计室内地面为分界线,如图6.48(b)所示。

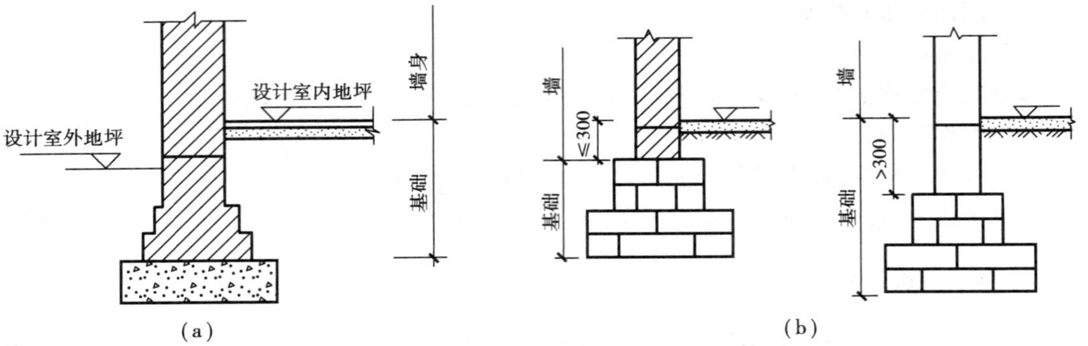

图 6.48　墙身墙基础

③砖、石围墙，以设计室外地坪为界线，以下为基础，以上为墙身。

5)定额中允许换算的工程项目

①项目中砂浆按常用规格、强度等级编制，如设计采用的砌筑砂浆种类、强度等级与定额规定不同时，可以换算。

②填充墙以填炉渣、炉渣混凝土为准，如实际使用材料与定额不同时允许换算，其他不变。

③硅酸盐砌块、加气混凝土砌块墙，按水泥混合砂浆编制的，如设计使用水玻璃矿渣等胶合材料时，应根据设计要求另行换算。

6)套用定额的规定

①圆形烟囱基础按砖基础定额执行，人工乘以系数 1.2。

②砖砌挡土墙，两砖以上执行砖基础定额，两砖以内执行砖墙定额。

③毛石护坡高度超过 4 m 时，定额人工乘以系数 1.15。

④砌筑圆、弧形石砌体基础、墙(含砖石混合砌体)，按定额项目人工乘以系数 1.1。

⑤墙体必需放置的拉接钢筋，按钢筋混凝土相应项目计算。

⑥毛石墙镶砖墙身按内背镶 1/2 砖，墙体厚度 600 mm 编制。

(2)**工程量计算**

1)基础

砖石基础不分厚度和高度，均以图示尺寸按立方米计算。其工程量计算公式为

$$V_{\text{基础}} = L_{\text{中}} \times S_{\text{外墙基础断面}} + L_{\text{内}} \times S_{\text{内墙基础断面}} - V_{\text{扣除}} + V_{\text{增加}}$$

式中　$L_{\text{中}}$——外墙基础的长度按外墙中心线长度计算；

$L_{\text{内}}$——内墙基础长度按净长度计算；

$V_{\text{扣除}}$——通过地基的孔洞，面积 0.3 m^2 以上的应予扣除；

$V_{\text{增加}}$——附墙垛基础宽出部分应并入基础的工程量。

$$\text{基础断面积} = \text{基础墙宽度} \times \text{基础高度} + \text{大放脚增加断面面积}$$

或

$$\text{基础断面积} = \text{基础墙宽度} \times (\text{基础高度} + \text{折加高度})$$

$$\text{折加高度} = \frac{\text{大放脚增加断面面积}}{\text{基础墙宽度}}$$

大放脚砌筑法通常采用等高式、不等高式两种，如图 6.49(a)、(b)所示。

大放脚增加断面面积、折加高度可按大放脚形式查表 6.12、表 6.13 计算。

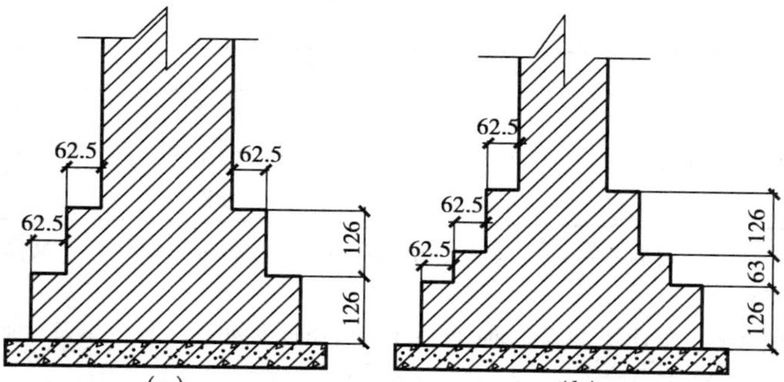

(a)　　　　　　　　(b)

图 6.49　砖基础大放脚

表 6.12　标准砖等高式砖墙基大放脚折加高度表

放脚层数	折加高度/m						增加断面积/m^2
	半砖 (0.115)	一砖 (0.24)	一砖半 (0.365)	两砖 (0.49)	两砖半 (0.615)	三砖 (0.74)	
一	0.137	0.066	0.043	0.032	0.026	0.021	0.015 75
二	0.411	0.197	0.129	0.096	0.077	0.064	0.047 25
三	0.822	0.394	0.259	0.193	0.154	0.128	0.094 5
四	1.369	0.656	0.432	0.321	0.259	0.213	0.157 5
五	2.054	0.984	0.647	0.482	0.384	0.319	0.236 3
六	2.876	1.378	0.906	0.675	0.538	0.447	0.330 8
七	—	1.838	1.208	0.900	0.717	0.596	0.441 0
八	—	2.363	1.553	1.157	0.922	0.766	0.567 0
九	—	2.953	1.942	1.447	1.153	0.958	0.708 8
十	—	3.609	2.373	1.768	1.409	1.171	0.866 3

注：1. 本表按标准砖双面放脚，每层等高 12.6 cm（二匹砖，二灰缝）砌出 6.25 cm 计算。

2. 本表折加墙基高度的计算，以 240 mm × 115 mm × 53 mm 标准砖，1 cm 灰缝及双面大放脚为准。

3. 折加高度（m）= 放脚断面积（m^2）/墙厚（m）。

4. 采用折加高度数字时，取两位小数，第三位以后四舍五入。采用增加断面数字时，取三位小数，第四位以后四舍五入。

表 6.13　标准砖墙基间隔式大放脚折加高度表

放脚层数	折加高度/m						增加断面积/m^2
	半砖 (0.115)	一砖 (0.24)	一砖半 (0.365)	两砖 (0.49)	两砖半 (0.615)	三砖 (0.74)	
一	0.137	0.066	0.043	0.032	0.026	0.021	0.015 8
二	0.343	0.164	0.108	0.080	0.064	0.053	0.039 4
三	0.685	0.320	0.216	0.161	0.128	0.106	0.078 8
四	1.096	0.525	0.345	0.257	0.205	0.170	0.126 0
五	1.643	0.788	0.518	0.386	0.307	0.255	0.189 0
六	2.260	1.083	0.712	0.530	0.423	0.331	0.259 7
七	—	1.444	0.949	0.707	0.563	0.468	0.346 5
八	—	—	1.208	0.900	0.717	0.596	0.441 0
九	—	—	—	1.125	0.896	0.745	0.551 3

续表

放脚层数	折加高度/m						增加断面积/m²
	半砖(0.115)	一砖(0.24)	一砖半(0.365)	两砖(0.49)	两砖半(0.615)	三砖(0.74)	
十	—	—	—	—	1.088	0.905	0.669 4

注:1. 本表适用于间隔式砖墙基大放脚(即底层为二匹开始高 12.6 cm,上层为一皮砖高 6.3 cm,每边每层砌出 6.25 cm)。

2. 本表折加墙基高度的计算,以 240 mm×115 mm×53 mm 标准砖,1 cm 灰缝及双面大放脚为准。

3. 本表砖墙基础体积计算公式与上表(等高式砖墙基)相同。

等高式大放脚的每层高度(两层砖加两道灰缝)为 126 mm,每边放出宽(一砖长加一道灰缝的 1/4)为 62.5 mm;不等高式大放脚的每边放出宽也是 62.5 mm,每层高度层次为:两砖一层(两层砖加一道灰缝为 126 mm),1 砖一层(一层砖加一道灰缝为 63 mm),再两砖一层,一砖一层,依此类推。

注意:

①不扣除的体积:基础大放脚的 T 形接头处的重叠部分,嵌入基础的钢筋、铁件、管道及基础防潮层等不予扣除;洞口面积每个在 0.3 m^2 以内的不扣除。

②扣除的体积:通过地基的孔洞面积在 0.3 m^2 以上的应予扣除,孔洞上的砖拱、过梁应另列项目计算。

③不增加的体积:靠墙暖气沟的挑檐。

④增加的体积:附墙垛基础宽出部分应并入基础的工程量。

例 6.5 根据如图 6.50 所示基础施工图的尺寸,计算砖基础的工程量。

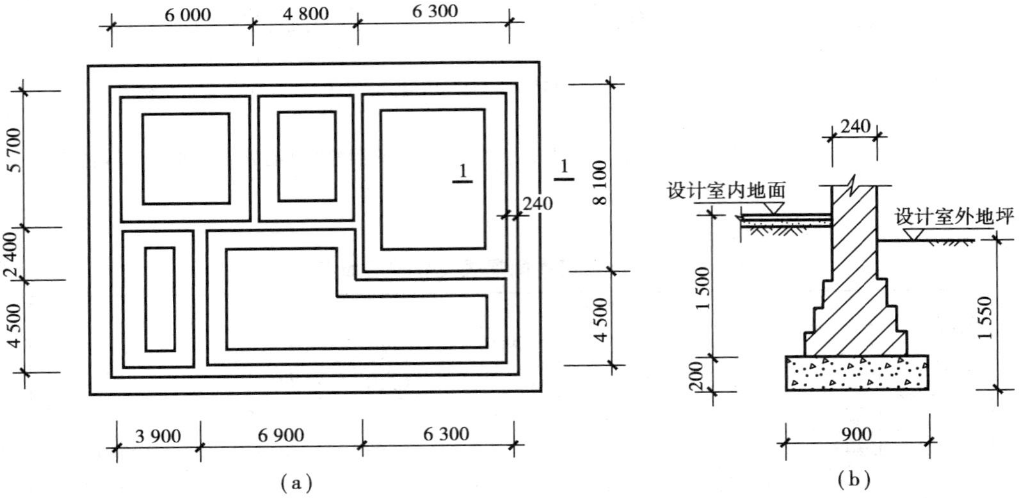

图 6.50 砖基础施工图

(a)基础平面图 (b)1—1 剖面图

解 外墙砖基础长($L_中$):

$L_{中}=[(4.5+2.4+5.7)+(3.9+6.9+6.3)]\times 2$

$=(12.6+17.1)\times 2$

= 59.40(m)

内墙砖基础净长($L_{内}$):

$L_{内}$ =(5.7 -0.24) +(8.1 -0.24) +(4.5 +2.4 -0.24) +(6.0 +4.8 -0.24) +6.3

=5.46 +7.86 +6.66 +10.56 +6.30

=36.84(m)

砖基础工程量:

$V_{基}$ = 0.24 ×(1.5 +0.394) ×(59.40 +36.84) = 43.75(m^3)

2)墙体

工程量计算公式为

$V_{墙体}$ = 墙长 × 墙高 × 墙厚 - 应扣除的嵌入墙内的体积 + 应增加的突出墙面的体积

公式中:

①墙长的确定

外墙长度按外墙中心线长度计算;内墙长度按内墙净长度计算。

②墙高的确定

A. 外墙高度其下界起点为基础与墙身的分界线。其上界止点如下:

a. 平屋面算至板底面,如图6.51(a)、(e)所示。

b. 斜屋面无檐口天棚的算至屋面板底,如图6.51(b)所示。

c. 有屋架、无天棚的算至屋架下弦底加300 mm,如图6.51(c)所示。

d. 有屋架、有檐口天棚的算至屋架下弦底加200 mm,如图6.51(d)所示。

e. 出檐宽度超过600 mm时,按实砌高度计算。

f. 山墙高度不同时,按平均高度计算,如图6.51(f)所示。

B. 内墙高度其下界起点,底层与外墙身相同,2层及2层以上以楼板面为起点。其上界止点如下:

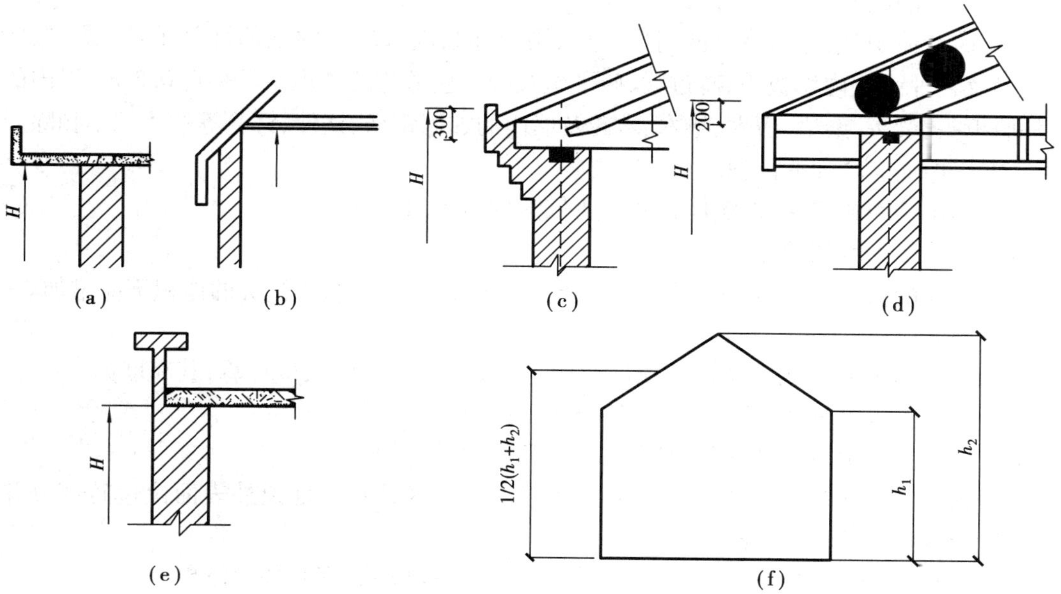

图6.51　外墙高度示意图

a. 位于屋架下弦的算至屋架底，如图 6.52(a)所示。

b. 无屋架，算至天棚底再加 100 mm，如图 6.52(b)所示。

c. 不同板厚压在同一墙上时，按平均高度计算，如图 6.52(c)所示。

d. 有钢筋混凝土楼板隔层的，算至板底，如图 6.52(d)所示。

e. 梁下墙算至梁底面，如图 6.52(e)所示。

f. 墙上一边压板、一边不压板，按不压板计算，如图 6.52(f)所示。

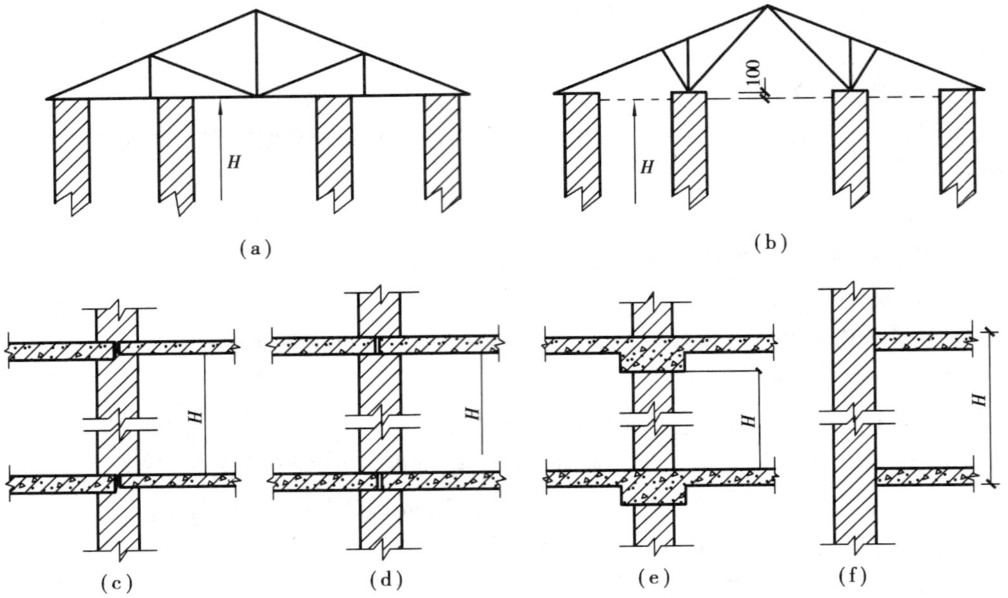

图 6.52　内墙高度示意图

③应扣除的嵌入墙内的体积

计算砖墙体积时，应扣除门窗洞口、过人洞、空圈、嵌入墙身的钢筋混凝土柱、梁(包括过梁、圈梁及各种梁)、内墙板头、砖过梁、砖平碹及暖气包壁龛的体积。凡是在 0.3 m^2 以内的孔洞、外墙板头、梁头、梁垫、檩木、垫木、木砖及墙内的加固钢筋、铁件、钢管等的体积不扣除。

④突出墙面应增加的体积

对于凸出墙面的砖垛，按实体积并入所依附的墙体内计算。

⑤突出墙面不增加的体积

凸出墙面的窗台虎头砖、压顶线、门窗套及三皮砖以下腰线、挑檐等的体积不应增加。

墙体说明：

A. 女儿墙选套相应的外墙定额项目。长度按女儿墙中心线长度计算；其高度如下：

a. 有混凝土压顶时，由屋面板底面算至压顶底面。

b. 无混凝土压顶时，由屋面板底面算至女儿墙顶面。

B. 框架间砌墙按框架间的净面积乘以墙厚以立方米计算。框架外表面镶包砖部分并入框架间墙的体积。

C. 多孔砖、空心砖墙按图示厚度以立方米计算，不扣除孔、空心部分体积。

D. 空花墙按外形体积以立方米计算，空花部分不予扣除，其中实体部分以立方米另列项目计算。

E. 砌块墙(加气混凝土墙、硅酸盐砌块墙和小型空心砌块墙)按图示尺寸以体积计算,按设计规定需要镶嵌砖砌体部分,已包括在定额内,不另计算。

F. 附墙烟囱、通风道和垃圾道,按其外形体积计算,并入所依附的墙身体积内。孔洞横断面积在 0.1 m^2 以内,不扣除孔洞的体积,孔洞内的抹灰不增加;超过 0.1 m^2,应扣除每一个孔洞的体积,增加孔洞内的抹灰。

G. 填充墙按外形尺寸以立方米计算,其中实砌部分已包括在定额内,不另计算。

H. 石砌墙体按图示尺寸按体积计算,砌砖门窗口立边、窗台虎头砖、砖平碹及钢筋砖过梁等按另列项目计算。

3)其他砌体

①钢筋砖过梁按图示尺寸以立方米计算。例如,设计无规定时,砖过梁按门窗宽度两端共加 500 mm,高度按 440 mm 计算。

②砖平碹按图示尺寸以立方米计算。例如,设计无规定,砖平碹按门窗洞口宽度两端共加 100 mm,高度按门窗洞口分为两种情况:门窗洞口宽度小于 1 500 mm 时,高度为 240 mm;宽度大于 1 500 mm,高度为 365 mm。

③零星砌体按实砌体积计算,套用零星砌体定额。零星砌体包括厕所蹲台、小便槽、台阶梯带牵边、污水池、水槽腿、垃圾箱、阳台拦板、花台、花池、房上烟囱,地垄墙及支撑地楞的砖墩(见图 6.53),支撑隔热层的砖墩(见图 6.54),三匹砖以上的挑檐、腰线、窗台虎头砖(见图 6.55)等实砌体。

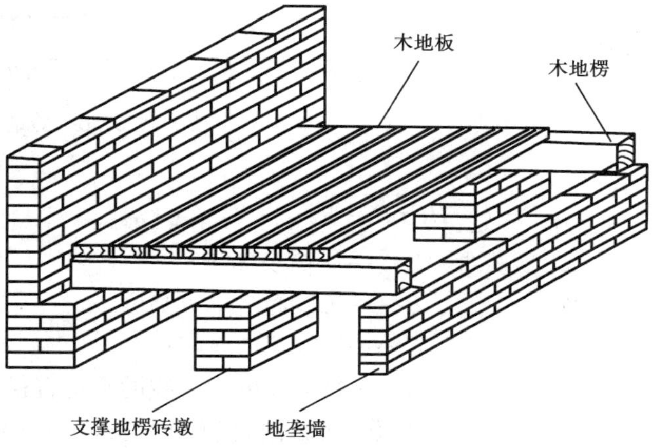

图 6.53 地垄墙及支撑地楞砖墩示意图

④砖砌围墙应分别按不同墙厚以立方米计算,砖垛和砖墙压顶并入墙身内计算,套用相应的外墙定额。

⑤检查井及化粪池不分壁厚以立方米计算,洞口上的砖平拱碹等并入砌体体积内计算。

⑥砖砌地沟不分墙基、墙身合并计算。石砌地沟按其中心线长度以延长米计算。

⑦砖砌台阶(不包括梯带)按水平投影面积以平方米计算。

4)砖烟囱

烟道与炉体的划分以第一道闸门为界,炉体内的烟道部分列入炉体工程量内。

①筒身(见图 6.56)

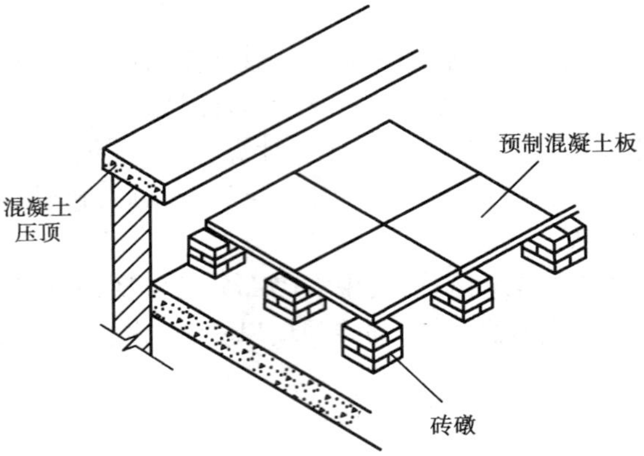

图 6.54　屋面架空隔热层砖墩示意图

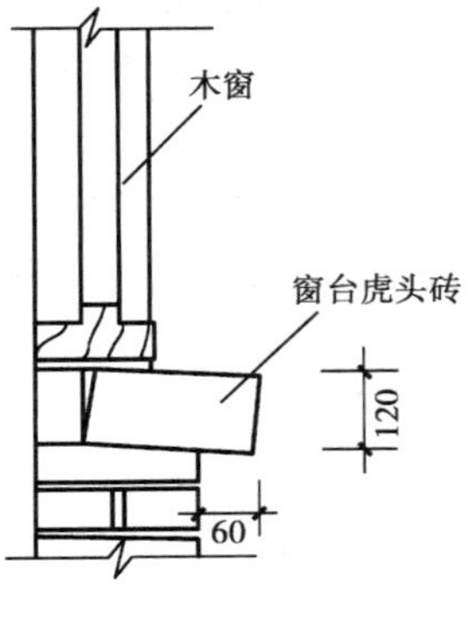

图 6.55　窗台虎头砖示意图

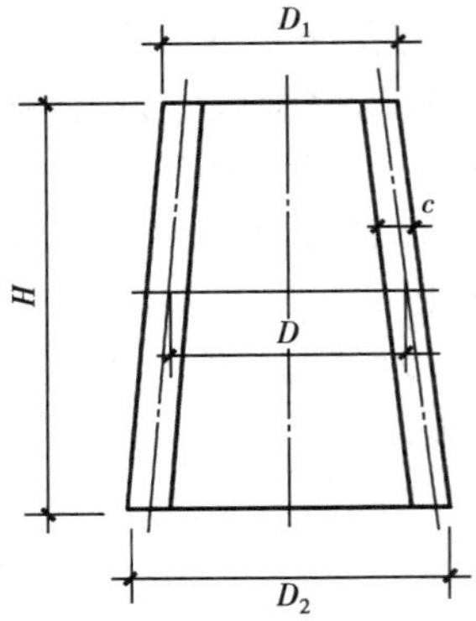

图 6.56　砖烟囱筒身

其工程量为

$$V_{筒身} = \sum HC\pi D - V_{孔洞} - V_{钢筋混凝土圈梁、过梁}$$

式中　$V_{筒身}$——筒身体积；

H——每段筒身垂直高度；

C——每段筒壁厚度；

D——每段筒壁中心线的平均直径。

②烟道、烟囱内衬以图示实体积计算，扣除孔洞所占体积，按不同内衬材料套用定额。

③烟囱内衬表面隔热层按筒身内壁扣除各种孔洞的面积计算。

④填料

工程量　$V_{填料}$ = 填料周长 × 图示宽度 × 筒高 − $V_{孔洞}$

式中　填料周长——烟囱内衬与筒身之间的中心线平均周长。

注意：不扣除连接横砖及防沉带的体积。

5）砖砌水塔（见图 6.57）

水塔基础与塔身的划分，以砖砌体的扩大部分顶面为界，以上为塔身，以下为基础。

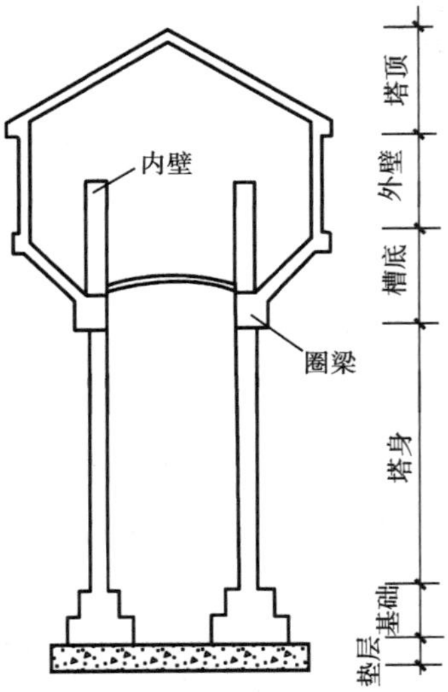

图 6.57　水塔构造及各部分划分示意图

①塔身以图示实砌体积计算，扣除门窗洞口和混凝土构件的体积，砖平拱碹及砖出檐的体积并入塔身，套用水塔砌筑定额。

②砖水箱内外壁，均以图示实体积计算，合并套用内外砖墙定额。

6）砌体钢筋加固

砌体钢筋加固是指在砌体内设置通长钢筋及墙体砌筑留直槎时设置的拉结钢筋。根据设计或施工规范要求，按钢筋的计算方法计算，构造柱与墙体加筋图如图 6. 58 所示。

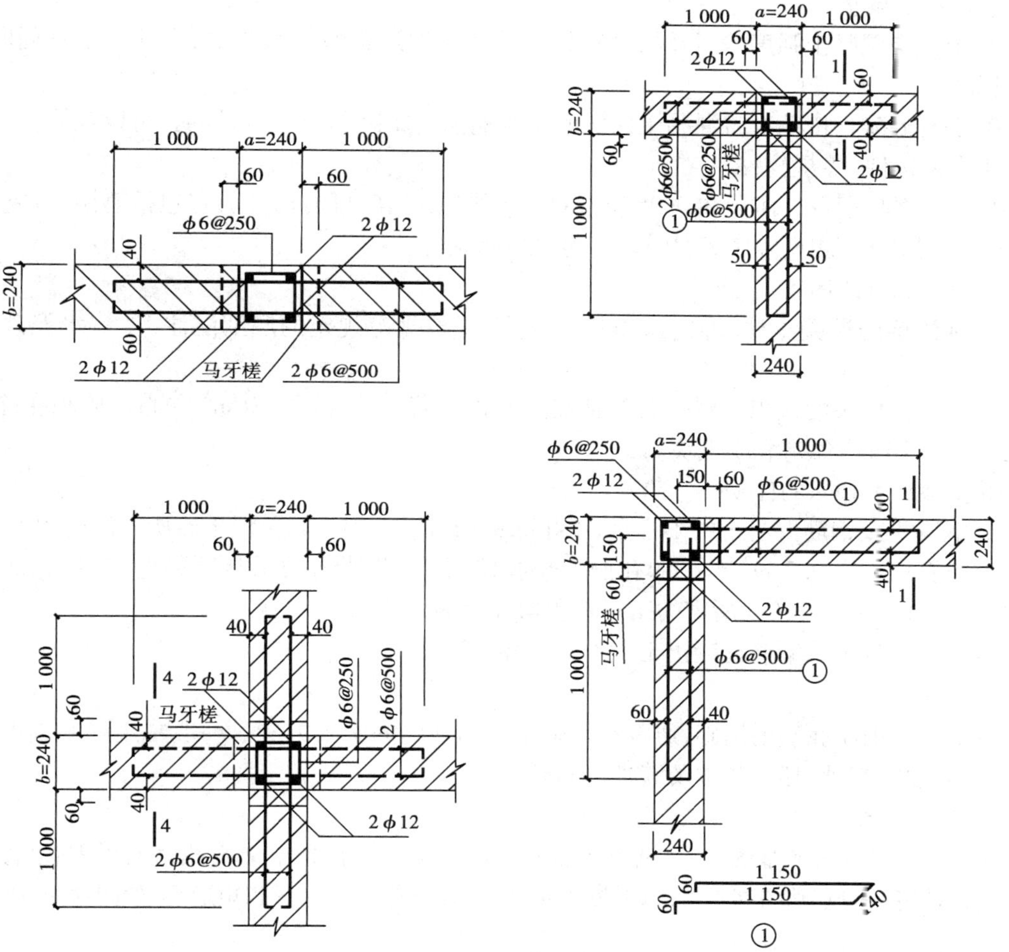

图 6. 58　构造柱、墙体加筋

6. 3. 5　混凝土及钢筋混凝土工程

混凝土及钢筋混凝土工程分为混凝土工程、模板工程和钢筋工程 3 部分。

（1）混凝土工程

混凝土工程包括现浇混凝土和预制混凝土。

1）有关规定

①工作内容

混凝土的工作内容包括筛砂子、筛洗石子、后台运输搅拌、前台运输清洗、湿润模板、浇灌、捣固及养护等。

预制构件厂生产的构件，在混凝土定额中考虑了预制厂内构件运输、堆放、码垛、装车及运出等工作内容。

②工程量的计量单位

混凝土及钢筋混凝土项目，除整体楼梯、悬挑板以平方米按水平投影面积计算外，其余均按图示尺寸以立方米计算工程量。

③换算与调整

A. 定额中混凝土强度等级及粗骨料最大粒径是按通常情况编制的，设计要求不同时，可以换算。

B. 毛石混凝土按毛石占混凝土体积的20%计算，如果设计要求不同时，可以换算。

④小型构件(零星构件)

小型构件是指每件体积在0.05 m^3 以内未列出定额项目的构件。它包括遮阳板、突出厨房的灶台、小立柱、厕所隔断、通风道、垃圾道及烟道等。

⑤定额综合的内容

A. 现浇钢筋混凝土柱、墙定额项目中，综合了按规范规定的底部灌注 1：2 水泥砂浆的用量。

B. 空心板堵头的人工、材料，已包括在定额内。若不堵孔，每10 m^3 空心板体积扣除2.2个工日和0.23 m^3 预制混凝土块。

⑥扣除和不扣除的体积

A. 混凝土及钢筋混凝土的工程量，不扣除钢筋、铁件、螺栓和预埋木砖所占的体积。

B. 单孔面积在0.3 m^2 以内的孔洞不予扣除，但留孔所需的工料不另增加；单孔面积在0.3 m^2 以上时应扣除，留孔所需的工料按预留孔定额计算。

2)现浇混凝土及钢筋混凝土工程量的计算方法

①基础

混凝土及钢筋混凝土基础，通常都是采用现场现浇的施工方法。一般常用的基础形式有带形基础、独立基础、杯形基础及满堂基础等。

A. 带形基础

带形基础又称条形基础，当建筑物上部采用砖墙或石墙承重时，基础沿墙身设置，多做成长方形。它是砖石墙基础的基本形式，其断面形式一般有梯形、阶梯形和矩形等，如图6.59所示。

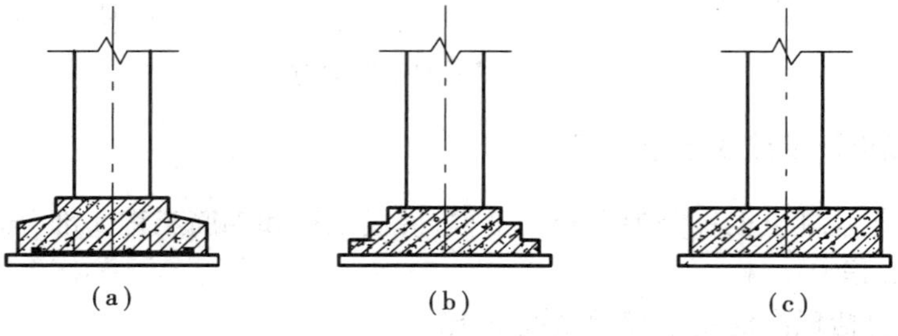

图6.59　带形基础截面形式

(a)梯形　(b)阶梯形　(c)矩形

在定额中,带形基础分为毛石混凝土、无筋混凝土和钢筋混凝土。其计算公式为

带形基础体积 = 基础长度 × 基础断面面积

式中　基础长度——外墙按中心线长,内墙按墙基净长。

基础与墙的划分如下:

a. 有梁式(肋)带形基础,如果梁(肋)高(基础扩大顶面至梁顶面的高)大于梁(肋)宽4倍时,基础底板按带形基础计算,扩大顶面以上部分按相应厚度的混凝土墙项目计算,如图6.60所示;否则,把梁的体积和带形基础体积合并,套用带形基础定额。

b. 无梁式带形基础按基础扩大顶面为分界线。

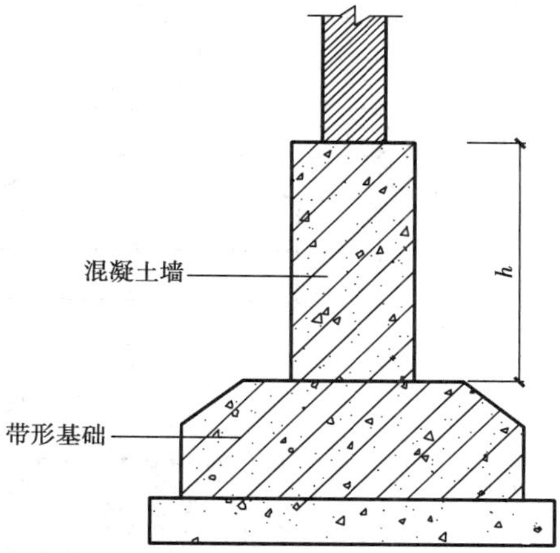

图6.60　带形基础

B. 独立基础

独立基础又称单独基础,当建筑物上部为梁、柱构成的框架、排架或其他类似结构时,下部常采用独立基础。独立基础是柱基础的基本形式,按其外形一般分为矩形、阶梯形和锥台形3种,如图6.61所示。

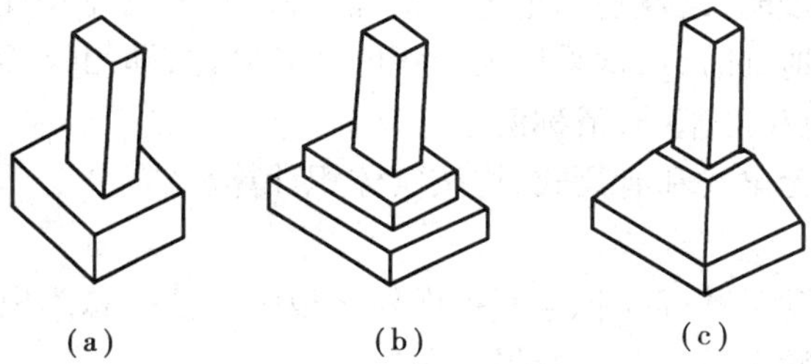

图6.61　独立基础形式

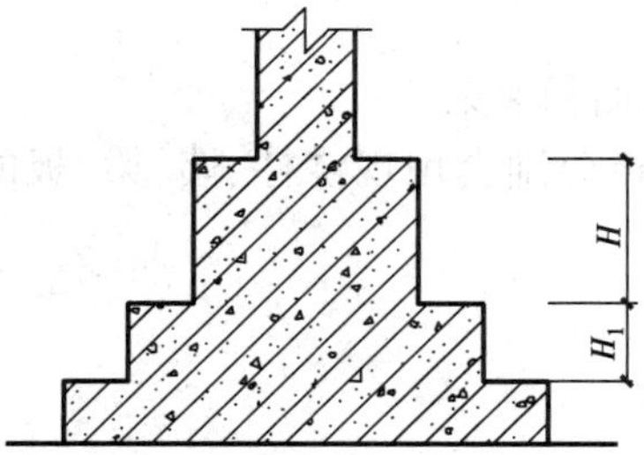

图6.62　独立基础

独立基础的工程量应分别按毛石混凝土和钢筋混凝土独立基础,以设计图示尺寸的实体积计算。

独立基础的高度从垫层上表面算至柱基上表面。柱基与柱的划分:H 高度大于横断面长边3倍时,从 H_1 与 H 的交接处分界,以上套用柱定额,以下套用独立基础定额;若在3倍以内,合并套用独立基础定额,依次向上推,如图6.62所示。

C. 杯形基础

杯形基础是指如采用装配式钢筋混凝土柱(预制柱)时,在基础中应预留安放柱子的孔洞,孔洞尺寸要比柱子横断面尺寸大一些,柱子放入孔洞后,柱子周围用细石混凝土(比基础混凝土强度高一个等级)浇筑。

其体积计算方法基本上与独立基础的相似,只是从整个体积中扣除杯口的体积,如图6.63所示。

杯形基础定额的使用:连接预制柱的杯口底面至基础扩大顶面 h_2 高度在1.20 m以内时,

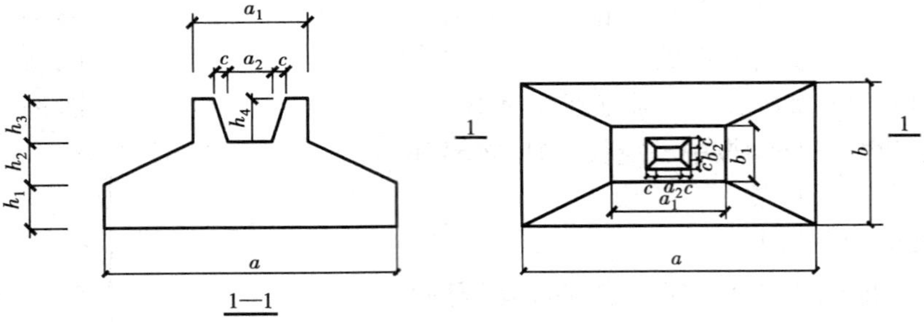

图 6.63　杯形基础

$V = abh_1 + \frac{h_2[ab + (a + a_1)(b + b_1) + a_1 b_1]}{6} + a_1 b_1 h_3 - (a_2 + c)(b_2 + c)h_4$，套用杯形基础定额；$h_2$ 高度在 1.20 m 以上，$V_1 = \frac{h_2[ab + (a + a_1)(b + b_1) + a_1 b_1]}{6}$部分按现浇柱项目执行，$V_2 = abh_1 + a_1 b_1 h_3 - (a_2 + c)(b_2 + c)h_4$部分执行杯形基础定额。

注意：当混凝土长颈柱基的长颈部分高度（见图 6.63 中的 h_3）大于杯口长边时，套用高杯口定额。

D. 满堂基础

当地基的承载能力较弱，建筑物的重量又很大，特别是带有地下室的高层建筑物，如设计时不宜采用桩基或人工地基时，通常采用大面积的基础联体，即用板、梁、墙和柱组合浇筑而成的基础，称为钢筋混凝土筏形基础，俗称满堂基础。

满堂基础项目分为无梁式和有梁式，均按实体积计算。

a. 无梁式

满堂基础体积 = 底板面积 × 板厚 + 柱帽总体积

式中　柱帽总体积 = 柱帽个数 × 单个柱帽体积

单个柱帽体积按独立基础中截头方锥形基础体积计算。

b. 有梁式

满堂基础体积 = 底板面积 × 板厚 + 梁截面面积 × 梁长

注意：箱形基础中，底板套用无梁式满堂基础，柱、墙、梁、板分别套用现浇柱、墙、梁、板的有关项目。

②柱

一般现浇混凝土柱分为矩形柱、圆形柱、异形柱和构造柱。

工程量按图示尺寸以实体积计算工程量。其计算公式为

柱体积 = 柱高 × 柱截面面积

A. 柱高

柱高的下部均从柱基上表面或楼板上表面算起。上部的确定有 4 种情况，如图 6.64 所示。

a. 有梁板的柱，算至上一层楼板的上表面。

b. 无梁板的柱，算至柱帽下表面。

c. 框架结构的柱，有楼隔层的算至楼板上表面，无楼隔层的算至梁上表面或柱顶面。

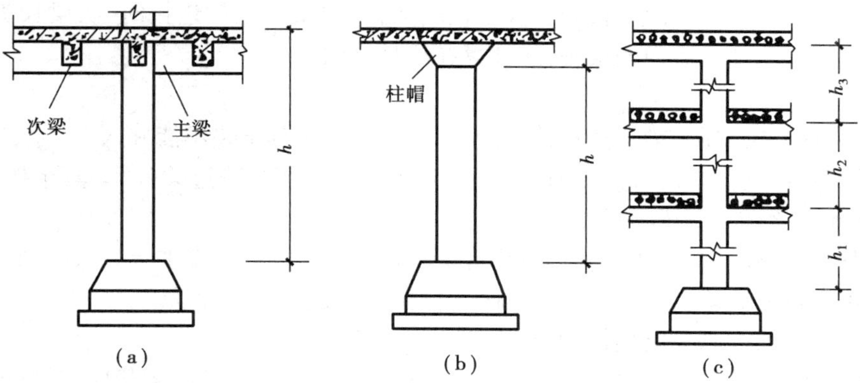

图6.64　现浇柱

d. 构造柱，算至柱顶面。

B. 柱截面面积按图示尺寸计算。

C. 构造柱

为了增加砖混结构房屋整体性，提高墙体的抗震能力，在房屋的墙体转角处和纵横墙交接处设置自基础至屋顶的钢筋混凝土构造柱。

构造柱的体积按柱截面面积乘以柱高计算。构造柱处墙体砌成锯齿状（俗称马牙槎），马牙槎的伸出部分并入柱内计算。一般构造柱的马牙槎间净距为300 mm，伸出高度为300 mm，宽为60 mm。在计算断面时，咬接边的尺寸应增加60 mm的1/2，如图6.65所示。

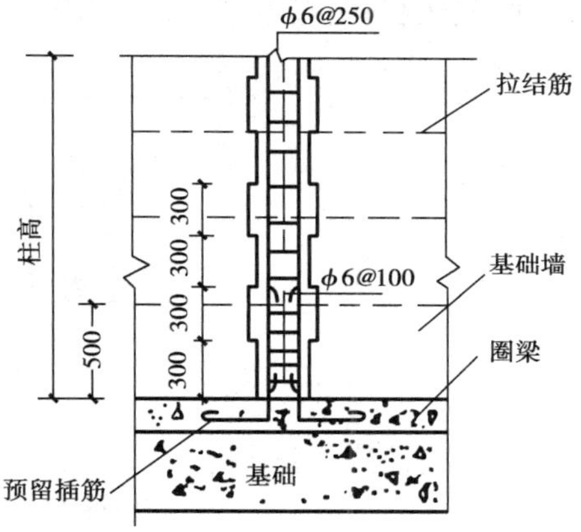

图6.65　构造柱马牙槎示意图

例6.6　某构造柱，尺寸为240 mm×240 mm，三边墙咬接，计算其截面积。

解　$0.24 \times 0.24 + 0.24 \times 0.03 \times 3 = 0.0792\ m^2$

注意：

a. 依附在柱上的牛腿的体积，并入柱身体积内计算。

b. 依附在柱上的悬臂梁按过梁有关规定计算。

c. 抗震墙构造柱只适用于先砌墙后浇柱的情况，如先浇柱后砌墙者，按现浇矩形柱定额计算。

d. 空心砌体内的混凝土芯柱，按实灌体积套用构造柱定额。

③梁

现浇梁按用途、形状和施工方法分为基础梁、单梁和连续梁、异形梁、圈梁、过梁、弧形、拱形梁等。单梁一般是指跨越两个支座的柱间或墙间的简支梁；连续梁是指跨越3个或3个以上支座的柱间或墙间梁；过梁是指房屋建筑中门、窗、洞口上的梁；圈梁是指为了加强建筑物的整体稳定性，在建筑物的外墙和内墙上设置的连续过梁，形成一个完整的圈；异形梁是指截面形状是“L，T，I，十”字形的梁。其工程量计算公式为

$$梁体积 = 梁长 \times 梁断面积$$

式中　梁长——当梁与柱连接时，梁长算至柱侧面；当次梁与主梁连接时，次梁长算至主梁侧面；伸入墙内的梁头，应计算在梁长之内。

注意：

a. 梁头有现浇梁垫的，梁垫体积并入梁内计算，若是预制梁垫不能并入。

b. 圈梁通过门窗洞口时，门窗洞口宽度加上 50 cm 的部分按过梁计算，其余按圈梁计算。圆形圈梁及地圈梁套用圈梁项目。

c. 预制过梁与柱、圈梁有重叠时，改为现浇。通过门窗洞口宽度加上 50 cm 的部分圈梁高度增加，按现浇过梁计算，把该段的箍筋加大，保留预制过梁底部配筋。

d. 圈梁带线脚，线脚与圈梁体积合并，套用有梁板定额。

e. 梁带有线脚，线脚与梁体积合并，当线脚宽在 30 cm 以内，套用梁相应定额；当线脚宽在 30 cm 以上，套用有梁板定额。

④板

现浇板包括无梁板、有梁板、平板及拱形板等。

A. 凡带有梁的楼板：梁和板的工程量合并计算，套用有梁板定额。

B. 无梁板：是指不带梁，直接用柱支撑的板，如图 6. 66 所示。

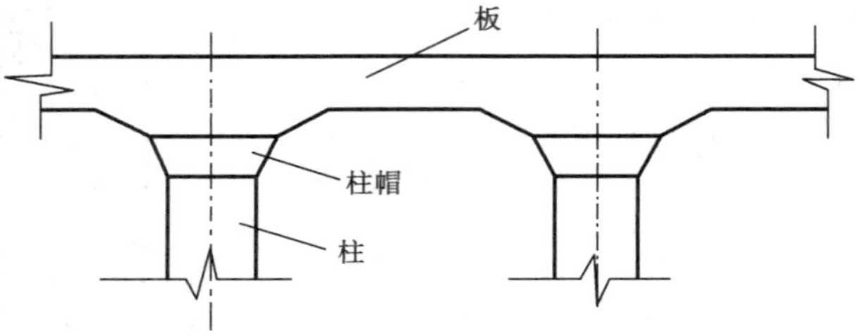

图 6. 66　无梁板

其工程量计算公式为

$$无梁板体积 = 板长 \times 板宽 \times 板厚 + 柱帽体积$$

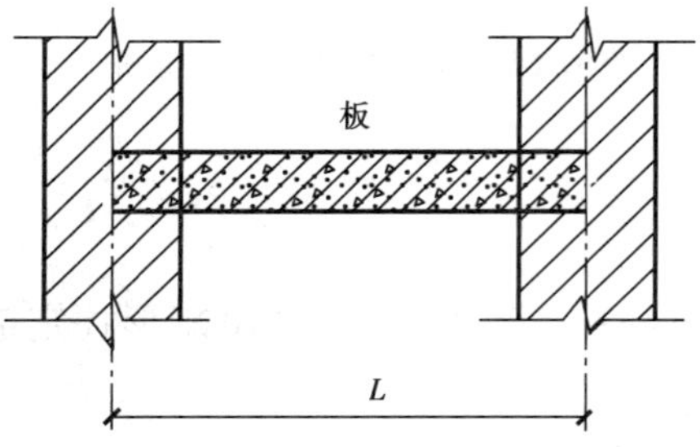

图 6. 67　平板

C. 平板：是指无柱、无梁，直接由墙支撑的板，如图 6. 67 所示。其工程量计算公式为

$$平板体积 = 板长 \times 板宽 \times 板厚$$

注意：

a. 有多种板连接时，以墙的中心线为界，伸入墙内的板头并入板内计算。

b. 现浇板与现浇墙交接时，现浇板的工程量算至墙的内侧。

c. 板中的预留空洞的面积在 0. 3 m^2 以内的不扣除。

d. 叠合板是指预制板上二次浇灌钢筋混凝土结构层面层，套用楼地面相应的整体面层定额。

⑤墙

混凝土及钢筋混凝土墙通常分为电梯井壁、大钢模板墙、直形墙和弧形墙。其工程量计算公式为

$$墙体积 = (墙长 \times 墙高 - 门窗洞口及大于0.3\ m^2 的孔洞面积) \times 墙厚$$

式中　墙长——外墙按外墙中心线长度计算，有柱的算至柱的侧面；内墙按净长线计算，有柱的算至柱的侧面；

墙高——从墙基上表面或基础梁上表面算至墙顶，有梁的算至梁底；

墙厚——按图示尺寸计算。

注意：

a. 墙中的圈梁、过梁及外墙八字角处的体积，并入相应墙体积内计算。

b. 剪力墙带暗柱一次浇筑成型的，套用墙子目；剪力墙带明柱（一端或两端突出的柱）一次浇筑成型的，应按结构分开计算工程量，分别套用墙子目和柱子目。

c. 墙垛及突出部分并入墙体体积内计算。

⑥其他

A. 整体楼梯

整体楼梯分为板式、单梁式和双梁式。整体楼梯包括休息平台、平台梁、斜梁、楼梯板及踏步，如图 6.68 所示。工程量应分层按楼梯与楼梯平台的水平投影面积计算。其工程量计算公式如下：

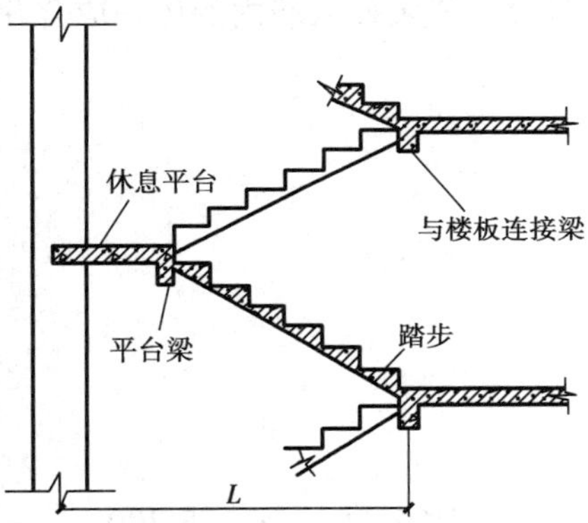

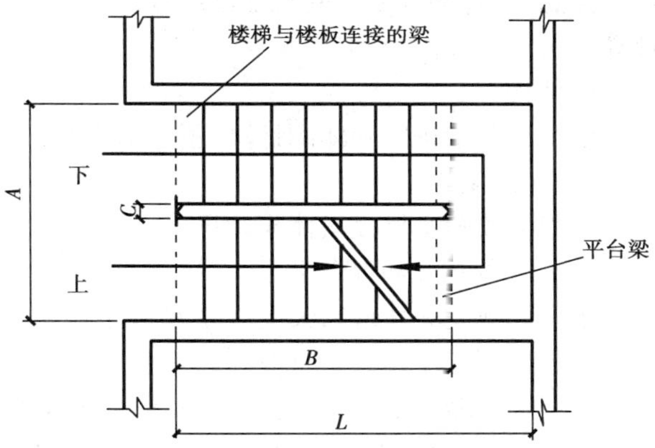

图 6.68　楼梯

当 $C \leqslant 50$ cm 时：$F = AL$

当 $C > 50$ cm 时：$F = AL - BC$

式中　F——每层楼梯投影面积；

A——楼梯间净宽；

B——楼梯井长度；

L——楼梯水平投影长度。

注意：

a. 楼梯与楼板的划分以楼梯梁的外边缘为界。

b. 包括伸入墙内的板头、梁头。

c. 不包括楼梯基础、室外楼梯的柱及与地坪相连接的混凝土踏步等。

B. 悬挑板（阳台、雨篷）

阳台、雨篷工程量计算按伸出外墙的水平投影面积计算，分别套用阳台、雨篷定额。

注意：

a. 伸入墙内部分的梁及通过门窗洞口的过梁合并按过梁计算。

b. 伸出墙外的牛腿、梁已包括在定额项目中，不再计算工程量。

c. 带反挑檐的雨篷（指雨篷板上面的周边带有阻水坎）按展开面积并入雨篷内计算。

C. 挑檐天沟

挑檐天沟工程量按实体积计算。其分界线：当与板（屋面板、楼板）连接时，以外墙外边线为分界线，外墙外边线以外为挑檐天沟；与圈梁（包括其他梁）连接时，以梁外边线为分界线，梁外边线以外为挑檐天沟。

D. 现浇板缝

预制钢筋混凝土板之间，按设计规定需现浇板缝，如果板缝宽度（指下口宽度）在 15 cm 以内的，按实体积套用接头灌缝相应项目；板缝宽度超过 15 cm 的，按实体积套用平板定额。

E. 拦板、栏杆

拦板、栏杆适用于阳台、楼梯栏板、栏杆。拦板的工程量按图示尺寸以立方米计算，栏杆的工程量以图示尺寸以延长米计算。

注意：栏杆伸入墙内的长度已综合在定额中，不得另行计算。拦板伸入墙内的体积应合并计算。

F. 池槽

池槽工程量按实际体积计算，不包括支座、支架。

G. 零星构件

工程量按图示尺寸实体积计算。

H. 预制混凝土框架柱现浇接头

按设计规定断面乘以长度以立方米计算。

3）预制混凝土工程量计算

①预制混凝土工程量按图示尺寸计算实体积，不扣除构件内钢筋、铁件及小于 300 mm × 300 mm 以内孔洞所占的体积。

特例，预制小型池槽按外形体积以立方米为单位计算。

②预制桩按桩全长（包括桩尖）乘以桩断面面积（空心桩应扣除孔洞面积），以立方米计算。

③混凝土与钢杆件组合的构件，混凝土部分按构件实体积计算，铁构件部分按吨计算，套用金属构件制作分部的相应项目。

4）构筑物混凝土工程量计算

构筑物混凝土均按图示尺寸计算实体积，扣除门窗洞口及大于 0.3 m^2 孔洞所占体积。

注意：

①水塔的计算

A. 筒身与槽底的分界线是与槽底连接的圈梁，圈梁以上为槽底，以下为筒身。

B. 筒式水塔，依附于筒身的过梁、雨篷、挑檐与筒身体积合并计算；柱式水塔，筒身、柱、梁合并计算。

C. 塔顶包括顶板和圈梁，槽底包括底板挑出的斜板和圈梁。

②贮水池的计算

A. 不分平底、锥底、坡底，均按池底计算。

B. 壁基梁、池壁不分圆形和矩形，均按池壁计算。

C. 其余项目按相应项目计算。

(2)**钢筋工程**

1)有关规定

①定额的工作内容

钢筋工程内容包括制作、绑扎、安装及浇灌混凝土时维护钢筋用工。

②定额编制方法

现浇构件钢筋以手工绑扎，预制构件钢筋以手工绑扎、点焊、分别列项。实际施工与定额不同时，不得换算。

③定额已综合的内容

A. 设计已规定钢筋搭接长度的，按规定搭接长度计算；设计图纸未做注明的钢筋接头和施工损耗，已综合在定额项目内。

B. 绑扎铁丝、成型点焊和接头焊接用的电焊条已综合在定额项目内。

④定额另行计算项目

A. 非预应力钢筋不包括冷加工，如设计要求冷加工时，另列项目计算。

B. 预应力钢筋如果设计要求人工时效处理时，另行计算。

C. 后张法钢筋的锚固按钢筋帮条焊、U形插垫编制的，如采用其他方法锚固时，另行计算。

⑤定额的套用

A. 预制构件钢筋，如用不同直径钢筋点焊在一起，按直径最小的定额项目计算；如粗钢筋直径比细钢筋的直径大1倍以上时，定额基价中的人工乘以系数1.25。

B. 如表6.14所示的构件，套用定额时，基价按所列系数调整。

表6.14　钢筋人工、机械调整系数

项　目	预制钢筋		现浇钢筋		构筑物			
系数范围	拱梯形屋架	托架梁	小型构件	小型池槽	烟囱	水塔	贮仓	
							矩形	圆形
人工、机械调整系数	1.16	1.05	2.00	2.52	1.70	1.70	1.25	1.50

2)计算方法

在设计图纸中，一般均有"构件配筋表"，配筋表中均列有钢筋编号、直径、长度、数量及重量，可直接按表中数据进行汇总钢筋净用量，然后再把钢筋的损耗量加进去，即钢筋实际用量。若设计图纸没有列出钢筋表，则应按构件配筋图中的有关尺寸进行计算。计算时按钢筋不同品种、不同规格，按现浇构件钢筋、预制构件钢筋、预应力钢筋及箍筋分别列项，计算步骤如下：

①钢筋净用量

计算公式为

$$钢筋净用量 = \sum(钢筋长度 \times 每米长重量)$$

钢筋每米长重量,可查有关金属材料手册计算。对于圆钢筋,也可按下式计算:

圆钢筋每米重量 = 0.006 165d^2,其中,d 为钢筋直径,mm。

A. 水平、竖向钢筋长度

按下式计算为

两端无弯钩的直径长度 = 构件长度 − 两端保护层厚度

两端有弯钩的直径长度 = 构件长度 − 两端保护层厚度 + 两端弯钩长度

弯起钢筋长度 = 构件长度 − 两端保护层厚度 + 两端弯钩长度 + 弯起部分增加长度

a. 钢筋保护层厚度。钢筋保护层厚度按图示尺寸计算,如图纸无规定时,可按表 6.15 计算。

表 6.15　钢筋保护厚度　　单位:mm

项次	环境条件	构件类别	混凝土强度等级		
			≤C20	C25 ~ C45	≥C50
1	室内正常环境	板、墙	20	15	15
		梁	30	25	25
		柱	30	30	30
2	露天或室内高湿度环境	板、墙	—	20	20
		梁、柱	—	30	25

注:1. 基础中纵向受力钢筋的混凝土保护层厚度不应小于 40 mm;当无垫层时不应小于 70 mm。

2. 预制钢筋混凝土受弯构件钢筋端头的保护层厚度不应小于 10 mm。

b. 弯钩的增加长度。钢筋弯钩形式有半圆弯钩、直弯钩和斜弯钩 3 种,如图 6.69 所示。

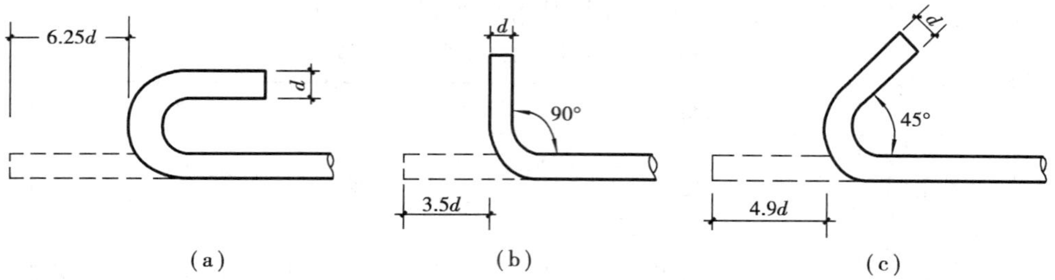

图 6.69　钢筋弯钩

钢筋弯钩增加长度为:半圆弯钩增加长度 6.25d,直弯钩增加长度 3.5d,斜弯钩增加长度 4.9d。

c. 弯起钢筋的增加长度。弯起钢筋的弯起角度一般有 30°,45°,60° 3 种,如图 6.70 所示。常用的弯起角度为 30°和 45°,当梁高大于 80 cm 时,宜用 60°。

弯起钢筋的增加长度,按表 6.16 确定。

B. 箍筋

箍筋一般有闭口箍筋和开口箍筋两种形式。对于有抗震要求和受扭的结构,常用的闭口

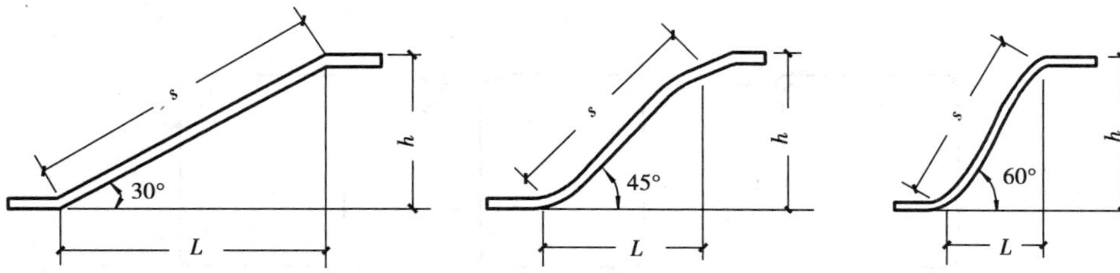

(a)　　　　(b)　　　　(c)

图 6.70　钢筋弯起

箍筋通常采用末端 135°带有平直部分的圆钩，平直部分一般结构不宜小于钢筋直径的 5 倍；有抗震要求的结构，不应小于箍筋直径的 10 倍。弯曲部分的弯曲直径大于受力钢筋的直径，并且不小于箍筋直径的 2.5 倍，如图 6.71 所示。

表 6.16　弯起钢梁弯起部分长度系数表

弯起角度	$\alpha=30°$	$\alpha=45°$	$\alpha=60°$
斜边长度 s	$2h$	$1.41h$	$1.15h$
底边长度 L	$1.73h$	h	$0.58h$
增加长度 $s-L$	$0.27h$	$0.41h$	$0.57h$

注：h 为弯起高度，h = 构件端面高 − 2 × 保护层厚度。

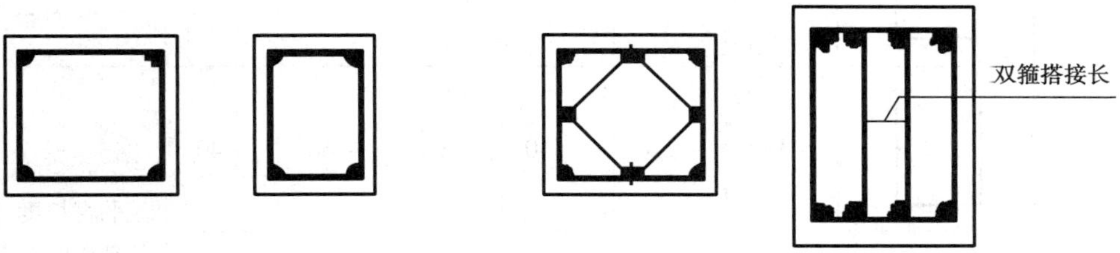

(a)　　　　(b)　　　　(c)

图 6.71　箍筋

(a)单箍筋　(b)方形双箍筋　(c)矩形双箍筋

a. 单箍筋

长度计算公式为

开口箍筋 = 2 × 构件高 + 构件宽 − 6 × 保护层厚度 + 两个弯钩长度

闭口箍筋 = 构件断面外围周长 − 8 × 保护层厚度 + 两个弯钩长度

在实际施工中，多数箍筋的直径在 8 mm 以内，且是闭口箍筋。常见的单箍筋闭口箍筋弯钩形式有以下 3 种，如图 6.72 所示。根据设计规范和实践经验，对于闭口箍筋的长度也可采用下列简便方法计算：

第一种：箍筋长度按钢筋混凝土构件断面周长计算，不减构件保护层厚度，不加弯钩长度。即

箍筋长度 = 构件断面外围周长

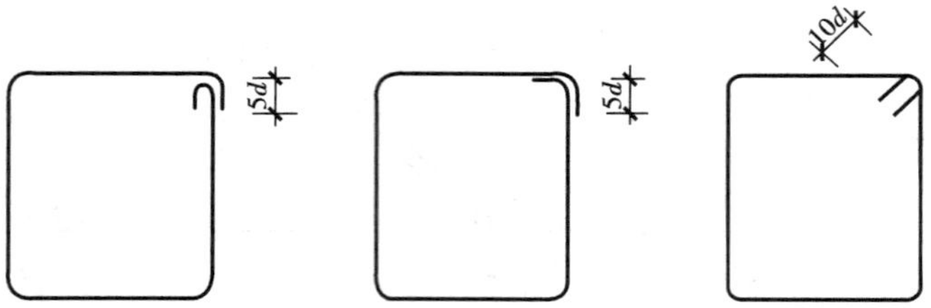

(a)　　(b)　　(c)

图 6.72　箍筋弯钩长度示意图

(a)90°/180°一般结构　(b)90°/90°一般结构　(c)135°/135°抗震结构

第二种:箍筋长度为构件断面周长减 8 个保护层厚加弯钩长,一般直弯钩按 100 mm 计算,180°圆钩单头按 160 mm 计算,即

箍筋长度 = 构件断面外围周长 − 8 × 保护层厚度 + 100 mm 或 160 mm

第三种:箍筋长度 = 构件断面外围周长 + 箍筋增减值

式中,增减值如表 6.17 所示。

表 6.17　钢筋增减值(ΔL)　　单位:mm

形　式		直径/mm						备　注
		4	6	6.5	8	10	12	
抗震结构	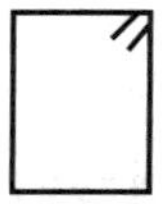	−90	−40	−30	10	70	120	平直长度 $10d$ 弯心圆 $2.5d$
非抗震结构	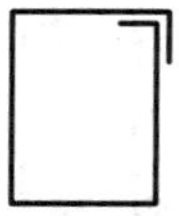	−150	−120	−110	−90	−60	−40	平直长度 $5d$ 弯心圆 $2.5d$
		−130	−110	−90	−60	−40	0	

b. 双箍筋

方形:外箍筋长度 = 构件断面外围周长 − 8 × 保护层厚度 + 两个弯钩长度

$$内箍筋长度 = (构件断面外围周长 - 8 \times 保护层厚度) \times \frac{2^{\frac{1}{2}}}{2} + 两个弯钩长度$$

矩形:每个箍筋长度 = $(H - 2b) \times 2 + (B - 2b + B')$ + 两个弯钩长度

式中　H——构件高度;

B——构件截面宽;

B'——两竖向筋间距;

b——保护层厚度。

c. 箍筋根数

箍筋的根数可按下式计算为

箍筋根数 =（构件长度 − 两端保护层厚度）÷ 箍筋间距 + 1

②钢筋损耗量

钢筋损耗量 = 钢筋净用量 × 钢筋损耗率

各类钢筋损耗率如表 6.18 所示。

表 6.18　各类钢筋损耗率表

钢筋类型		损耗率/%
现浇钢筋	ϕ10 以内	2
	ϕ10 以外	4.5
预制钢筋	ϕ10 以内	1.5
	ϕ10 以外	3.5
预应力钢筋	先张法施工	6
	后张法施工	13
	冷板钢丝	9
	钢丝束	9
铁　　件		1

③钢筋实际用量

钢筋实际用量 = 钢筋净用量 + 钢筋损耗量

或　　钢筋实际用量 = 钢筋净用量 ×（1 + 损耗率）

注意：查本部分定额时，应采用钢筋的净用量，因为损耗已综合在定额项目内。

例 6.7　计算如图 6.73 所示矩形梁的钢筋重量，构件混凝土标号为 C25。

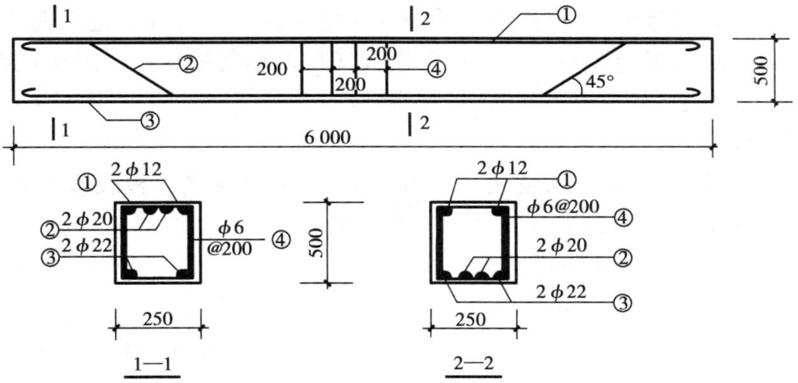

图 6.73　矩形梁

解　(1) 号钢筋为直筋：

钢筋总长度 =（6 000 − 2 × 25 + 2 × 6.25 × 12）× 2 = 11 600（mm）= 11.6（m）

(2) 号钢筋为弯起筋：

钢筋总长度：

$[6\ 000-2\times25+2\times6.25\times20+2\times0.414\times(500-2\times25)]\times2=13\ 145(mm)=13.15(m)$

(3)号钢筋为直筋：

钢筋总长度：$(6\ 000-2\times25+2\times6.25\times22)\times2=12\ 450(mm)=12.45(m)$

(4)号钢筋为闭口箍筋：

一根箍筋长 $=2\times(250+500)-8\times25+160=1\ 460(mm)=1.46(m)$

箍筋根数 $=5.95\div2+1\approx31$(根)

箍筋总长度 $=1.46\times31=45.88(m)$

每米长钢筋重量计算如下：

(1)号钢筋直径 12 mm，则 $0.006\ 165\times12^2=0.888(kg/m)$

(2)号钢筋直径 20 mm，则 $0.006\ 165\times20^2=2.466(kg/m)$

(3)号钢筋直径 22 mm，则 $0.006\ 165\times22^2=2.984(kg/m)$

(4)号钢筋直径 6.5 mm，则 $0.006\ 165\times6.5^2=0.26(kg/m)$

钢筋净用量 $=11.6\times0.888+13.15\times2.466+12.45\times2.984+45.88\times0.26=91.81(kg)$

钢筋实际用量 $=91.81\times(1+3\%)=94.57(kg)$

套用定额时，使用 91.8 kg。

(3)**模板工程**

1)有关规定

①模板工程工作内容

模板工程包括清理、场内运输、安装、刷隔离剂、浇灌混凝土模板的维护、拆模、集中堆放及场外运输。木模板包括制作，组合钢模板和复合木模板包括装箱。

②定额可换算项目

A. 现浇混凝土模板按不同构件，分别以组合钢模板、钢支撑、木支撑，复合木模板、钢支撑、木支撑，木模板、木支撑配制的，如实际施工采用不同时，可调整。

B. 预制钢筋混凝土模板，按不同构件分别组合钢模板、复合木模板、木模板、定型钢模、长线台钢模，并配制相应的砖地模、砖胎模、长线台混凝土地模编制的，使用其他模板时，可以换算。

C. 用钢滑升模板施工的烟囱、水塔，提升模板使用的钢爬杆用量按 100% 摊销计算的，贮仓按 50% 摊销计算的，设计要求不同时，另行换算。

③套用定额规定

A. 现浇混凝土梁、板、柱、墙按支模 3.6 m 编制(即室外地坪至板底或板面至板底之间的高度)，如超过 3.6 m，按超过部分计算增加支撑工程量。

B. 构造柱模板套用矩形柱项目。

C. 框架轻板定额项目，只适用于全装配式定型框架轻板住宅工程。

D. 组合钢模板、复合木模板项目，应按定额项目中所列摊销量的模板、零星工具材料价格的 8% 计算回库维修费用。

④扣减及不计算的项目

A. 现浇混凝土墙、板上单孔在 0.3 m^2 的不扣除，侧壁不增加；超过 0.3 m^2 的孔洞扣除，侧壁模板增加，并入墙、板工程量内。

B. 柱与梁、柱与墙、梁与梁等连接的重叠部分，以及伸入墙内的梁头、板头部分，不计算模板面积。

C. 用钢滑升模板施工的烟囱、水塔及贮仓是按无井架计算，综合了操作平台，不再计算脚手架及竖井架。

D. 烟囱采用钢滑升模板，不再计算烟囱筒身、牛腿、烟道口的工程量；水塔采用滑升模板，不再计算水塔直筒、门窗洞口等模板工程量。

2）现浇混凝土模板工程量计算

现浇混凝土模板工程量等于混凝土与模板的接触面积，不扣除后浇带所占面积。

①基础

A. 带形基础

工程量计算时，分别按毛石混凝土、无筋混凝土、有梁式钢筋混凝土、无梁式钢筋混凝土带形基础计算。

B. 独立基础

独立基础应分别按毛石混凝土和钢筋混凝土独立基础与模板的接触面计算。

C. 杯形基础

杯形基础的模板工程量：

（底边周长×底板边厚＋外杯口周长×外杯边高＋里杯口周长×里杯口深）×个数

注意：杯形基础杯口高度大于杯口大边长度时，套用高杯基础定额项目。

D. 满堂基础

满堂基础一般分为无梁式、有梁式和箱式3种形式。

无梁式满堂基础有扩大或角锥形柱墩时，应合并计算；有梁式满堂基础梁板合并计算。

箱式满堂基础的模板工程量，分别按无梁式满堂基础、柱、墙、板有关规定计算。

②现浇钢筋混凝土柱模板

柱模板主要由四块拼板构成，两块内拼板宽度与柱截面相同，两块外拼板宽度应比柱截面宽度大两个拼板的厚度，拼板长度等于柱基（或楼板）上表面至上一层楼板下表面之间的高度。其工程量计算公式为

柱模板工程量 ＝ 柱截面周长×柱高

式中　柱高——自柱基（或楼板）上表面至上一层楼板下表面之间的高度（即要扣除板厚）。

特例：构造住外露面计算模板面积，与墙接触面不计算模板面积。

③现浇钢筋混凝土梁模板

梁模板由底板加两侧板组成，梁底均有支撑系统采用支柱或桁架支撑。底板和侧板长度均为梁长减去两块柱模板厚度，底模板的宽度同梁宽；侧模板的宽度位置不同有异，边梁外侧板宽度为梁高加梁底模板厚度；一般梁侧模板宽度为梁高加梁底模板厚度再减去混凝土板厚。其工程量计算公式为

梁模板工程量＝（梁宽＋梁高×2）×梁长＋梁两端端头面积

特例：基础梁模板工程量＝梁高×2×梁长

架空的基础梁模板工程量＝（梁宽＋梁高×2）×梁长

圈梁、过梁模板工程量＝梁高×2×梁长＋梁宽×梁下门窗洞口长

④现浇钢筋混凝土板模板

楼板模板可由若干拼板拼成，但一般宜用定型板拼成，其不足部分另加异形板补齐。其工程量计算公式为

有梁板模板工程量 = 板底面积 + 梁侧面积

无梁板模板工程量 = 板底面积 + 柱帽展开面积

平板模板工程量 = 板底面积

⑤现浇钢筋混凝土墙模板

墙模板由两片侧板组成,每片侧板由若干块拼板或定型板拼接而成,拼板尺寸依墙体大小而定,侧板外用纵、横檩木及斜撑固定。其工程量计算公式为

墙模板工程量 = 墙长 × 墙高 ×2

⑥现浇混凝土楼梯模板

板式楼梯的模板由楼梯底模板、侧板及梯级模板构成。在计算工程量时,以图示水平投影面积计算。楼梯模板包括踏步、踏步板和平台梁等侧面模板。

注意:楼梯与楼板的划分以楼梯梁的外边缘为界,楼梯井超过500 mm时,应扣除。

⑦悬挑板(阳台、雨篷)模板计算方法按图示外挑尺寸的水平投影面积计算,挑出墙外的牛腿梁及板边模板不另计算。

⑧挑檐天沟按混凝土与模板接触面积计算。当与板(屋面板、楼板)连接时,以外墙外边线为分界线;与圈梁(包括其他梁)连接时,以梁外皮为分界线,外墙外边线或梁外边线以外为挑檐天沟。

⑨混凝土台阶不包括梯带,按图示台阶尺寸的水平投影面积计算,台阶端头两侧模板,不另计算。

⑩现浇混凝土池槽按构件外形体积计算,池槽内、外侧及底部的模板不另计算。

现浇混凝土构件模板使用量如表6.19所示。

表6.19 现浇构件模板使用量参考表

序号	项目	模板面积 每10 m^3		采用钢模 每10 m^3 一次投入量				采用木模 每10 m^3 木模板			
		接触面积	露明面积	组合钢模	零星卡具	支撑系统	模板木材	一次投入量		摊销量	
								板材	方材	板材	方材
		m^2		kg		m^3					
一	建筑物现浇构件										
	带形基础										
1	毛石混凝土	27.9	5	970	733	112	0.185	0.323	0.333	0.054	0.037
2	无筋混凝土	33.2	5	1 155	874	134	0.221	0.323	0.33	0.054	0.037
3	有筋有梁式混凝土	27.6	5	960	726	111	0.184	0.323	0.333	0.054	0.037
4	有筋无梁式混凝土	9.8	5	341	258	39	0.065	0.323	0.333	0.054	0.037
	独立基础										
5	毛石混凝土	20.4	5	710	537	82	0.184	0.36	0.450	0.060	0.050
6	无筋混凝土	28.3	5	984	745	114	0.255	0.36	0.450	0.060	0.050
7	钢筋混凝土	17.6	5	612	505	71	0.158	0.36	0.450	0.060	0.050
8	杯形基础	17.5	6	609	503	70	0.179	0.348	0.510	0.058	0.057
9	满堂基础,无梁	2.6	34	90	68	10	0.006	0.306	0.243	0.051	0.027
10	满堂基础,有梁	15.2	25	529	605	61	0.074	0.306	0.243	0.051	0.027
11	桩承台(带形)	37.3	14	1 297	982	150	0.50	0.35	0.67	0.058	0.074
12	桩承台(独立)	22.3	18	776	587	90	0.299	0.35	0.67	0.058	0.074

续表

序号	项　目	模板面积 每 10 m^3		采用钢模 每 10 m^3 一次投入量				采用木模 每 10 m^3 木模板			
		接触面积	露明面积	组合钢模	零星卡具	支撑系统	模板木材	一次投入量		摊销量	
								板材	方材	板材	方材
		m^2		kg		m^3					
	毛石混凝土设备基础										
13	5 m^3 以内	29.1	9	1 012	766	117	0.196	0.323	0.336	0.054	0.037
14	20 m^3 以内	22.3	5	776	587	90	0.15	0.323	0.336	0.054	0.037
15	100 m^3 以内	15	3	522	395	60	0.101	0.323	0.336	0.054	0.037
16	100 m^3 以外	8	3	278	230	32	0.054				
	无筋混凝土设备基础										
17	5 m^3 以内	29.1	9	1 012	766	117	0.196				
18	20 m^3 以内	22.3	5	776	587	90	0.15	0.323	0.336	0.054	0.037
19	100 m^3 以内	15	3	522	305	60	0.101				
20	100 m^3 以外	8	3	278	230	32	0.054				
	钢筋混凝土设备基础										
21	5 m^3 以内	29.1	9	1 012	766	117	0.246				
22	20 m^3 以内	22.3	5	776	587	90	0.189	0.323	0.423	0.054	0.047
23	100 m^3 以内	15	3	522	395	60	0.012 7				
24	100 m^3 以外	8	3	278	230	32	0.068				
	矩形柱(端面周长)										
25	1.2 m 以内	147.2	7	5 120	4 572	4 564	0.73				
26	1.8 m 以内	93	6	3 235	2 888	2 644	0.547	0.34	0.248	0.057	0.028
27	1.8 m 以外	67.7	4	2 355	2 103	1 604	0.252				
28	圆形柱(直径)0.5 m 以内	114.3	2.5								
29	0.5 m 以外	53.3	2.5								
30	构造柱	66.7	4.2	2 320	2 072	790	0.331	0.375	0.248	0.063	0.028
31	基础梁	80.6	19	2 803	2 509	324	0.399	0.447	0.594	0.075	0.066
32	单梁、连续梁	86.8	23	3 019	2 696	5 141	1.031	0.34	0.837	0.075	0.093
33	T+I 异型梁	107	22.4				10.97	0.45	0.82	0.075	0.091
34	圈　梁	66.7	66.6	2 320	2 072	1 580	0.675	0.317	0.506	0.053	0.056
35	过　梁	126.8	67.3	4 410	3 938	4 956	1.120	0.37	0.44	0.062	0.049
	钢筋混凝土墙(墙厚)										
36	10 cm 以内	256.1	11	8 907	6 741	3 034	2.161				
37	20 cm 以内	136.3	10	4 741	3 588	1 614	1.15	0.324	0.422	0.054	0.047
38	20 cm 以外	82	5	2 852	2 158	971	0.692				
39	电梯井壁	14.7	5	5 137	3 888	1 750	1.182	0.35	0.4	0.058	0.044
40	大钢模板墙	132	8								
	挡土墙及地下室墙										
41	毛石混凝土	34.2	3	1 189	900	405	0.289				
42	无筋混凝土	51.2	3	1 781	1 348	606	0.432	0.324	0.422	0.054	0.047
43	有筋混凝土	68.3	3	2 375	1 798	809	0.576				

续表

序号	项目	模板面积 每10 m³		采用钢模 每10 m³ 一次投入量				采用木模 每10 m³ 木模板			
		接触面积	露明面积	组合钢模	零星卡具	支撑系统	模板木材	一次投入量		摊销量	
								板材	方材	板材	方材
		m²		kg		m³					
	有梁板（板厚）										
44	10 cm 以内	107	103	3 721	1 802	7 604	1.22	0.38	0.57	0.063	0.095
45	10 cm 以外	80.3	80	2 807	1 360	5 735	0.92				
46	无梁板	42	33	1 461	707	2 985	0.336				
	平板（板厚）							0.35	0.4	0.058	
47	10 cm 以内	120.6	111	4 194	2 032	8 571	0.965				0.044
48	10 cm 以外	80.4	99	2 790	2 307	5 714	0.643				
	每10 m² 投影面积										
49	整体楼梯	21.2	10				1.642				0.122
50	雨　篷	14.4	10				1.155	0.94	1.1	0.157	
51	阳　台	15.3	10				1.460				
52	暖气、电缆沟	114.9	21.4				0.575				
53	门　框	120.8	12.9				9.245				
54	框架柱接头	75.8	1.5				5.80				
55	挑檐天沟	261.7	125.9	3 996	3 025	463	16.514				
56	压　顶	111	116				5.220				
57	池　槽	300	15				14.160				
58	零星构件	264.5	264.5				19.908				
二	构筑物现浇构件										
	烟囱基础										
1	毛石混凝土基础	9.48	5.63				0.773				
2	混凝土基础	9.48	5.63				0.756				
3	钢筋混凝土基础	13.2	19.2				0.840				
4	水　塔	84.8	70.9				5.787				
5	塔顶槽底	150.7					7.712				
6	水槽内壁	227.8					11.654				
7	塔身筒身	124					6.105				
8	柱　式	115.3					4.097				

3）预制钢筋混凝土模板

工程量计算按以下规定计算：

①预制钢筋混凝土模板工程量，除另有规定外，均按混凝土实体积以立方米计算。

②小型池槽按外形体积以立方米计算。

③预制桩尖按虚体积（不扣除桩尖虚体积部分）计算。

4）构筑物钢筋混凝土模板

工程量计算按以下规定计算：

①构筑物工程的模板工程量，除另有规定外，区别现浇、预制和构件类别，分别按有关规定计算。

②大型池槽分别按基础、墙、板、梁及柱等有关规定计算，并套相应定额项目。

③液压滑升钢模板施工的烟囱、水塔塔身、贮仓等，均按体积以立方米计算。

④预制倒圆锥形水塔罐壳模板按混凝土体积以立方米计算。

⑤预制倒圆锥形水塔罐壳组装、提升和就位，按不同容积以座计算。

6.3.6　构件运输及安装工程

(1)**有关说明**

1)构件运输

①构件运输工作内容

构件运输包括预制混凝土构件运输、金属结构构件运输、木门窗运输。一般工作内容为：设置一般支架、装车、支垫、绑扎、重车行驶，按指定位置卸车、堆放、支垫稳固、空车返回。综合考虑了城镇、现场运输道路等级、重车上下坡等各因素，不能因道路条件不同而修改基价。

②构件运输距离

构件运输适用于构件堆放场地或构件加工厂至现场的运输。预制构件运输的最大距离为50 km，钢构件、木门窗的最大运距为20 km，超过时，另行补充。

③构件类型

定额中按构件类型划分为不同的定额子目录，混凝土构件分为6类，金属结构构件分为3类，如表6.20所示。

表6.20　预制混凝土构件分类

类别	项　目
1	4 m以内空心板、实心板
2	6 m以内的桩、屋面板、工业楼板、进深梁、基础梁、吊车梁、楼梯休息板、楼梯段及阳台板
3	6 m以上至14 m梁、板、柱，各类屋架、桁架、托架(14 m以上另行处理)
4	天窗架、挡风架、侧板、端壁板、天窗上下挡门框及单件体积在0.1 m^3以内小构件
5	装配式内、外墙板、大楼板及厕所板
6	隔墙板(高层用)

④另行处理的费用

构件运输过程中，如遇路桥限载(限高)而发生的加固、扩宽等费用及有电车线路和公安交通管理部门的保安护送费，应另行处理。

2)构件安装工程

①定额中已包括内容

A. 定额按单机作业编制，每一工作循环中，包括机械的必要位移。

B. 定额中的塔式起重机台班均已包括在垂直运输机械费用定额中。

②定额不包括的内容

A. 定额中不包括起重机械、运输机械行驶道路的维修、铺垫工作的人工、材料和机械。

B. 柱与柱定额未包括钢筋焊接。

C. 定额中未包括金属构件拼装和安装所需的联接螺栓。

D. 钢柱、钢屋架、天窗架安装定额中，不包括拼装工序，如需拼装，按拼装定额项目计算。

E. 预制混凝土构件和金属构件安装定额均不包括为安装工程搭设的临时脚手架，若发生应按有关规定计算。

F. 定额中的综合工日不包括机械驾驶人工工日。

G. 钢网架拼装定额不包括拼装后所用材料。

③套用定额基价的变化

A. 定额按履带式起重机、轮胎式起重机和塔式起重机分别编制的，如使用汽车起重机，按轮胎式起重机相应定额项目乘以系数 1.05 计算。

B. 预制混凝土构件若采用砖模制作时，安装定额中的人工、机械乘以系数 1.1。

C. 单层房屋盖系统构件必须在跨外安装时，按相应的构件安装定额的人工、机械乘以系数 1.18 计算，用塔式起重机、卷扬机时不乘系数。

D. 钢柱安装在混凝土柱上，其人工、机械乘以系数 1.43。

E. 预制混凝土构件、钢构件，若需跨外安装时，人工、机械乘以系数 1.18。

④定额项目的规定

A. 钢构件安装：

Ⅰ. 钢网架定额按焊接考虑，安装按分体吊装考虑，若施工方法与定额不同时，可另行补充。

Ⅱ. 屋架单榀重量在 1 t 以下的，按轻钢屋架计算。

Ⅲ. 依附于钢柱上的牛腿、悬臂梁等的重量并入柱身内计算。

B. 预制构件安装：

Ⅰ. 单件体积小于 0.1 m^3 的构件套用小型构件安装。

Ⅱ. 焊接形成的预制钢筋混凝土框架结构，柱、梁安装按框架柱、梁计算；节点浇注形成的框架，按连体框架梁、柱计算。

Ⅲ. 预制钢筋混凝土工字形柱、矩形柱、空腹柱、双肢柱、空心柱及管道支架等均按柱安装计算。

Ⅳ. 组合屋架安装，以混凝土部分实体体积计算，钢杆件部分不再计算。

Ⅴ. 预制钢筋混凝土多层柱安装，首层柱按柱安装计算，2 层及 2 层以上按柱接柱计算。

(2)**工程量计算**

1)钢构件运输及安装

工程量按构件设计图示尺寸以吨计算，螺栓、电焊条等重量不另计算。

2)预制混凝土构件运输与安装

工程量按构件图纸尺寸，以实体积另加损耗计算。预制构件制作、运输、安装损耗率如表 6.21 所示。其中，预制混凝土屋架、桁架、托架及长度在 9 m 以上的梁、板、柱不计算损耗。

特例　加工厂制作的加气混凝土板(块)，硅酸盐块运输，按每立方米折合 0.4 m^3 钢筋混凝土，套用Ⅰ类构件项目。

表6.21　预制钢筋混凝土构件制作、运输、安装损耗率表/%

名　称	制作废品率	运输堆放损耗	安装损耗
各类预制构件	0.2	0.8	0.5
预制钢筋混凝土桩	0.1	0.4	1.5

3)木门窗运输及安装

工程量按框外围面积计算。

6.3.7　门窗及木结构工程

(1)有关规定

1)木结构施工方法

按机械、手工操作综合编制,不论实际采用何种操作方式,均按本章规定计算。

2)木材种类

A.木材木种的分类:

一类:红松、水桐木、樟子松。

二类:白松、杉木、杨木、柳木、椴木。

三类:青松、黄花松、东北榆木、柏木及南方的一些树种。

四类:檀木、槐木、华北榆木等。

B.定额木材木种均以一、二类木种为准,如设计采用三、四类木种时,木门窗制作按相应项目人工和机械乘以系数1.3计算;木门窗安装按相应项目的人工和机械乘以系数1.16计算;其余项目设计不同时,按相应人工机械乘以系数1.35计算。

C.定额中木材按自然干燥条件下含水率为准,需人工干燥时,费用按各地规定,可列入木材价格内。

3)木材断面或厚度

木材断面或厚度以毛料为准。如果设计注明为净料时,板、方材一面刨光加3 mm,两面刨光加5 mm,圆木刨光按每立方米木材增加0.05 m^3,断面不同时可按下式换算。

$$\text{木材换算体积}=\frac{\text{设计断面包括刨光损耗}}{\text{定额断面}}\times\text{定额体积}$$

例6.8　某工程玻璃窗工程量为100 m^2,框料断面定额规定为72 cm^2(80×90),每100 m^2框外围面积框料木材用量2.823 m^3,木材预算价格为962.63元/m^3,基价为11 917.41元。设计要求框料为净料。断面为55(一面刨光)×112(两面刨光),求定额直接费。

解　设计用量 $=(55+3)(112+5)\div(80\times90)\times2.823=2.661(m^3)$

定额用量与设计用量差:$2.823-2.661=0.162(m^3)$

定额基价换算:11 917.41−962.63×0.162=11 761.46(元)

定额直接费:11 761.46×(100/100)=11 761.46(元)

4)定额内容

A.普通木门窗、天窗,按框制作、框安装、扇制作及扇安装分别列项;厂库房大门、钢木大门及其他特种门,按扇制作、扇安装列项。

B. 定额中的普通木门窗、钢窗、铝合金窗、塑料窗及彩板组角钢窗等适用于平开式，推拉式，中转式，以及上、中、下悬式。

C. 定额所附五金铁件表，按标准图用量计算列出，仅作备料参考。

5）铝合金门窗、钢窗、塑料门窗的规定

A. 铝合金门窗按施工企业附属加工厂制作编制的，加工厂至现场堆放点的运输另行计算。

B. 铝合金地弹门制作（框料）型材按 101.6 mm×44.5 mm、厚 1.5 mm 方管编制的，单扇平开门、双扇平开窗按 38 系列编制的，推拉窗按 90 系列编制的，如型材断面尺寸及厚度与定额规定不同时，可按定额附表换算。

C. 铝合金卷闸门（包括卷筒、导轨）、彩板组角钢门窗（是一种新型金属门窗，以彩色镀锌版和 6 mm（门用）、4 mm（窗用）平板玻璃或中空双层钢化玻璃为主要材料，经机械加工而成。门窗四角用插接件插接，玻璃与门窗交接处及门窗框、扇的缝隙，用油膏密封）、塑料门窗、钢门窗安装按成品编制，预算定额基价中包括五金配件及由供应地至现场的运杂费。换句话说，不再计算运杂费及五金配件价格。

D. 铝合金门窗、彩板组角钢门窗、塑料门窗、钢门窗安装按成品编制，如每 100 m^2 门窗实际用量超过定额含量 1% 以上时，定额基价中的材料费可以换算。

E. 钢门的钢材含量与定额不同时，钢材用量可以换算，其他不变。

F. 玻璃厚度、颜色、密封油膏及软填料，若设计与定额不同时可以调整。

（2）工程量计算方法

1）木门窗

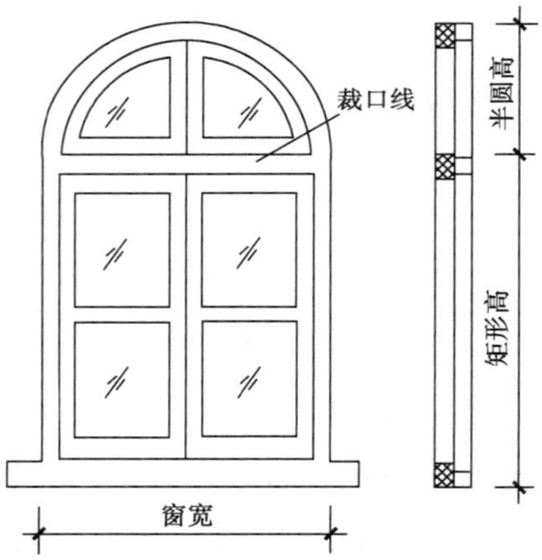

图 6.74　半圆窗

各类门、窗制作和安装工程量均按门、窗洞口面积计算。

注意：

A. 工程量不是框外围面积而是按设计洞口尺寸计算。

B. 普通窗上部带有半圆窗的工程量，分别按半圆窗和普通窗计算，以普通窗和半圆窗之间的横框上裁口线为分界线，如图 6.74 所示。

C. 门窗扇包镀锌铁皮，按门、窗洞口以平方米计算；门窗框包镀锌铁皮，钉橡皮条，钉毛毡按图示门窗洞口尺寸以延长米计算。

2）其他门窗

①铝合金门窗制作、安装，彩板组角钢门窗、塑料门窗、钢门窗安装均按门窗洞口面积计算，即

$$S = S_{洞口}$$

②卷闸门安装按洞口高度增加 600 mm 乘以实际宽度以平方米计算，电动装置安装以套计算，小门安装以个计算，即

$$S_{卷闸门} = (洞口高 + 0.6\ m) \times 门的宽度$$

③不锈钢包门框按框外表面面积以平方米计算，彩板组角钢门窗附框安装按延长米计算。

注意：双层铝合金窗按相应定额乘以系数 2 计算；单框双层玻璃窗的双层部分可将制作定额中玻璃、密封毛条、玻璃胶用量乘以系数 2 计算，人工乘以系数 1.10，铝合金窗安装子目录人工乘以系数 1.20；单框双层塑料（塑钢）窗的双层部分，可将定额中的玻璃、压条乘以系数 2，人工乘以系数 1.20 计算。

3）木屋架

①木屋架制作安装均按设计截面竣工木材的体积以立方米计算。

注意：

A. 后备长度及配制损耗、附属于屋架的夹板、垫木等不再计算。

B. 屋架的马尾、折角、正交部分半屋架（见图 6.75）及与屋架连接的挑檐木、支撑等的工程量并入屋架竣工木料体积内计算。圆木屋架连接的挑檐木、支撑等如为方木时，方木部分乘以系数 1.7 折合到屋架体积内。

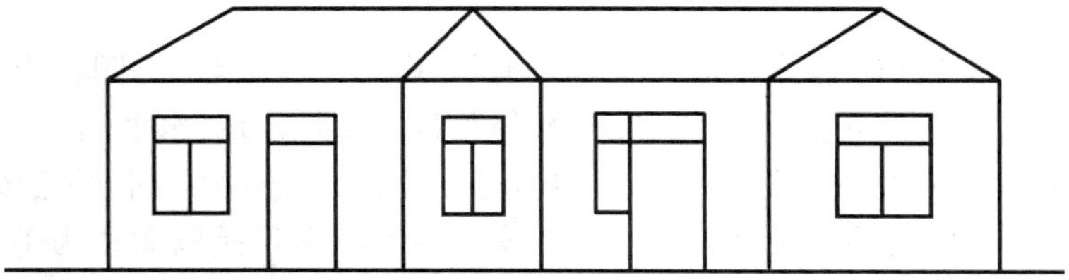

（a）

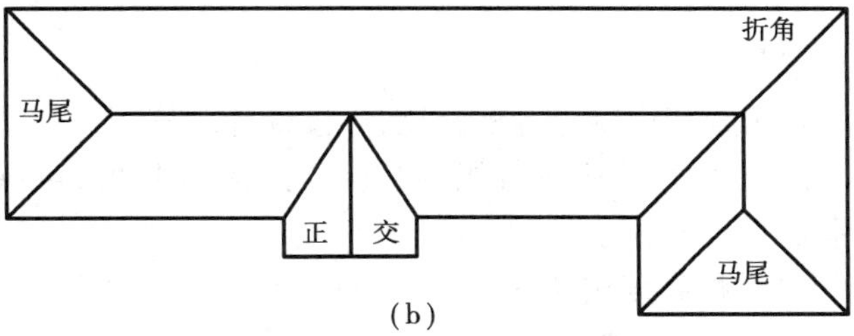

（b）

图 6.75　屋架的马尾、折角和正交示意图

（a）立面图　（b）平面图

C. 屋架的制作安装区别不同的跨度套用不同的定额子目录，跨度以屋架上下弦杆的中心线交点之间的长度为准，带气楼的屋架并入所依附屋架的体积内计算。

②檩木按竣工木料以立方米计算。

檩木又称檩条，也称桁条，它是横搁在屋架或山墙上用来承受屋顶荷载的构件。可以像单梁，沿着房屋的长度方向，一间一间搁置称为间支梁；也可以按房长拼接成为通长的连续檩条。

注意：

A. 单独的方木挑檐，按矩形檩木计算。

B. 简支檩长短按设计规定计算，如设计无规定时，按屋架或山墙中距增加 200 mm 计算，如两端出山，檩条长度算至搏风板；连续檩条的长度按设计计算，接头长度按全部连续檩木总体积的 5% 计算。

C. 檩条托木的工程量已包含在檩木制作安装中，不再计算。

③屋面木基层按屋面的斜面积计算，天窗挑檐重叠部分按设计规定计算，屋面烟囱、斜沟所占面积不扣除。

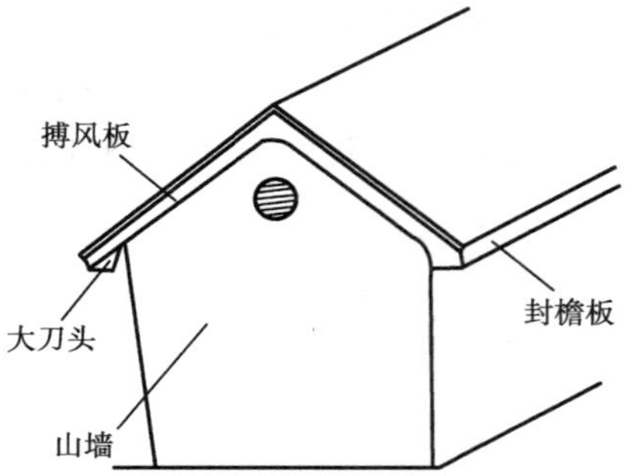

图 6.76　封檐板、搏风板、大刀头

④封檐板按图示檐口外围长度计算,搏风板按斜长计算,每个大刀头增加长度 500 mm。

封檐板是指檐口天棚,檐头平顶;搏风板又称顺风板,是山墙封檐板;大刀头又称勾头板,是指搏风板端部的刀形头,如图 6.76 所示。

4)木楼梯

木楼梯工程量按水平投影面积计算,楼梯井宽度超过 30 cm 应扣除。

注意:该项目已包括踢脚板、平台和伸入墙内的工、料。

6.3.8　楼地面工程

楼地面是楼面和地面的总称。定额中主要有垫层(灰土、三合土、四合土、砂石、毛石、碎砖、砾石、混凝土及炉渣混凝土等)、找平层、整体面层(水泥砂浆、水磨石、水泥豆石浆、混凝土、剁假石及彩色水泥)、块料面层(大理石、花岗岩、汉白玉、彩釉砖、水泥花砖、缸砖、陶瓷锦砖及预制水磨石)、栏杆扶手等项目。工程量计算大多工程项目是以面积为单位,少部分以体积、延长米为单位。

(1)有关规定

1)定额允许调整项目

①水泥砂浆、水泥石子浆和混凝土等配合比,可按设计调整。

②垫层材料的配合比和混凝土强度等级,如设计与定额不同时,可以换算。垫层项目如用于基础垫层时,人工乘以系数 1.20。

③楼梯(走廊、阳台)栏杆高度按 900 ~ 1 000 mm 综合考虑,当设计不锈钢(铝合金)管材规格、玻璃与定额不同时,允许换算;不锈钢(铝合金)管材、玻璃设计用量与定额用量相差 ±10% 时,允许据实调整。

④踢脚板高度按 150 mm 编制的,超过时材料用量可以调整,人工、机械用量不变。

⑤木地板中的硬杉、松木板,是按毛料厚度 25 编制的,如设计厚度与定额厚度不同时,可以换算。

⑥各种明沟平均净空断面(深 × 宽)按 190 mm × 260 mm 计算,断面不同时,允许换算。

2)定额中已包括的内容

①在地面工程中,定额包括了面层与基层间 1 mm 素水泥浆黏结层所用工料,不得另行计算。

②现浇水磨石、菱苦土地面定额项目已包括酸洗打蜡工料,其余项目酸洗打蜡另行计算。

③块料面层的结合层包括在块料面层定额中,不能重复计算。

3)混凝土垫层定额的使用

混凝土垫层施工时,支模板按混凝土结构工程中的相应混凝土带形基础子目录执行,不支模板时按混凝土垫层项目执行。

4)零星项目

零星项目适用于小便槽、蹲位和池槽等地面零星项目。

5）伸缩缝、碎石砾石灌沥青垫层

地面伸缩缝按“屋面及防水工程”相应项目及规定计算；碎石、砾石灌沥青垫层按“防腐、保温、隔热工程”相应项目计算。

（2）**工程量计算方法**

1）楼地面面层

①整体面层。水泥砂浆、混凝土及现浇水磨石面层的工程量，按主墙间的净空面积计算（主墙是指砖墙、砌块墙厚≥180 mm，钢筋混凝土剪力墙厚≥100 mm），应扣除凸出地面的构筑物、设备基础、室内铁道和不抹灰的地沟盖板等所占的面积，不扣除柱、垛、间壁墙（指将一个大房间进行分隔的简易墙壁）、附墙烟囱及0.3 m^2 以内孔洞所占的面积，但门洞、空圈、暖气槽及壁龛的开口部分也不增加，即

$$S = S_{主墙净} - S_{突出的构筑物、设备基础、室内铁道、不抹灰的地沟盖板}$$

②块料面层。按图示尺寸实铺面积以平方米计算工程量。应扣除各种柱、垛、间壁墙等所占的面积，门洞、空圈、暖气槽及壁龛的开口部分的面积应合并在相应面层内。

$$S = S_{实铺} = S_{墙内} - S_{柱垛、间壁墙、附墙、烟囱} + S_{暖气槽开口}$$

空圈：为了满足某种用途而设置的洞口（如垃圾井的开启部分、安放灭火器的缺口）等。

壁龛：在墙壁上空缺一块用分好格的木框安放在其内方便放置物件的一种简单的构件。

注意：整体面层、块料面层中的楼地面项目，均不包括踢脚板工料。

2）垫层

①基础垫层的工程量，按图示尺寸以立方米计算，即

$$V_{垫} = V_{外} + V_{内} = L_{中} \times S_{外} + L_{净} \times S_{内}$$

垫层的长度：外墙按中心线、内墙按净长线计算；垫层的面积按图示尺寸的宽度与厚度确定。

②地面垫层的工程量，可按下式计算为

$$垫层体积 = 地面整体面层面积 \times 垫层厚度 = S_{地} \times H_{高}$$

3）找平层

地面找平层的工程量，同整体面层。即工程量 $= S_{地面}$

4）踢脚板

踢脚板是指室内四周与内墙身交接处的护脚面层，一般高100～180 mm，作用是保护内墙脚不被撞损和保持表面清洁。其工程量计算：整体面层踢脚板按延长米计算，不扣除门洞口及空圈处的长度，侧壁部分不增加；块料面层踢脚板按实贴长度计算。

5）楼梯

楼梯面层（包括踏步、平台及小于500 mm宽的楼梯井），其工程量按水平投影面计算。楼梯与楼面分界以楼梯梁外边缘为界，楼梯井宽大于500 mm时，应予扣除。

注意：

A. 楼梯防滑条按设计规定长度计算，设计无规定的，可按踏步长度每边减15 cm计算。

B. 楼梯踏步护脚筋按6.3.12制作安装子目计算，护角型钢按铁件安装计算。

C. 楼梯不包括踢脚板、侧面及板底抹灰。应按相应定额项目计算。

6）散水

散水工程量按图示尺寸以平方米为单位，计算面积。其计算公式为

$S_{散水}$ =（外墙外边线周长 + 散水宽 ×4 - 穿过散水的台阶、坡道、花池长度）× 散水宽

7）台阶

台阶面层（包括踏步及最上一层踏步沿 300 mm），其工程量按水平投影面积计算。

注意：台阶最上一层踏步沿 300 mm 以内按台阶面层计算，300 mm 以外部分的面层套用相应面层材料的楼地面工程定额子目计算，如图 6.77 所示。它不包括牵边、侧面抹灰。

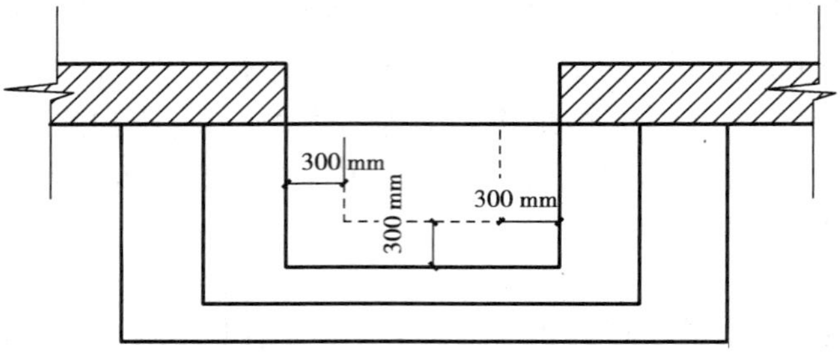

图 6.77　台阶示意图

8）防滑坡道

防滑坡道应按图示尺寸以平方米计算，坡道与台阶相连处以台阶外围面积为界。

9）明沟

明沟是指建筑物周围散水坡边沿的雨水沟。定额中包括砌沟、抹面层等所需的工料，但不包括挖土和铺垫层。明沟的工程量按沟的实际长度以延长米计算，其计算公式为

$$L_{明沟} = 外墙外边线周长 + 散水宽度 \times 8 + 明沟宽度 \times 4$$

10）变形缝

根据缝的水平方向、垂直方向计算长度，按延长米分别套用屋面工程相应的定额。

11）栏杆、扶手

栏杆和扶手包括弯头长度按延长米计算；楼梯栏杆、扶手按设计长度计算，无设计长度时，按投影长度乘以系数 1.15 计算。

注意：弯头需另列项目计算，套用相应定额，一个拐弯两个弯头，顶层加一个弯头。

从以上的规定可以看出：找平层、整体面层是按照主墙间的净面积计算，地面垫层根据整体面层乘以垫层厚度即可。

6.3.9　屋面及防水工程

屋面及防水工程包括 3 部分：屋面（瓦屋面、卷材屋面、涂膜屋面）、防水（卷材防水、涂膜防水）、变形缝（填缝、盖缝）。

（1）有关规定

1）定额允许调整项目

①水泥瓦、黏土瓦、小青瓦、石棉瓦的规格与定额不同时，瓦材数量可调整，其他不变。定额用瓦规格为：水泥瓦 385 ×235，黏土瓦 380 ×240，小青瓦 200 ×145，小波石棉瓦 1 820 ×720，大波石棉瓦 2 800 ×994。瓦材数量计算公式为

$$100\ m^2 用瓦块数 = \frac{100}{每块瓦有效长 \times 每块瓦有效宽} \times (1 + 损耗率)$$

式中　　每块瓦有效长 = 瓦的实长 - 长向搭接尺寸

$$每块瓦有效宽 = 瓦的实宽 - 宽向搭接尺寸$$

损耗率：水泥瓦、黏土瓦、小青瓦为2.5%，石棉瓦为4%。

②变形缝中的填缝和盖缝设计断面与定额规定不同时，用料可换算，但人工不变。变形缝填缝：建筑油膏聚氯乙烯胶泥断面取定3 cm×2 cm；油浸木丝板取定2.5 cm×15 cm，紫铜板止水带2 mm厚，展开宽45 cm；氯丁橡胶宽30 cm，涂刷式氯丁胶贴玻璃止水带宽35 cm。其余均为15 cm×3 cm。

变形缝盖缝：木板盖缝断面为20 cm×2.5 cm。

2）定额不允许调整项目

橡胶卷材及镀锌铁皮的厚度，设计与定额不同时，仍按定额执行，但由此产生的差价按材料调价处理，其他不变。

3）定额中已包括内容

①卷材及防水涂料屋面，定额中包括了基层表面刷冷底子油或处理剂一遍及油毡收头。若设计要求不刷冷底子油时，应扣除冷底子油的费用。

②铁皮屋面及铁皮排水，其咬口及搭接的工料已包括在定额内，不再计算。

4）其他项目定额的套用

屋面保温执行"防腐、保温、隔热工程"的相应项目。屋面水泥砂浆找平屋执行"楼地面工程"的相应项目。

三元乙丙丁基橡胶卷材屋面防水，按相应三元乙丙橡胶卷材屋面防水项目计算。

5）防水工程

防水定额项目除屋面外，也适用于楼地面、墙身、墙基、构筑物、水池、水塔、室内厕所、浴池及室内地坪以下的防水、防潮工程。

（2）工程量计算方法

1）瓦屋面

瓦屋面工程量按图示尺寸的水平投影面积乘以屋面延尺系数，以平方米计算，如图6.78所示。不扣除房上烟囱、风帽底座、风道、屋面小气窗、斜沟等所占面积，屋面小气窗的出檐部分也不能增加。不论两坡屋面还是四坡屋面，均按此规则计算，即

$$C^2 = A^2 + B^2 \qquad \cos\alpha = \frac{C}{A}$$

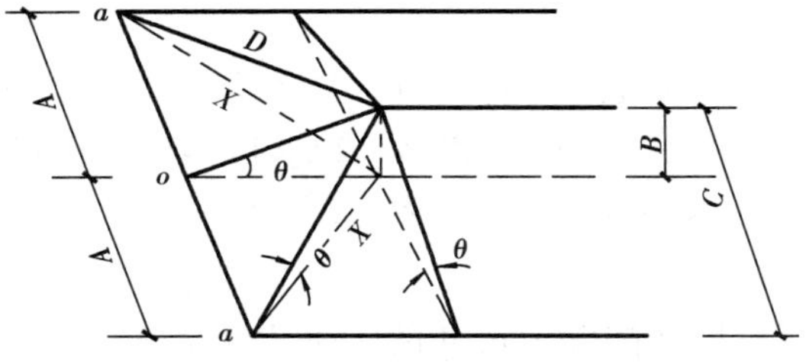

图6.78　屋面坡度系数图

其计算公式为

$$屋面斜坡面积 = 屋面水平面积 \times 延尺系数$$

屋面延尺系数是指单位水平投影长度所对应的屋面斜坡的实际长度用 C 表示，延尺系数如表6.22所示。

表 6.22　屋面放坡系数表

坡度 $B(A=1)$	坡度 $B/2A$	坡度 角度(α)	延尺系数 C $(A=1)$	隅延尺系数 D $(A=1)$
1	1/2	45°	1.414 2	1.732 1
0.75		36°52′	1.250 0	1.600 8
0.70		35°	1.220 7	1.577 9
0.666	1/3	33°40′	1.201 5	1.562 0
0.65		33°01′	1.192 6	1.556 4
0.60		30°58′	1.166 2	1.536 2
0.577		30°	1.154 7	1.527 0
0.55		28°49′	1.141 3	1.517 0
0.50	1/4	26°34′	1.118 0	1.500 0
0.45		24°14′	1.096 6	1.483 9
0.40	1/5	21°48′	1.077 0	1.469 7
0.35		19°17′	1.059 4	1.456 9
0.30		16°42′	1.044 0	1.445 7
0.25		14°02′	1.030 8	1.436 2
0.20	1/10	11°19′	1.019 8	1.428 3
0.15		8°32′	1.011 2	1.422 1
0.125		7°8′	1.007 8	1.419 1
0.100	1/20	5°42′	1.005 0	1.417 7
0.083		4°45′	1.003 5	1.416 6
0.066	1/30	3°49′	1.002 2	1.415 7

例 6.9　某工程采用四坡水瓦屋面，尺寸如图 6.79 所示，屋面坡度 28°49′，计算屋面斜面面积及屋脊的长度。

解　根据屋面坡度 28°49′，查表 7.20，$C=1.141\ 3$，$D=1.517\ 0$

屋面斜坡面积 $=(45+0.5\times2)\times(10+0.5\times2)\times1.141\ 3=577.50(\text{m}^2)$

屋脊长度 $=(46-11)+2\times11\times1.517=68.37(\text{m})$

2）卷材及防水涂料屋面

卷材及防水涂料屋面工程量按图示尺寸的水平投影面积乘以屋面延尺系数以平方米计算，不扣除房上烟囱、风帽底座、风道和斜沟等所占面积。平屋面的女儿墙、伸缩缝和天窗等处弯起部分和天窗出檐部分重叠的面积应按图示尺寸，并入屋面工程量内。若图纸无规定时，伸缩缝、女儿墙的弯起部分按 25 cm 计算，天窗、房上烟囱、电梯间、楼梯间弯起部分按 50 cm 计算，各部分的附加层定额已包括，不得另计。

卷材屋面的工程量按下式计算为

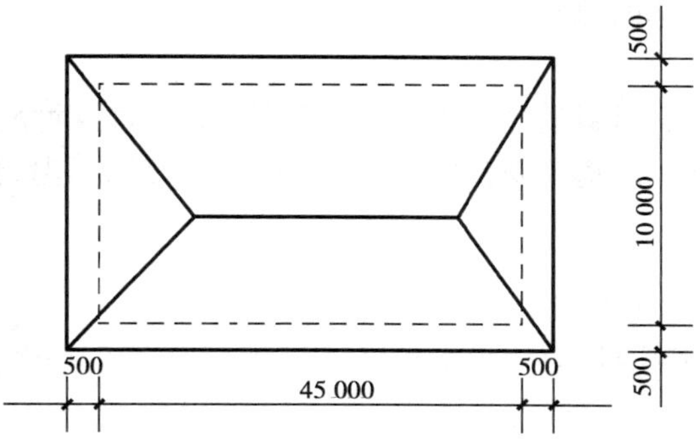

图6.79　四坡水屋面

卷材屋面面积 = 屋面水平投影面积 × 坡度系数 + 天窗出檐部分重叠面积 + 弯起部分面积

式中，屋面水平投影面积，应根据有、无挑檐及女儿墙等不同情况，按以下方法计算：

①有挑檐无女儿墙

屋面水平投影面积 = 屋面层建筑面积 +（外墙外边线 + 檐宽 ×4）× 檐宽

②有女儿墙无挑檐

屋面水平投影面积 = 屋面层建筑面积 − 女儿墙中心线 × 女儿墙厚

③有挑檐有女儿墙

屋面水平投影面积 = 屋面层建筑面积 +（外墙外边线 + 檐宽 ×4）× 檐宽 − 女儿墙中心线 × 女儿墙厚

注意：涂膜屋面的油膏嵌缝、玻璃布盖缝和屋面分格缝以延长米计算。

3）屋面排水

①铁皮排水按图示尺寸以展开面积计算，若图纸未注明尺寸，可按表6.23计算，咬口和搭接不再计算。

②铸铁、玻璃钢水落管，区别不同直径按图示尺寸以延长米计算。雨水口、水斗、弯头、短管以个计算。

表6.23　铁皮排水单体零件折算表

名称		单位	水落管/m	檐沟/m	水斗/个	漏斗/个	下水口/个		
铁皮排水	水落管、檐沟、水斗、漏斗、下水口	m^2	0.32	0.30	0.40	0.16	0.45		
	天沟、斜沟、天窗窗台泛水、天窗侧面泛水、烟囱泛水、通气管泛水、滴水檐头泛水、滴水	m^2	天沟/m	斜沟天窗窗台泛水/m	天窗侧面泛水/m	烟囱泛水/m	通气管泛水/m	滴水檐头泛水/m	滴水/m
			1.30	0.50	0.70	0.80	0.22	0.24	0.11

4）水泥砂浆找平

现浇板上的水泥砂浆找平按屋面层的面积计算，保温层上的水泥砂浆找平面积同卷材屋面面积计算。定额套用楼地面部分的找平层。

5）屋面保温层

屋面保温层按图示保温材料的体积以立方米计算，即屋面斜面积乘以保温材料平均厚度，不扣除房上烟囱、风帽底座、风道及斜沟等所占体积，定额套用保温、保温、隔热工程部分的相应定额子目录。

保温层平均厚度：

①单坡屋面（见图6.80（a））：$h = h_1 + \frac{li}{2}$

②双坡屋面（见图6.80（b））：$h = h_1 + \frac{li}{4}$

式中 h——保温层平均厚度；

h_1——保温层最薄处厚度（图纸设计中标明）；

l——计算跨度；

i——找坡系数（图纸中标明）。

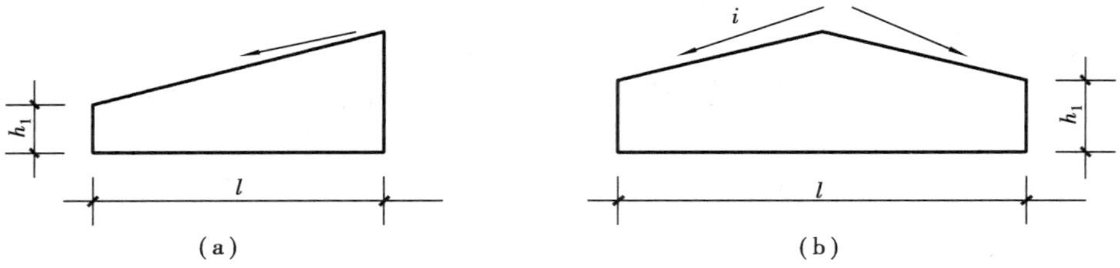

图6.80 屋面保温层厚度

6）防水工程

①地面防水、防潮层

建筑物地面防水防潮层，按主墙间净空面积计算，扣除凸出地面的构筑物、设备基础等所占的面积，不扣除柱、垛、间壁墙、烟囱及0.3 m^2 以内孔洞所占面积。与墙面连接处高度在500 mm以内的，按展开面积计入地面工程量；超过500 mm时，按立面防水层计算。

注意：这是指只做地平面防水，不做墙面防水，如果墙面也做防水，地平面防水只计算室内地面净面积。

②墙面防水、防潮层

墙面防水、防潮，按图示尺寸长度乘以高度以平方米计算，应扣除门窗洞口及大于0.3 m^2 的孔洞所占面积，附墙垛、附墙烟囱侧壁面积并入墙面防水、防潮工程量内。

墙面长度，外墙按外围外边线，内墙按墙的净长计算。

③墙基防水、防潮层

建筑物墙基防水、防潮层，以墙长乘以墙宽按平方米计算，外墙长度按中心线，内墙长度按净长。

④地下室防水层

构筑物、建筑物地下室防水层，按实铺面积计算，不扣除0.3 m^2 以内的孔洞面积，平面与立面交接处的防水，上卷超过500 mm时，按立面防水层计算。

7）变形缝

变形缝工程量以延长米计算。

6.3.10　防腐、保温隔热工程

防腐、保温隔热工程主要包括整体面层(砂浆、混凝土和胶泥面层)、隔离层、块料面层(瓷砖、瓷板、陶板、铸石板及花岗岩板)、涂料及保温隔热等项目。

(1)有关规定

1)耐酸防腐工程

①各种砂浆、胶泥、防腐混凝土材料的种类、配合比及各种整体面层的厚度,如设计与定额不同时,可以换算。但块料面层的结合层(砂浆或胶泥厚度)不变。

②整体面层和隔离层适用于平面、立面的防腐耐酸工程,包括沟、坑、槽。耐酸块料面层定额以平面砌为准。砌立面分为两种情况:如果是墙面,套用平面砌相应定额项目,基价中的人工乘以系数1.38,材料、机械费用不变;如果是踢脚板,也套用平面砌相应定额项目,人工乘以系数1.56,其他不变。

③花岗岩板以六面剁斧的板材为准。如果底面为毛面,水玻璃耐酸砂浆增加0.38 m^3,耐酸沥青砂浆增加0.44 m^3。

④卷材的接缝、附加层和收头等人工材料,定额中已包括,不再另行计算。

⑤软聚氯乙烯塑料地面,包括踢脚板,不再计算。

2)保温隔热工程

①保温隔热适用于中温(+25 ℃以内)、低温(+5 ~ −40 ℃)及恒温的工业厂(库)房隔热工程,以及一般保温工程。

②保温隔热定额基价中,只包括保温隔热材料的铺贴,不包括隔气防潮、保护层或衬墙等项目。

③隔热层的铺贴,除松散稻壳、玻璃棉、矿渣棉为散铺外,其他保温材料都是以石油沥青(30#)作胶结材料。

④稻壳已包括装料前的筛选和除尘工序,稻壳中如果需要增加药物防虫时,材料另行计算,人工不变。

⑤玻璃棉、矿渣棉定额中包括包装材料和人工。

⑥墙体铺贴块体材料时,包括了基层涂沥青一遍。

⑦架空隔热板按395 mm×395 mm×30 mm规格编制的,如实际使用的隔热板的规格不同时,可以换算;如果架空隔热板是钢筋混凝土板,其钢筋量按混凝土部分的有关规定执行。

(2)工程量计算方法

1)防腐工程

①防腐工程各项目的工程量,按设计实铺面积以平方米计算,扣除突出地面的构筑物、设备基础、0.3 m^2以上孔洞等所占的面积。砖垛等突出墙面部分按展开面积计算并入墙面防腐工程量。

②踢脚板的工程量,按实铺长度乘以高度以平方米计算,扣除门洞口所占的长度,洞口侧壁长度并入踢脚板工程量内。

③对于平面砌双层耐酸块料者,应按相应项目乘以系数2计算。

2)保温隔热工程

保温隔热的工程量,除地坪或天棚架空隔热层的工程量按实铺面积计算外,均按图示尺寸以立方米计算。

注意:

①保温隔热层的厚度,按隔热材料净厚度(不包括胶结材料的厚度)计算。

②楼地面隔热层,按围护结构墙体间的净面积乘以设计厚度以立方米计算,不扣除柱、垛所占的体积。

③墙体隔热层,外墙按隔热层中心线,内墙按隔热层净长线计算。扣除冷藏门洞口管道穿墙洞口和 0.3 m^2 以上孔洞所占的体积,门洞口侧壁周围的隔热部分,按图示隔热层尺寸以立方米计算,并入墙面的保温隔热工程量内。

④柱包隔热层,按图示柱的隔热层展开长度的中心线乘以图示高度及厚度以立方米计算。

⑤零星隔热工程的计算:

A. 池槽隔热按图示尺寸的长、宽、厚的乘积以立方米计算,池壁套用墙面定额,池底套用地面定额。

B. 柱帽保温隔热层,按图示保温隔热层的体积,并入天棚保温工程量内。

C. 梁头、连系梁等零星隔热工程按图示体积,套用墙体相应定额。

6.3.11 装饰工程

装饰工程是起维护结构的作用,并达到美观的要求。它主要包括室内外的一般抹灰(砂浆类、石灰砂浆、水泥砂浆、混合砂浆、其他砂浆及勾缝等),装饰抹灰(水刷石、干粘石、斩假石、水磨石、拉毛、弹涂、滚涂及喷涂等),镶贴块料面层(马赛克、瓷砖、面转、预制),油漆涂料(木材面、金属面、抹灰面的油漆及喷、刷浆),以及裱糊等项目。

(1)有关规定

1)定额不许调整的内容

①抹灰和油漆按手工操作,喷涂、喷塑用机械操作。即使施工方法不同,定额也不得调整。

②定额中的油漆是按浅、中、深各种颜色综合的,在施工中调和漆用量与定额不同时,不另计算。

③抹灰厚度,如设计与定额取定不同时,除定额项目有注明可以换算外,其他一律不调整。

④木龙骨如采用膨胀螺栓固定,定额不许调整。

2)定额调整的项目

①抹灰砂浆种类、配合比及饰面材料型号规格与定额规定不同时,允许调整。

②外墙贴块料釉面砖、劈离砖和金属面砖项目灰缝宽分密缝、10 mm 以内和 20 mm 以内列项,人工、材料已综合考虑。如灰缝宽度超过 20 mm 以上,块料及灰缝材料用量允许调整,其他不变。

③幕墙、隔墙(间壁)、隔断所用的轻钢、铝合金龙骨,如设计要求与定额规定不同时,允许按设计调整,但人工不变。

④装饰工程龙骨按常用材料及规格组合编制,如设计与定额规定不同时,材料可以换算,但人工及其他材料不变。天棚中大龙骨规格 50 mm × 70 mm,中、小龙骨为 50 mm × 50 mm,吊木筋为 50 mm × 50 mm。

⑤定额规定的喷、涂、刷遍数,如与设计要求不同时,可按每增加一遍定额项目进行调整。

3)石灰砂浆抹灰的等级

石灰砂浆抹灰在定额中分为普通抹灰、中级抹灰、高级抹灰3种,使用时按设计要求分别采用。

①普通抹灰:抹两遍,一遍底层,一遍面层。其主要工序为分层找平、修整、表面压光。外观质量为表面光滑、洁净、接槎平整。

②中级抹灰:抹三遍,一遍底层,一遍中层,一遍面层。其主要工序为阳角找方、设置标筋、分层找平、修整、表面压光。外观质量为表面光滑、洁净、接槎平整、压线、清晰、顺直。

③高级抹灰:抹四遍,一遍底层,一遍中层,二遍面层。其主要工序为阳角找方、设置标筋、分层找平、修整、表面压光。外观质量为表面光滑、洁净、颜色均匀、无抹纹压线、平直方正、清晰美观。

4)定额有关项目已含内容

①墙、柱面、天棚装饰,定额中已包括了3.6 m以下简易脚手架的搭设及拆除。

②抹灰定额中已综合考虑了门窗洞口侧壁与顶面的抹灰及水泥砂浆护脚线的工料,计价时,不另增加。

5)套用定额的规定

①圆弧形、锯齿形等不规则墙面抹灰、镶贴块料、饰面按相应项目人工乘以系数1.15。

②定额木材种类,除注明外均以一、二类木种为准,如果采用三、四类木种,人工、机械乘以系数1.3。

③面层、隔墙(间壁)、隔断定额内,除注明外均不包括压条、收边、装饰线,如设计要求时,应按相应项目计算。

④压条、装饰条以成品安装为准。当不符合规定,应调整人工、材料消耗。其具体办法是:如在现场制作木压条,每10 m增加0.25工日,木材按净断面加刨光损耗计算;如在木基层天棚上钉压条、装饰条,人工乘以系数1.34;如在轻钢龙骨天棚板面钉装饰条,人工乘以系数1.68;如果木装饰条做图案,人工乘以系数1.8。

⑤木龙骨基层按双向计算的,设计为单向时,定额基价中的材料费、人工费乘以系数0.55,木龙骨基层用于隔断、隔墙时,每100 m^2 木砖改为木材0.07 m^3 计算。

⑥天棚面层在同一标高为一级天棚,天棚面层不在同一标高,且高差在200 mm以上为二级或三级天棚。对于二级或三级以上造型的天棚,面层人工乘以系数1.30。

⑦吊筋安装,如在混凝土板上钻眼、挂筋,按相应项目每100 m^2 增加人工3.4工日;如在砖墙上打洞搁放骨架,按相应项目每100 m^2 增加人工1.4工日;上人型天棚骨架吊筋为射钉,按相应项目每100 m^2 减少人工0.25工日,增加吊筋3.8 kg,铜板27.6 kg,射钉585个。

⑧在同一平面上的分色及门窗内外分色已综合考虑,如需要做美术图案的另行计算。

⑨喷塑(一塑三油):底油、装饰漆和面漆。规格划分:大压花指喷点压平,点面积在1.2 cm^2以上;中压花指喷点压平,点面积在1~1.2 cm^2;喷中点、幼点是指喷点面积在1 cm^2以下。

(2)工程量计算方法

1)天棚

①天棚抹灰面积按主墙间的净面积计算,有坡度及拱形的天棚,按展开面积计算,不扣除间壁墙、垛、柱、附墙烟囱、检查口、管道等所占的面积。带钢筋混凝土梁天棚,梁两侧抹灰面

积，并入天棚抹灰工程量内。其计算公式为

$$天棚抹灰面积 = 主墙间净长 \times 净宽 + 梁两侧面积$$

②楼梯底面抹灰按楼梯水平投影面积，平板式乘以系数1.3，踏步式乘以系数1.8，计算后并入天棚抹灰工程量内。

③阳台底面抹灰按水平投影面积计算，并入混凝土天棚抹灰工程量，如带有悬臂梁，工程量按水平投影面积乘以系数1.30计算。

④雨篷底面或顶面抹灰，工程量按水平投影面积计算，并入混凝土天棚抹灰工程量。雨篷顶面带反沿或反梁，工程量按水平投影面积乘以系数1.20计算；底面带有悬臂梁，工程量按水平投影面积乘以系数1.20计算。

⑤檐口天棚的抹灰面积，并入混凝土天棚抹灰工程量。檐口是指建筑物屋面层下部滴水的部位。

注意：

A. 带密肋板的小梁（密肋梁、带梁的混凝土天棚，这种梁像方木格的形式，断面很小，间距较密）及井字梁（带横直大小梁且在垂直方向呈井字形的天棚，每个井内面积在5 m^2 以内）的天棚抹灰，以展开面积计算。

B. 天棚中的折线、灯槽线、圆弧线及拱形线等艺术形式的抹灰，按展开面积计算。

C. 天棚抹灰如带有装饰线，应区别按三道线以内或五道线以内以延长米计算，装饰线是指突出抹灰面的线脚，每突出一个棱角为一道灰线。线角的道数以一个突出的棱角（突出的阳角）为一道线，如图6.81（a）所示为两道装饰线，如图6.81（b）所示为四道装饰线。此处的天棚装饰线是指天棚与墙面交角部位的装饰抹灰。

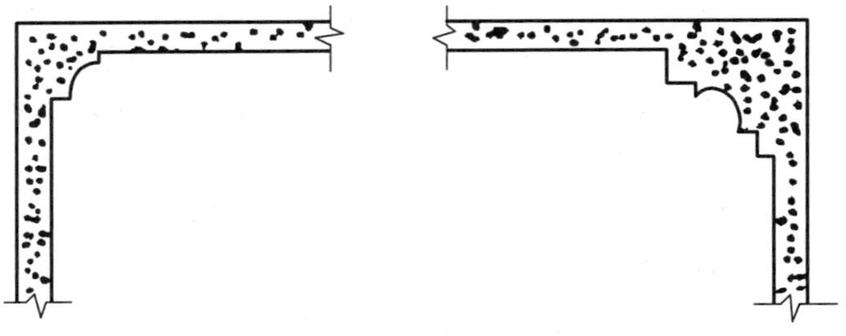

(a)　　(b)

图6.81　装饰线

⑥吊顶天棚。吊顶天棚按主墙间净空面积计算，不扣除间壁墙、检查洞、附墙烟囱、柱、垛和管道所占面积，但天棚中的折线、迭落等圆弧形，高低吊灯槽等面积也不展开计算。

⑦天棚装饰。天棚装饰面积按主墙间实铺面积计算，扣除独立柱、与天棚相连的窗帘盒所占面积，不扣除间壁墙、检查洞、附墙烟囱、柱、垛和管道所占面积，天棚中的折线、迭落等圆弧形、拱形、高低吊灯槽及其他艺术形式天棚面层，按展开面积计算。

2）内墙抹灰

①内墙抹灰

内墙抹灰面积按内墙净长乘以内墙抹灰高度计算。应扣除门窗洞口、空圈及大于0.3 m^2 的孔洞所占的面积，不扣除踢脚板、挂镜线、0.3 m^2 以内的孔洞、墙与构件交接处的面积，门窗洞口空圈及暖气包墙侧壁、顶面也不增加。垛的侧面抹灰工程量应并入墙面抹灰工程量内。

其计算公式为

内墙抹灰面积 = 内墙长度 × 内墙高度 − 门窗洞口、空圈及大于 0.3 m^2 的孔洞 + 附墙垛、烟囱侧壁面积

式中　内墙长度——按主墙间图示净长线尺寸计算。

内墙高度如下：

A. 无墙裙的，其高度按室内地面或楼面至天棚或板底面之间距离计算。

B. 有墙裙的，其高度按墙裙顶至天棚或板底面之间距离计算。

C. 天棚吊顶的，其高度按吊顶下表面另加 10 cm 计算。

②内墙裙抹灰

内墙裙是指自地面或楼面向上 1 ~ 1.5 m 范围内，另行抹灰的内墙面。若其抹灰种类与内墙相同，就不再另行计算内墙裙抹灰，超过 1.5 m 时，按墙面计算。

内墙裙抹灰面积按墙裙长度乘以墙裙高度计算，应扣除门窗洞口、空圈和 0.3 m^2 以上孔洞所占面积，不增加洞口侧壁及顶面面积。其计算公式为

内墙裙抹灰面积 = 墙裙长 × 墙裙高 − 门窗洞口、空圈及大于 0.3 m^2 的孔洞 + 附墙垛、烟囱侧壁面积

3）外墙抹灰

①一般抹灰

A. 外墙面抹灰

外墙抹灰面积按外墙面垂直投影面积以平方米计算。应扣除门窗洞口、外墙裙、空圈、腰线、挑檐、门窗套、遮阳板所占的面积及大于 0.3 m^2 的孔洞面积，洞口侧壁面积不增加，附墙垛、柱、梁侧面抹灰面积并入相应的墙面抹灰工程量内。其计算公式为

外墙抹灰面积 = 外墙外边线长 × 外墙高度 − 门窗洞口、外墙裙、空圈及大于 0.3 m^2 的孔洞面积 + 附墙垛、梁、柱侧面积

外墙抹灰的高度以室外设计地评为起点，若有墙裙的以墙裙顶面为起点，其上部顶点可按下述情况确定：

a. 有挑檐的，算至挑檐板下皮，如图 6.82（a）所示。

b. 无挑檐的，算至压顶面下皮，如图 6.82（b）所示。

c. 坡屋顶带檐口天棚的，算至檐口天棚下皮，如图 6.82（c）所示。

d. 坡屋顶无檐口天棚的，算至屋面板下皮，如图 6.82（d）所示。

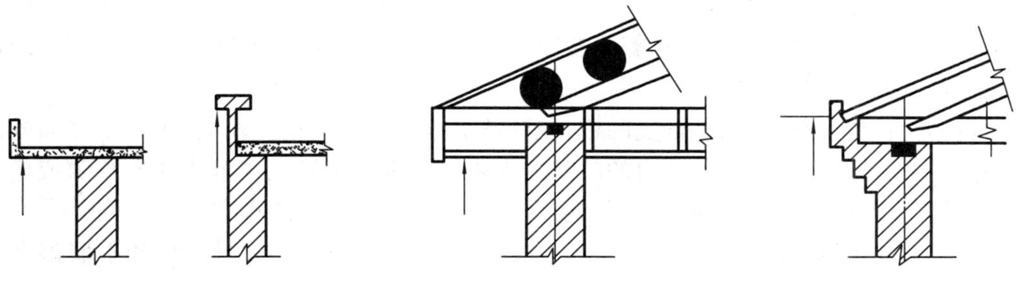

（a）　（b）　（c）　（d）

图 6.82　外墙抹灰计算高度示意图

B. 外墙裙抹灰

外墙裙抹灰面积按墙裙长度乘高度计算，应扣除门窗洞口、大于 0.3 m^2 孔洞等的面积，门窗洞口侧壁不增加，附墙垛的侧面积应并入工程量内。其计算公式为

外墙裙抹灰面积 = 外墙裙长 × 裙高 − 门窗洞口、空圈及大于 0.3 m^2 的孔洞面积 + 附墙垛、柱侧面积

C. 墙面勾缝

墙面勾缝按垂直投影面积计算，扣除墙裙、墙面抹灰的面积，不扣除门窗洞口、门窗套、腰线等零星抹灰所占面积，附墙柱、门窗洞口侧面的勾缝面积也不增加。其计算公式为

外墙勾缝面积 = 外墙外围长 × 外墙高 − 墙裙、墙面抹灰面积

D. 其他项目

a. 零星项目：按图示尺寸以展开面积计算。

一般抹灰的“零星项目”适用于各种壁柜、碗柜、过人洞、暖气壁龛、池槽、花台、面积小于 1 m^2 的抹灰及灰面展开宽度超过 300 mm 的线条抹灰。

b. 装饰线条按装饰线以延长米计算。

抹灰的“装饰线条”适用于门窗套、挑檐腰线、压顶、遮阳板、楼梯边梁及宣传栏边框等凸出墙面或灰面展开宽度小于 300 mm 以内的横、竖线条抹灰。

c. 栏板、栏杆（包括立柱、扶手或压顶等）抹灰，按中心线的垂直投影面积乘以系数 2.2 以平方米计算，套用零星项目。如内侧、外侧抹灰不同时，各乘系数 1.1 计算。

②装饰抹灰

外墙装饰抹灰面积按图示尺寸以实抹面积计算，应扣除门窗洞口、空圈的面积，其侧壁面积不增加，挑檐、天沟、腰线、栏板、窗台线、门窗套及压顶等按图示尺寸展开面积并入外墙面积内。

4）镶贴块料面层

镶贴各种块料面层的工程量，按设计图示尺寸以实贴面积计算。

注意：

①墙面贴块料、饰面高度在 300 mm 以内，按踢脚板项目计算。

②镶贴块料“零星项目”适用于挑檐、天沟、腰线、窗台线、门窗套、压顶、拦板、扶手、遮阳板及雨篷周边等。

5）木装饰

①门窗盖口条、贴脸、披水条

工程量按图示尺寸以延长米计算。若图纸中未注明尺寸，贴脸按门窗框的外围长度计算，盖口条按盖缝的缝口长度计算。

门窗帖脸：钉在门窗框的外框上的板；盖口条是指当两扇门扇关闭时，为遮盖竖向缝隙而装钉的盖缝条；披水条是指向外开启的门窗扇为防止雨水从上冒头与框中槛向缝隙或窗下冒头与框下槛向缝隙流入室内，在门窗框中槛处或窗扇上冒头处装钉的挡水条。

②木地板以主墙间的净面积计算。不扣除间壁墙，穿过木地板的柱、垛和附墙烟囱等面积，门和空圈的开口部分也不增加。

③木窗台板按面积计算。图纸未注明窗台板宽度和长度时，按窗框的外围宽度两边共加 10 cm 计算，凸处墙面的宽度按抹灰面外加 5 cm 计算。

④窗帘盒和铝合金窗帘杆按图示尺寸以延长米计算，设计无规定时，可按门窗洞口宽加30 cm计算。钢筋窗帘杆按门窗洞口加60 cm计算。

⑤玻璃隔墙按上横挡顶面至下横挡底面之间高度乘以宽度（两边立梃外边线之间），以平方米计算。

⑥木隔墙、墙裙、护壁板按图示尺寸长度乘以高度的实铺面积以平方米计算。

⑦厕浴木隔断、胶合板隔断，以平方米计算。高度自下横枋底面算至上横枋顶面，门扇面积并入隔断面积内。预制钢筋混凝土厕、浴隔断上的门扇，按普通木门扇制作安装相应定额执行。

⑧挂镜线工程量按延长米计算。如与门窗贴险或窗帘盒相连接时，应扣除门窗框宽度或窗帘盒的长度。

⑨铝合金、轻钢隔墙、幕墙按四周框外围面积计算。

6）独立柱

一般抹灰、装饰抹灰、镶贴块料按结构断面周长乘以柱的高度以平方米计算，柱面装饰按柱外围饰面尺寸乘以柱的高度以平方米计算。

7）油漆、涂料

①木材面、金属面油漆的工程量，分别按表6.24～表6.33的规定计算，并乘以相应的系数。

②楼地面、天棚面、墙、柱、梁面的喷（刷）涂料、抹灰面油漆及裱糊工程，按楼地面、天棚面、墙、柱、梁面装饰工程相应的规定计算。也就是说，喷（刷）涂料工程量与相应部位的抹灰面相同。

表6.24　单层木门工程量系数表

项目名称	系数	工程量计算方法
单层木门	1.00	按单面洞口面积
双层（一板一纱）木门	1.36	
双层（单裁口）木门	2.00	
单层全玻门	0.83	
木百叶门	1.25	
厂库大门	1.10	

表6.25　单层木窗工程量系数表

项目名称	系数	工程量计算方法
单层玻璃窗	1.00	按单面洞口面积
双层（一板一纱）窗	1.36	
双层（单裁口）窗	2.00	
三层（二玻一纱）窗	2.60	
单层组合窗	0.83	
双层组合窗	1.13	
木百叶窗	1.50	

表 6.26　木扶手等工程量系数表

项目名称	系数	工程量计算方法
木扶手(不带托板)	1.00	按延长米
木扶手(带托板)	2.60	
窗帘盒	2.04	
封檐板、顺水板	1.74	
挂衣板、黑板框	0.52	
生活园地框、挂镜线	0.35	
窗帘棍	0.35	

表 6.27　其他木材面工程量系数表

项目名称	系数	工程量计算方法
木板、纤维板、胶合板天棚、檐口	1.00	长×宽
清水板条天棚、檐口	1.07	
木方格吊顶天棚	1.20	
吸音板、墙面、天棚面	0.87	
鱼鳞板墙	2.48	
木护板、墙裙	0.91	
窗台板、筒子板、盖板	0.82	
暖气罩	1.28	
屋面板(带檩条)	1.11	斜长×宽
木间壁、木隔断	1.90	单面外围面积
玻璃间壁露明墙筋	1.65	
木栅栏、木栏杆(带扶手)	1.82	
木屋架	1.79	跨度(长)×中高×1/2
衣柜、壁柜	0.91	投影面积(不展开)
零星木装修	0.87	展开面积

表 6.28　木地板工程量系数表

项目名称	系数	工程量计算方法
木地板、木踢脚线	1.00	长×宽
木楼梯(不包括底面)	2.30	水平投影面积

表 6.29　钢门窗等工程量系数表

项目名称	系数	工程量计算方法
单层钢门窗	1.00	洞口面积
双层(一玻一纱)钢门窗	1.48	
钢百叶钢门	2.74	
半截百叶钢门	2.22	
满钢门或包铁皮门	1.63	
钢折叠门	2.30	
射线防护门	2.96	框(扇)外围面积
厂库房平开、推拉门	1.70	
钢丝网大门	0.81	

表 6.30　其他金属面工程量系数表

项目名称	系数	工程量计算方法
间壁	1.85	长×宽
平板屋面	0.74	斜长×宽
瓦垄板屋面	0.89	斜长×宽
排水、伸缩缝盖板	0.78	展开面积
吸气罩	1.63	水平投影面积

表 6.31　金属结构面工程量系数表

项目名称	系数	工程量计算方法
钢屋架、天窗架、挡风架、屋架梁、支撑、檩条	1.00	重量(t)
钢柱、吊车梁、花式梁柱、空花构件	0.63	
操作台、走台、制动梁、钢梁、车挡	0.71	
墙架:空腹式	0.50	
墙架:格板式	0.82	
轻型屋架	1.42	
钢爬梯	1.18	
踏步式钢扶梯	1.05	
钢栅栏门、栏杆、窗栅	1.71	
零星铁件	1.32	

表 6.32　平板屋面涂刷磷化锌黄底漆工程量系数表

项目名称	系数	工程量计算方法
平板屋面	1.00	斜长×宽
瓦垄板屋面	1.20	斜长×宽
排水、伸缩缝盖板	1.05	展开面积
吸气罩	2.20	水平投影面积
包镀锌铁皮门	2.20	洞口面积

表 6.33　抹灰面工程量系数表

项目名称	系数	工程量计算方法
槽形底板、混凝土折板	1.30	长×宽
有梁板底	1.10	
密肋、井字梁底板	1.50	
混凝土平板式楼梯底	1.30	水平投影面积

6.3.12　金属结构工程

金属结构制作、安装工程主要包括钢柱、钢屋架、钢托架、钢吊车梁、钢制动梁、钢吊车轨道、钢支撑、钢檩条、钢墙架、钢平台、钢梯、钢栏杆、钢漏斗、H形钢、球节点钢网架、设备支架及沉井铁刃角等金属结构的制作。定额适用于一般现场加工制作和企业附属加工厂制作的构件，不适用于按商品价格定价、加工厂制作的构件。

(1)**有关规定**

1)构件制作

①制作工作内容：放样、划线、截料、平直、钻孔、拼装、焊接、成品矫正、除锈、刷防锈漆一遍、成品编号、堆放全部工序，但不包括加工点到现场的运输。发生时，应按构件运输及安装工程的相应项目计算。

②制作项目已包括分段制作和整体预装配的工料及机械台班用量。整体预装配使用的螺栓及锚固杆件用的螺栓、铆钉、焊条等，已包括在定额内，不另计算。

③定额项目中已包括了刷一遍防锈漆的工料，并包括钢材的损耗。

④定额构件的制作，均是按焊接编制。

2)轻钢屋架的规格

钢屋架在1 t以内，且用小型角钢或用钢筋，管材作为支撑拉杆材的屋架为轻钢屋架。

3)钢栏杆制作使用范围

它仅适用于工业厂房中平台、操作台的钢栏杆。民用建筑工程中的楼梯、阳台、走廊铁栏杆，按楼地面工程中相应项目计算。

4)实腹柱、吊车梁计算的规定

①实腹柱：中间成空心状，四周用钢板围焊成的矩形钢构件。

②吊车梁：有吊车的厂房重要构件之一，当厂房设有桥式或梁式吊车时，需要在柱牛腿上

设置吊车梁,吊车轮子就在吊车梁铺设的轨道上进行。

①腹柱、吊车梁、H形钢的腹板、翼板宽度按图示尺寸每边增加25 mm计算。

②吊车梁制作工程量包括依附于吊车梁的连接钢板重量,但吊车梁上的钢轨,车挡、制动梁的重量,应另列项目计算。

5)钢柱制作范围

钢柱制作工程量,包括依附于柱上的牛腿及悬臂梁的重量。

6)制动梁的内容

①制动梁:为了防止吊车梁产生侧向弯曲,和吊车梁连在一起以提高吊车梁的侧向刚度的构件,当吊车梁为重级工作或跨度在1 m以上时,均应设置。当跨度较大,吊车荷载较大时,制动梁做成桁架形式,有若干支杆连接起来,称为制动桁架;当跨度较小,吊车荷载较小时,制动梁做成板式,称为制动板。

②制动梁制作工程量包括制动梁、制动桁架及制动板的重量。

7)墙架制作的内容

墙架制作工程量包括墙架柱、墙架梁及连接柱杆的重量。

8)轨道的内容

轨道制作工程量只计算轨道本身重量,不包括轨道垫板、压板、斜垫、夹板及连接角钢等重量。

9)钢漏斗的内容

钢漏斗制作工程量,矩形按图示分片,圆形按图示展开尺寸并依钢板宽度分段计算,每段均以其上口长度(圆形以分段展开上口长度)与钢板宽度,按矩形计算。依附于漏斗的型钢并入漏斗重量内计算。

10)钢筋混凝土组合屋架钢拉杆

其制作工程量按屋架钢支撑计算。

(2)**工程量计算方法**

金属结构构件制作按设计图纸的几何尺寸以吨计算工程量,不扣除孔眼,切边的重量,焊条、铆钉、螺栓等重量不增加。

1)各种规格的型钢重量

可按下式计算为

$$型钢重量 = 型钢长度 \times 单位长度重量$$

式中 型钢长度——设计图纸的最长尺寸;

单位长度重量——每延长米的型钢重量,可查型钢重量表确定。

2)各种规格的钢板重量

可按下式计算为

$$钢板重量 = 钢板面积 \times 钢板厚度 \times 理论重量(7.85\ t/m^3)$$

其钢板面积如下:

①四边形钢板按最长边与其垂直的最大宽度的积计算(见图6.83),$s = ad \times ae$。

②不规则或多边形钢板按最大对角线乘以最大宽度的积计算,即以其长边为基线,画出包含整个图形的矩形面积计算(见图6.84),$s = AB \times AD$

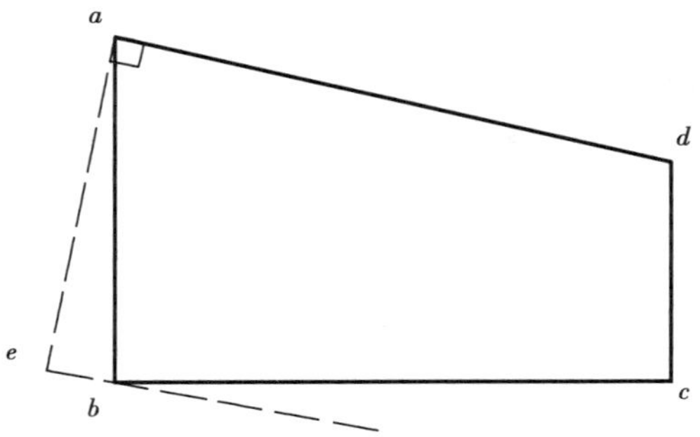

图 6.83　四边形钢板

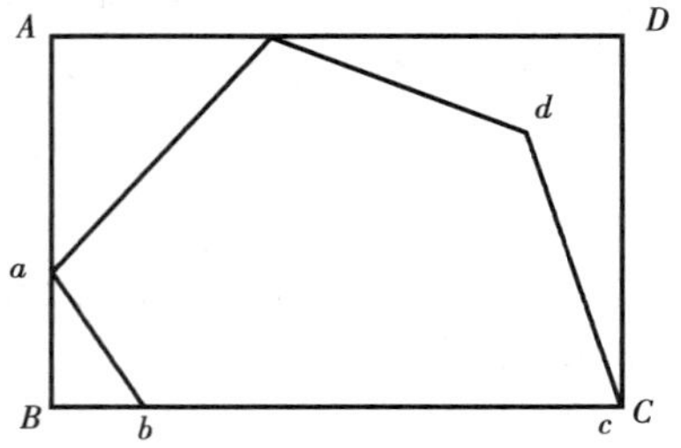

图 6.84　不规则钢板

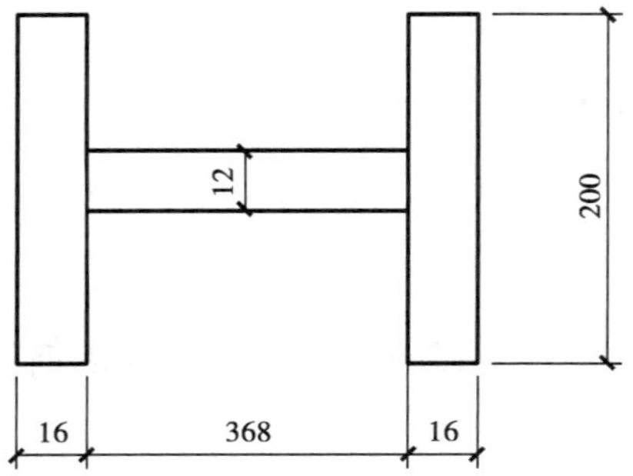

图 6.85　H 形钢

例 6.10　H 形钢，规格为 400 mm × 200 mm × 12 mm × 16 mm，长度为 8.30 m，如图 6.85 所示。

解　$G = [(0.368 + 0.05) \times 0.012 + (0.2 + 0.05) \times 0.016 \times 2] \times 7.85 \times 8.3 = 0.848(\mathrm{t})$

6.3.13　建筑工程垂直运输

（1）**有关规定**

1）定额工作内容

建筑工程垂直运输定额工作内容，包括单位工程在合理工期内完成全部工程项目所需要的垂直运输机械台班，不包括机械的场外往返运输、一次安拆及路基铺垫和轨道铺拆等的费用。

2）计取垂运费的范围

①多层及檐高超过 3.6 m 的单层建筑物计算垂运费，檐高 3.6 m 以内的单层建筑不计算垂直运输机械费。

②定额中按檐高和层数两个指标界定，凡檐高达到，层数未达到的，以檐高为准；凡层数达到，檐高未达到的，以层数为准。也就是说，二者满足其一，即可按达到界限计算（地下室不计算层数和高度）。

3）檐高的确定

建筑物檐高是指设计室外地坪至檐口滴水线的高度，突出主体建筑屋顶的电梯间、水箱间等不计入檐口高度之内。

构筑物的高度，从设计室外地坪至建筑物的顶面高度为准，顶面非水平的以结构的最高点为准。

4）定额项目的划分

同一建筑物有多种用途（结构）时，按不同用途（结构）分别计算。分别计算后建筑物的檐口以该建筑物的总檐高为准。

5）套用定额的规定

①现浇框架结构指柱、梁全部为现浇的混凝土框架结构。如果部分现浇时，按现浇框架定额基价乘以系数 0.96。如楼板为现浇时，按现浇框架定额基价乘以系数 1.04。

②预制钢筋混凝土柱、钢屋架的单层厂房按预制排架定额计算。

③单身宿舍按住宅定额乘以系数 0.9 计算。

④定额是按Ⅰ类厂房为准编制的，若是Ⅱ类厂房，按定额乘以1.14系数计算。

Ⅰ类厂房：机加工、机修、五金缝纫、一般纺织（粗纺、制条、洗毛等）及无特殊要求的车间。

Ⅱ类厂房：厂房内设备基础及工艺要求较复杂，建筑设备或建筑标准较高的车间，如铸造、锻压、电镀、酸碱、电子仪表、手表、电视、医药及食品等车间。

⑤服务用房是指城镇、街道、居民具有较小规模综合服务功能的设施，建筑面积不超过1 000 m^2，层数不超过3层的建筑，如副食、百货、饮食店等。

（2）**工程量计算**

1）建筑物垂直运输费

区分建筑物结构类型及高度，按建筑面积以平方米计算（建筑面积按《建筑工程建筑面积计算规范》计算，见6.2节）。带地下室的建筑物，地下室面积应与地上面积合并计算，但地下室不计算层数和高度；单独的地下室套用地下室相应的定额。

2）构筑物垂直运输费

构筑物垂直运输机械台班按座计算。烟囱以30 m为基数，水塔、筒仓以20 m为基数，超过规定高度时，按每增高1 m定额项目计算，其高度不足1 m按1 m计算。

6.3.14　建筑物超高费用

建筑物超高费用是指由于建筑物地上高度或设计室外地坪至檐口高度超过20 m（层数6层），操作工人的工效降低，垂直运输距离加长影响时间，由于人工降效引起的随班组配置并确定的台班量的机械相应降效，以及由于建筑物超高，自来水压力不足而需增加的加压水泵台班。

（1）**有关规定**

1）使用范围

建筑物超高费不分用途、结构类型，只要建筑物檐高超过20 m（层数6层）均计取超高费。

檐高是指设计室外地坪至檐高滴水线的高度，突出主体建筑屋顶的电梯间、水箱间等不计入檐高之内，但其建筑面积并入相应的建筑面积内计算。

2）各项降效系数的内容

凡建筑物檐高在20 m（层数6层）以上的工程，其计算公式为

降效范围＝单位工程全部项目－（土方工程＋桩基础工程＋脚手架工程＋构件运输工程＋垂直运输工程）

3）建筑物不同檐高的处理

同一建筑高度不同时，按不同高度分别计算超高费，同一屋面的前后檐不同时，以高檐为准。附着于超高建筑物的裙房，其檐口高度在20 m以内不计算超高费。

4）加压水泵的规格

加压水泵选用电动多级离心清水泵，其规格如表6.34所示。

表6.34　加压水泵规格

建筑物檐高	20～40 m	40～80 m	80～120 m
水泵规格	50 m以内	100 m以内	150 m以内

(2)**工程量计算**

1)建筑超高人工、机械降效率

①人工降效按规定内容中的全部人工费乘以定额系数计算,即

人工降效 =(降效范围人工费)×(相应檐高层数定额人工降效系数)

②吊装机械降效按“构件运输及安装”吊装项目中的全部机械费乘以定额系数计算。计取基数为构件安装的全部机械费,不包括构件运输机械费用。即

吊装机械降效 =(安装工程的机械费)×相应檐高层数定额吊装机械降效系数

③其他机械降效按规定内容中的全部机械费(不包括吊装机械)乘以定额系数计算,即

其他机械降效 =(降效范围中机械费 - 已算安装工程机械费)×
相应檐高层数定额其他机械降效系数

2)建筑物超高加压水泵台班

建筑物超高施工用以加压水泵台班增加费用按超高建筑物的建筑面积以平方米计算,即

加压水泵增加台班 = 台班增加定额台班 × 建筑面积

3)建筑物超高人工、机械降效率、加压水泵台班表(见表6.35、表6.36)。

表6.35 建筑物超高人工、机械降效率表

项目 \ 檐高及降效率	檐高(层数)									
	30 cm (7~10)以内	40 cm (11~13)以内	50 cm (14~16)以内	60 cm (17~19)以内	70 cm (20~22)以内	80 cm (23~25)以内	90 cm (26~28)以内	100 cm (29~31)以内	110 cm (32~34)以内	120 cm (35~37)以内
人工降效/%	3.33	6.00	9.00	13.33	17.86	22.50	27.22	35.20	40.91	45.83
吊装机降效/%	7.67	15.00	22.20	34.00	46.43	59.25	72.33	85.60	99.00	112.50
其他机械降效/%	3.33	6.00	9.00	13.33	17.386	22.50	27.22	35.22	40.91	48.53

表6.36 建筑物超高加压水泵台班

项 目	檐高(层数)									
	30 cm (7~10)以内	40 cm (11~13)以内	50 cm (14~16)以内	60 cm (17~19)以内	70 cm (20~22)以内	80 cm (23~25)以内	90 cm (26~28)以内	100 cm (29~31)以内	110 cm (32~34)以内	120 cm (35~37)以内
加压用水泵	1.14	1.74	2.14	2.48	2.77	3.02	3.26	3.57	3.80	4.01
加压用水泵停滞	1.14	1.74	2.14	2.48	2.77	3.02	3.26	3.57	3.80	4.01

复习思考题

1. 试述单层和多层建筑物的建筑面积的计算，雨篷、车棚、货棚及站台的面积计算，建筑物外有柱和顶盖走廊、檐廊的面积计算，建筑物内变形缝的面积计算。

2. 如何确定挖土的起点标高？

3. 挖土方、挖地坑、挖地槽有什么区别？

4. 如何确定土方开挖的放坡系数？

5. 如何确定人工挖土的工作面？

6. 什么是平整场地？如何计算工程量？

7. 如何计算回填土和土方运输的工程量？

8. 如何划分砌筑基础与墙身的分界线？

9. 砖石基础和墙体的工程量如何计算？怎样确定内外墙基础的长度和墙身的长度、高度？应扣除和不应扣除哪些体积？突出墙面的体积哪些应增加？

10. 砖过梁有几种类型？如何计算工程量？

11. 零星砌体包括哪些内容？

12. 外墙砌筑脚手架的高度如何确定？工程量如何计算？

13. 满堂脚手架的计算条件是什么？天棚高度超过5.2 m时，定额如何套用？

14. 混凝土及钢筋混凝土基础在定额中分为几种类型？基础高度如何确定？

15. 钢筋混凝土构造柱的工程量如何计算？

16. 有梁板、无梁板和平板有何区别？多种板连接时的界限如何划分？

17. 过梁与圈梁整浇在一起时，过梁工程量如何计算？

18. 现浇整体楼梯包括几部分？与楼板的界限如何划分？工程量怎么计算？

19. 雨篷、阳台、挑檐的工程量如何计算？四周弯起多少按拦板计算？

20. 预制钢筋混凝土构件的损耗有何规定？钢筋、铁件实际用量与净用量的关系如何？钢筋搭接有何规定？

21. 楼地面中的整体面层与块料面层的工程量如何计算？

22. 台阶、散水工程量如何计算？

23. 屋面保温层、卷材屋面的工程量如何计算？对于女儿墙、天窗等出屋面构件的卷材高度有何规定？

24. 内外墙抹灰、天棚抹灰的工程量如何计算？天棚抹灰包括几部分？

25. 普通腰线与复杂腰线的区别？哪些项目套用普通腰线？

26. 轻钢屋架与钢屋架的区别？型钢、钢板的工程量的计算？

27. 计算建筑物超高费的条件是什么？超高费包括哪些内容？建筑物的超高费如何计算？

第7章 施工图预算的编制

7.1 施工图预算的概念和作用

7.1.1 施工图预算的概念

施工图预算是施工图设计预算的简称，是在施工图设计完成后，工程开工前，根据施工图设计图纸、现行的预算定额、费用定额，以及地区设备、材料、人工、施工机械台班等预算价格编制并确定的建筑安装工程造价的文件。

7.1.2 施工图预算的作用

①施工图预算是设计阶段控制工程造价的重要环节，是控制施工图设计不突破设计概算的重要措施。

②施工图预算是编制或调整固定资产投资计划的依据。

③实行招标的工程中，施工图预算是建设单位编制标底的依据，也是承包单位投标报价的基础。

④实行施工图预算加调整价结算的工程中，施工图预算可作为确定合同价款的基础或作为审查施工单位提出的施工图预算的依据。

⑤施工图预算是进行工程结算和竣工决算的依据，是建设单位向承包单位预付备料款的依据。

⑥施工图预算是施工企业进行经济核算、考核工程成本的依据，是进行“两算”对比的前提条件。

7.2　施工图预算的编制

7.2.1　施工图预算的编制原则

施工图预算是一项工作量大,政策性、技术性和时效性都很强,而又十分细致复杂的工作。编制时,必须遵循下列原则:

①必须认真贯彻执行国家现行的各项政策及具体规定。

②必须认真负责、实事求是地如实计算工程造价,做到既不高估、多算、重算,又不漏项、少算。

③必须深入了解、掌握施工现场的情况,做到工程量计算准确,定额套用合理。

7.2.2　施工图预算的编制依据

1)国家有关工程建设和造价管理的法律、法规和方针政策。

2)施工图纸、施工说明书、施工图纸会审记录、标准图集及工程地质勘察资料。施工图纸是编制预算的根本依据。它包括建筑施工图、结构施工图、给排水施工图及电气施工图等,构成了工程全貌,满足使用的功能。

3)已审批的施工组织设计或施工方案。施工组织设计是确定单位工程进度计划,施工方法或主要技术措施,以及施工现场平面布置等内容的文件。它确定了土方的开挖方法,土方的放坡系数及工作面的大小,土方运输工具及运距,余土或缺土的处理;钢筋混凝土构件、木结构构件、金属构件是现场就地制作还是预制加工厂制作,运距多少;构件吊装的施工方法,采用何种大型机械,机械的进出场次数,等等。这些资料都是编制预算不可缺少的依据。

4)现行预算定额、材料与构配件预算价格。预算定额是编制预算时确定各分项工程的工程量,计算工程直接费,确定人工、材料、机械等实物消耗量的主要依据。预算定额中所规定的工程量计算规则、计量单位、分项工程内容及有关说明,是编制预算时计算工程量的主要依据。

材料费用在工程成本中占有很大的比重,一般建筑工程材料费占成本的65%以上,安装工程占80%以上,尤其在市场经济条件下,材料价格随市场的变化而发生较大的波动。因此,合理地确定材料、人工、机械台班的市场价格,是编制施工图预算的基础。

5)各种取费标准。取费标准即国家或地区、行业的费用定额,费用定额规定了措施费、间接费、利润、税金的费率及计算的依据和程序等。

6)建设场地中的自然条件和施工条件。

7)甲、乙双方签订的合同或协议。施工企业与建设单位签订的合同或协议是双方必须遵守和履行的文件,在合同中明确了施工的范围和内容,从而决定施工图预算各分部工程的构成。因此,合同或协议也是编制施工图预算的依据。

8)工具书和预算员工作手册等。工具书、工作手册包括计算各种构件面积和体积的公式,钢材、木材等各种材料规格型号及单位用量数据,金属材料重量表,特殊断面(如砖基础大放脚、屋架杆件长度系数等)结构构件工程量速算方法等。

7.2.3 施工图预算的编制程序

施工图预算的编制程序可分为两个阶段,即准备阶段和编制阶段。

(1)**准备阶段**

准备阶段的工作内容主要有以下几个方面:

1)整理和审核施工图纸

在编制预算之前,必须充分熟悉施工图纸,了解设计意图和工程全貌,对施工图中的问题、疑难和建议要与设计单位协商,应把设计中的错误、疑点消除在预算编制之前。一般按以下顺序进行:

①整理施工图纸

建筑工程施工图纸应按图纸目录的顺序排列。一般为全局性图纸在前,局部性的图纸在后;先施工的在前,后施工的在后;重要图纸在前,次要图纸在后。整理完成后,应将目录放在首页,一并装订成册。

②核对图纸是否齐全

按图纸目录核对施工图纸是否齐全。

③阅读和审核施工图

A. 识读图纸的顺序及要求

a. 总平面图。了解新建工程的位置、坐标、标高、等高线,地上、地下障碍物,地形、地貌等情况。

b. 建筑施工图。包括各层平面、立面、剖面、楼梯详图,以及特殊房间布置等,要核对其室内开间、进深、高度、檐高、屋面泛水坡度、建筑配件细部等尺寸有无矛盾,要逐层逐间地进行核对。

c. 基础平面图。掌握基础工程的做法、基础槽底标高、计量尺寸、管道及其他布置等情况,并结合节点大样、首层平面图,核对轴线、基础墙身、楼梯基础等部位的尺寸。

d. 结构施工图。包括各层平面图、节点大样,结构部件及梁(板、柱)配筋图等。结合建筑平(立、剖)面图,对结构尺寸、总长、总高、分段长、分层高、大样详图、节点标高及构件规格数量等数据进行核算。有关构件之间的标高和尺寸必须交圈对口,以免发生差错。

总之,通过熟悉图纸,要达到对该项建筑物的全部构造、构件联结、材料做法、装饰要求及特殊装饰等有一个清晰的认识,把设计意图形成立体概念,为编制工程预算创造条件。

B. 阅读和审核图纸应注意的问题

a. 该单项工程与建筑总平面图、各种图纸,图纸与说明等相互之间有无矛盾和错误。

b. 各分项工程(或结构构件)的构造和尺寸,规定的材料、品种和规格,以及它们互相之间的关系是否相符。

c. 门窗及混凝土构件表与图示的规格、数量是否相符。

d. 详图、说明、尺寸、符号是否齐全。

e. 图纸中结构、构造上是否有逻辑性的错误。例如,对于同一部位,在节点图、剖面图或立面图中所示的做法不一致等。

f. 施工图上是否有标注不够清楚的地方。例如,尺寸标高不清、使用材料不清、施工做法不清等。

④设计交底和图纸会审

施工单位在熟悉和自审图纸的基础上,参加由建设单位组织设计单位和施工单位共同进行设计交底的图纸会审会议。

预算人员参加图纸会审时,应注意以下 3 点:

A. 阅读施工图过程中所发现图纸中的问题,或不清楚之处,请设计单位及时解决。

B. 了解有无设计变更的内容。

C. 了解工程的特点和施工要求。

2)收集有关编制预算的依据资料

编制预算主要收集预算定额、单位价格表、费用定额、概算文件及工程合同等资料。

3)熟悉施工组织设计或施工方案的有关内容

在编制预算时,应熟悉并了解和掌握施工组织设计中影响工程预算造价的有关内容,如施工方法和施工机械的选择、构(配)件的加工和运输方式等。

如果施工图预算与施工组织设计或施工方案同时进行编制时,可将预算方面需要解决的问题,提请有关部门先行确定。若某些工程没有编制施工组织设计或施工方案,则应把预算方面需要解决的问题向有关人员了解清楚,使预算反映工程实际,从而提高预算编制质量。

4)了解其他有关情况

①了解设计概算书的内容及概算造价

概算是控制施工图预算的依据,在编制施工图预算前应先对概算造价及分部分项的内容有初步的了解。

②了解施工现场情况

要编制出符合施工实际的施工图预算,还必须了解施工现场情况。例如,自然地面标高与设计标高是正差还是负差;工程地质及水文地质的现场勘探情况;水源、电源及交通运输情况,等等。凡是属于建设单位责任范围内而未能及时解决的,并且建设单位委托施工单位代处理的,施工单位应单独编制预算,或办理经济签证,据以向建设单位收取费用。

③了解工程承包合同的有关条款

应主要了解工程承包范围、承包方式、结算方式和方法、材料供应方式、材料价差的计算内容和方法等。对于建设单位及造价审查单位,还应了解施工企业的性质、级别等。

(2)编制阶段

1)计算工程量

工程量计算必须根据设计图纸和施工说明书提供的工程构造、设计尺寸和做法要求,结合施工组织设计和现场情况,按照预算定额的项目划分、工程量计算规则和计量单位的规定,遵循一定的科学程序逐项计算分项工程的工程量。

对每个分项工程的工程量进行具体计算。它是工程预算编制中的一项细致的重要环节,约有 90% 以上的时间是消耗在工程量计算阶段内。同时,工程预算造价的正确与否,关键在于工程量的计算是否准确,项目是否齐全,有无遗漏和错误。因此,从事预算工作的人员,不仅要熟练地掌握施工技术、形体计算,还要制图翻样,才能把工程量计算工作做得又快又准。

采取清单计价法时,既要按消耗量定额计算工程量,还要按清单计价规则计算工程量,其要求基本上是一致的。

2)套用定额或组价

在编制预算中，正确选套定额是至关重要的，应注意区分哪些定额子目是可以直接套用的，哪些定额子目必须换算或另作补充。凡是施工图纸要求与预算定额子目内容完全一致，或虽有些不同，但不允许换算者，都可以直接套用该子目的定额指标。凡是施工图纸要求与预算定额子目内容基本相同，仅是所用材料的品种、规格或配合比与定额不一致，而定额规定允许换算者，则必须换算后才能套用，并在原定额号后面添加一个“换”字。凡是施工图所示分项子目要求与定额中同类分项子目的内容差异较大或定额中缺项的子目，均应编制补充定额，并应在定额号前加一个“补”字，补充定额指标的构成应作为预算书的附件，列在预算书的后面。

采用清单计价法时，应根据企业定额的市场价格、消耗量定额和清单工程量进行组价，组价方法参见第13章。

3）计算各项项目费用

定额计价模式下：

$$单位工程直接费 = \sum(分项工程的工程量 \times 相应定额基价)$$

在此基础上依规定的程序计算间接费、利润和税金。

清单计价模式下：

$$分部分项工程费 = \sum(清单分部分项工程量 \times 综合单价)$$

同理，可计算措施项目费和其他项目费，再按规定程序计算规费及税金。

4）整理单位工程预算书

将施工图预算的封面、编制说明、预算表及材料分析等有关资料按顺序编排装订成册，编制人员签名盖章，主管人审阅签名，并加盖公章。

7.3 施工图预算的审查

7.3.1 审查施工图预算的意义

施工图预算编制完成之后，需要认真进行审查。加强施工图预算的审查，对于提高预算的准确性具有重要的现实意义。具体表现在以下4个方面：

①审查施工图预算有利于控制工程造价，克服和防止预算超概算。

②审查施工图预算有利于加强固定资产投资管理，节约建设资金。

③对于招标工程，施工图预算是编制标底的依据。对于不宜招标工程，它是合同价款结算的基础。因此，审查施工图预算有利于施工承包合同价的合理确定和控制。

④审查施工图预算有利于积累和分析各项技术经济指标，不断提高设计水平。通过审查工程预算，核实了预算价值，提供了准确的技术经济指标数据。通过有关指标的比较，找出设计中的薄弱环节，以便于及时改进，不断提高设计水平。

7.3.2 审查施工图预算的内容

审查施工图预算的重点，应该放在工程量计算和预算单价套用是否正确，各项费用标准是否符合现行规定等方面。具体包括以下内容：

(1)列项的审查

施工图预算的准确与否,首要的一点就是列项要准确,既不能多列项、重列项,也不能漏列项,否则即使其他步骤都正确,预算造价也不会正确。因此,审查施工图预算时一定要根据设计图纸、定额及清单计价规范来重点审查预算的列项。

(2)工程量审查

1)土方工程量审查。主要包括平整场地、挖地槽、挖地坑、挖土方工程量的计算是否符合现行定额计算规定和施工图纸标注尺寸,有无重算和漏算。回填土工程量和余土外运,计算是否正确。

2)打桩工程量审查。主要包括各种不同桩料,计算是否正确;桩料长度如果超过一般桩料长度需要接桩时,接头数计算是否正确。

3)砖石工程量审查。主要包括墙基和墙身的划分是否符合规定。不同厚度的内、外墙是否分别计算,应扣除的门窗洞口及埋入墙体各种钢筋混凝土梁、柱等是否已扣除。不同砂浆标号的墙和定额规定按立方米或按平方米计算的墙,有无混淆、错算或漏算。

4)混凝土及钢筋混凝土工程量审查。主要包括现浇和预制构件是否分别计算,有无混淆;现浇柱与梁,主梁与次梁及各种构件的计算是否符合规定,有无重算或漏算;有筋与无筋构件是否按设计规定分别计算,有无混淆;钢筋混凝土的含钢量与预算定额的含钢量发生差异时,是否按规定予以增减调整。

5)木结构工程量审查。主要包括门窗是否分别不同种类,按门、窗洞口面积计算;木装修的工程量是否按规定分别以延长米或平方米计算。

6)楼地面工程量审查。主要包括楼梯抹面是否按踏步和休息平台部分的水平投影面积计算;细石混凝土地面找平层的设计厚度与定额不同时,是否按其厚度进行换算。

7)屋面工程量审查。主要包括卷材屋面工程是否与屋面找平层工程量相等;屋面保温层的工程量是否按屋面层的建筑面积乘保温层平均厚度计算,不做保温层的挑檐部分是否按规定不作计算。

8)构筑物工程量审查。当烟囱和水塔定额是以座编制时,地下部分已包括在定额内,按规定不能再另行计算。审查是否符合要求,有无重算。

9)装饰工程量审查。主要包括内墙抹灰的工程量是否按墙面的净高和净宽计算,有无重算或漏算。

10)金属构件制作工程量审查。金属构件制作工程量多数以吨为单位。在计算时,型钢按图示尺寸求出长度,再乘每米的重量;钢板要求算出面积,再乘以每平方米的重量。审查是否符合规定。

11)水暖工程量的审查。主要包括室内外排水管道、暖气管道的划分是否符合规定;各种管道的长度、口径是否按设计规定和定额计算;室内给水管道不应扣除阀门、接头零件所占的长度,但应扣除卫生设备(浴盆、卫生盆、冲洗水箱及淋浴器等)本身所附带的管道长度,审查是否符合要求,有无重算;室内排水工程采用承插铸铁管,不应扣除异形管及检查口所占长度,室外排水管道是否已扣除了检查井与连接井所占的长度;暖气片的数量是否与设计一致。

12)电器照明工程量的审查。主要包括灯具的种类、型号、数量是否与设计图一致;线路的敷设方法、线材品种等是否达到设计标准,工程量计算是否正确。

13)设备及其安装工程量审查。主要包括设备的种类、规格、数量是否与设计相符,工程量计算是否正确,有无把不需安装的设备作为安装的设备计算安装工程费用。

(3)**设备、材料预算价格的审查**

设备、材料预算价格是施工图预算造价中所占比重最大、变化最大的内容,应当进行重点审查。

1)审查设备、材料的预算价格是否符合工程所占地的真实价格及价格水平。若是采用市场价,要核实其真实性和可靠性;若是采用有权部门公布的信息价,要注意信息价的时间、地点是否符合要求,是否要按规定进行调整。

2)设备、材料的原价确定方法是否正确。非标准设备的原价的计价依据和方法是否正确、合理。

3)设备的运杂费率及其运杂费的计算是否正确,材料预算价格的各项费用的计算是否符合规定,计算是否正确。

(4)**预算单价套用的审查**

预算单价套用的审查主要包括以下内容:

1)预算中所列各分项工程预算单价是否与现行预算定额的预算单价相符,其名称、规格、计量单位和所包括的工程内容是否与单位估价表一致。

2)审查换算的单价是否是定额允许换算的,换算是否正确。

3)审查补充定额和单位估价表的编制是否符合编制原则,单位估价表计算是否正确。

(5)**有关费用项目及其计取的审查**

有关费用项目计取的审查,要注意以下3个方面:

1)措施费的计算是否符合有关的规定标准;间接费和利润的计取基础是否符合现行规定,有无不能作为计费基础的费用列入计费基础的情况。

2)预算外调增的材料差价是否计取了间接费。直接费或人工费增减后,有关费用是否做了相应的调整。

3)有无巧立名目,乱计费、乱摊费用的现象。

7.3.3 审查施工图预算的方法

审查施工图预算主要有全面审查法、标准预算审查法、分组计算审查法、筛选审查法、重点抽查法、对比审查法、利用手册审查法和分解对比审查法等。

(1)**全面审查法(又称逐项审查法)**

全面审查法就是按预算定额顺序或施工的先后顺序,对施工图预算中的全部项目逐一地进行审查的方法。其具体计算方法和审查过程与编制施工图预算基本相同。此方法的优点是全面、细致,经审查的工程预算差错较少,质量较高;缺点是工作量大。

(2)**标准预算审查法**

对于利用标准图纸或通用图纸施工的工程,先集中力量,编制标准预算,以此为标准审查预算的方法。按标准图纸设计或通用图纸施工的工程一般可集中力量细审一份预算或编制一份预算,作为这种标准图纸的标准预算,或用这种标准图纸的工程量为标准,对照审查,而对局部不同部分做单独审查即可。这种方法的优点是时间短、效果好、好定案;缺点是只适用按标准图纸设计的工程,适用范围较小。

(3)**分组计算审查法**

分组计算审查法是一种加快审查工程量速度的方法。它把预算中的项目划分为若干组,并把相邻且有一定内在联系的项目编为一组,审查或计算同一组中某个分项工程量,利用工程量间具有相同或相似计算基础的关系,判断同组中其他几个分项工程量计算的准确程度的方法。

一般土建工程可以分为以下3组:

1)地槽挖土、基础砌体、基础垫层、槽坑回填土及运土。

2)底层建筑面积、地面面层、地面垫层、楼面面层、楼面找平层、楼板体积、天棚抹灰、天棚刷浆及屋面层。

3)内墙外抹灰、外墙内抹灰、外墙内面刷浆、外墙上的门窗和圈过梁、外墙砌体。

(4)**对比审查法**

对比审查法是用已建成工程的预算或虽未建成但已审查修正的工程预算对比审查拟建的类似工程预算的一种方法。对比审查法应根据工程的不同条件,区别对待。以下是3种常见情况下的审查方法:

1)两个工程采用同一个施工图,但基础部分和现场条件不同。其新建工程基础以上部分可采用对比审查法;不同部分可分别采用相应的审查方法进行审查。

2)两个工程设计相同,但建筑面积不同。根据两个工程建筑面积之比与两个工程分部分项工程量之比例基本一致的特点,可审查新建工程各分部分项工程的工程量,或者用两个工程每平方米建筑面积造价以及每平方米建筑面积的各分部分项工程量,进行对比审查。如果基本相同时,说明新建工程预算是正确的;反之,说明新建工程预算有问题,找出差错原因,加以更正。

3)两个工程的面积相同,但设计图纸不完全相同时,可把相同的部分(如厂房中的柱子、屋架、屋面及砖墙等)进行工程量的对比审查,不能对比的分项分部工程按图纸计算。

(5)**筛选审查法**

筛选审查法也是一种对比方法。建筑工程虽然有建筑面积和高度的不同,但是它们的各个分部分项工程的工程量、造价和用工量在每个单位面积上的数值变化不大,把这些数据加以汇集、优选,归纳为工程量、造价(价值)、用工3个单方基本值表,并注明其适用的建筑标准。这些基本值犹如“筛子孔”,用来筛选各分部分项工程,筛下去的就不审查了,没有筛下去的就意味着此分部分项的单位面积数值不在基本值范围之内,应对该分部分项工程进行详细审查。当所审查的预算的建筑面积标准与“基本值”所适用的标准不同,则应对其进行调整。

筛选法的优点是简单易懂,便于掌握,审查速度和发现问题较快。

(6)**重点抽查法**

重点抽查法是抓住工程预算中的重点进行审查的方法。审查的重点一般是:工程量大或造价较高、工程结构复杂的工程,补充单位估价表,计取的各项费用(计费基础、取费标准等)。

重点抽查法的优点是重点突出,审查时间短,效果好。

(7)**利用手册审查法**

利用手册审查法是把工程中常用的构件、配件,事先整理成预算手册,按手册对照审查的方法。例如,工程常用的预制构配件如洗池、大便台、检查井、化粪池、碗柜等,几乎每个工程都有,把这些按标准图集计算出工程量,套上单价,编制成预算手册使用,可大大简化预结算的编审工作。

(8)**分解对比审查法**

分解对比审查法是把一个单位工程,按直接费与间接费进行分解,然后再把直接费按工种和分部工程进行分解,分别与审定的标准预算进行对比、分析的方法。

在一个地区或一个城市内施工,如果采用标准施工图或复用施工图的单位工程,其预算造价应当是相同的。虽然因建设地点、施工条件、运输条件等不同,使工程造价有所不同,但可以利用对比法,计算出它们之间的预算差别,进一步对比审查整个单位工程预算的质量水平。与前述利用标准预算审查基本相同。

在利用分解对比审查法,审查某单位工程预算时,应先把拟审的同类型工程预算造价与已审定的工程预算造价进行对比。如果出入不大,就可以认为本工程预算问题不大,可以不再审查;如果出入较大,需要找出原因时,可把拟审的预算造价按直接费、间接费等进行分解,然后再把直接费按分部分项工程进行分解,边分解边对比,哪里出入较大,就进一步审查哪一部分工程项目与价格,直到把问题查出来为止。

7.3.4 施工图预算审查的步骤

(1)**做好审查前的准备工作**

1)熟悉施工图纸。施工图是编审预算分项数量的重要依据,必须全面熟悉和了解,核对所有图纸,清点无误后,依次识图。

2)了解预算包括的范围。根据预算编制说明,了解预算包括的工程内容。例如,配套设施、室外管线、道路及会审图纸后的设计变更等。

3)弄清预算采用的单位估价表。任何单位估价表或预算定额都有一定的适用范围,应根据工程性质,收集熟悉相应的单价和定额资料。

(2)**选择合适的审查方法,按相应内容审查**

由于工程规模、繁简程度不同,施工方法和施工企业情况不一样,所编工程预算繁简和质量也不同,因此,需选择适当的审查方法进行审查。

(3)**综合整理审查资料,并与编制单位交换意见,定案后编制调整预算**

经审查后,需要进行增加或核减的,与编制单位协商,其意见同意后方可进行相应的修正。

复习思考题

1. 什么是施工图预算？施工图预算起什么作用？
2. 简述施工图预算的编制原则、编制依据和编制程序。
3. 施工图预算的审查内容一般有哪些？
4. 施工图预算的审查方法有几种？
5. 简述施工图预算的审查步骤。

第 8 章 设计概算的编制

8.1 概　述

8.1.1　设计概算及其作用

(1)**设计概算的含义**

设计概算是设计单位在投资估算的控制下,在初步设计或扩大初步设计阶段,按照设计要求编制和确定的建设项目从筹建到竣工交付使用所需全部费用的文件。设计概算是设计文件的重要组成部分,在报请审批初步设计或扩大初步设计时,必须附有设计概算,否则就不能作为完整的技术文件。

(2)**设计概算的作用**

1)设计概算是编制建设项目投资计划的依据。设计概算经上级主管部门批准后,建设工程才能纳入国家基本建设年度计划。此外,国家在编制长远计划时,对于拟建工程的投资指标,也是根据已经竣工或在建的类似建设项目的预算和综合技术经济指标等进行确定的。

2)设计概算是确定和控制建设项目投资的依据。经批准的建设项目设计总概算的投资额,是该工程建设投资的最高限额。在工程建设过程中,年度基本建设投资计划安排、银行拨款和贷款、施工图预算和竣工决算等在未经主管部门批准增加概算之前,都不能突破这一限额。

3)设计概算是衡量设计方案技术经济合理性和选择最佳设计方案的依据。设计方案的质量,除需符合适用和美观的要求外,集中表现在经济合理方面。设计概算是设计方案技术经济合理性的综合反映,可根据各自的概算文件对不同的设计方案进行比较、分析,从中选出各方面均能满足预期要求而又最经济的设计方案。

4)设计概算是编制招标标底和投标报价的依据。以设计概算进行招标的工程,招标单位编制标底是以设计概算造价为依据的,并以此作为评标定标的依据。承包单位为了在投标竞争中取胜,也以设计概算为依据,编制出合适的投标报价。

5)设计概算是建设银行办理工程拨款、贷款和结算重要依据。建设银行根据基本建设预算办理工程拨款、贷款和结算。建设项目的全部拨款、贷款及各单项工程的拨款、贷款的累计总额,不能超过设计概算。

6)设计概算是控制施工图设计和施工图预算的依据。设计单位必须按照批准的初步设计和总概算进行施工图设计,施工图预算不得超过设计概算,如确需突破总概算时,应按规定程序报批。

7)设计概算是考核建设工程成本和投资效果的依据。通过设计概算、施工图预算和竣工决算的"三算"对比分析,可以分析和考核建设工程成本和投资效果,验证设计概算的准确性,有利于总结经验教训,积累技术经济资料,加强设计概算和造价管理。

8.1.2 设计概算的编制原则和依据

(1)设计概算的编制原则

1)严格执行国家的政策规定和设计标准。设计概算是一项重要的技术经济工作,要坚持按政策规定办事,贯彻勤俭节约的原则,严格执行规定的设计标准。

2)要完整、准确地反映设计内容。认真了解设计意图,全面掌握工程设计内容和工程项目表,编制项目要完整,避免重算和漏算。设计修改后,要及时修正概算。

3)抓住重点,严格控制造价。在概算编制时,由于受设计深度的制约,局部细节尚不详尽。因此,应抓住重点,注重关键项目和主要部分的编制精度,以便更好地控制概算造价。

4)深入现场,结合实际,合理确定工程费用。充分掌握第一手资料,对非标准设备和设计、新材料、构件的价格要调查落实。凡地方有具体规定的,一般按地方规定计算。贯彻设计与施工相结合、理论与实际相结合的原则,结合工程性质和建设地区施工条件,合理计算各项工程费用。

(2)设计概算的编制依据

①批准的计划任务书(设计任务书)、可行性研究报告、投资估算和上级有关文件。

②批准的设计文件。包括设计图纸、设计说明书、设备数量表和价目表等。

③国家或省颁布的现行建筑工程概算定额、概算指标、费用定额、取费标准等文件。

④地区工资标准,材料、设备预算价格及机械台班使用价格等价格资料。

⑤建设地区的自然、地理条件。如气象、工程地质和水文地质条件等。

⑥建设地区的技术经济条件。如交通运输、原材料的供应等。

⑦施工组织设计文件。

⑧有关合同、协议等资料。

8.1.3 设计概算的内容

设计概算文件的组成包括4个部分:单位工程概算、其他工程和费用概算、单项工程综合概算、总概算。设计概算的编制过程是由单个到综合,由局部到总体逐个编制,层层汇总而成。其构成和相互关系如图8.1所示。

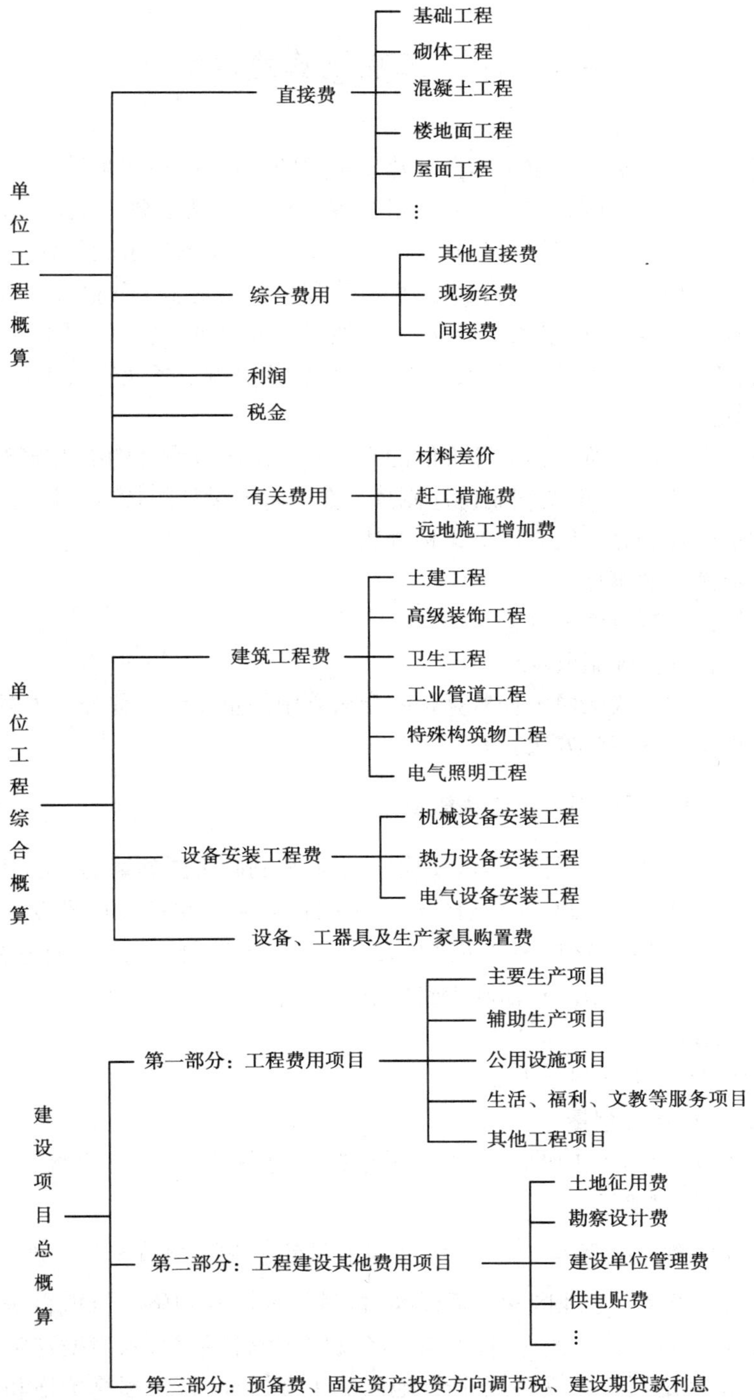

图 8.1　设计概算的构成和相互关系

8.2 单位工程概算的编制

单位工程概算是确定某一单位工程全部建设费用的文件，即在初步设计阶段，根据初步设计图纸和国家或地方规定的概算定额或概算指标等资料计算某个单位工程建设费用的文件。它是编制单项工程综合概算的依据和基础，是单项工程综合概算的组成部分。

单位工程概算按其工程性质分为建筑工程概算和设备及安装工程概算两大类。建筑工程概算包括土建工程概算、给水排水工程概算、采暖通风工程概算、电气照明工程概算、弱电工程概算、特殊构筑物工程概算等。设备及安装工程概算包括机械设备及安装工程概算、电气设备及安装工程概算等。

建筑工程概算是确定建筑工程概算价值的文件。在两阶段设计的扩大初步设计阶段和在三阶段设计的初步设计阶段，都要编制设计概算。在三阶段设计的技术设计阶段，还要编制修正概算。编制建筑工程概算一般有以下3种方法：

①根据概算定额编制概算。

②根据概算指标编制概算。

③根据类似工程预算编制概算。

建筑工程概算中的一般土建工程概算是综合概算中的重要组成部分。本章仅以土建工程为例介绍单位工程概算的编制方法。

8.2.1 根据概算定额编制单位工程概算

根据概算定额编制单位工程概算与利用预算定额编制施工图预算的方法基本相同。所不同之处是概算采用概算定额编制，项目划分较施工图预算粗。在扩大初步设计阶段编制概算和技术设计阶段编制修正概算时，多采用这种方法。这种方法要求初步设计达到一定的深度，建筑结构比较明确时方可采用。其编制步骤如下：

(1)熟悉设计图纸

了解设计意图、施工条件和施工方法。

(2)确定项目和计算工程量

根据设计图纸和概算定额中的工程量计算规则，计算各扩大分项工程量。

(3)计算单位工程直接费

$$\text{单位工程直接费} = \sum(\text{扩大分项工程量} \times \text{相应概算定额基价})$$

基价是根据编制概算定额地区的工资标准、材料预算价格和施工机械台班费计算的。其他地区使用时，需要进行换算。换算时，如果已经规定了调整系数，则根据规定的调整系数乘以直接费用；如果未规定调整系数，则根据该地区的工资标准、材料预算价格和施工机械台班费，求出调整系数，再根据调整系数乘以直接费即可。计算各扩大分项工程直接费应采用表格形式进行。

(4)计算其他直接费

$$\text{其他直接费} = \text{直接费(或人工费)} \times \text{费率}$$

(5)**计算现场经费**

$$现场经费 = 直接费(或人工费) \times 费率$$

(6)**计算间接费**

$$间接费 = [(3)+(4)+(5)] \times 费率$$

(7)**计算利润**

$$利润 = [(3)+(4)+(5)+(6)] \times 利润率$$

(8)**计算其他各项费用**

(9)**计算税金**

$$税金 = [(3)+(4)+(5)+(6)+(7)+(8)] \times 税率$$

(10)**计算概算价值**

$$单位工程概算价值 = (3)+(4)+(5)+(6)+(7)+(8)+(9)$$

(11)**计算技术经济指标**

$$如:单方造价指标 = \frac{概算价值}{建筑面积或建筑体积}$$

(12)**主要材料分析**

分析方法与施工图预算基本相同。

(13)**编写概算编制说明**

目前,有一些地区编制单位工程概算时,不计算利润、其他各项费用和税金,而是在编制单项工程综合概算或建设项目总概算时,一次计算。

例 8.1　某单位拟建一幢 8 100 m^2 住宅楼,请按给出的概算定额单价和工程量表(见表 8.1)编制出该住宅楼土建工程设计概算造价和平方米造价。其中,材料调整系数为 1.15,材料费占直接费比率为 65%。各项费率分别为:其他直接费率为 5.47%,现场经费费率为 4.5%,间接费费率为 5%,利润率为 6%,综合税率为 3.43%(计算结果:平方米造价保留一位小数,其余取整)。

表 8.1　某教学楼土建工程量和扩大单价

分部工程名称	单　位	工程量	扩大单价/元
基础工程	10 m^3	62	3 700
混凝土及钢筋混凝土	10 m^3	220	6 300
砌筑工程	10 m^3	290	3 300
地面工程	100 m^2	10.5	1 900
楼面工程	100 m^2	50	3 700
卷材屋面	100 m^2	10.5	7 000
门窗工程	100 m^2	35	8 000
脚手架	100 m^2	80	1 200

解　根据已知条件和表 8.1 中数据,求得该住宅楼土建工程造价如表 8.2 所示。

表 8.2　某住宅楼土建工程概算造价计算表

序号	分部工程或费用名称	单位	工程量	单价/元	合价/元
1	基础工程	10 m^3	62	3 700	229 400
2	混凝土及钢筋混凝土	10 m^3	220	6 300	138 600
3	砌筑工程	10 m^3	290	3 300	957 000
4	地面工程	100 m^2	10.5	1 900	19 950
5	楼面工程	100 m^2	50	3 700	185 000
6	卷材屋面	100 m^2	10.5	7 000	73 500
7	门窗工程	100 m^2	35	8 000	280 000
8	脚手架	100 m^2	80	1 200	96 000
A	直接费小计	以上 8 项之和			3 226 850
B	其他直接费	A×5.47%			176 509
C	现场经费	A×4.5%			129 074
D	间接费	(A+B+C)×5%			176 622
E	利润	(A+B+C+D)×6%			222 543
F	材料价差	A×65%×15%			314 619
G	税金	(A+B+C+D+E+F)×3.43%			145 645
概算造价		A+B+C+D+E+F+G			4 391 862
平方米造价		4 391 862/8 100			542.21

8.2.2　根据概算指标编制单位工程概算

当设计深度不够,不能准确地计算出工程量,但工程设计采用技术比较成熟,有类似工程概算指标可以利用时,可采用概算指标编制概算。

概算指标是按整个房屋每百平方米或每座构筑物为单位,规定人工、材料和施机械台班的消耗量及相应费用的。因此,概算指标比概算定额进一步综合、扩大,编制方法更为简便。其具体方法如下:

(1)直接用概算指标编制单位工程概算

当设计对象的结构特征、建筑特征、自然条件、施工条件与概算指标相吻合时,可直接用概算指标编制概算。一般有下列两种编制方法:

1)根据概算指标中的人工(工日)、材料、机械消耗量、套用地区工资标准、材料预算价格、机械台班费用等资料计算出直接费用,然后编制概算。其具体编制步骤如下:

①计算人工费、材料费、机械费及直接费。根据概算指标中的每百平方米建筑面积所需的人工和主要材料消耗量,结合本地区工资标准、材料预算价格,计算人工费和材料费。

人工费 = 概算指标规定的工日数 × 地区工资标准

$$材料费 = 主要材料费 + 其他材料费$$

$$机械费 = 概算指标规定的机械台班数量 \times 地区机械台班费用$$

式中　主要材料费 $= \sum$(概算指标规定的主要材料用量 × 地区材料预算价格)

其他材料 $= \sum$(主要材料费 × 其他材料费占主要材料费的百分比)

有的地区可直接在概算指标中查出其他材料费,机械费可直接在概算指标中查得。

概算指标直接费 = 人工费 + 材料费 + 机械费(元/100 m^2)

②计算单位直接费。单位直接费可根据概算指标直接费进行计算。

$$单位直接费 = \frac{概算指标直接费}{100}(元/m^2)$$

③计算其他直接费、现场经费、间接费、计划利润、其他各项费用、税金及概算单价。各项费用的计算方法与概算定额编制概算相同。

$$概算单价 = 直接费 + 其他直接费 + 现场经费 + 间接费 + 利润 + 税金(元/m^2)$$

④计算单位工程的概算价值。根据初步设计建筑面积或建筑体积计算概算价值,即

$$概算价值 = 单位工程建筑面积 \times 概算单价$$

⑤计算技术经济指标。计算方法同前。

2)根据概算指标中的基价、基价调整系数,计算调整后的基价,然后编制概算。其具体编制步骤如下:

①计算调整后基价

$$调整后基价 = 概算指标规定的基价 \times 基价调整系数$$

基价调整系数按本地区规定执行。

②计算工程直接费

$$直接费 = 单位工程建设面积 \times 调整后基价$$

③计算其他直接费、现场经费、间接费、计划利润、税金及单位工程概算价值和技术经济指标。计算方法同前。

(2)用修正概算指标编制单位工程概算

当设计对象结构特征与概算指标的结构特征有局部不同时,可对概算指标进行修正。然后,根据已计算的建筑面积乘以修正后的概算指标及单位价值,计算出工程概算价值。概算指标的修正方法有以下两种:

1)第一种修正方法

在概算指标中,确定相类似工程的直接费,然后换出与设计对象不同的结构构件单价,换入所需的结构构件的单价,从而确定工程直接费。其具体做法如下:

①根据概算指标计算出每平方米建筑面积或每立方米建筑体积的直接费。

②换算与设计对象不符的结构构件价值

$$换出结构构件价值 = \frac{换出结构构件工程量 \times 相应概算定额的地区单价}{建筑面积}(元/m^2)$$

$$换入结构构件价值 = \frac{换入结构构件工程量 \times 相应概算定额的地区单价}{建筑面积}(元/m^2)$$

构件工程量可从工程量指标中查出。

③求出修正后的单位直接费

单位直接费修正指标 = 原概算指标单位直接费 − 换出结构构件价值 + 换入结构构件价值

④按照建安造价构成，计算拟建工程造价及概算单价（同前编制单位工程概算方法）。

例 8.2 某市一幢普通写字楼为框架结构，建筑工程直接费为 512 元/ m^2，基础采用独立柱基础，每平方米的柱基础为 0.09 m^3，单价为 470/ m^2。如今拟建一幢写字楼 3 000 m^2，采用钢筋混凝土带形基础，测算带形基础每平方米的数量为 0.1 m^3，单价 260 元/m^3，其他结构相同。如今其他直接费为 5.47%，现场经费 4.5%，间接费 5%，利润 6%，税金 3.43%，求拟建工程造价。

解 调整后的概算指标 = 512 − 470 × 0.09 + 260 × 0.1 = 495.7（元/m^2）

拟建新写字楼建筑工程直接费 = 495.7 × 3 000 = 1 487 100（元）

该工程概算造价计算过程如表 8.3 所示。

表 8.3 工程概算造价计算

序号	费用名称	计算公式	金额/元
(1)	工程直接费		1 487 100
(2)	其他直接费	(1) ×5.47%	81 344
(3)	现场经费	(1) ×4.5%	66 920
(4)	直接工程费	(1) + (2) + (3)	1 635 364
(5)	间接费	(4) ×5%	81 768
(6)	利润	[(4) + (5)] ×6%	103 028
(7)	税金	[(4) + (5) + (6)] ×3.43%	62 431
(8)	工程概算造价	(4) + (5) + (6) + (7)	1 882 591

2）第二种修正方法

这种修正概算指标的方法，是从原指标的工料数量和机械使用费中换出与设计对象不同的结构构件的工料数量和机械使用费，换入所需的结构构件的工料数量和机械使用费。换出和换入结构构件的工料数量和机械使用费，是根据换出和换入的结构构件的工程量，乘以相应的概算定额中的人工、材料和机械使用费数量计算出来的。这种方法是直接修正概算指标中的工料数量和机械使用费，然后按地区预算价格计算概算指标的单位直接费。

其基本步骤如下：

①根据概算指标确定每平方米建筑面积或每立方米建筑体积的人工、材料和机械消耗量。

②设计对象与概算指标局部结构差异的调整

修正概算指标的人工、材料、机械数量 = 原概算指标的人工、材料、机械数量 +
换入结构件工程量 × 相应定额人工、材料、机械消耗量 ÷ 设计对象面积 −
换出结构构件工程量 × 相应定额人工、材料、机械消耗量 ÷ 概算指标面积

③求出单位直接费

单位直接费 = 人工费 + 材料费 + 机械费

式中 人工费、材料费、机械费 = 修正后的人工、材料、机械消耗量 ×
拟建地区人工、材料、机械的预算单价

④按费用构成计算拟建工程造价。其计算方法同前。

8.2.3　根据类似预算编制单位工程概算

当拟建工程的初步设计，与在建或已建完的工程结构特征接近或相同，则可利用该工程预算来编制拟建工程的概算。利用类似预算编制概算，是一种较为准确而又可大大减少编制工作量、提高编制速度的有效方法。

利用类似预算编制概算时，要注意选择与设计对象结构特征相同或相近、经济合理和质量较好的预算作为编制的依据。选择好类似预算以后，设计单位还要考虑工程的差异。

工程差异分为两类：第一类是拟建工程和类似预算工程在结构上的差异；第二类是拟建工程和类似预算工程所在地之间技术经济方面的差异，如地区工资标准、材料预算价格、施工机械使用费及综合费用等差异。对于第一类差异可采用换算概算指标的调整方法；类似工程造价的价差调整常用的两种方法如下：

(1)第一种方法

类似工程造价资料有具体的人工、材料、机械台班的用量时，可按类似工程预算造价资料中的主要材料用量、工日数量、机械台班用量乘以拟建工程所在地的主要材料预算价格、人工单价、机械台班单价，计算出直接费，再乘以当地的综合费率，即可得出所需的造价指标。

例 8.3　某单位 2004 年拟建一幢住宅楼，建筑面积 6 500 m^2，编制土建工程概算是采用 2001 年建成的 6 000 m^2 结构相同的住宅楼，该楼人工、材料、机械消耗量及 2004 年预算单价如表 8.4 所示。2004 年其他直接费为 5.47%，现场经费为 4.5%，间接费为 6%，利润为 6%，税率为 3.43%，求本拟建工程造价。

表 8.4

序号	名　称	单　位	数　量	2003 年预算单价
1	综合人工	工日	31 200	23
2	钢筋	t	162	3 500
3	型钢	t	30	3 800
4	木材	m^3	126	1 200
5	水泥(425#)	t	1 221	240
6	砂子	t	2 800	20
7	石子	t	2 800	45
8	红砖	千块	910	190
9	其他材料	万元	18	调增系数 10%
10	卷扬机	台班	121	46
11	混凝土搅拌机	台班	101	74
12	砂浆搅拌机	台班	125	42
13	机动翻斗车	台班	225	45
14	垂运机械	台班	280	102
15	载重汽车	台班	185	174
16	电动夯实机	台班	250	23
17	其他机械	万元	15	调增系数 2%

解 (1)类似工程在2004年每平方米的工程直接费

人工费:$23\times31\ 200=717\ 600$(元/m^2)

材料费:$3\ 500\times162+3\ 800\times30+1\ 200\times126+240\times1\ 221+20\times2\ 800+45\times2\ 800+190\times910+180\ 000\times110=1\ 678\ 140$(元/$m^2$)

机械费:$46\times121+74\times101+42\times125+45\times225+102\times280+174\times185+23\times250+150\ 000\times102=247\ 915$(元/$m^2$)

工程直接费 = 人工费 + 机械费 + 材料费 $=717\ 600+1\ 678\ 140+247\ 915=2\ 643\ 655$(元/$m^2$)

所以 类似工程每平方米工程直接费 $=2\ 643\ 655\div6\ 000=440.61$(元/ m^2)

(2)拟建工程造价

工程直接费:$440.61\times6\ 500=2\ 863\ 965$(元)

拟建工程造价 $=2\ 863\ 965\times(1+5.47\%+4.5\%)(1+6\%)(1+6\%)(1+3.43\%)=3\ 660\ 160.1$(元)

(2)**第二种方法**

类似工程造价资料只有人工、材料、机械台班费用和其他直接费、现场经费、间接费时,求出类似预算的人工费、材料费、机械费、其他直接费、综合费用在全部预算造价中所占的比重,然后再分别考虑各种因素对拟建工程造价的影响,确定出各自的修正系数,最后求出总修正系数。用总修正系数乘以类似预算的造价,从而求出类似工程修正后的造价及单位造价,再用此项单位造价计算拟建工程的概算造价。

可按公式调整为

$$D=AK$$

$$K=K_1a\%+K_2b\%+K_3c\%+K_4d\%+K_5e\%+K_6f\%$$

式中 D——拟建工程单方概算造价;

A——类似工程单方预算造价;

K——综合调整系数;

$a\%,b\%,c\%,d\%,e\%,f\%$——类似工程预算的人工费、材料费、机械台班费、其他直接费、现场经费、间接费占预算造价的比重。例如,$a\%$ = 类似工程人工费(或工资标准)/类似工程预算造价 × 100%,$b\%,c\%,d\%,e\%,f\%$类同。

K_1,K_2,K_3,K_4,K_5,K_6——拟建工程地区与类似工程预算造价在人工费、材料费、机械台班费、其他直接费、现场经费和间接费之间的差异系数。其中:

$$\text{工资修正系数 } K_1=\frac{\text{编制概算地区(时间)一级工工资标准}}{\text{类似工程所在地区(时间)一级工工资标准}}$$

$$\text{材料预算价格修正系数 } K_2=\frac{\sum \text{类似工程各主要材料数量}\times\text{编制概算地区材料预算价格}}{\sum \text{类似工程各主要材料费}}$$

$$\text{机械使用费修正系数 } K_3=\frac{\sum \text{类似工程各主要机械台班数量}\times\text{编制概算地区机械台班价格}}{\sum \text{类似工程各主要机械使用费}}$$

$$\text{其他直接费修正系数 } K_4=\frac{\text{编制概算地区的综合费率}}{\text{类似工程所在地区的综合费率}}$$

$$综合费用修正系数 K_5 = \frac{编制概算地区的综合费率}{类似工程所在地区的综合费率}$$

例 8.4　某市 2004 年拟建住宅楼，建筑面积 6 500 m^2，编制土建工程概算时采用 2001 年建成的 6 000 m^2 的结构相同的住宅工程，预算造价资料如表 8.5 所示。拟建新工程所在地区的利润为 6%，综合税率为 3.43%。

表 8.5　2001 年某住宅工程造价资料

序号	名　称	费　用	2001 年单价/元	2003 年单价/元
1	人工费	530 400	综合工日:17	综合工日:23
2	材料费	1 747 014		调增 1.8%
3	机械费	280 000		调增系数 2%
4	其他直接费		3.27%	5.47%
5	现场经费		5%	4.5%
6	间接费		5%	6%

试求：

(1)类似住宅工程成本造价和平方米成本造价是多少？

(2)用类似工程预算法编制拟建新住宅工程的概算造价和平方米造价是多少？

解　(1)类似住宅工程成本造价和平方米成本造价

类似工程人工费:530 400 元

类似工程材料费:1 747 014 元

类似工程机械费:280 000 元

类似工程直接费 = 人工费 + 材料费 + 机械费 = 530 400 + 1 747 014 + 280 000 = 2 557 414 (元)

现场经费和其他直接费 = 2 557 414 × (3.27% + 5%) = 211 498(元)

则　直接工程费 = 2 557 414 + 211 498 = 2 768 912(元)

间接费 = 2 768 912 × 5% = 138 446(元)

故　类似工程的成本造价为

直接工程费 + 间接费 = 2 768 912 + 138 446 = 2 907 358(元)

类似住宅工程平方米成本造价:2 907 358 ÷ 6 000 = 484.56(元/m^2)

(2)求拟建新住宅工程的概算造价和平方米造价

首先，求出类似住宅工程人工、材料、机械台班费占其预算成本造价的百分比。然后，求出拟建新住宅工程的人工费、材料费、机械台班费、现场经费和其他直接费、间接费与类似住宅工程之间的差异系数。最后，求出综合调整系数(K)和拟建新住宅的概算造价。

1)求类似住宅工程各费用占其造价的百分比

$$人工费占造价百分比 = \frac{330\ 400}{2\ 907\ 358} = 18.24\%$$

$$材料费占造价百分比 = \frac{1\ 747\ 014}{2\ 907\ 358} = 60.10\%$$

机械台班费占造价百分比 $=\frac{280\ 000}{2\ 907\ 358}=9.63\%$

现场经费和其他直接费占造价百分比 $=\frac{211\ 498}{2\ 907\ 358}=7.27\%$

间接费占造价百分比 $=\frac{138\ 446}{2\ 907\ 358}=4.76\%$

2)求拟建新住宅与类似住宅工程在各项费上的差异系数

人工费差异系数(K_1) $=\frac{23}{17}=1.35$

材料费差异系数(K_2) $=1.018$

机械台班差异系数(K_3) $=1.02$

现场经费和其他直接费差异系数(K_4) $=\frac{5.47\%+4.5\%}{5\%+3.27\%}=1.21$

间接费差异系数(K_5) $=\frac{6\%}{5\%}=1.2$

3)求综合调价系数(K)

$K=18.24\%\times1.35+60.10\%\times1.018+9.63\%\times1.02+7.27\%\times1.21+4.76\%\times1.20=1.101$

4)拟建新住宅平方米造价

$484.56\times1.101\times(1+6\%)\times(1+3.43\%)=584.91$(元/$m^2$)

5)拟建工程概算造价

$584.91\times6\ 500=3\ 801\ 915$(元)

建筑工程中的采暖、通风、给排水和电气照明等单位工程概算的编制与土建工程的编制方法基本相同,这里不再介绍。

8.3 工程建设其他费用概算的编制

工程建设其他费用概算是确定一切未包括在单位工程概算内,但与整个建设工程有关的,并应在基本建设投资中支付的各种工程建设费用的文件。它是编制建设项目总概算的基础文件(当拟建工程只是一个单项工程时,则该项费用直接列入单项工程综合概算内)。

工程建设其他费用按其内容大体上可分为3类:土地使用费、与工程建设有关的其他费用、与未来企业生产经营有关的其他费用。

(1)**土地使用费**

土地使用费是指建设单位根据工程需要,为获得建设用地而支付的费用。土地使用费有两种形式:一是通过划拨方式取得土地使用权而支付的土地征用及拆迁补偿费,二是通过土地使用权出让方式取得土地使用权而支付的土地使用权出让金。

1)土地征用及迁移补偿费

土地征用及迁移补助费是指建设项目通过划拨方式取得无限期的土地使用权,依照《中华人民共和国土地管理法》等规定所支付的费用。其总和一般不得超过被征土地年产值的20

倍，土地年产值则按该地被征用前 3 年的平均产量和国家规定的价格计算。其内容包括：土地补偿费，青苗补偿费和被征用土地上的房屋、水井、树木等附着物补偿费，安置补助费，耕地占用税或城镇土地使用税，土地登记费及征地管理费，征地动迁费，水利水电工程、水库淹没处理补偿费，以及复垦费等。

这项费用应根据初步设计规划的土地面积，按工程所在地规定的费用指标计算。

2）土地使用权出让金

土地使用权出让金是指建设项目通过土地使用权出让方式，取得有限期的土地使用权，依照《中华人民共和国城镇国有土地使用权出让和转让暂行条例》规定支付的土地使用权出让金。

（2）与工程建设有关的其他费用

1）建设单位管理费

建设单位管理费是指建设项目从立项、筹建、建设、联合试运转、竣工验收交付使用及后评估等全过程管理所需费用。其内容包括如下：

①建设单位开办费。是指新建项目为保证筹建和建设工作正常进行所需办公设备、生活家具、用具、交通工具等购置费用。

②建设单位经费。包括工作人员的基本工资、工资性津贴、职工福利费、劳动保护费、劳动保险费、办公费、差旅交通费、工会经费、职工教育经费、固定资产使用费、工具用具使用费、技术图书资料费、生产人员招募费、工程招标费、合同契约公证费、工程质量监督检测费、工程咨询费、法律顾问费、审计费、业务招待费、排污费、竣工交付使用清理及竣工验收费、后评估等费用。它不包括应计入设备、材料预算价格的建设单位采购及保管所需的费用。

建设单位管理费的计算方法一般有两种：一种是以投资额为计算基础，根据建设项目投资额由主管部门制订管理费率（一般占工程总投资的 1% ~2%）进行计算；另一种方法是按建设单位筹建机构的人员总数（包括服务人员）乘以建设总工期再乘以平均每人每月开支额计算。

2）勘察设计费

勘察设计费是指为本建设项目提供项目建议书、可行性研究报告及设计文件所需费用。其内容包括如下：

①编制项目建议书、可行性研究报告及投资估算、工程咨询、评价，以及为编制上述文件所进行勘察、设计、研究试验等所需费用。

②委托勘察、设计单位进行初步设计、施工图设计及概预算编制等所需费用。

③在规定范围内由建设单位自行完成的勘察、设计工作所需费用。

项目建议书、可行性研究报告和设计的费用按国家和各地区有关规定计算，勘察费用民用建筑六层以下每平方米 3 ~5 元，高层 8 ~10 元，工业建筑每平方米 10 ~12 元。

3）科学研究试验费

科学研究试验费是指为本建设项目提供和验证设计参数、数据、资料等所进行的必要的试验费用，以及设计规定在施工中必须进行试验、验证所需费用，包括自行或委托其他部门研究试验所需人工费、材料费、试验设备及仪器使用费等。

此项费用，按照设计单位根据本工程项目的需要提出的研究试验内容和要求，采用估算办法计算。

4）工程监理费

工程监理费是指建设单位委托工程监理单位对工程实施监理工作所需的费用。

此项费用应根据监理取费标准进行计算。

5)工程保险费

工程保险费是指工程在建设期间根据需要实施工程保险所需的费用。它包括建筑工程及施工中的物料、机械设备为保险标的的建筑工程一切险,设备安装工程中的各种机器、机械设备为标的的安装工程一切险,以及机械损坏保险等。一般民用建筑按造价2‰~4‰计算,其他按3‰~6‰计算。

6)供电贴费

供电贴费是指按照国家规定,建设项目应支付的供电工程贴费和施工临时用电贴费,是解决电力建设资金不足的临时对策。

此项费用按国家计委批转水利电力部《关于供电工程收取贴费的暂行规定》执行。

7)引进技术和进口设备项目的其他费用

该费用包括如下:

①出国人员费用。为引进技术和进口设备派出人员在国外培训和进行设计联络及设备检验等的差旅费、制装费、生活费等。

②国外工程技术人员来华费用。为安装进口设备,引进国外技术等聘用外国工程技术人员进行技术指导工作所发生的费用。它包括技术服务费,国外技术人员的在华工资、生活费、差旅费、住宿费、交通费和招待费用等。一般按照每人每月费用指标计算。

③技术引进费。为引进国外先进技术而支付的专利费、专有技术费(技术保密费)、国外设计及技术资料费、计算机软件费等。根据合同或协议的价格计算。

④分期或延期付款利息。

⑤担保费。是指国内金融机构为买方出具保函的担保费。按金融机构规定的担保费率计算(一般可按承保金额的5‰计算)。

⑥进口设备检验签订费。按规定付给商品检验部门的进口设备检验签订费。一般按进口设备货价的3‰~5‰计算。

8)特殊施工机具购置费

特殊施工机具购置费是指专门为本建设项目服务的特殊施工机械、施工工具和运输工具的购置费。它不包括应列入施工单位基本建设计划的一般施工机械、施工工具和运输工具的购置费,可以从施工单位调配或租赁的特殊施工机械、施工工具和运输工具所需的费用。

此项费用可根据初步设计及有关资料按台计算。

9)建设场地各种障碍物拆迁和处理费

它是指清除建设场地范围内所有地上、地下影响施工和建设规划需要拆除的原有房屋、构筑物、坟墓、树木等所需的费用。其费用包括房屋拆迁费及赔偿费、树木赔偿费、坟墓迁移费等。

此项费用应根据需要拆除的工程数量,按工程所在地规定的费用指标计算。

对于房屋拆除中的材料、设备应折价计算回收金额,并列入总概算的“回收金额”部分。

10)建设场地疏干费

建设场地疏干费是指建设场地平整前,对原有农田、水渠、水塘等积水的排干费用,包括挖沟、水泵抽水等所发生的费用。但不包括列在单位工程概算内的工程排水费和列入雨季施工增加费用的排水费。

此项费用应根据地形勘察资料计算工程量,按单位估价法计算。

11)建设场地“三通一平”费用

它是指建设场地竖向土方的平衡,多余土方的外运,以及为施工而修建的临时道路。它包括上下水、供电和通信等费用。

此项费用可按有关工程概算定额编制概算费用。

12)建设单位临时设施费

建设单位临时设施费是指建设期间建设单位所需临时设施的搭建、维修、摊销费用或租赁费用。临时设施包括临时宿舍,文化福利及公用事业房屋与构筑物、仓库、办公室、加工厂,以及规定范围的道路、水、电、管线等临时设施和小型临时设施。

13)建设场地完工清理费

建设场地完工清理费是指工程完工后清理现场建筑垃圾(混凝土渣、灰渣、碎砖及木屑等)外运和厂区平整工作所发生的费用。

此项费用可根据建筑物的建筑面积或建筑体积规定的费用指标计算,也可按占总概算第一部分建筑安装工程价值的百分比计算。

14)厂区、场地绿化费

它是指新建工程按照设计规定,在交工验收前进行的厂区或场地绿化所需的费用(如种植树苗、草皮等)。

此项费用按设计要求的绿化面积和规定的绿化费用指标计算。

(3)**与未来企业生产经营有关的其他费用**

1)生产职工培训费

生产职工培训费是指新建工程在交工验收前,建设单位为使工程投产或使用所需培训技术人员、工人和管理人员而发生的各项费用。

此项费用应根据初步设计规定的培训人数、方法、时间和主管部门规定的费用指标计算。

2)办公和生活用具购置费

办公和生活用具购置费是指新建单位在工程建成后,为保证初期正常生产或使用和管理所必须购置的办公、生活家具及用具费用。其内容包括办公室、会议室、资料档案室、食堂、浴室,以及设计规定必须建设的各种文化福利教育设施等家具用具的购置费。

对于改建或扩建工程,一般不列此项费用而从生产内部调剂解决,不足部分再由基建投资开支。

此项费用一般按设计定员根据工程所在地区规定的费用指标计算。

3)工器具及生产家具购置费

工器具及生产家具购置费是指新建工程为保证初期正常生产所必须购置的第一套不够固定资产标准的设备、仪器、工卡模具、器具及生产家具等费用,不包括备品、备件的购置费,该费用应随同有关设备列入设备费中。

此项费用一般按全部设备总值(包括运杂费)的百分率或按每个生产工人规定的费用指标或按不同类型工程规定的费用指标计算。

扩建工程一般不列此项费用。

4)联合试车费

联合试车费是指新建、扩建企业按设计要求全部竣工以后，在交工验收前，按设计规定的工程质量标准，进行整个车间的负荷或无负荷联合试车所发生的费用支出大于试车收入的亏损部分费用。试车收入大于支出部分的费用，应列入回收金额项目内。

试车费包括试车所需的原材料、燃料、油料和动力的消耗费用，机械使用费用，低值易耗品及其他物品的费用和施工单位参加试车人员的工资。

此项费用一般以单项工程费用总和为基础，按照项目的不同规模以主管部门规定的费率计算或按试车费的总金额包干使用。

目前，国务院主管部门和各省、市、自治区尚未按统一费用项目编制费用指标，以上介绍的工程建设其他费用项目，均是一些主要的、常用的项目内容。在编制其他工程和费用概算时，应按各地区的具体规定执行。

8.4 综合概算的编制

综合概算是确定某一单项工程所需建设费用的综合文件。它是根据某一单项工程内各单位工程概算及其他工程和费用概算（当不编制总概算而只编制综合概算时，才列此项概算）汇总编制而成，是编制总概算的基础文件。

8.4.1 综合概算的内容

综合概算一般包括编制说明、综合概算表及所附的单位工程概算表和主要技术经济指标。

(1)编制说明

编制说明列于综合概算表的前面，一般包括如下：

1)编制依据。说明设计文件依据、定额依据及费用指标依据等。

2)编制方法。说明编制概算采用的是概算定额还是概算指标等。

3)主要设备和材料的数量。说明主要机械设备、电气设备及建筑安装主要材料（如钢材、木材和水泥等）的数量。

4)其他有关问题。

(2)综合概算表的内容

综合概算由下列单位工程概算及其他工程和费用概算汇总编制而成。

1)工业建设

工业建设工程概算包括如下：

①建筑工程概算。包括土建工程、卫生工程（给水、排水、采暖及通风工程等）、工业管道工程、特殊构筑物工程和电气照明工程。

②设备及安装工程概算。包括机械设备及安装工程、电气设备及安装工程。

③其他工程和费用概算。包括工具、器具、生产用具购置费在内的其他工程和费用（当不编制总概算而只编制综合概算时，才列此项费用）。

2)民用建设

民用建设工程概算包括一般土建工程概算、高级装饰工程概算、卫生工程概算、电气照明工程概算和工程建设其他费用概算（当不编制总概算而只编制综合概算时，才列此项费用）。

以上是就一般情况而言的综合概算项目组成，具体到某个单项工程究竟包括哪些项目，是根据工程的设计要求来确定的。

综合概算表的内容还可按费用构成划分为：建筑工程费用，安装工程费用，设备购置费用，工具、器具及生产用具购置费，工程建设其他费用（当不编制总概算时，列此项费用），等等。

8.4.2　综合概算的编制方法

综合概算表采用各主管部门规定表格进行编制。

（1）**表头**

表头应填写建设项目名称、单项工程名称、综合概算价值和其中回收价值、编制依据。

（2）**表内各栏**

1）按综合概算的项目组成依次填入工程或费用名称栏，将建筑工程、安装工程、设备购置费用、工具器具及生产用具购置费、其他费用的概算价值依次填入概算价值栏。

2）技术经济指标的计算。综合概算的技术经济指标，应根据综合概算价值和相应的计量单位进行计算。各种技术经济指标按下列单位计算：

①建筑工程中的一般土建工程、给排水、采暖通风、电气照明工程按房屋建筑面积以 m^2 为计量单位，生产车间按产量为计量单位。

②工业管道工程中的各种管道均按管道长度以 m 为计量单位。

③室外电气照明以 km 或按照明线路长度以 km 为计量单位。

④变电所以 kVA 为计量单位。

⑤锅炉房按锅炉蒸发量以 t/h 为计量单位。

⑥室外暖气道按管道长度以 m 为计量单位。

⑦工器具及生产用具的购置不做技术经济指标。

3）表尾。要填写审核、核对、编制和年、月、日等。

8.5　总概算的编制

总概算是确定一个建设项目从筹建到竣工交付使用所预计花费的全部费用的文件。它是根据各个综合概算及其他工程和费用概算汇总编制而成。

8.5.1　总概算的内容

总概算书一般包括编制说明、总概算表及所属的综合概算表、工程建设其他费用概算表。

（1）**编制说明**

1）工程概况。说明工程建设地址、生产品种、规模、公用工程及厂外工程的主要情况等。

2）编制依据。说明设计文件依据、定额依据、价格依据及费用指标依据等。

3）编制范围。说明总概算书所包括和未包括的工程项目和费用。

4）编制方法。说明概算的编制是采用概算定额还是概算指标等。

5）投资分析。主要分析各项工程费用占投资额的比例，可与设计任务书的控制数相对比，分析其投资效果，还可与同类工程比较，分析投资高低原因，说明该设计是否经济合理。

6)主要设备和材料数量。说明主要机械设备、电气设备及主要建筑材料(钢材、木材、水泥等)的数量。

7)其他有关问题。

(2)总概算表

总概算表的项目一般由两个部分组成(以工业建设为例)。

1)第一部分:工程费用项目

①主要生产和辅助生产工程项目

A. 主要生产工程项目。根据建设项目的性质和设计要求确定。

B. 辅助生产工程项目。如机修车间、工具车间、木工车间等。

②公用设施工程项目

A. 给排水。如泵房、水塔、水池及外管等。

B. 供电及电信。如变电、配电所、广播站及输电、通信线路等。

C. 供汽。如锅炉房、供热站及外管。

D. 总图运输工程。如码头、围墙、大门、公路、铁路、道路及运输车辆。

E. 厂外工程。如厂外输水管道、厂外供电线路等。

③生活、福利、文化、教育及服务性工程

它包括住宅、宿舍、厂部办公室、浴室、医务室、图书馆及子弟学校等。

2)第二部分:其他工程和费用项目,同综合概算(但不包括不可预见工程和费用)

首先将1)、2)两个部分费用合计之后,列出“不可预见工程和费用”项目。最后列出总概算价值和回收金额。

民用建设总概算的项目内容与工业建设的基本相同,但没有生产过程,因此比较简单。

(3)总概算表的费用构成

总概算表的费用是由建筑工程费、设备购置费、设备安装工程费、工器具及生产家具购置费、工程建设其他费用、预备费、固定资产投资方向调节税及建设期投资贷款利息构成的。

8.5.2 总概算的编制

(1)编制总概算的准备工作

1)认真阅读设计说明、总平面图和工程项目一览表等资料,全面地了解建设项目情况,在此基础上,拟订总概算编制提纲,明确编制工作的主要内容、工作重点、编制步骤及审查方法。

2)根据总概算编制提纲,收集定额、指标等基础资料,科学合理地选用编制依据。

3)编制或审查综合概算及其他工程和费用概算是否符合总概算的编制要求,是否缺项,审定后汇入总概算中。

(2)总概算的编制方法

总概算是将建设项目内各单项工程综合概算及工程建设其他费用概算等基础文件进行汇总编制而成,其具体编制方法如下:

1)表头

表头应填写建设项目名称、总概算价值和其中回收金额。

2)表内各栏

①按总体设计项目组成表和总概算组成顺序,依次填入工程和费用名称栏。

②根据各项费用的性质，首先将各个单项工程综合概算及工程建设其他费用概算汇总列入相对应栏。然后按各栏分别汇总，依次求出工程和费用的小计、合计及第一、二部分合计。

③计算预备费。又称不可预见费，我国现行规定的预备费包括基本预备费和工程造价调整预备费，即

$$预备费 = 基本预备费 + 涨价预备费$$

A. 基本预备费

基本预备费是指初步设计及概算内难以预料的工程和费用。其内容包括如下：

a. 在批准的初步设计和概算范围内，技术设计、施工图设计及施工过程中所增加的工程和费用；设计变更、局部地基处理等增加的费用。

b. 一般自然灾害造成的损失和预防自然灾害所采取的措施费用。实行工程保险的工程项目费用应适当降低。

c. 竣工验收时为鉴定工程质量对隐蔽工程进行必要的挖掘和修复费用。

基本预备费费率：一般民用工程为 3% ~5%，工业工程为 5% ~8%，具体按主管部门规定执行。

B. 涨价预备费

涨价预备费是指建设项目在建设期间内，由于价格等变化引起工程造价变化的预测预留费用。其内容包括：人工费，设备、材料、施工机械价差，建筑安装工程费及工程建设其他费用调整，以及利率、汇率调整等。

涨价预备费的测算方法，一般可根据国家规定的投资综合指数，按估算年份价格水平的投资额为依据，采用复利方法计算。其计算公式为

$$P_f = \sum I_t[(1+f)^t - 1]$$

式中　P_f——涨价预备费；

I_t——第 t 年的静态投资额（建安工程费、设备工器具购置费、其他建设费用及基本预备费）；

t——建设期年份数；

f——年均投资价格上涨率，按当地主管部门规定执行（一般为 6% ~8%）。

例 8.5　某建设项目，建设期为 3 年，各年投资计划如下：第一年投资 7 200 万元，第二年 10 800 万元，第三年 3 600 万元，平均投资价格上涨率 6%，试求建设项目建设期间涨价预备费。

解　$P_f = 7\,200 \times [(1+6\%) - 1] + 10\,800 \times (1.06^2 - 1) + 3\,600 \times (1.06^3 - 1) = 2\,454.54$（万元）

④建设期投资贷款利息

建设期贷款利息包括向国内银行和其他非银行金融机构贷款、出口信贷、外国政府贷款、国际商业银行贷款，以及境内外发行的债券等在建设期间内应偿还的贷款利息。建设期贷款利息实行复利计算。

当总贷款是分年均衡发放时，建设期利息的计算按当年借款在年中支用考虑，即当年贷款按半年计息，上年贷款按全年计息。其计算公式为

$$q_j = \left(p_{j-1} + \frac{a_j}{2}\right)i$$

式中 q_j——建设期第 j 年应计利息；

p_{j-1}——建设期第 $(j-1)$ 年末贷款累计金额与利息累计金额之和；

a_j——建设期第 j 年贷款金额；

i——年利率。

例 8.6 某建设项目，建设期为 3 年，分年均衡发放贷款。第一年贷款 300 万元，第二年 600 万元，第三年 400 万元，年利率为 12%，建设期内利息只计息不支付，试求建设期间贷款利息。

解 在建设期内，各年利息计算如下：

$q_1 = 1/2 \times 300 \times 12\% = 18$（万元）；

$q_2 = (300 + 18 + 1/2 \times 600) \times 12\% = 74.16$（万元）

$q_3 = (318 + 600 + 74.16 + 1/2 \times 400) \times 12\% = 143.06$（万元）

故 建设期贷款利息 $= 18 + 74.16 + 143.06 = 235.22$（万元）

⑤固定资产投资方向调节税

为了贯彻国家产业政策，控制投资规模，引导投资方向，调整投资结构，加强重点建设，促进国民经济持续稳定协调发展，对在我国境内进行固定资产投资的单位和个人（不含中外合资经营企业、中外合作经营企业和外商独资企业）征收固定资产投资方向调节税。固定资产投资方向调节税，实行差别税率，税率分为 0%，5%，10%，15%，30% 这 5 个档次。

计税依据：以实际完成投资额为依据，实际完成投资额包括设备及工器具购置费、建筑安装工程费、工程建设其他费用及预备费。

2000 年 1 月 1 日起新发生的投资额，暂停征收固定资产投资方向调节税，但该税种未取消。

例 8.7 某建设项目的工程费与建设其他费用的估算金额为 52 180 万元，基本预备费为 2 000 万元，项目的投资方向调节税为 5%，建设期为 3 年，平均价格上涨率为 6%，3 年的投资比例是：第一年 20%，第二年 55%，第三年 25%。该项目投资来源为自有资金和贷款，贷款总额为 40 000 万元，其中，外汇贷款为 2 300 万美元（1 美元 = 8.3 人民币），人民币部分从建设银行获得，年利率 12.48%（按季计息）。外汇从人民银行获得，年利率为 8%（按年计息），试估算建设项目的总投资。

解 （1）建设期贷款利息如下：

人民币利率为：$(1 + 12.48\%/4)^4 - 1 = 13.08\%$

人民币贷款额为：40 000 − 2 300 × 8.3 = 20 910 万元，即 2 300 万美元

第一年：20 910 × 20% = 4 182 万元，即 2 300 × 20% = 460 万美元

第二年：20 910 × 55% = 11 500.5 万元，即 2 300 × 55% = 1 265 万美元

第三年：20 910 × 25% = 5 227.5 万元，即 2 300 × 25% = 575 万美元

利息：

第一年：(0 + 4 182/2) × 13.08% = 273.5 万元　　(0 + 460/2) × 8% = 18.40 万美元

第二年：(4 182 + 273.5 + 11 500.5/2) × 13.08% = 1 334.91 万元

(460 + 18.40 + 1 265/2) × 8% = 88.87 万美元

第三年：(4 182 + 273.5 + 11 500.5 + 1 334.91 + 5 227.5/2) × 13.08% = 2 603.53 万元

(460 + 18.40 + 1 265 + 88.87 + 575/2) × 8% = 169.58 万美元

利息合计:273.5 +1 334.91 +2 603.53 +(18.4 +88.87 +169.58) ×8.3 =6 509.80 万元

(2)涨价预备费

静态投资额为:52 180 +2 000 =54 180 万元

$P_f = 5\ 4180 \times 20\% \times 6\% + 54\ 180 \times 55\% \times [(1+6\%)^2 - 1] + 54\ 180 \times 25\% \times [(1+6\%)^3 - 1] = 1\ 117.75$ 万元

(3)总投资额(52 180 +2 000 +1 117.75) ×(1 +5%) +6 509.8 =64 572.43 万元

⑥计算回收金额

回收金额是指在整个基本建设过程中所获得的各种收入。例如,原有房屋拆除所回收的材料和旧设备等折价收入、工程试车收入大于支出部分的费用等。

回收金额的计算方法应按地区主管部门规定执行。

⑦计算总概算价值

总概算价值 = 第一部分费用 + 第二部分费用 + 预备费 + 固定资产投资方向调节税 + 建设期投资贷款利息 - 回收金额

⑧计算技术经济指标

根据各单项工程综合概算中所列的技术经济指标填写总概算表。技术经济指标应选择建设项目中最有代表性和最能说明投资效果的指标填列。例如,工业建设工程按年产量每吨多少元投资填列,民用建设工程按建筑面积每平方米多少元投资填列。

⑨投资分析

为了对基本建设投资情况进行分析,应在总概算表中计算出各项工程和费用的投资占总投资的比例,在表的末尾计算出每项费用的投资占总投资的比例。

(3)设计概算的分析与修正

1)概算分析

概算投资通常会由于建设地点、运输条件、平面布置、施工组织的不同而影响投资效果。概算分析主要是对概算的主要经济指标和影响投资的主要因素进行分析。影响概算投资的主要因素有基本建设的性质(新建、扩建、改建)、建设地点的位置(如地形、地址条件、运输条件、各种赔偿费用等)、建厂地点的协作关系(如水、电、汽的供应)、设备及材料的质量和价格情况等。

2)概算修正

设计概算是在初步设计阶段编制的,原概算投资可能有较大的变动,或在施工图设计和施工中可能做较大的设计修改,就必须做修正概算。例如,工程增减,若能进行调剂可不调整概算,否则必须做修正概算,报主管部门批准增加投资或动用原概算中的不可预见工程费。

8.6　设计概算的审查

8.6.1　审查设计概算的意义

如果设计概算偏高或偏低,将会直接影响工程造价的控制,使投资计划失去真实性,影响投资资金的合理分配。因此,通过审查设计概算,有利于合理分配投资资金、加强投资计划管

理,有利于合理确定和有效控制工程造价。此外,审查设计概预算还具有以下3个方面的作用:

1)可以促进概算编制单位严格执行国家有关概算的编制规定和费用标准,从而提高概算的编制质量。

2)有助于促进设计的技术先进性与经济合理性。概算中的技术经济指标,是概算的综合反映,与同类工程对比,便可看出它的先进性与合理程度。

3)有利于核定建设项目的投资规模,可以使建设项目总投资做到准确、完整,防止任意扩大投资规模或出现漏项,从而减少投资缺口、缩小概算与预算之间的差距,避免故意压低概算投资,搞钓鱼项目,最后导致实际造价大幅度地突破概算。经过审查的概算,为建设项目投资的落实提供了可靠的依据,有利于提高建设项目的投资效益。

8.6.2 设计概算的审查内容

(1)设计概算的编制依据审查

其主要包含以下内容:

1)编制依据的合法性审查。各种编制依据必须经过国家和授权机关的批准,符合国家的编制规定,未经批准的不能采用。也不能强调情况特殊,擅自提高概算定额、指标或费用标准。

2)编制依据的时效性审查。各种依据(如定额、指标、价格、取费标准等)都应根据国家有关部门的现行规定进行,注意有无调整和新的规定,若有,则应按新的调整办法和规定执行。

3)编制依据的适用范围审查。各种编制依据都有规定的适用范围,如各主管部门规定的各种专业定额及其取费标准,只适用于该部门的专业工程;各地区规定的各种定额及其取费标准,只适用于该地区范围内,特别是地区的材料预算价格区域性更强,如某市有该市区的材料预算价格,又编制了郊区内一个矿区的材料预算价格,在编制该矿区某工程概算时,应采用该矿区的材料预算价格。

(2)概算编制深度审查

其主要包含以下内容:

1)编制说明审查。审查编制说明可以检查概算的编制方法、深度和编制依据等重大原则问题,若编制说明有差错,具体概算必有差错。

2)概算编制深度审查。大中型项目的设计概算,一般应有完整的编制说明和"三级概算"(即总概算表、单项工程综合概算表、单位工程概算表),并按有关规定的深度进行编制。审查是否有符合规定的"三级概算",各级概算的编制、校对、审核是否按规定签署,有无随意简化,有无把"三级概算"简化为"二级概算",甚至"一级概算"。

3)概算的编制范围审查。包括概算编制范围及具体内容是否与主管部门批准的建设项目范围及具体工程内容一致;分期建设项目的建筑范围及具体工程内容有无重复交叉,是否重复计算或漏算;其他费用应列的项目是否符合规定;静态投资、动态投资和经营性项目铺底流动资金是否分别列出,等等。

(3)建设规模、标准审查

概算的投资规模、生产能力、设计标准、建设用地、建筑面积、主要设备、配套工程及设计定员等是否符合原批准可行性报告或立项批文的标准。例如,超过投资可能增加,当概算总投资超过原批准投资估算10%以上,应进一步审查超估算的原因。

(4)设备规格、数量和配置审查

工业建设项目设备投资比重大,要认真审查。它包括所选用的设备规格、台数是否与生产规模一致,材质、自动化程度有无提高标准,引进设备是否配套、合理,备用设备台数是否适当,消防、环保设备是否计算,等等。要重点审查设备价格是否合理、是否符合有关规定,如国产设备应按当时询价资料或有关部门发布的出厂价、信息价,引进设备应根据询报价或合同价编制概算。

(5)工程费审查

建筑安装工程投资是随工程量增加而增加的,要根据初步设计图纸、概算定额及工程量计算规则、专业设备材料表、建构筑物和总图运输一览表进行审查,有无多算、重算及漏算的现象。

(6)计价指标审查

计价指标审查包括:建筑工程所在地区的计价定额、费用定额、价格指数和有关人工、材料、机械台班单价是否符合现行规定;安装工程所采用的专业部或地区定额是否符合工程所在地区的市场价格水平,概算指标调整系数、主材价格、人工、机械台班和辅材调整系数是否按当时最新规定执行;引进设备安装费率或计取标准、部分行业专业设备费率是否按有关规定计算,等等。

(7)其他费用审查

当工程建设其他费用投资约占项目总投资25%以上,必须认真并逐项审查。审查费用项目是否按国家统一规定计列,具体费率或计取标准是否按国家、行业或有关部门规定计算,有无随意列项、有无多列、交叉计列和漏项等。

8.6.3 审查设计概算的方法

采用适当的方法审查设计概算,是确保审查质量、提高审查效率的关键。其常用方法如下:

(1)对比分析法

通过建设规模、标准与立项批文对比,工程数量与设计图纸对比,综合范围、内容与编制方法、规定对比,各项取费与规定标准对比,材料、人工单价与统一信息对比,引进投资与报价要求对比,技术经济指标与同类工程对比,等等,容易发现设计概算存在的主要问题和偏差,能较快、较好地判断设计概算的偏差程度和准确性。

(2)主要问题复核法

对审查中发现的主要问题,偏差大的工程进行复核,对重要、关键设备和生产装置或投资较大的项目进行复查。在复核时,应尽量按照编制规定或对照图纸进行详细核算,慎重、公正地纠正概算偏差。

(3)查询核实法

查询核实法是对一些关键设备和设施、重要装置、引进工程图纸不全、难以核算的较大投资进行多方查询核对,逐项落实的方法。一般主要设备的市场价应向设备供应部门或招标公司查询核实;重要生产装置、设施应向同类企业(工程)查询了解;引进设备价格及有关费税应向进出口公司调查落实;复杂的建安工程应向同类工程的建设、承包、施工单位征求意见;深度不够或不清楚的问题直接与原概算编制人员、设计者询问清楚。

(4)**分类整理法**

分类整理法是按照单项、单位工程的顺序目录,对审查中发现的问题和偏差,首先按设备费、安装费、建筑费和工程建设其他费用分类整理。然后按照静态投资、动态投资和铺底流动资金3大类,汇总核增或核减的项目及其投资额。最后将具体审核数据,按照“原编概算”、“审核结果”、“增减投资”、“增减幅度”4栏列表,并照原总概算表汇总顺序,将增减项目逐一列出,相应调整所属项目投资合计,再依次汇总审核后的总投资及增减投资额。

(5)**联合会审法**

联合会审前,先联合审查,审查内容主要包括设计单位自审,主管、建设、承包单位初审,工程造价咨询公司评审,邀请同行专家预审,审批部门复审,等等,经层层审查把关后,由有关单位和专家进行会审。在会审中,由设计单位介绍概算编制情况及有关问题,各有关单位、专家汇报初审、预审意见。然后进行认真分析、讨论,结合对各专业技术方案的审查意见所产生的投资增减,逐一核实原概算出现的问题。经过充分协商,认真听取设计单位意见后,实事求是地处理和调整。对于差错较多、问题较大或不能满足要求的,责成按会审意见修改返工后,重新报批;对于无重大原则问题,深度基本满足要求,投资增减不多的,当场核定概算投资额,并提交审批部门复核后,正式下达审批概算。

复习思考题

1. 什么是设计概算?它起到哪些作用?

2. 设计概算文件有几种类型?各种类型的概算由哪些费用构成?

3. 单位工程概算的编制方法有几种?其各方法的编制步骤是什么?

4. 什么是工程建设其他费用概算?该项费用包括哪几大类?

5. 什么是总概算?它由哪些内容组成?如何编制?

6. 有一幢新教学大楼,建筑面积3 200 m^2,根据下列类似工程施工图预算的有关数据计算该工程的概算造价。

(1)建筑面积2 800 m^2;

(2)工程预算造价为92.68万元;

(3)各种费用占成本的百分比:人工费占8%,材料费占61%,机械费占10%,其他直接费占6%,间接费11%,其他费6%;

(4)通过计算,工资修正系数K_1为1.03,材料费修正系数K_2为1.04,机械费修正系数K_3为0.98,其他直接费修正系数K_4为1.0,间接费修正系数K_5为0.96,其他费修正系数K_6为0.90;

(5)利税率10%。

7. 设上例教学楼的局部结构构件与类似工程不同,净增加结构构件价值为3 000元,其余条件相同,计算该教学楼的预算造价。

第 9 章

建筑工程施工预算的编制

9.1 施工预算概述

9.1.1 施工预算的概念

施工预算是指在单位工程施工之前，由施工企业根据施工定额，对单位工程编制的用于企业内部施工管理的成本计划文件。

建筑施工企业为了保质、保量地完成投标的工程施工任务，取得较好的经济效益，必须加强企业的经营管理。施工预算就是为了适应施工企业加强经营管理的需要，按照企业经济核算及班组核算的要求，计算出拟建单位工程所需人工、材料和机械台班需用量，供企业内部控制施工中各项成本支出，并指导施工生产活动的计划文件。

9.1.2 施工预算的作用

施工预算的编制与贯彻执行，对建筑施工企业加强施工管理、实行经济核算、控制工程成本和提高管理水平都具有重要意义，其作用可概括为如下 4 个方面：

(1)施工预算是编制施工计划的依据

施工计划部门可以根据施工预算提供的建筑材料、构配件和劳动力等工程数量，进行备料和按时组织材料进场，以及安排各工种劳动力进场时间。

(2)施工预算是施工队向施工班组签发施工任务单和限额领料单的依据

施工任务单是把施工作业计划落实到班组的计划文件，也是记录班组完成任务情况和结算班组工人工资的依据。施工任务单的内容可分为两部分：一部分是下达给班组的工程内容，包括工程名称，计量单位，工程量，定额指标，平均技术等级，质量要求，以及开工、竣工日期等；另一部分则是班组实际完成工程任务情况的记载及工人工资结算，包括实际完成的工程量，实用工日数，实际平均技术等级，工人完成工程的工资额，以及实际开工、竣工日期等。

(3)施工预算是贯彻按劳分配原则的依据

施工预算是衡量工人劳动成果，计算应得报酬的依据。它把工人的劳动成果和个人应得报酬的多少直接联系起来,很好地体现了多劳多得的按劳分配原则。

(4)施工预算是企业开展经济活动分析,进行"两算"对比的依据

施工企业的经济活动分析主要是应用施工预算的人工、材料、机械台班消耗数量及直接工程费,与施工图预算的人工、材料、机械汇总量和直接工程费进行对比,分析超支或节约的原因,改进技术操作和施工管理,有效地控制施工中人力、物力的消耗,节约工程成本开支。

9.1.3 施工预算的内容

建筑工程施工预算一般是以单位工程为编制对象,按分部或分层、分段进行工料分析计算,主要包括工程量、人工、材料、机械需用量和定额直接费等指标。施工预算通常由文字说明和计算表格两大部分组成。

(1)文字说明部分

施工预算的文字说明部分应简要地叙述以下 6 个方面的内容:

1)单位工程概况

简要说明拟建的单位工程建筑面积、层数和结构形式。

2)图纸审查意见

说明采用的图纸名称及标准图集的编号。介绍图纸经会审后,对设计图纸及设计总说明书提出的修改意见。

3)采用的施工定额

施工定额是施工预算的编制依据,定额水平的高低和定额内容是否简明适用,直接影响施工预算的编制质量。

4)所编工程范围

5)施工部署及施工期限

它包括现场勘查资料,施工组织设计,施工技术措施,冬季、雨季施工措施,降低工程成本的技术措施,等等。

6)遗留问题及解决办法

它包括设计考虑不周全、现场条件可能发生变化出现的问题,以及需要建设单位协助配合解决的问题,等等。

(2)计算表格部分

表格是施工预算的另一重要组成部分。其表格形式,目前在全国还没有统一的格式,主要有以下 6 种:

1)工程量计算表

如表 9.1 所示,它是施工预算的基础表格之一。

表 9.1 工程量计算表

序号	分部分项名称	单位	数量	计 算 式	备 注

2)施工预算表

如表9.2所示,施工预算表亦称工料分析表,它是施工预算的基本表格。该表是根据工程量乘以施工定额中的人工、材料、机械台班消耗量而编制的。

表9.2　施工预算工料分析表

建设单位:__________　　建筑面积:__________

工程名称:__________　　结构层数:__________　　年　月　日　页

<table>
<tr><td colspan="4">人工分析</td><td rowspan="5">定额编号</td><td rowspan="5">分部分项工程名称</td><td rowspan="5">工程数量</td><td rowspan="4">材料分析</td><td>名称</td><td></td><td></td><td></td><td></td><td></td></tr>
<tr><td rowspan="2">工级</td><td rowspan="2">工级</td><td rowspan="2">工级</td><td rowspan="2">工级</td><td>规格</td><td></td><td></td><td></td><td></td><td></td></tr>
<tr><td>单位</td><td></td><td></td><td></td><td></td><td></td></tr>
<tr><td>合计</td><td>合计</td><td>合计</td><td>合计</td><td>合计</td><td></td><td></td><td></td><td></td><td></td></tr>
<tr><td colspan="4">定额标准
计算数量</td><td colspan="2">定额单位</td><td colspan="5">定额标准
计算数量</td></tr>
<tr><td colspan="4"></td><td></td><td></td><td></td><td colspan="2"></td><td colspan="5"></td></tr>
<tr><td colspan="4"></td><td></td><td></td><td></td><td colspan="2"></td><td colspan="5"></td></tr>
<tr><td colspan="4"></td><td></td><td></td><td></td><td colspan="2"></td><td colspan="5"></td></tr>
</table>

复核:　　　　编制:

3)人工汇总表

人工汇总表是编制劳动力计划及合理调配劳动力的依据。它是由"工料分析表"中的人工数,按不同工种和级别分别汇总而成的,其形式如表9.3所示。

表9.3　施工预算人工汇总表

建设单位:________

工程名称:________

<table>
<tr><td rowspan="4">序号</td><td rowspan="4">分部工程名称</td><td colspan="6">分工种用工数</td><td rowspan="3">分部工程小计(工日/元)</td></tr>
<tr><td>普　工</td><td>砖工</td><td>木工</td><td></td><td></td><td></td></tr>
<tr><td>级</td><td>级</td><td>级</td><td>级</td><td>级</td><td>级</td></tr>
<tr><td>(工资单价)元</td><td>元</td><td>元</td><td>元</td><td>元</td><td>元</td><td></td></tr>
<tr><td></td><td></td><td colspan="6"></td><td></td></tr>
<tr><td></td><td></td><td colspan="6"></td><td></td></tr>
<tr><td rowspan="2">单位工程合计</td><td>人工数</td><td>工日</td><td colspan="5"></td><td></td></tr>
<tr><td>人工费</td><td>元</td><td colspan="5"></td><td></td></tr>
</table>

4)材料汇总表

它是编制材料需用量计划的依据。它是由"工料分析表"中的材料数量,区别于不同规格,按现场用材和加工厂用材分别汇总而成的,其形式如表9.4所示。

表 9.4　施工预算材料汇总表

建设单位:________

工程名称:________　　　　　　　　　　　　　　年　月　日　页

序号	材料名称	规格	单位	数量	单价/元	材料费/元	备注
单位工程合计/元							

5)机械汇总表

机械汇总表是计算施工机械费的依据。根据施工组织设计规定的实际进场机械，按其种类、型号、台数、工期等计算出台班数，然后汇总而成，格式如表 9.5 所示。

表 9.5　施工预算机械汇总表

建设单位:________

工程名称:________　　　　　　　　　　　　　　年　月　日　页

序号	机械名称	型号	台班数	台班单价/元	机械费/元	备注
单位工程合计/元						

6)"两算"对比表

"两算"对比表用于进行施工图预算与施工预算的对比。它是在施工预算编制完毕后，将计算出的人工、材料的消耗量，以及人工费、材料费、施工机械费等，按照单位工程或分部工程与施工图预算进行对比，找出节约或超支的原因，提出改进施工组织措施，达到降低成本的目的。对比的方法有两种:一种是按实物消耗量进行的，其表格格式如表 9.6 所示;另一种是按直接费进行的，其表格格式如表 9.7 所示。

表 9.6　两算对比表(一)——实物量对比

建设单位:__________　建筑面积:________

工程名称:__________　结构层数:________　　　　　　年　月　日　页

序号	工料名称	单位	施工图预算			施工预算			对比结果					
			数量	单价	金额/元	数量	单价	金额/元	数量差			金额差		
									节约	超支	%	节约	超支	%
一	人工 其中:土石方工程 砖石工程 ⋮	工日 工日 工日 工日												

续表

序号	工料名称	单位	施工图预算			施工预算			对比结果					
									数量差			金额差		
			数量	单价	金额/元	数量	单价	金额/元	节约	超支	%	节约	超支	%
二	材料													
1	325 #水泥	t												
2	425 #水泥	t												
3	ϕ10 以内钢筋	t												
4	ϕ10 以外钢筋	t												
	⋮													

主管：　　　　　　审核：　　　　　　编制：

表 9.7　两算对比表(二)——直接费对比

建设单位：______

工程名称：______　　　　年　月　日　页

序号	项　目	施工图预算/元	施工预算/元	对比结果		
				节约	超支	%
一	单位工程直接费					
	其中：人工费					
	机械费					
	材料费					
二	分部工程直接费					
1	土石方工程					
	其中：人工费					
	材料费					
	机械费					
2	砖石工程					
	其中：人工费					
	材料费					
	机械费					
3	⋮					

主管：　　　　　　审核：　　　　　　编制：

9.1.4　施工预算与施工图预算的区别

施工预算与施工图预算的区别主要表现在以下 5 个方面：

(1)**编制依据不同**

“两算”编制依据中最大的区别是使用的定额不同,施工预算套用的是施工定额,而施工图预算套用的是预算定额(亦称基础定额),两种定额的各种消耗量有一定差别。

(2)**作用不同**

“两算”的作用不一样,施工预算是施工企业用来控制各项成本支出的依据,而施工图预算是计算单位工程的预算造价,确定施工企业工程收入的依据。

(3)**工程项目划分的粗细程度不同**

由于施工定额的综合性小于预算定额,因此,施工预算的项目划分要比施工图预算细得多,工程量计算也更加精确。施工预算按项目划分和工程量计算,一般按分层、分段、分工种、分项进行,如施工定额中的钢筋混凝土构件制作,分为模板、钢筋和混凝土 3 项;而预算定额则合并为一项。

(4)**计算范围不同**

施工预算一般只计算出直接费即可。而施工图预算要计算出整个工程造价。其中,包括直接费、间接费、利润和税金等。

(5)**考虑施工组织因素多少不同**

施工预算所考虑施工组织方面的因素要比施工图预算细得多。例如,土石方工程中的土方工程,施工图预算只是综合考虑机械挖土、自卸汽车运土,而施工预算则要考虑细分为推土机推土、拖式铲运机铲运土方、挖土机挖装土方、装载机装运土方及自卸汽车装土方等项目。

9.2 施工预算的编制

9.2.1 施工预算的编制依据

编制施工预算的依据资料有以下 5 个方面:

1)会审后的施工图纸和说明书。施工图纸(包括标准图)和设计说明书必须经过有关单位的会审。施工预算是根据会审后的图纸、说明书和会审记录来编制的,其目的是使施工预算更符合实际情况。

2)本地区或企业内部编制的现行施工定额。

3)单位工程施工组织设计。施工组织设计或施工方案所确定的施工顺序、施工方法、施工机械、施工技术组织措施和施工现场平面布置等内容,是编制施工预算的依据,也直接影响施工预算的编制质量。

4)经过审核批准的施工图预算。虽然施工预算的计算项目划分比施工图预算的分项工程项目要细一些,但有的工程量还是相同的。为了减少重复计算,施工预算与施工图预算工程量相同的计算项目,可以照抄使用。

5)现行的地区人工工资标准、材料预算价格、机械台班单价和其他有关费用标准等资料。

9.2.2 施工预算的编制方法

施工预算的编制方法与施工图预算的编制方法基本相同。目前,使用的有实物法和实物金额法两种。

(1)**实物法**

实物法,即施工预算工、料、机分析表法。它的编制方法是根据施工图纸、施工定额、施工组织设计或施工方案等计算出工程量,套用施工定额,分析计算出人工、材料及施工机械台班的消耗量,然后加以汇总,以实物消耗量反映其经济效益,故称为实物法。

(2)**实物金额法**

实物金额法是在实物法算出人工、材料和机械的消耗量以后,再分别乘以所在地区的人工、材料和机械台班单价,并汇总求得人工费、材料费、机械费及直接工程费,即工、料、机费用汇总表。表内实物数量用于向施工班组签发施工任务单和限额领料单;直接工程费及所含人工费、材料费和机械费可与施工图预算直接工程费及所含人工费、材料费和机械费进行对比,分析节约或超支原因。这种方法称为实物金额法。

9.2.3　施工预算的编制步骤

现将实物金额法编制施工预算的步骤介绍如下:

(1)**熟悉施工现场及有关资料**

在编制施工预算之前,应首先熟悉施工图纸及图纸会审记录、施工组织设计或施工方案、施工定额和工程量计算规则等资料,同时还要了解施工现场情况,如施工环境、道路及施工现场平面布置等。

(2)**计算工程量**

与施工图预算一样,工程量的计算是一项细致而又繁琐复杂的工作,也是施工预算编制工作中最基本的工作,所需时间长,技术要求高,工作量也最大。能否及时准确地计算出工程量直接关系到施工预算编制地速度和质量。

在计算工程量地过程中,若发现计算项目的名称、计量单位、计算规则与施工图预算的相应工程计算项目一致时,则可以直接利用施工图预算的工程量照抄过来。不能直接利用施工图预算工程量的工程计算项目,则按照本地区现行施工定额工程量计算规则和有关规定计算其工程量。

(3)**工程量汇总**

工程量计算完毕,经过校核无误后,再按施工定额规定的分部分项工程的顺序,分层或分段汇总,整理列项填入施工预算表中。

(4)**套用施工定额,进行工料分析**

根据施工定额,将各计算项目的人工、材料和机械台班消耗量填入表内,进行人工工日、材料消耗数量和机械台班消耗数量的计算,编制施工预算工、料、机分析表,同时列出构配件明细表。

若本地区或企业没有统一的施工定额,可按所在地区规定或企业内部自行编制的材料消耗定额及现行全国统一劳动定额套用。

(5)**计算直接费**

用工、料、机分析表中的人工、材料和机械台班的消耗量分别乘以相应的人工、材料、机械台班单价,即可求得施工预算的人工费、材料费和机械费。再将计算的人工费、材料费和机械费相加,即可求得施工预算的直接工程费。

(6)**编制施工预算说明书**

将施工预算的编制依据,编制过程中遇到的问题及遗留问题和处理办法等写成编制说明书。最后装订整理,送审、分发和执行。

9.2.4 编制施工预算应注意的问题

(1)**编制内容与范围**

编制施工预算的主要目的,是为了提高施工企业的管理水平,特别是加强施工队伍的现场管理和经济核算。因此,施工预算应按实际承担施工任务的内容范围进行编制,凡是在外单位加工或购买的成品、半成品,编制施工预算时均不进行工料分析。若是本企业附属企业加工的各种构件,可另行编制施工预算,而不要与施工现场承担工程项目混合编制。

(2)**填表要求**

为了方便地进行"两算"对比,在填写施工预算的工料分析表时,要求在同一页表格上不要列两个不同的分部工程。

(3)**计量单位**

为了能直接套用施工定额的工料消耗指标,编制施工预算时,计算工程量的计量单位必须与施工定额的计量单位相同。

(4)**工料分析与汇总**

为了正确地计算人工费和材料费,在进行工料分析和汇总时,人工应该按不同工种和级别进行分析和汇总,材料应该按不同品种和规格进行分析和汇总。

9.3 "两算"对比

9.3.1 "两算"对比的目的

"两算"是指施工图预算和施工预算,前者是确定工程建设的预算成本,是确定建筑施工企业收入的依据。后者是确定工程建设的计划成本,是确定建筑施工企业投入或支出的依据。它们是从不同的角度计算的两本经济账。一般情况下,工程的计划成本不应大于工程的预算成本,即施工企业承建某项工程的支出应小于其收入,亦即应获取赢利。

"两算"对比,是在"两算"编制完成后,并在工程开工之前,将施工图预算与施工预算进行对比和分析。通过"两算"对比,找出节约或超支的原因,研究提出解决的办法,防止人工、材料、机械台班及相应费用的超支而导致工程成本亏损,为编制降低成本计划额度提供依据。因此,"两算"对比对于建筑施工企业自觉运用经济规律,改进和加强施工组织管理,提高生产效率,降低工程成本,提高企业的经济效益具有非常重要的意义。

9.3.2 "两算"对比的方法

"两算"对比的方法,通常有两种:一种是实物对比法,另一种是实物金额对比法。

(1)**实物对比法**

这种方法是将施工预算所计算的单位工程的人工和主要材料消耗量填入"两算"对比表

相应的栏目里，再将施工图预算的工料消耗量也填入“两算”对比表相应的栏目里，然后进行对比分析，计算出节约或超支的数量差。

(2)实物金额对比法

这种方法是将施工预算所计算的人工、材料和机械台班消耗量，分别乘以相应的人工工资标准、材料预算价格和施工机械台班预算价格，得出相应的人工费、材料费和机械费及直接工程费，并填入“两算”对比表相应的栏目里，再将施工图预算所计算的人工费、材料费、施工机械费和直接工程费，也填入“两算”对比表相应的栏目里，然后进行对比、分析，计算出节约和超支的费用差。

“两算”对比的内容包括以下5个方面：

1)人工数量和人工费的对比

施工预算的人工数量与施工图预算比较，一般要低10%～15%。这是由于两种定额编制水平不同而引起的差异(因为预算定额考虑了一定的人工幅度差，而施工定额没有考虑)，借以说明施工预算降低人工工日及提高劳动生产率的原因。

由于“两算”所依据的定额平均技术等级不完全一致，用绝对的工日数并不是唯一可比数据，必须依据“两算”各自的平均技术等级和工日数两个方面的比较才能对比，即人工费对比。同时，说明时一定要有定额以外用工措施，以防止施工预算在实施过程中，出现大量定额以外的洽商用工，确保施工预算不超过施工图预算的人工工资额，并有节余。

2)主要材料数量和材料费对比

施工预算中的材料费占直接费的比重最大，对降低工程成本有着决定性影响。由于“两算”套用的定额水平不一致，施工预算的材料消耗量一般都低于施工图预算。如果出现施工预算的材料消耗量大于施工图预算，则应分析原因，根据实际情况，采取措施调整施工预算。例如，企业内部的技术、材料部门制订材料节约措施计划(制订材料验收制度、限额领料制度等)，列入施工预算并加以说明。

3)机械台班数量和机械费对比

预算定额的机械台班耗用量是综合考虑的，而施工定额要求按照实际情况，根据施工组织设计或施工方案规定的施工机械种类、型号、数量和工期进行计算。若施工预算中的机械台班费超出施工图预算中的机械台班费时，必须重新审查施工机械的配置方案，改变其中不合理的配置，使其机械台班费不发生超支。

4)周转材料摊销费的对比

周转材料主要是指脚手架和模板。预算定额是按摊销量计算，施工定额是按一次使用量加上损耗量计算的。因此，脚手架和模板无法用实物量进行对比，只能按摊销费用进行对比，以分析节约或超支。

5)其他费对比

其他费包括施工用水、电费，冬雨季、夜间、交叉作业施工增加费，材料二次搬运费等，因费用项目和计取办法各地规定不同，只能用金额进行对比，以分析其节约和超支。

在经过工、料、机的对比分析以后，需要对“两算”对比的结果是否已达到预期的目的，节约或超支原因，存在的问题，以及改进“两算”对比的内容和方法，等等，提出相应的建议或看法。

复习思考题

1. 什么是施工预算？施工预算的作用是什么？
2. 施工预算与施工图预算的主要区别是什么？
3. 施工预算包括哪些内容？
4. 施工预算的编制方法有哪些？
5. 施工预算的编制步骤如何？
6. 什么是“两算”对比？为什么要进行“两算”对比？
7. “两算”对比的内容有哪些？

第10章 工程价款结算与竣工决算的编制

10.1 工程价款结算的概念与作用

10.1.1 工程价款结算的概念

工程价款结算是指施工企业(承包商)在工程实施过程中,依据承包合同中关于付款条款的规定和已经完成的工程量,并按照规定的程序向建设单位(业主)收取工程价款的一项经济活动。

10.1.2 工程价款结算的作用

1)工程价款结算是反映工程进度的主要指标。在施工过程中,工程价款结算的依据之一就是按照已完成的工程量进行结算,因此,根据累计已结算的工程价款与合同总价款的比例,就能够近似地反映工程的进度情况。

2)工程价款结算是加速资金周转的重要环节。通过工程价款结算办理已完成工程的工程价款确定施工企业的货币收入补充施工生产过程中的资金消耗,有利于偿还债务,也有利于资金的回笼,降低内部运营成本,加速资金周转,提高资金使用有效性。

3)工程价款结算是考核经济效益的重要指标。对于承包商来说,只有工程价款如数地结算才能避免经营风险,获得相应的利润,取得良好的经济效益。

4)竣工结算是建设单位编制竣工决算的主要依据。

10.2 工程价款结算的编制依据

编制工程价款结算是一项细致的工作,既要做到正确地反映建筑安装工人创造的工程价值,又要正确地贯彻执行国家有关部门的各项规定。因此,编制工程价款结算必须依据以下资料:

①施工企业与建设单位签订的合同或协议。

②施工进度计划、月旬作业计划和施工工期。

③施工过程中现场实际情况记录和有关费用签证，如工程签证单、隐蔽工程验收记录、工程交工验收记录等。

④施工图纸及其有关资料、会审纪要、设计变更通知书和现场工程更改签证。

⑤预算定额、材料预算价格表和各项费用取费标准。

⑥工程设计概算、施工图预算文件和年度建筑安装工程量。

⑦国家和当地有关政策规定。

10.3 工程价款结算的方式与程序

10.3.1 工程价款的主要结算方式

工程价款结算根据不同情况，可采取多种方式。目前，主要有以下 5 种：

(1)**按月结算**

实行旬末或月中预支，月中结算，竣工后清算的办法。跨年度的工程，在年终进行工程盘点，办理年度结算。实行旬末或月中预支，月中结算，竣工后结算办法的工程合同，应分期确认合同价款收入的实现，即：各月份终了，与发包单位进行已完成工程价款结算时，确认为承包合同已完工部分的工程收入实现，本期收入额为月终结算的已完工程价款金额。

(2)**竣工后一次结算**

建设项目或单项工程全部建筑安装工程建设期在 12 个月以内，或者工程承包合同价值较低，通常在 100 万元以下的，可以实行工程价款每月月终预支，竣工后一次结算。实行合同完成后一次结算工程价款办法的工程合同，应于合同完成，施工企业与发包单位进行工程合同价款结算时，确认为收入实现，实现的收入额为承发包双方结算的合同价款总额。

(3)**分段结算**

分段结算即当年开工，当年不能竣工的单项工程或单位工程按照工程形象进度，划分不同阶段进行结算。分段的划分标准，由各部门、自治区、直辖市、计划单列市规定。实行按工程形象进度划分不同阶段、分段结算工程价款办法的工程合同，应按合同规定的形象进度分次确认已完阶段工程收益实现，即：应予完成合同规定的工程形象进度或工程阶段，与发包单位进行工程价款结算时，确认为工程收入的实现。

(4)**目标结款方式**

在工程合同中，将承包工程的内容分解成不同的控制界面，以业主验收控制界面作为支付工程借款的前提条件。也就是说，将合同的工程内容分解成不同的验收单位，当承包上完成单元工程内容并经业主（或其委托人）验收后，业主支付构成单元工程内容的工程价款。

目标结款方式下，要想获得工程价款，必须按照合同约定的质量标准完成界面内的工程内容；要想尽早获得工程价款，承包商必须充分发挥自己组织实施能力，在保证质量前提下，加快施工进度，这意味着承包商拖延工期时，则业主会推迟付款，将增加承包商的财务费用、运营成本、降低承包商的收益，同样，当承包商提前完成控制界面内的工程内容，则承包商可提前获得工程价款,增加承包受益。同时,因承包商在界面内质量达不到合同约定的标准而业主不预验收,承包商也会因此遭受损失。可见,目标结款方式实质上是运用合同手段、财务手段对工程的完成应明确且便于量化和质量控制。为了使项目进行顺利,还应考虑项目资金的供应周期和支付频率。

(5)结算双方约定的其他结算方式

10.3.2　工程价款结算的程序

(1)预付备料款

施工企业承包工程,一般都实行包工包料,这就需要有一定数量的备料周转金。在工程承包合同条款中,一般要明文规定发包单位(甲方)在开工前拨付给承包单位(乙方)一定限额的工程预付备料款。此预付款构成施工企业为该承包工程项目储备主要材料、结构件所需的流动资金。

我国《建设工程施工合同文本》中规定,甲、乙双方应当在专用条款内约定甲方向乙方预付工程款的时间和数额,开工后按约定的时间和比例逐次扣回。预付时间应不迟于约定的开工日期前 7 天。甲方不按约定预付,乙方在约定预付时间 7 天后向甲方发出要求预付的通知,甲方收到通知后仍不能按要求预付,乙方可在发出通知后 7 天停止施工,甲方应从约定应付之日起向乙方支付应付款的贷款利息,并承担违约责任。

1)预付备料款的数额。预付备料款数额主要由下列因素决定:主要材料(包括外购构件)占工程造价的比重、材料储备期、施工工期。对于施工企业常年应备的备料款限额,可按下式计算:

$$\text{预付备料款的数额}=\frac{\text{年度承包工程总值}\times\text{主要材料所占比重}}{\text{年度施工日历天数}}\times\text{材料储备天数}$$

式中,材料储备天数可近似地按下式计算:

$$\text{某种材料储备天数}=\frac{\text{经常储备量}+\text{安全储备量}}{\text{日平均需用量}}$$

计算出各种材料的储备天数后,取其中最大值作为预付备料款数额计算公式中的材料储备天数。

一般建筑工程不应超过当年建筑工程量(包括水、电、暖)的 30%;安装工程按年安装工作量的 10%;材料占比重多的安装工程按年计划产值的 15% 左右拨付。因此,为简化计算,预付备料款数额也可按下式计算:

$$\text{预付备料款数额}=\text{工程总造价}\times\text{预付备料款额度}$$

式中,预付备料款额度是根据各地区工程类别、施工工期及供应条件来确定的,一般建筑工程约为工程总造价的 25%,安装工程约为 10%。

在实际工作中,预付备料款的数额要根据各工程类型、合同工期、承包方式和供应体制等不同条件而定。工期短的工程比工期长的要高;材料由施工单位自购得比由建设单位供应主要材料的要高;对于只包定额工日(不包材料定额,一切材料由建设单位供给)的工程项目,则可以不预付备料款。

2)预付备料款的扣回。发包单位拨付给承包单位的备料属于预支性质,到了工程实施后,随着工程所需主要材料储备的逐渐减少,应以抵充工程价款的方式陆续扣回。目前,可采

用以下方式:

①从未施工工程尚需的主要材料及构件的价值相当于预付备料款数额时起扣,从每次结算工程价款中,按材料比重扣抵工程价款,竣工前全部扣清。此时,预付备料款的起扣造价可按下式计算:

$$\text{未完工程材料费} = \text{预付备料款}$$

$$\text{未完工程材料费} = \text{未完工程造价} \times \text{材料费占比重}$$

$$\text{未完工程造价} = \frac{\text{预付备料款}}{\text{材料费占比重}}$$

$$\begin{aligned}\text{预付备料款起扣造价} &= \text{工程总造价} - \text{未完工程造价} \\ &= \text{工程总造价} - \frac{\text{预付备料款}}{\text{材料费占比重}}\end{aligned}$$

②按合同及有关文件规定进行,如在建设部《招标文件范本》中规定,在乙方完成金额累计达到合同总价的10%后,乙方开始向甲方还款。甲方从每次应付给乙方的金额中扣回工程预付款,甲方至少在合同规定的完工期前3个月将工程预付款的总金额按逐次分摊的办法扣回,当甲方一次付给乙方的金额少于规定扣回的金额时,其差额应转入下一次支付中作为债务结转。甲方不按规定支付工程预付款,乙方按《建设工程施工合同文本》第21条享有权利。

备料款的扣回应根据实际情况,如有些工程工期短,就无须分期扣回;有些工程工期长,如跨年度工程,预付备料款可以不扣或少扣,并于次年按预付备料款调整,多还少补。具体地说,跨年度工程,预计次年承包工程价值大于或相当于当年承包工程价值时,可以不扣回当年的预付备料款;如小于当年承包工程价值时,应按实际承包工程价值进行调整,在当年扣回部分预付备料款,并将未扣回部分,转入次年,直到竣工年度,再按上述办法扣回。

(2)**工程进度款的支付(中间结算)**

施工企业在施工过程中,按逐月(或形象进度,或控制界面等)完成的工程量计算各项费用,向建设单位(业主)办理工程进度款的支付。

以按月结算为例,中间结算办法时,施工企业在旬末或月中向建设单位提出预支工程款账单,预支一旬或半月的工程款,月终再提出工程款结算账单和已完成工程月报表,收取当年工程价款,并通过银行进行结算。在进行月结算时,应对现场已施工完毕的工程逐一进行清点,资料提出后应交监理工程师和建设单位审查签证。目前是以施工企业提出的统计进度月报表为支取工程款的凭证,形成通常所称的工程进度款。其支付步骤如图10.1所示。

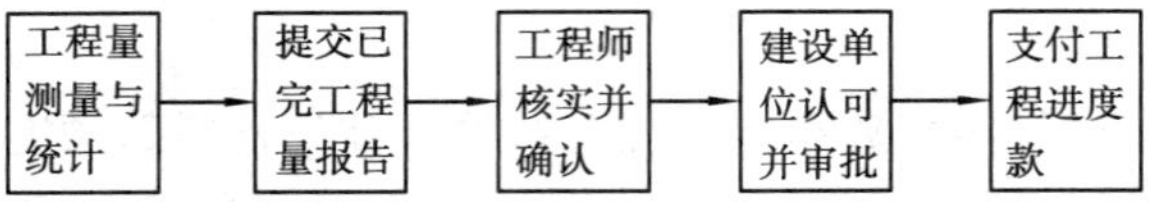

图10.1　工程进度款支付步骤

(3)**工程竣工结算及审查**

1)工程竣工的含义。竣工结算是指施工企业按照合同规定的内容全部完成所承包的工程,经验收质量合格,并符合合同要求之后,向发包单位进行的最终工程价款结算。

工程价款竣工结算的计算公式为

$$\begin{matrix}\text{竣工结算} \\ \text{工程造价}\end{matrix} = \begin{matrix}\text{预算(或概算)} \\ \text{或合同价款}\end{matrix} + \begin{matrix}\text{施工过程中预算或} \\ \text{合同价款调整数额}\end{matrix} - \begin{matrix}\text{预付及已结} \\ \text{算工程价款}\end{matrix}$$

2)工程竣工结算的审查。经审查核定的工程竣工结算是核定建设工程造价的依据,也是建设项目验收后编制竣工决算和核定新增固定资产价值的依据。建设单位、监理公司及审计部门等都十分关注竣工结算的审核把关。一般应做好以下 7 项工作:

①核对合同条款。首先应核对工程是否符合合同规定,竣工验收是否合格,只有按合同要求完成全部工程并验收合格才能列入竣工结算。其次,应按合同约定的结算方法、计价定额、取费标准、主材价格和优惠条款等,对工程竣工结算进行审核,若发现合同开口或有漏洞,应请承包方与发包方认真研究,明确结算要求。

②检查隐蔽验收记录。所有隐蔽工程均需进行验收,实行工程监理的项目,应经监理工程师签证确认。审核竣工结算时,应对隐蔽工程施工记录和验收签证进行检查,手续完整,工程量与工程竣工图一致,方可列入结算。

③检查设计变更签证。设计修改变更应由原设计单位出具设计变更通知单和修改图纸,设计、校审人员签字并加盖公章,经建设单位和监理工程师审查同意、签证;重大设计变更应经原审批部门审批,否则不应列入结算。

④按图核实工程数量。竣工结算的工程量应依据竣工图、设计变更单和现场签证等进行核算。

⑤结算单价应按合同约定或招投标规定的计价定额和计价原则执行。

⑥审核各项费用计取。建安工程的取费标准应按合同要求或项目建设期间与计价定额配套使用的建安工程费用定额及有关规定执行,先审核各项费率、价格指数或换算系数是否正确,价差调整计算是否符合要求,再核实特殊费用和计算程序。

⑦防止各种计算误差。工程竣工结算子目多、篇幅大,积少可以成多,尤其是大型项目往往存在计算误差应认真核算,防止因计算误差多计或少算。

例 10.1　某施工单位与某建设单位签订了某建筑工程的施工承包合同。合同中关于工程价款的内容有:

①建筑安装工程造价 660 万元,建筑材料及设备费占施工产值的比重为 60%。

②预付工程款为建筑安装工程造价的 20%,工程实施后,预付工程款从未施工工程尚需的主要材料及构件的价值相当于工程款数额时起扣。

③工程进度款逐月计算。

④工程保修金为建筑安装工程造价的 3%,竣工结算月一次扣留。

⑤材料价差调整按规定进行(按有关规定上半年材料价差上调 10%,在 6 月份一次调整)。

工程各月实际完成产值如下表。

各月实际完成产值　　　　单位:万元

月　份	2	3	4	5	6
完成产值	55	110	165	220	110

问题:(1)该工程的预付工程款、起扣造价为多少?

(2)该工程 2 月至 5 月每月拨付工程款为多少?累计工程款为多少?

(3)6 月办理工程竣工结算,该工程结算造价为多少?甲方应付工程结算款为多少?

解 (1)预付工程款为:$660\times20\% =132$ 万元

起扣造价为:$660-\dfrac{132}{60\%}=440$ 万元

(2)各月拨付工程款为:

2 月:工程款 55 万元,累计工程款 55 万元

3 月:工程款 110 万元,累计工程款 165 万元

4 月:工程款 165 万元,累计工程款 330 万元

5 月:工程款为:$220-(220+330-440)\times60\% = 154$ 万元

累计工程款为 484 万元。

(3)工程结算总造价为:$660+660\times60\%\times10\% = 699.6$ 万元

甲方应付工程结算款为:$699.6-484-(699.6\times3\%)-132 = 62.612$ 万元

10.4 工程价款的动态结算

工程价款动态结算是指在结算时,为了反映价格等因素变化对工程造价的影响,将各种动态因素渗透到工程价款结算过程中,使结算价能反映实际的工程消耗费用。

常用的工程价款动态结算方法有以下 4 种:

(1)按竣工调价系数结算

在我国,很多地区实行按竣工调价系数进行竣工结算。这种方法是甲乙双方采用当时的概、预算定额的单价作为合同的承包价。在竣工时,根据合理工期及当地建设造价管理部门规定的各种季度(或月度)竣工调价系数,对原工程造价在定额造价的基础上,调整由于实际人工费、材料费、机械费等费用上涨及工程变更等因素造成的差价。

(2)按实际价格结算

按实际价格结算是指工程承包商可凭采购材料的发票按实报销。这种方法实际操作简便,但由于是实报实销,因而承包商降低工程成本的积极性不高。为了避免这种副作用,地方基建主管部门要定期公布最高结算限价,同时合同文件中应规定建设单位有权要求承包商选择更廉价的材料。

(3)按调价文件结算

按调价文件结算是指甲乙双方采用当时的预算价格进行承包,在合同期内,按照造价管理部门调价文件的规定,进行抽料补差(在同一价格期内按所完成的材料用量乘以价差)调整结算工程款。

(4)调值公式法(又称动态公式法)

这种方法一般适用于按国际惯例对建设项目已完成投资费用的结算。在绝大多数情况下,甲乙双方在签订合同时就明确列出调值公式,并以此作为价格调整的计算依据。

建筑安装工程费用价格调整公式一般包括固定部分、材料部分和人工部分 3 项。但当建筑安装工程的规模和复杂性增大时,公式也变得更为复杂。调值公式的一般形式为

$$P = P_0\left(\alpha_0+\alpha_1\frac{A}{A_0}+\alpha_2\frac{B}{B_0}+\alpha_3\frac{C}{C_0}+\alpha_4\frac{D}{D_0}+\cdots\right)$$

式中　P——调整后合同价款或工程实际结算价；

P_0——合同价款中工程预算进度款；

α_0——固定要素，即合同支付中不能调整的部分；

$\alpha_1,\alpha_2,\alpha_3,\alpha_4,\cdots$——有关各项费用（如人工费用、钢材费用、水泥费用、运输费用等）在合同总价中所占的比重；

$A_0,B_0,C_0,D_0,\cdots$——签订合同时，与 $\alpha_1,\alpha_2,\alpha_3,\alpha_4,\cdots$ 相对应的各项费用的基期价格指数或价格；

$A,B,C,D\cdots$——工程结算时，与 $\alpha_1,\alpha_2,\alpha_3,\alpha_4,\cdots$ 相对应的各项费用的现行价格指数或价格。

10.5　工程竣工决算的编制

10.5.1　工程竣工决算的概念与作用

工程竣工决算是在建设项目或单项工程完工后，由建设单位财务和有关部门以竣工结算等为资料编制的，反映整个建设项目或单项工程从筹建到全部竣工的建设费用文件。它是竣工验收报告的重要组成部分。

竣工决算是反映建设项目实际造价和投资效果的文件。所有竣工验收的项目在办理验收手续之前，都应对所有建设项目的财产和物资进行认真的清理，编制竣工决算。及时、正确地编制竣工决算，对于总结分析建设过程的经验教训，提高工程造价管理水平和积累技术经济资料，都具有重要意义。另外，还可为有关部门制订类似工程的建设计划与修订概预算定额指标提供参考资料和经验。

竣工决算的作用主要有以下4个方面：

1）竣工决算可全面反映竣工项目的实际建设情况和财务情况。

竣工决算能反映竣工项目的实际建设规模、建设时间和建设成本，以及办理验收交接手续时的全部财务情况。

2）及时编制竣工决算有利于节约基建投资和进行经济核算。

及时编制竣工决算，办理新增固定资产移交转账手续，可以使建设单位正确计算已经投入使用的固定资产的折旧费，缩短建设周期，节约基建投资，有利于企业合理计算生产成本和企业利润，进行经济核算。

3）竣工决算是考核竣工项目概预算执行情况和分析投资效果的重要依据。

竣工决算与概预算进行比较分析，可以反映概预算的执行情况和投资效果。通过对比分析，可以肯定成绩，总结经验教训，为以后改进设计、推广先进技术、降低建设成本、提高基本建设管理水平积累基础资料。

4）竣工决算是修订概预算定额指标的重要依据。

10.5.2　竣工决算的内容

建设项目竣工决算应包括从筹建到竣工投产（或使用）全过程的全部实际费用，其内容包括竣工决算报告说明书、竣工决算报表、竣工工程平面示意图和工程造价比较分析4个部分。

(1)竣工决算报告说明书

竣工决算报告说明书全面地反映了竣工工程的建设成果和经验,是全面考核分析工程投资与造价的书面总结,是竣工决算报告的重要组成部分,其主要内容包括如下:

1)建设项目概况。

2)对工程总的评价。从工程的质量、安全、进度和造价4个方面进行分析说明。

①进度:主要说明开工和竣工时间、对照合理工期是提前还是延期。

②质量:根据竣工验收委员会或质量监督部门的验收评定等级,合格率和优良品率进行说明。

③安全:根据劳动部门和施工部门的记录,对有无设备和人身事故进行说明。

④造价:应对照概算造价,说明节约还是超支,用金额和百分率进行分析说明。

3)主要技术经济指标的分析及计算情况。

①概算执行情况分析:根据实际投资完成额与概算进行对比分析。

②新增生产能力的效益分析:说明交付使用财产占总投资额的比例、新增固定资产占交付使用财产的比例,分析有机构成和成果。

③基本建设投资包干情况的分析:说明投资包干数,实际使用数和节约数,投资包干节余的有机构成和包干节余的分配情况。

④财务分析:列出历年资金来源和资金占用情况。

4)工程建设的经验教训及遗留的问题和处理意见。

5)需说明的其他事项。

(2)竣工决算报表

竣工决算报表应根据建设项目的规模,按大、中型建设项目和小型建设项目分别编制。

1)大、中型建设项目的决算报表

大、中型建设项目的决算报表一般包括竣工工程概况表、竣工财务决算总表及明细表、建设项目交付使用资产总表及明细表等。

①大、中型建设项目竣工工程概况表(见表10.1)

此表是根据最后一次审查批准的初步设计概算和实际执行结果填报的,用设计概算所确定的主要指标和实际完成的各项主要指标进行对比,以说明大、中型建设项目的概况。其主要内容包括:

A. 建设项目名称、建设地址、占地面积;

B. 新增生产能力;

C. 建设起止时间;

D. 完成主要工程量、主要材料消耗及主要技术经济指标;

E. 建设成本

②大、中型建设项目竣工财务决算总表(见表10.2)

此表反映竣工的大、中型建设项目的资金来源和资金运用情况,是考核和分析基本建设项目投资效果的依据。

③大、中型建设项目竣工财务决算明细表(见表10.3)

此表反映竣工项目年度资金的来源及运用情况。

④大、中型建设项目交付使用资产总表(见表10.4)

此表是反映建设项目建成后,交付使用新增固定资产、流动资产、无形资产、递延资产和其他资产的全部情况和价值,作为财产交接、检查投资计划完成情况和分析投资效果的依据。

⑤大、中型建设项目交付使用资产明细表(见表10.5)

此表是交付使用财产总表的具体化,反映交付使用固定资产、流动资产、无形资产、递延资产和其他资产的详细内容,是使用单位建立资产明细账和登记新增资产价值的依据。

2)小型建设项目的决算报表

①小型建设项目竣工决算总表(见表10.6)

此表是大、中型建设项目概况表和竣工财务决算表合并而成的,主要反映小型建设项目的全部工程和财务情况。表格的内容,基本上与竣工工程概况表和竣工工程财务决算表相同。

②小型建设项目交付使用资产明细表(见表10.5)

表10.1　大、中型建设项目竣工工程概况表

<table>
<tr><td>建设项目(或单项工程)名称</td><td colspan="5"></td><td rowspan="7">建设成本</td><td colspan="2">项　　目</td><td>概算/元</td><td>实际/元</td><td>主要事项说明</td></tr>
<tr><td rowspan="2">建　设
地　址</td><td rowspan="2"></td><td rowspan="2">占地面积</td><td>设　计</td><td colspan="2">实　际</td><td colspan="2" rowspan="6">建安工程
设备、工具、器具
其他基本建设
其中:
土地征用费
生产职工培训费
施工机构转移费
建设单位管理费
负荷试车费
合计</td><td rowspan="6"></td><td rowspan="6"></td><td rowspan="6"></td></tr>
<tr><td></td><td colspan="2"></td></tr>
<tr><td rowspan="2">新增生产能力</td><td>能力(或效益)名称</td><td colspan="2">设　　计</td><td colspan="2">实　　际</td></tr>
<tr><td></td><td colspan="2"></td><td colspan="2"></td></tr>
<tr><td rowspan="2">建设时间</td><td>计划</td><td colspan="4">从　年　月开工至　年　月竣工</td></tr>
<tr><td>实际</td><td colspan="4">从　年　月开工至　年　月竣工</td></tr>
<tr><td colspan="2">初步设计和概算批准机关、日期、文号</td><td colspan="4"></td><td rowspan="4">主要材料消耗</td><td>名称</td><td>单位</td><td>概算</td><td>实际</td><td rowspan="4"></td></tr>
<tr><td rowspan="3">完成主要工程量</td><td rowspan="2">名　称</td><td rowspan="2">单　位</td><td colspan="3">数　　量</td><td rowspan="3">钢材
木材
水泥</td><td rowspan="3">t
m^3
t</td><td rowspan="3"></td><td rowspan="3"></td></tr>
<tr><td>设　计</td><td colspan="2">实　际</td></tr>
<tr><td>建筑面积
设备</td><td>m^2
台/t</td><td></td><td colspan="2"></td></tr>
<tr><td rowspan="2">收尾工程</td><td>工　程
内　容</td><td>投资额</td><td>负责收尾单位</td><td colspan="2">完成时间</td><td colspan="5" rowspan="2">主要技术经济指标:</td><td rowspan="2"></td></tr>
<tr><td></td><td></td><td></td><td colspan="2"></td></tr>
</table>

表 10.2　大、中型建设项目竣工财务决算总表

建设项目名称:　　　　　　　　　　　　　　　　　　　　　　　　单位:万元

项目投资来源	金额	项目投资完成情况及资金	金额	补充材料
一、国家预算内投资		一、基建支出合计		1. 应收生产单位款
1. 中央预算内投资		(一)交付使用财产		2. 基建时期其他收入款
2. 地方预算内投资		1. 固定资产		其中:试车产品收入
二、利用国内贷款		2. 流动资产		试车收入
1. 国内商业银行贷款		3. 无形资产		3. 收入分配情况
2. 其他渠道贷款		4. 递延资产		其中:上缴财政
三、自筹资金		5. 其他资产		企业自留
1. 部门自筹资金				施工单位分成
2. 地方自筹资金		二、未完工程尚需支出合计		上缴主管部门
3. 企业自筹资金		其中:1. 建安工程支出		
4. 其他自筹资金		2. 设备支出		4. 投资来源分析
四、利用外资		3. 待摊投资支出		其中:资本金
1. 国外商业银行贷款		4. 其他支出		负债
2. 世界银行、亚洲银行等优惠贷款		三、项目节余资金		
3. 国外直接投资		其中:1. 库存设备		
4. 利用其他外资		2. 库存材料		
五、从证券市场筹措资金		3. 货币资金		
1. 企业债券资金		4. 债权债务净额		
2. 发生企业股票		债权总额		
六、其他来源的投资		债务总额		
1. 联营投资				
2. 其他投资				
合　　计		合　　计		

表 10.3　大、中型建设项目竣工财务决算明细表

建设项目名称：

年　度 项　目	年度	年度	年度	说明	编表说明
一、投资来源					1. 本表从建设年度开始逐年填列
(一)基本建设拨款					2. 本表依据经核批的年度决算数据为准
1.					
2.					
(二)投资借款					
1.					
2.					
二、投资支出					
1. 交付使用财产					
2. 待摊投资					
3. 在建工程					
三、结余资金					
其中：设备					
材料					
四、投资完成额					

表 10.4　大、中型建设项目交付使用资产总表

建设项目名称：

工程项目名称	总　计	固定资产				流动资金	递延资产等
		合　计	建安工程	设　备	其他费用		

交付单位　　　　　　　　　　　　　　　　　　　　接收单位

盖　　章　　　　　年　月　日　　　　　　　　　　盖　　章　　　　　年　月　日

表 10.5　大、中、小型建设项目交付使用资产明细表

建设项目名称：

<table>
<tr><td rowspan="2">项目名称</td><td colspan="3">建筑工程</td><td colspan="6">设备、工具、器具、家具</td></tr>
<tr><td>结　构</td><td>面积/m²</td><td>价值/元</td><td>名　称</td><td>规格型号</td><td>单　位</td><td>数　量</td><td>价值/元</td><td>设备安装费用</td></tr>
<tr><td></td><td></td><td></td><td></td><td></td><td></td><td></td><td></td><td></td><td></td></tr>
<tr><td></td><td></td><td></td><td></td><td></td><td></td><td></td><td></td><td></td><td></td></tr>
</table>

表 10.6　小型建设项目竣工决算总表

<table>
<tr><td colspan="2">建设项目名称</td><td colspan="6"></td><td rowspan="7">资金来源</td><td>项　　目</td><td>金额/元</td><td>主要事项说明</td></tr>
<tr><td colspan="2" rowspan="2">建设地址</td><td colspan="2" rowspan="2"></td><td colspan="2" rowspan="2">占地面积</td><td>设计</td><td>实际</td><td rowspan="2">1. 基建预算拨款</td><td rowspan="2"></td><td rowspan="15"></td></tr>
<tr><td></td><td></td></tr>
<tr><td rowspan="3">新增生产能力</td><td>能力(或效益)名称</td><td>设计</td><td>实际</td><td colspan="2" rowspan="3">初步设计或概算批准机关、日期</td><td colspan="2" rowspan="3"></td><td>2. 基建其他拨款</td><td></td></tr>
<tr><td rowspan="2"></td><td rowspan="2"></td><td rowspan="2"></td><td>3. 应付款</td><td></td></tr>
<tr><td>4. …</td><td></td></tr>
<tr><td rowspan="2">建设时间</td><td>计　划</td><td colspan="6">开工：　　　　竣工：</td><td rowspan="2">合计</td><td rowspan="2"></td></tr>
<tr><td>实　际</td><td colspan="6">开工：　　　　竣工：</td><td rowspan="10">资金运用</td></tr>
<tr><td rowspan="9">建设成本</td><td colspan="4">项目</td><td colspan="2">概算/元</td><td>实际/元</td><td>1. 交付使用固定资产</td><td></td></tr>
<tr><td colspan="4">建筑安装工程</td><td colspan="2"></td><td></td><td>2. 交付使用流动资金</td><td></td></tr>
<tr><td colspan="4">设备、工器具</td><td colspan="2"></td><td></td><td>3. 应核销投资支出</td><td></td></tr>
<tr><td colspan="4">其他基建费用</td><td colspan="2"></td><td></td><td>4. 应核销其他支出</td><td></td></tr>
<tr><td colspan="4">1. 土地征用费</td><td colspan="2"></td><td></td><td>5. 库存设备、材料</td><td></td></tr>
<tr><td colspan="4">2. 建设单位管理费</td><td colspan="2"></td><td></td><td>6. 银行存款及现金</td><td></td></tr>
<tr><td colspan="4">3. 联合试运转费</td><td colspan="2"></td><td></td><td>7. 应收款</td><td></td></tr>
<tr><td colspan="4">4. …</td><td colspan="2"></td><td></td><td>8. …</td><td></td></tr>
<tr><td colspan="4">合　　计</td><td colspan="2"></td><td></td><td>合　　计</td><td></td><td></td></tr>
</table>

(3)**竣工工程平面示意图**

竣工工程平面示意图应真实地反映竣工工程的全部内容。它是建设单位长期保存的技术文件，也是国家的重要技术档案。

(4)**工程造价对比分析**

竣工决算是用来综合反映竣工建设项目或单项工程的建设成果和财务情况的总结性文件。因此,在竣工决算报告中必须对控制工程造价所采取的措施、效果及其动态的变化进行认真的比较分析,从而总结经验教训,供以后项目参考。经批准的概预算是考核实际建设工程造价的依据,在分析时,可将决算报表中所提供的实际数据和相关资料与批准的概预算指标进行对比,以确定竣工项目总造价和单方造价是节约还是超支,在对比的基础上,总结经验教训,找出原因,确定改进措施。

为考核概预算执行情况,正确核实建设工程造价,财务部门首先应积累概预算动态变化资料(如设备价差、材料价差、人工价差及费率价差等)和设计变更资料等;其次,考查竣工工程实际造价节约或超支的数额。为了便于进行比较分析,首先对比整个项目的总概算,然后对比单项工程的综合概算和其他工程费用概算,最后对比分析单位工程概算,并分别将建筑安装工程费、设备工器具费用和其他工程费用逐一与竣工决算的实际工程造价对比分析,找出节约和超支的具体内容和原因。在实际工作中,侧重分析以下内容:

1)主要实物工程量。概预算编制的主要实物工程量的增减变化必然引起工程概预算造价和实际工程造价的变化。因此,要认真对比分析和审查建设项目的建设规模、结构、标准、工程范围等是否遵循批准的设计文件规定,其中的变更部分是否按照规定的程序办理,其对造价的影响如何。对实物工程量出入较大的项目,必须查明原因。

2)主要材料消耗量。在建筑安装工程投资中,材料费用所占的比重往往很大,因此,考核材料的消耗也是考核工程造价的重点。考核主要材料消耗量时,要按照竣工决算表中所列 3 大材料实际超概算的消耗量,查清是在工程的哪一个环节超出量最大,并进一步查明超额消耗的原因。

3)建设单位管理费。要根据竣工决算报表中所列的建设单位管理费与概预算所列的建设单位管理费数额进行对比,确定其节约或超支数额,并查明原因。

以上所列内容是工程造价对比分析的重点。但对具体项目应进行具体分析,因地制宜,视项目的具体情况选择考核、分析的重点内容。

10.5.3　竣工决算的编制

(1)**竣工决算的编制依据**

①经批准的可行性研究报告及其投资估算书。

②经批准的初步设计或扩大初步设计及其概算或修正概算书。

③经批准的施工图设计及其施工图预算书。

④设计交底或图纸会审纪要。

⑤招投标的标底、承包合同和工程结算资料。

⑥施工记录或施工签证单及其他施工发生的费用记录(如索赔报告与记录,停、交工报告等)。

⑦竣工图及各种竣工验收资料。

⑧历年基建资料、历年财务决算及批复文件。

⑨设备、材料调价文件和调价记录。

⑩有关财务核算制度、办法,以及其他有关资料、文件等。

(2)**竣工决算的编制步骤**

①收集、分析、整理原始资料。

②对照、核实工程变动情况,重新核定各单位工程、单项工程造价。

③将属于增加固定资产价值的其他投资,如建设单位管理费、研究试验费、土地征用及拆迁补偿费等,分摊于收益工程,随同收益工程交付使用的同时,一并计入新增固定资产价值中。

④编制竣工决算报告说明书。

⑤填报竣工决算报表。

⑥进行工程造价对比分析。

⑦清理、装订竣工图。

⑧按国家规定上报审批、存档。

复习思考题

1. 什么是工程价款结算?工程价款结算有哪些作用?

2. 工程价款结算的编制依据有哪些?

3. 工程价款结算的主要方式有哪几种?

4. 什么是工程价款的动态结算?动态结算的方法有几种?

5. 什么是工程竣工决算?竣工决算的内容包括哪些?

6. 某工程合同价为 800 万元,材料费比重占合同价的 62.5%,预付备料款额度为 25%。每月完成的工程费用为:1 月 190 万元,2 月 230 万元,3 月 280 万元,4 月 100 万元。合同调整增加额为 50 万元。工程采用按月结算,质量保修金为 5%,每月结算时从工程款中扣除。试计算该工程的预付备料款、每月结算工程款和竣工结算工程款各为多少?

第 3 篇

工程量清单的编制与计价

第 11 章 工程量清单概述

11.1 《建设工程工程量清单计价规范》概述

长期以来,我国工程承发包计价、定价以工程预算定额作为主要依据,其计价特点为生产消耗是法定计划的,所用价格也是计划的。为了适应建设市场改革的要求,提出了"控制量、指导价、竞争费"的改革措施,控制量即由国家根据有关规范、标准及社会的平均水平控制预算定额中的人工、材料、机械的消耗量;指导价就是要逐步走向市场形成价格,这一措施在我国实行社会主义市场经济初期起到了积极的作用。随着我国建设市场的快速发展,招投标制、合同制逐步深入,以及加入世界贸易组织与国际接轨等要求,工程造价计价依据改革不断深化,由于国家控制的消耗量不能全面地体现企业技术装备水平、管理水平和劳动生产率,不能充分体现市场公平竞争,上述做法难以改变工程预算定额中国家指令性的状况,难以满足招标投标和评标的要求。一种全新的符合市场经济特点的工程计价模式应运而生,即工程量清单计价模式。为了指导工程量清单计价方法的全面实施,2003 年 2 月 17 日建设部以 119 号公告批准颁布了国家标准《建设工程工程量清单计价规范》(GB 50500—2003)。

11.1.1 《建设工程工程量清单计价规范》编制的指导思想和原则

《建设工程工程量清单计价规范》编制遵循的指导思想是按照政府宏观调控、市场竞争形成价格的要求,创造公平、公正、公开竞争的环境,以建立全国统一的、有序的建筑市场,既要与国际惯例接轨,又考虑我国的实际国情。其主要坚持了以下原则:

(1)政府宏观调控、企业自主报价、市场竞争形成价格

按照政府宏观调控、市场竞争形成价格的指导思想,为规范发包方与承包方计价行为,确定了工程量清单计价的原则、方法及必须遵守的规则,包括统一项目编码、项目名称、计量单位、工程量计算规则等。留给企业自主报价,参与市场竞争的空间,将属于企业性质的施工方法和施工措施,人工、材料、机械的消耗水平,以及取费等由企业来确定,给企业充分选择的权利,以促进生产力的发展。

(2)与现行预算定额既有机结合又有区别的原则

现行的预算定额是我国经过几十年实践的总结，具有一定的科学性与实用性，《建设工程工程量清单计价规范》以现行的《全国统一工程预算定额》为基础，特别是在项目划分、计量单位和工程量计算规则等方面，尽可能多地与定额衔接。与工程预算定额的区别主要是：由于预算定额是按照计划经济的要求制订发布并贯彻执行的，其中有许多已不适应市场经济发展的要求，这也是《建设工程工程量清单计价规范》所要更正的。其主要表现如下：

①定额项目是国家规定以工序为划分项目的原则。

②施工工艺、施工方法是根据大多数企业的施工方法综合取定的。

③人工、材料、机械消耗量是根据"社会平均水平"综合测定的。

④取费标准是根据不同地区平均测算的。

以上原因会使企业报价时表现为平均主义，不能结合项目具体情况、自身技术水平自主报价，既影响了企业加强管理的积极性，也难以体现市场竞争形成价格，难以体现公平、公正、公开竞争的要求。

(3)既考虑我国工程造价管理的现状，又尽可能与国际惯例接轨的原则

《建设工程工程量清单计价规范》既借鉴了世界银行、菲迪克(FIDIC)、英联邦国家以及中国香港等地区的一些做法，同时，也结合了现阶段我国的具体情况。例如，在实体项目设置方面，结合了当前按专业设置的一些情况；有关名词尽量沿用国内习惯，如措施项目即国内的习惯叫法，国外称为开办项目；措施项目的内容借鉴了部分国外做法。

11.1.2 《建设工程工程量清单计价规范》的特点

(1)强制性

它是由建设主管部门按照强制性国家标准的要求批准颁布，规定全部使用国有资金或国有投资为主的大中型建设工程应按照计价规范规定执行，明确工程量清单是招标文件的组分部分，并规定了招标人在编制工程量清单时必须遵守的规则，必须做到统一项目编码、统一项目名称、统一计量单位、统一工程量计算规则，即"四统一"。

(2)实用性

附录中工程量清单及计算规则的项目名称表现的是工程实体项目，项目名称明确清晰，工程量计算规则简单明了；特别还列有项目特征和工程内容，易于编制工程量清单时确定具体项目名称和投标报价。

(3)竞争性

《建设工程工程量清单计价规范》的措施项目，在工程量清单中只列"措施项目"一栏，具体采用什么措施，如模板、脚手架、临时设施及施工排水等详细内容由投标人根据企业的施工组织设计，视具体情况报价。在《建设工程工程量清单计价规范》中，人工、材料、施工机械没有具体的消耗量，投标人可依据企业的定额和市场价格信息，也可以参照建设行政主管部门发布的社会平均消耗量进行报价，把这些竞争项目留给企业，增大了企业竞争的空间。

(4)通用性

采用工程量清单计价将与国际惯例接轨，符合工程量计算方法标准化、工程量计算规则统一化、工程造价由市场确定的要求。

11.1.3 《建设工程工程量清单计价规范》简介

《建设工程工程量清单计价规范》是根据《中华人民共和国招投标法》、建设部令第107号《建设工程施工发包与承包计价管理办法》,遵照国家宏观调控、市场竞争形式价格原则,并结合我国当前实际情况制订的。其内容包括正文和附录两大部分,两者具有同等效力。

(1)**正文部分**

正文部分分5章,包括总则、术语、工程量清单编制、工程量清单计价、工程量清单及其计价格式等内容。

总则共6条,它说明制订本规范的目的、依据、适用范围(适用于工程量清单计价活动);指出了工程量清单计价活动应遵循客观、公正、公平的原则;从资金来源方面,规范规定全部使用国有资金或国有投资为主的大中型建设工程应执行本规范;说明了附录的作用并指出工程量清单计价除遵守本规范外,还应符合国家有关法律、法规及标准、规范的规定。

在术语部分规定了本规范特有的9条术语的定义或涵义,它们是:

1)工程量清单

表现拟建工程的分部分项工程项目、措施项目、其他项目名称和相应数量的明细清单。

2)项目编码

采用12位阿拉伯数字表示。1~9位为统一编码,其中,1,2位为附录顺序码,3,4位为专业工程顺序码,5,6位为分部工程顺序码,7,8,9位为分项工程项目名称顺序码,10~12位为清单项目名称顺序码。

3)综合单价

完成工程量清单中一个规定计量单位项目所需的人工费、材料费、机械使用费、管理费和利润,并考虑风险因素。

4)措施项目

为完成工程项目施工,发生于该工程施工前和施工过程中技术、生活、安全等方面的非工程实体项目。

5)预留金

招标人为可能发生的工程量变更而预留的金额。

6)总承包服务额

为配合协调招标人进行的工程分包和材料采购所需的费用。

7)零星工作项目费

完成招标人提出的,工程量暂估的零星工作所需的费用。

8)消耗量定额

由建设行政主管部门根据合理的施工组织设计,按照正常施工条件下制订的,生产一个规定计量单位工程合格产品所需人工、材料、机械台班的社会平均消耗量。

9)企业定额

施工企业根据本企业的施工技术和管理水平,以及有关工程造价资料制订的,并供本企业使用的人工、材料和机械台班消耗量。

正文的其他内容将在后续章节中具体介绍。

(2)附录部分

附录部分包括附录 A《建筑工程工程量清单项目及计算规则》、附录 B《装饰装修工程量清单项目及计算规则》、附录 C《安装工程工程量清单项目及计算规则》、附录 D《市政工程工程量清单项目及计算规则》、附录 E《园林绿化工程工程量清单项目及计算规则》共 5 个附录,分别介绍了 5 个专业在编制工程量清单时的项目编码、项目名称、项目特征、计量单位、工程量计算规则和工程内容。

11.2　工程量清单计价与定额计价的比较

工程量清单计价与定额计价既有机结合,又有所区别。因为定额计价是我国经过几十年实践的总结,这些内容具有一定的科学性和实用性,因此,《建设工程工程量清单计价规范》在项目划分、计量单位、工程量计算规则等方面应尽可能多地与定额衔接。但定额计价是按照计划经济的要求制订、发布、贯彻执行的,其中有许多不适应《建设工程工程量清单计价规范》编制指导思想的内容,故《建设工程工程量清单计价规范》与工程预算定额又有所区别。

表 11.1　清单计价与定额计价的比较

内　容	定额计价	清单计价
项目设置	其项目一般是按施工工序、工艺进行设置的,定额项目包括的工程内容一般是单一的	工程量清单项目的设置是以一个“综合实体”考虑的,“综合项目”一般包括多个子目工程
定价原则	按工程造价管理机构发布的有关规定及定额中的基价计价	按照清单的要求,企业自主报价,反映的是市场决定的价格
计价价款构　成	定额计价价款包括分部分项工程费、利润、措施项目费、其他项目费、规费和税金,而分部分项工程费中的子目基价是指为完成《综合定额》分部分项工程项目所需的人工费、材料费、机械费、管理费。子目基价是综合定额价,它没有反映企业的真正水平,没有考虑风险的因素	工程量清单计价价款是指完成招标文件规定的工程量清单项目所需的全部费用,即包括分部分项工程费、措施项目费、其他项目费、规费和税金,完成每项工程内容所需的全部费用(规费、税金除外);工程量清单中没有体现的,施工中又必须发生的工程内容所需的费用,考虑风险因素而增加的费用
单价构成	定额计价采用定额子目基价,定额子目基价只包括定额编制时期的人工费、材料费、机械费及管理费,并不包括利润和各种风险因素带来的影响	工程量清单采用综合单价,它包括人工费、材料费、机械费、管理费和利润,且各项费用均由投标人根据企业自身情况和考虑各种风险因素自行编制
价差调整	按工程承发包双方约定的价格与定额价对比,调整价差	按工程承发包双方约定的价格直接计算,除招标文件规定外,不存在价差调整的问题

续表

内　容	定额计价	清单计价
计价过程	招标方只负责编写招标文件,不设置工程项目内容,也不计算工程量。工程计价的子目和相应的工程量是由投标方根据设计文件确定的。项目设置、工程量计算和工程计价等工作在一个阶段内完成	招标方必须设置清单项目并计算清单工程量,同时在清单中对清单项目的特征和包括的工程内容必须清晰、完整地告诉投标人,以便投标人报价。清单计价模式由两个阶段组成: ①由招标方编制工程量清单 ②投标方拿到工程量清单后根据清单报价
人工、材料、机械消耗量	定额计价的人工、材料、机械消耗量按定额标准计算,定额标准按社会平均水平编制	工程量清单计价的人工、材料、机械消耗量由投标人根据企业的自身情况或《企业定额》自定,它真正地反映企业的自身水平
工程量计算规则	按定额工程量计算规则	按清单工程量计算规则
计价方法	根据施工工序计价,即将相同施工工序的工程量相加汇总,选套定额,计算出一个子项的定额分部分项工程费,每一个项目独立计价	按一个综合实体计价,即子项目随主体项目计价,由于主体项目与组合项目是不同的施工工序,因此,往往要计算多个子项才能完成一个清单项目的分部分项工程综合单价,每一个项目组合计价
价格表现形式	只表示工程总价,分部分项工程费不具有单独存在的意义	主要为分部分项工程综合单价,是投标、评标和结算的依据,单价一般不调整
适用范围	编审标底,设计概算,工程造价鉴定	全部使用国有资金投资或国有资金投资为主的建设工程和需招标的工程
工程风险	工程量由投标人计算和确定,价差一般可调整,故投标人一般只承担工程量计算风险,不承担材料价格风险	招标人编制工程量清单,计算工程量,数量不准会被投标人发现并利用,招标人要承担差量的风险,投标人报价应考虑多种因素,由于单价通常不调整,故投标人要承担组成价格的全部因素风险

复习思考题

1. 为什么要实行工程量清单计价?
2. 《建设工程工程量清单计价规范》从何时开始实施的?它对清单计价起到什么作用?
3.《建设工程工程量清单计价规范》编制的指导思想和原则是什么?它具有哪些特点?
4.《建设工程工程量清单计价规范》包括哪些基本内容?
5. 简述工程量清单计价与定额计价的异同。

第12章 工程量清单的编制

12.1 工程量清单的概念和内容

12.1.1 工程量清单的概念

工程量清单是表现拟建工程的分部分项工程项目、措施项目、其他项目名称和相应数量的明细清单。它是工程计价的依据,是注有拟建工程各实物工程名称、性质、特征、单位、数量、措施项目及税费等情况的文件。工程量清单是按统一规定进行编制的,它体现的核心内容为分项工程项目名称及其相应数量,是招标文件的组成部分,是招投标活动的重要依据。

工程量清单的描述对象是拟建工程,并以表格为主要表现形式。工程量清单应由具有编制招标文件能力的招标人,或受其委托具有相应资质的中介机构进行编制。一经中标且签订发承包合同,即成为合同的组成部分。

工程量清单主要由分部分项工程量清单、措施项目清单及其他项目清单组成。

12.1.2 工程量清单的内容

工程量清单作为招标文件的组成部分,是投标人进行投标报价的重要依据,因此,作为一个合格的计价依据,工程量清单的内容应全面、准确。按照建设部颁发的《建设工程工程量清单计价规范》,工程量清单主要包括工程量清单说明和工程量清单表两部分。

(1)**工程量清单说明**

工程量清单说明主要是招标人解释拟招标工程的工程量清单的编制依据及重要作用。

(2)**工程量清单表**

工程量清单表作为清单项目和工程数量的载体,是工程量清单的重要组成部分。在业主提供的工程量清单中,必须明确清单项目的设置情况(包括各个清单项目的名称、特征和工程内容)和工程数量。

合理的清单项目设置和准确的工程数量,是清单计价的前提和基础。对于招标人来说,工程量清单是进行投资控制的前提和基础,工程量清单表编制的质量直接关系和影响到工程建设的最终结果。

12.2　分部分项工程量清单的编制

分部分项工程量清单是指表示拟建工程分项实体工程名称和相应数量的明细清单，包括项目编码、项目名称、计量单位和工程数量。在编制分部分项工程量清单时，应做到“四个统一”，即根据《建设工程工程量清单计价规范》中附录 A、附录 B、附录 C、附录 D、附录 E 规定的统一项目编码、统一项目名称、统一计量单位和统一工程量计算规则进行编制。

12.2.1　分部分项工程量清单的项目编码

分部分项工程量清单的项目编码以五级编码设置，用 12 位阿拉伯数字表示。第一、二、三、四级编码（1 ~ 9 位）应按附录 A、附录 B、附录 C、附录 D、附录 E 的规定设置，为全国统一编码，编制分部分项工程量清单时不得变动；第五级编码（10 ~ 12 位）由工程量清单编制人根据拟建工程的工程量清单项目名称而分别编码，并应自 001 起按顺序编制。各级项目编码代表的含义如下：

①第一级表示分类码（分 2 位）：建筑工程为 01、装饰装修工程为 02，安装工程为 03，市政工程为 04，园林绿化工程为 05。

②第二级表示章顺序码（分 2 位）。

③第三级表示节顺序码（分 2 位）。

④第四级表示清单项目码（分 3 位）。

⑤第五级表示具体清单项目码（分 3 位）。

以建筑工程为例，其项目编码结构如图 12.1 所示。

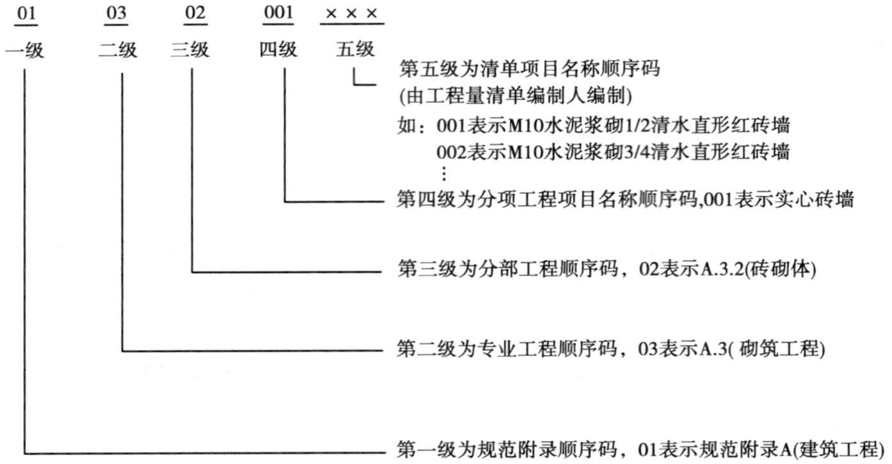

图 12.1　项目编码结构

12.2.2　分部分项工程量清单的项目名称

分部分项工程量清单的项目名称应按附录A、附录B、附录C、附录D、附录E的项目名称与项目特征并结合拟建工程的实际来确定。编制工程量清单，出现附录A、附录B、附录C、附录D、附录E中未包括的项目，编制人可做相应补充，并应报省、自治区、直辖市工程造价管理机构备案。

12.2.3　分部分项工程量清单的项目特征

项目特征是对项目的准确描述，是影响价格的因素，是设置具体清单项目的依据。项目特征按不同的工程部位、施工工艺或材料品种和规格等分别列项。凡项目特征中未描述到的其他独有特征，由清单编制人视项目具体情况来确定，以准确地描述清单项目为准。

12.2.4　分部分项工程量清单的计量单位

计量单位应采用基本单位，除各专业另有特殊规定外，均按以下单位计量：

①以重量计算的项目——吨或千克(t或kg)。

②以体积计算的项目——立方米(m^3)。

③以面积计算的项目——平方米(m^2)。

④以长度计算的项目——米(m)。

⑤以自然计量单位计算的项目——个、套、块、樘、组、台等。

⑥没有具体数量的项目——系统、项等。

各专业有特殊计量单位的，再另外加以说明。

12.2.5　分部分项工程量清单的工程内容

工程内容是指完成该清单项目可能发生的具体内容，可供招标人确定清单项目和投标人投标报价参考。

凡工程内容中未列全的，由投标人按招标文件或设计施工图要求来编制，以完成清单项目为准，综合考虑到报价中。

12.2.6　分部分项工程量清单的工程数量

工程数量应按附录A、附录B、附录C、附录D、附录E中规定的工程量计算规则进行计算。工程量计算规则是指对清单项目工程量的计算规定。除另有说明外，所有清单项目的工程量应以实体工程量为准，并以完成后的净量计算；投标人投标报价时，应在单价中考虑施工中的各种损耗和需要增加的工程量。

工程量的计算规则按主要专业划分，包括建筑工程、装饰装修工程、安装工程、市政工程和园林绿化工程5个专业部分。

1)建筑工程:包括土石方工程，桩与地基基础工程，砌筑工程，混凝土及钢筋混凝土工程，厂库房大门、特种门、木结构工程，金属结构工程，屋面及防水工程，以及防腐、隔热、保温工程。

2)装饰装修工程:包括楼地面工程，墙柱面工程，天棚工程，门窗工程，油漆、涂料、裱糊工程，以及其他装饰工程。

3)安装工程:包括机械设备安装工程,电气设备安装工程,热力设备安装工程,炉窑砌筑工程,静置设备与工艺金属结构制作安装工程,工业管道工程,消防工程,给排水、采暖、燃气工程,通风空调工程,自动化控制仪表安装工程,通信设备及线路工程,建筑智能化系统设备安装工程,以及长距离输送管道工程。

4)市政工程:包括土石方工程,道路工程,桥涵护岸工程,隧道工程,市政管网工程,地铁工程,钢筋工程,拆除工程,以及厂区、小区道路工程。

5)园林绿化工程:包括绿化工程,园路、园桥、假山工程,以及园林景观工程。

工程数量计算的精确度应遵守下列规定:

①以"吨"为单位,应保留小数点后3位数字,第4位四舍五入。

②以"立方米"、"平方米"、"米"为单位,应保留小数点后两位数字,第3位四舍五入。

③以"个"、"项"等为单位,应取整数。

12.2.7 编制工程量清单时应注意的问题

建设工程工程量清单项目及计算规则既考虑了国际上的一些通用做法,又继承沿用了我国计价中的科学部分,具有一定的连续性。它包括项目编码、项目名称、项目特征、计量单位、工程量计算规则和工程内容,其中项目编码、项目名称、计量单位、工程量计算规则作为"四统一"的内容,要求招标人在编制工程量清单时必须执行。

(1)建筑工程工程量清单项目及计算规则

附录A《建筑工程工程量清单项目及计算规则》的清单项目包括土石方工程、桩与地基基础工程、砌筑工程、混凝土及钢筋混凝土工程、厂库房大门、特种门、木结构工程、金属结构工程、屋面及防水工程、防腐隔热保温工程,共8章45节177个项目,适用于采用工程量清单计价的工业与民用建筑物和构筑物的建筑工程。使用时应注意以下5点:

①附录A清单项目中的工程量是按建筑物或构筑物的实体净量计算的,施工中所发生的材料、成品和半成品的各种制作、运输、安装等的一切损耗,应包括在报价内。

②附录A清单项目中所发生的钢材(包括钢筋、型钢和钢管等)均按理论重量计算,其理论重量与实际重量的偏差,应包括在报价内。

③设计规定或施工组织规定的已完工产品保护发生的费用列入工程量清单措施项目费内。

④高层建筑所发生的人工降效、机械降效、施工用水加压等应包括在各分项报价内;卫生用临时管道应考虑在临时设施费内。

⑤施工中所发生的施工降水、土方支护结构、施工脚手架、模板及支撑费用、垂直运输费用等,应列在工程量清单措施费内。

(2)装饰装修工程工程量清单项目及计算规则

附录B《装饰装修工程工程量清单项目及计算规则》的清单项目包括楼地面工程、墙柱面工程、天棚工程、门窗工程、油漆涂料裱糊工程、其他工程,共6章47节214个项目,适用于采用工程量清单计价的装饰装修工程。使用时应注意以下3点:

①附录B清单项目中的材料、成品和半成品的各种制作、运输、安装等的一切损耗,应包括在报价内。

②设计规定或施工组织设计规定的已完产品保护发生的费用,应列入工程量清单措施项

目费用。

③高层建筑物所发生的人工降效、机械降效、施工用水加压等，应包括在各分项报价内。

12.3 措施项目清单的编制

措施项目清单是指为完成工程项目施工，发生于该工程施工前和施工过程中技术、生活、文明及安全等方面的非工程实体项目清单。

措施项目清单应根据拟建工程的具体情况，参照表 12.1 列项。编制措施项目清单，出现表 12.1 未列的项目，编制人可做补充。工程招标投标时，投标人调整补充措施项目必须在投标文件中标明。

表 12.1　措施项目一览表

序号	项目名称
1　通用项目	
1.1	环境保护
1.2	文明施工
1.3	安全施工
1.4	临时设施
1.5	夜间施工
1.6	二次搬运
1.7	大型机械设备进出场及安拆
1.8	混凝土、钢筋混凝土模板及支架
1.9	脚手架
1.10	已完工程及设备保护
1.11	施工排水、降水
2　建筑工程	
2.1	垂直运输机械
3　装饰装修工程	
3.1	垂直运输机械
3.2	室内空气污染测试
4　安装工程	
4.1	组装平台
4.2	设备、管道施工的安全/防冻和焊接保护措施
4.3	压力容器和高压管道的检验
4.4	焦炉施工大棚

续表

序　号	项目名称
4.5	焦炉烘炉、热态工程
4.6	管道安装后的充气保护措施
4.7	隧道内施工的通风、供水、供气、供电、照明及通信设施
4.8	现场施工围栏
4.9	长输管道临时水工保护设施
4.10	长输管道施工便道
4.11	长输管道跨越或穿越施工措施
4.12	长输管道地下穿越地上建筑物的保护措施
4.13	长输管道工程施工队伍调遣
4.14	格架式抱杆
5　市政工程	
5.1	围堰
5.2	筑岛
5.3	现场施工围栏
5.4	便道
5.5	便桥
5.6	洞内施工的通风、供水、供气、供电、照明及通信设施
5.7	驳岸块石清理

在措施项目清单设置时，应注意以下问题：

①参考拟建工程的施工组织设计，以确定环境保护、文明安全施工和材料的二次搬运等项目。

②参阅施工技术方案，以确定夜间施工、大型机具进出场及安拆、混凝土模板与支架、脚手架、施工排水降水、垂直运输机械、组装平台等项目。

③参阅相关的施工规范与工程验收规范，以确定施工技术方案没有表述的，但是为了实现施工规范与工程验收规范要求而必须发生的技术措施。

④确定招标文件中提出的某些必须通过一定的技术措施才能实现的要求。

⑤确定设计文件中一些不足以写进技术方案的，但是要通过一定的技术措施才能实现的内容。

12.4　其他项目清单的编制

其他项目清单是指分部分项工程量清单、措施项目清单所包含的内容以外，因招标人的特殊要求而发生的与拟建工程有关的其他费用项目和相应数量的清单。

其他项目清单应根据拟建工程的具体情况列项。《建设工程工程量清单计价规范》提供了两部分 4 项作为列项参考。

(1)招标人部分

它包括预留金、材料购置费等。其中,预留金是指招标人为可能发生的工程量变更而预留的金额,这里的工程量变更主要是指工程量清单漏项或有误引起的工程量的增加,以及工程施工中的设计变更引起的标准提高或工程量的增加等;材料购置费是指在招标文件中规定的,由招标人采购的拟建工程材料费。

(2)投标人部分

它包括总承包服务费、零星工作费等。其中,总承包服务费是指为配合协调招标人进行的工程分包和材料采购所需的费用;零星工作费是指完成招标人提出的,不能以实物量计量的零星工作项目所需的费用。零星工作项目表应根据拟建工程的具体情况,详细列出人工、材料、机械的名称、计量单位和相应数量,并随工程量清单发至投标人。零星工作项目中的工、料、机计量,要根据工程的复杂程度、工程设计质量的优劣,以及工程项目设计深度等因素来确定其数量。

编制其他项目清单,出现上述以外的项目,编制人可做补充。工程招标投标时,投标人调整补充其他项目必须在投标文件中标明。

12.5　工程量清单的格式

工程量清单应采用统一格式,一般应由下列内容组成:

(1)封面

封面如表 12.2 所示,由招标人填写、签字、盖章。

表 12.2　封面

________________工程
工程量清单
招　标　人:______________________________(单位签字盖章)
法定代表人:______________________________(签字盖章)
中介机构 法定代表人:______________________________(签字盖章)
造价工程师 及注册证号:______________________________(签字盖执业专用章)
编制时间:______________________________

(2)**填表须知**

填表须知主要包括下列内容:

①工程量清单及其计价格式中所要求签字、盖章的地方,必须有规定的单位和人员签字、盖章。

②工程量清单及其计价格式中的任何内容不得随意删除或涂改。

③工程量清单计价格式中列明的所有需要填报的单价和合价,投标人均应填报,未填报的单价和合价,视为此项费用已包含在工程量清单的其他单价和合价中。

④明确金额的表示币种(如人民币)。

(3)**总说明**

总说明应按下列内容填写:

①工程概况包括建设规模、工程特征、计划工期、施工现场实际情况、交通运输情况、自然地理条件及环境保护要求等。

②工程招标和分包范围。

③工程量清单编制依据。

④工程质量、材料和施工等的特殊要求。

⑤招标人自行采购材料的名称、规格型号和数量等。

⑥其他项目清单中招标人部分的(包括预留金、材料购置费等)金额数量。

⑦其他需说明的问题。

(4)**分部分项工程量清单**

分部分项工程量清单应表明拟建工程的全部分项实体工程名称和相应数量,编制时应避免漏项、错项,如表12.3所示。

表12.3　分部分项工程量清单

工程名称:　　　　　　　　　　　　　　　　　　第　页　共　页

序号	项目编码	项目名称	计量单位	工程数量

(5)**措施项目清单**

措施项目清单应根据拟建工程的具体情况,表明为完成分项实体工程而必须采用的一些措施性工作。措施项目清单格式如表12.4所示。

表 12.4　措施项目清单

工程名称：　　　　　　　　　　　　　　　　　　　　　　　　第　页　共　页

序号	项目名称

(6)其他项目清单

其他项目清单的表格形式同措施项目清单。

(7)零星工作项目表

零星工作项目表格式如表 12.5 所示。

表 12.5　零星工作项目表

工程名称：　　　　　　　　　　　　　　　　　　　　　　　　第　页　共　页

序号	名　称	计量单位	数量
1	人工		
2	材料		
3	机械		

复习思考题

1. 什么是工程量清单？工程量清单包括哪些内容？
2. 清单编制时要求遵守的“四统一”是指什么？
3. 分部分项工程量清单的项目编码分几级？各级分别代表什么含义？
4. 如何编制分部分项工程量清单？
5. 如何编制措施项目清单？
6. 如何编制其他项目清单？

第13章
工程量清单计价

13.1 工程量清单计价概述

13.1.1 工程量清单计价的概念和原则

(1)工程量清单计价的概念

按照建设工程工程量清单计价规范(或规则)的规定,以及依照工程量清单和综合单价法对建设工程进行计价的活动,称为工程量清单计价。工程量清单计价包括编制招标标底、投标报价、合同价款的确定与调整和办理工程结算等。

工程量清单计价法适用于建设工程的新建、扩建、改建项目。此处的建设工程包括建筑工程、装饰装修工程、安装工程、市政工程及园林绿化工程。

(2)工程量清单计价应遵循的原则及规定

1)工程量清单计价活动应遵循客观、公正、公平的原则,应符合国家及地区有关法律、法规、标准、规范及规范性文件的规定。

2)工程量清单及其计价由具有建设项目管理能力的业主,承包商或具有相应资质的中介机构完成。

3)工程量清单计价人应符合规定的资格。

4)施工图预算和招标标底应依据拟建项目工程量清单和有关要求,结合施工现场实际情况,合理的施工方法,按照建设工程工程量清单计价规则,建设工程消耗量定额,建设工程参考价目表,参考费率,以及工程造价管理机构发布的市场价格信息进行编制。

5)投标报价应由投标人依据招标文件中的工程量清单和有关要求、施工组织设计或施工方案,按照企业定额、市场价格信息或参照建设工程消耗量定额、建设工程参考价目表、参考费率,以及工程造价管理机构发布的市场价格信息自主编制。

投标报价不得低于本企业成本。

13.1.2　工程量清单计价的性质和特点

(1)工程量清单计价的性质

工程量清单计价有以下性质:

1)统一性。实行工程量清单计价,工程量清单计价文件必须做到“四统一”,即统一项目编码、统一项目名称、统一工程量计算单位、统一工程量计算规则,达到清单项目工程量统一的目的。工程量清单计价是投标人完成由招标人提供的清单工程量所需的全部费用。统一性为合理确定工程费用提供了基础和前提条件。

2)规定性。通过制订统一的建设工程工程量清单计价方法,达到规范计价行为的目的。这些规则和办法是强制性的,工程建设各方都应该遵守。其主要体现如下:

①规定全部使用国有资金或国有资金投资为主的大中型建设工程应按计价规范规定执行。

②明确工程量清单是招标文件的组成部分,并规定了招标人在编制工程量清单时必须做到项目编码、项目名称、计量单位、工程量计算规则四统一,并且要用规定的标准格式来表述。

3)实用性。计价规范附录中工程量清单项目及计算规则的项目名称表现的是工程实体项目,项目名称明确清晰,工程量计算规则简洁明了,特别还列有项目特征和工程内容,易于编制工程量清单时确定具体项目名称和投标报价。

4)竞争性。主要体现如下:

①在工程量清单中只列“措施项目”一栏,具体采用什么措施,如模板、脚手架、临时设施、施工排水等详细内容由投标人根据企业的施工组织设计,视具体情况报价,因为这些项目在各个企业间各有不同,是企业竞争项目,是留给企业的竞争空间。

②工程量清单中人工、材料和施工机械没有具体的消耗量,且将工程消耗量定额中的工、料、机价格与利润、管理费全面放开,由市场的供求关系自行确定价格。投标企业可以依据企业定额和市场价格信息,也可以参照建设行政主管部门发布的人、材、机的社会平均消耗量定额及各项参考费率进行报价。

(2)工程量清单计价的特点

工程量清单计价的特点,具体体现在以下 5 个方面:

1)统一计价规则。通过制订统一的建设工程工程量清单计价方法、统一的工程量计量规则、统一的工程量清单项目设置规则,达到规范计价行为的目的。这些规则和办法是强制性的,建设各方面都应该遵守。

2)有效控制消耗量。通过由政府发布统一的社会平均消耗量指导标准,为企业提供一个社会平均尺度,避免企业盲目或随意大幅度减少或扩大消耗量,从而达到保证工程质量的目的。

3)彻底放开价格。将工程消耗量定额中的工、料、机价格与利润、管理费全面放开,由市场的供求关系自行确定价格。

4)企业自主报价。投标企业根据自身的技术专长、材料采购渠道和管理水平等,制订企业自己的报价定额,自主报价。企业尚无报价定额的,可参考使用造价管理部门颁布的《建设工程消耗量定额》与配套的参考价目表,以及部分措施项目的参考费率。

5)市场有序竞争形成价格。通过建立与国际惯例接轨的工程量清单计价模式,引入充分竞争形成价格的机制,制订衡量投标报价合理性的基础标准。在投标过程中,有效引入竞争机制,淡化标底的作用。在保证质量、工期的前提下,按国家《招标投标法》及有关条款规定,最终以"不低于成本"的合理低价者中标。

13.1.3 工程量清单计价的依据

(1)确定社会平均价格的依据

①建设工程工程量清单计价规范(或地区计价规则)。

②拟建工程设计文件。

③拟建工程工程量清单。

④招标文件中有关要求。

⑤合理的施工方案及办法。

⑥建设工程消耗量定额、建设工程参考价目表和建设工程参考费率。

⑦相关价格信息。

(2)确定工程个别价格的依据

①建设工程工程量清单计价规范(或地区计价规则)。

②拟建工程设计文件。

③拟建工程工程量清单。

④招标文件中有关要求。

⑤拟建工程施工组织设计。

⑥企业定额或参照建设工程消耗量定额、建设工程参考价目表和参考费率。

⑦市场价格或相关价格信息。

13.1.4 工程量清单计价程序及方法

工程量清单计价应包括按招标文件规定,完成工程量清单所列项目的全部费用,包括分部分项工程费、措施项目费、其他项目费和规费、税金。

工程造价计价程序及清单计价方法如表 13.1 所示。

表 13.1 工程造价计价程序及计价方法

序号	费用项目内容	计算式	说　明
1	分部分项工程费	$\sum$(分部分项工程量 × 分部分项工程综合单价)	分部分项工程量按清单计价规则规定的方法确定,由发包人提供 分部分项工程综合单价按清单计价规则规定的组价程序和清单项目中的工程内容组合确定
2	措施项目费	$\sum$(措施项目工程量 × 措施项目综合单价) 或按"项"、"次"计算	措施项目费应根据拟建工程的施工组织设计或施工方案,参照工程量清单计价规则规定的综合单价组成确定

续表

序号	费用项目内容	计算式	说　明
3	其他项目费	$\sum$（其他项目工程量×其他项目综合单价） 或按“项”、“次”计算	预留金、工程分包和材料购置费等，属业主部分的金额，按拟建工程的具体要求或招标文件规定，以估算金额确定 总包服务费属承包人部分的金额，根据业主要求确定，业主无要求时，计价人可自主确定 零星工作项目费可根据零星工作项目计价表分别计算后，参照计价规则规定的综合单价确定
4	规　费	（分部分项工程费＋措施项目费＋其他项目费）×规费费率	规费为不可竞争性费用，并应按有关规定上缴有关管理部门
5	不含税造价	分部分项工程费＋措施项目费＋其他项目费＋规费	
6	税　金	（分部分项工程费＋措施项目费＋其他项目费＋规费）×计税系数	计税系数：纳税地点在市区 3.41% 纳税地点在县城、镇为 3.35% 纳税地点不在市区、县城、镇为 3.22%
7	建筑安装工程造价	分部分项工程费＋措施项目费＋其他项目费＋规费＋税金	

13.1.5　清单项目工程量变更的计价

工程量变更引起的综合单价调整，除合同另有约定外，应按下列办法确定：

1）工程量清单漏项或设计变更引起新的工程量清单项目，其相关综合单价由承包人提出，经发包人确认后作为结算的依据。

2）因工程量清单的工程数据有误或设计变更引起的工程量增减，属合同约定幅度以内的，执行原合同确定的综合单价；属合同约定幅度以外的增加部分的工程量或减少后剩余工程量的综合单价，由承发包双方协商确认后作为结算依据。

3）由于工程量的变更，实际发生上条以外的费用损失，承包人可提出索赔要求，与发包人协商确认后，予以补偿。

13.2　分部分项工程费的确定

13.2.1　清单工程量的计算与复核

在实行工程量清单计价的工程中，工程量清单作为招标文件的组成部分，由招标人提供。

投标人可直接据此编制报价,不用复核工程量。但投标人如果认为清单内容有不妥之处或投标人为确定投标策略及把握索赔机会,需重新计算和复核工程量。

另外,通过计算和复核清单工程量,可准确地确定材料、设备等资源数量,防止因超量、少购等带来的浪费、积压或停工待料。

投标人经复核工程量清单,发现有漏项和误算时,可参考计价规则的规定和合同的约定处理,或通过质疑的方式由清单编制人做统一的修改更正,并将修正后的工程量清单发给所有投标人。

13.2.2 分部分项工程单价的确定

分部分项工程费用的确定,一方面取决于清单工程量,另一方面取决于清单项目单价。

(1)项目单价的费用组成

按单价的费用组成内容不同,可将项目单价分为工料单价、综合单价和完全单价。

1)工料单价

工料单价中只包括人工费、材料费和机械费,管理费、利润和税金需另行计算,即

$$工料单价 = 人工费 + 材料费 + 机械费$$

2)综合单价

综合单价包含了完成一个规定计量单位分项工程所需的人工费、材料费和机械费、管理费和利润,并可以考虑风险因素。综合单价反映了承包人的收入,但它仍属于不完全单价。其计算式为

$$综合单价 = 人工费 + 材料费 + 机械费 + 管理费 + 利润 + 风险$$

3)完全单价

完全单价也称全费用单价,其费用组成是在综合单价基础上,再计入规费和税金。

$$完全单价 = 人工费 + 材料费 + 机械费 + 管理费 + 利润 + 风险 + 规费 + 税金$$

现阶段,我国清单项目单价基本上均采用综合单价。

(2)分部分项工程单价的确定步骤

1)确定计算依据

确定社会平均价格时,计算依据主要包括消耗量定额及其预算价格,拟建工程设计文件,拟建工程工程量清单,合理的施工方法及相关价格信息,等等。

确定工程个别价格时的计算依据,与确定社会平均价格不同的是应根据本企业实际消耗量水平,并结合拟定的施工方案确定完成清单项目需要消耗的各种人工、材料、机械台班的数量。在没有企业定额或企业定额缺项时,可参照与本企业实际水平相近的社会定额,并通过调整来确定清单项目的人、材、机单位用量。各种人工、材料、机械台班的价格,则应根据询价的结果和市场行情综合确定。

2)分析清单项目的工程内容

现行工程量清单计价规范对拟建工程项目子目的划分与消耗量定额和企业定额中的项目子目划分不完全一一对应。需要清单计价编制人根据计价规范和工程量清单中的项目特征,结合施工现场情况和拟定的施工方案确定完成各清单项目实际应发生的工程内容,确定清单项目所包含的消耗量定额子目或企业定额子目。

3)计算定额子目的工程量

每一项工程内容都应根据所选定额的工程量计算规则计算其工程数量，当定额的工程量计算规则与计价规范的工程量计算规则相一致时，可直接以工程量清单中的工程量作为定额子目相应工程内容的工程数量。

4）根据定额子目工程量确定相应的人工、材料、机械台班消耗量

根据消耗量定额或企业定额中的子目工程量单位确定相应工程量所需人工、材料、机械台班消耗量。其计算公式为

$$定额人工消耗量=定额子目工程量\times定额子目单位人工消耗量$$

$$定额材料消耗量=定额子目工程量\times定额子目单位材料消耗量$$

$$定额机械台班消耗量=定额子目工程量\times定额子目单位机械台班消耗量$$

5）确定相应定额子目人工工日、材料、机械台班价格

6）确定相应定额子目的人工费、材料费、机械费

$$定额子目人工费=定额人工消耗量\times人工工日单价$$

$$定额子目材料费=定额材料消耗量\times材料单价$$

$$定额子目机械费=定额机械台班消耗量\times机械台班单价$$

7）确定清单项目的人工费、材料费、机械费

$$清单项目人工费=\frac{\sum 定额子目人工费}{清单项目工程量}$$

$$清单项目材料费=\frac{\sum 定额子目材料费}{清单项目工程量}$$

$$清单项目机械费=\frac{\sum 定额子目机械费}{清单项目工程量}$$

8）确定清单项目管理费、利润及风险费

管理费、利润及风险费的确定，根据计费依据（取费基础）不同，计算方法不同。

9）确定清单项目综合单价

$$清单项目单价=清单项目人工费+材料费+机械费+管理费+利润+风险费$$

或

$$清单项目单价=\frac{\sum 定额子目综合单价}{清单项目工程量}$$

$$定额子目综合单价=人工费+材料费+机械费+管理费+利润+风险费$$

除采用上述方法确定清单项目单价以外，还可采用清单单位含量法。其基本方法是在计算人工费、材料费与机械使用费之前，先计算每一计量单位的清单项目所分摊的定额子目的工程量，即清单单位含量。其计算公式为

$$清单单位含量=\frac{某工程内容的定额工程量}{清单工程量}$$

$$清单项目人工消耗量=定额单位人工用量\times清单单位含量$$

$$清单项目材料消耗量=定额单位材料用量\times清单单位含量$$

$$清单项目机械台班消耗量=定额单位机械台班用量\times清单单位含量$$

$$清单项目人工费=清单项目人工消耗量\times人工工日单价$$

$$清单项目材料费=清单项目材料消耗量\times材料单价$$

$$清单项目机械费=清单项目机械消耗量\times机械台班单价$$

13.3 措施项目费的确定

13.3.1 措施项目的确定与增减

招标人在编制标底时,措施项目费可根据合理的施工方案和各措施项目费的参考费率及有关规定确定。

投标人在编制措施项目报价表时,可根据施工组织设计采取的具体措施,在招标人提供的措施项目清单基础上,增减措施项目(对清单中列出而实际未采用的措施不填写报价表)。措施项目的增减应按下列要求进行:

1)根据施工组织设计确定环境保护、文明安全施工、材料的二次搬运,以及夜间施工、大型机具进出场及安拆、混凝土模板与支架、脚手架、施工排水降水、垂直运输及超高降效等项目。

2)施工规范与工程验收规范要求而必须发生的技术措施项目。

3)招标文件中提出的某些必须通过一定的技术措施才能实现的要求。

4)设计文件中提出的某些需要通过一定的技术措施才能实现的要求。

总之,措施项目的计列应以实际发生为准。措施项目的大小、数量也应根据实际设计确定,不要盲目扩大或减少,这是准确估计措施项目费的基础。

13.3.2 措施项目费的确定方法

措施项目是为工程实体施工服务的,不同措施项目其特点不同,费用确定方法也不同,基本可归纳为两种方法:其一,按分部分项工程费中所含各措施项目费的费率确定;其二,按实计算。按前一种方法措施项目费中一般已包含管理费与利润等,按后一种方法措施项目费应另外考虑管理费、利润的分摊。

(1)临时设施费的确定

1)按临时设施费的费率确定

$$临时设施费 = 分部分项工程费 \times 临时设施费费率$$

临时设施费费率可根据统计资料预先测定。例如,陕西省一般土建工程临时设施费参考费率为2.01%。

2)按实计算

$$临时设施费 = 周转性临设费 + 一次性临设费 + 其他临时设施费 + 管理费 + 利润$$

①周转性使用临时设施费的确定

周转性使用临时设施费可按使用次数分次平均摊销,计算公式为

$$周转性临设费 = 周转性临时设施购置费 \times \frac{1 + (周转次数 - 1) \times 补损率}{周转次数} + 一次性安装拆卸费$$

按使用天数平均摊销,计算公式为

$$周转性临设费 = \frac{周转性临时设施购置费 \times 工期}{使用年限 \times 365 \times 利用率} + 一次性安装拆卸费$$

②一次性临时设施费的确定

一次性临时设施费应根据其工料实际用量,并考虑回收残值来确定。其计算公式为

$$一次性临设费 = 临时设施工程量 \times 单价 \times (1 - 残值率) + 一次性安装拆卸费$$

③其他临时设施费的确定

其他临时设施主要包括临时供水设施和临时供电设施。其中,临时供水设施包括临时水源设施和临时供水线路设施等;临时供电设施包括变压器、配电箱、配电柜、电线电缆、电线杆等。其费用估算基本是按使用次数平均摊销,或按下式确定。

$$其他临时设施费 = (周转性使用临建费 + 一次性使用临建费) \times 其他临时设施所占比例$$

(2)大型机械安拆及进出场费的确定

大型机械安拆及进出场费是指大型施工机械由仓库或施工现场运至另一施工现场 25 km 以内所需的场外运输费、安装拆卸费、试运转费、基础铺拆费及辅助设施摊销费等。

其确定方法如下:

1)土石方机械按 100 m^3 土石方工程量计算人工、材料、机械台班消耗量,再据此确定其综合单价和 25 km 以内安拆及进出场费。

2)基坑降水设备按每一个降水单位工程计算一次人工、材料、机械台班消耗量,再据此确定其综合单价和安拆及进出场费。

3)桩基工程大型机械设备按一个单位工程计算一次人工、材料、机械台班消耗量,再据此确定其综合单价和安拆及进出场费。

4)吊装工程以 100 m^3 混凝土构件或 100 t 金属构件计算吊装机械安拆及进出场所需人工、材料、机械台班消耗量,再据此确定其综合单价和安拆及进出场费。

5)垂直运输机械按一个单位工程分别计算一次 25 km 以内往返场外运输、安装、拆卸、基础铺拆所需人工、材料、机械台班消耗量,再据此确定其综合单价和安拆及进出场费。

6)再考虑管理费和利润的分摊。

(3)垂直运输机械使用费的确定

垂直运输机械使用费包括单位工程在合理工期内完成全部工程项目主体与装修所需的垂直运输机械台班使用费,不包括按规定单独计算的机械场外往返运输、一次安拆及基础铺拆费。其确定方法一般有两种:

1)按消耗量定额确定台班消耗量,再乘以台班单价进行计算。

2)按租赁天数乘以租赁单价计算。

不论采用哪种方法均要考虑管理费和利润的分摊。

(4)安全文明施工费的确定

$$安全文明施工费 = 分部分项工程费 \times 安全文明施工费费率$$

$$安全文明施工费费率 = \frac{本项费用年度平均支出}{全年建安产值 \times 分部分项工程费占总造价比例}$$

例如,陕西省安全文明施工措施费费率为 1.4%,适用各专业且属于不可竞争费率。

(5)冬雨季及夜间施工增加费的确定

$$冬雨季及夜间施工增加费 = 分部分项工程费 \times 冬雨季及夜间施工增加费费率$$

$$冬雨季及夜间施工增加费费率 = \frac{本项费用年度平均支出}{全年建安产值 \times 分部分项工程费占总造价比例}$$

例如,陕西省一般土建工程冬雨季及夜间施工增加措施费参考费率为 1.02%。

(6)**二次搬运费**

$$二次搬运费 = 分部分项工程费 \times 二次搬运费费率$$

$$二次搬运费费率 = \frac{本项费用年度平均支出}{全年建安产值 \times 分部分项工程费占总造价比例}$$

例如,陕西省一般土建工程二次搬运费参考费率为 0.46%。

(7)**检验试验及放线定位费**

$$检验试验及放线定位费 = 分部分项工程费 \times 检验试验及放线定位费费率$$

$$检验试验及放线定位费费率 = \frac{本项费用年度平均支出}{全年建安产值 \times 分部分项工程费占总造价比例}$$

例如,陕西省一般土建工程检验试验及放线定位费参考费率为 0.57%。

(8)**混凝土模板及支架费**

$$模板及支架费 = 模板摊销量 \times 模板价格 + 支架搭拆及运输费 + 管理费 + 利润$$

或者参考消耗量定额及计价依据计算,再加管理费和利润。

(9)**脚手架费**

脚手架费包括施工需要的各种脚手架搭拆、运输费用及脚手架的摊销(或租赁)费用,即

$$脚手架费 = 脚手架摊销量 \times 脚手架价格 + 脚手架搭拆及运输费 + 管理费 + 利润$$

或

$$脚手架费 = 脚手架租赁费 + 脚手架搭拆及运输费 + 管理费 + 利润$$

或按消耗量定额及计价依据,加上管理费和利润。

(10)**已完工程及设备保护费**

$$已完工程及设备保护费 = 成品保护所需机械费 + 材料费 + 人工费 + 管理费 + 利润$$

或

$$已完工程及设备保护费 = 分部分项工程费 \times 成品保护费费率$$

(11)**施工排水、降水费**

$$排水降水费 = 排水降水机械台班费 \times 排水降水周期 + 排水降水使用材料费及人工费 + 排水降水设备安拆及运输费 + 管理费 + 利润$$

或按消耗量定额及计价依据,加上管理费和利润。

(12)**环境保护费**

$$环境保护费 = 分部分项工程费 \times 环境保护费费率$$

$$环境保护费费率 = \frac{本项费用年度平均支出}{全年建安产值 \times 分部分项工程费占总造价比例}$$

或按环保部门规定计算。

13.3.3 措施项目费计算时特殊问题的处理

投标人中标的措施项目费,应为合同价款的组成部分,一般不做调整。当出现下列情况时可做调整:

1)发包人更改已审定的施工方案(修正错误除外),引起措施项目费用的增加。

2)施工过程中由于发包人原因造成工程量变化引起相关措施项目费用的增加。

3)上述两类情况发生时,承包人原中标价以系数计算的措施项目,按原中标系数计算。承包人原中标价以综合单价计算的措施项目,可按下述规定办理:

①合同中已有适用综合单价的,执行已有综合单价。

②合同中有类似综合单价的,可参照类似综合单价调整。

③合同中没有适用或类似综合单价的,由承包人或发包人提出综合单价,经双方确认后执行。

13.4 其他项目费的确定

其他项目费分为两部分:招标人部分和投标人部分。招标人部分包括预留金、分包费和材料购置费;投标人部分包括总承包服务费和零星工作项目费或其他项目需要增加并得到招标人许可的费用。

13.4.1 招标人部分其他项目费

招标人部分其他项目费是由招标人在工程量清单总说明中明确说明的金额。

(1)**预留金**

预留金是招标人为可能发生的工程变更(如工程量清单有误、设计变更引起的工程量增加等)及生产要素价格上涨引起的工程造价上涨而预留的金额。由招标人根据具体工程情况、市场预测及经验确定。

(2)**分包费**

分包费是指招标人将按国家规定准予分包的工程指定分包人施工而预留的金额。应根据实际分包内容计算。

(3)**材料购置费**

材料购置费是招标人自行购置某些材料而预留的某些金额。它是根据材料购置数量和市场价格来确定的。凡由招标人自行采购的材料价款,建筑工程、装饰装修工程应全部计入分部分项工程量清单项目的综合单价内;安装工程、市政工程、园林绿化工程应全部计入其他项目清单内。

13.4.2 投标人部分其他项目费

(1)**总承包服务费**

总承包服务费是投标人为配合协调招标人进行工程分包和材料采购所发生的费用。应根据经验及工程分包特点,按分包项目金额的一定百分比计算。

(2)**零星工作项目费**

零星工作项目费是招标人列出的未来可能发生的工程量清单以外的不能以实物计量和定价的零星工作,包括人工、材料和机械。零星工作的内容应以零星工作项目表的形式列出,由投标人填报综合单价,即

$$\text{人工工日综合单价} = \text{人工单价} \times (1 + \text{管理费费率}) \times (1 + \text{利润率})$$

$$\text{材料综合单价} = \text{材料单价} \times (1 + \text{管理费费率}) \times (1 + \text{利润率})$$

$$\text{机械台班综合单价} = \text{机械台班单价} \times (1 + \text{管理费费率}) \times (1 + \text{利润率})$$

要强调的是,其他项目清单中的预留金、材料购置费和零星工作项目费均为估算、预测价

款,虽在投标时计入投标人的报价中,但不应视为投标人所有。竣工结算时,应按承包人实际完成的工作内容按实结算,如有剩余,剩余部分归招标人所有。

13.5 工程量清单计价格式

工程量清单计价应采用统一格式。工程量清单计价格式应随招标文件发至投标人。工程量清单计价格式应由下列内容组成:

(1)**封面**

封面如表13.2所示,由投标人按规定的内容填写、签字、盖章。

表 13.2 **封面**

________________工程
工程量清单报价表
投　标　人:____________________________(单位签字盖章)
法定代表人:____________________________(签字盖章)
造价工程师
及注册证号:____________________________(签字盖执业专用章)
编 制 时 间:____________________________

(2)**投标总价**

投标总价如表13.3所示,投标报价应按工程项目总价表(见表13.4)的合计金额填写。

表 13.3 **投标总价**

投标总价
建设单位:______________________________
工程名称:______________________________
投标总价(大写):________________________
(小写):________________________
投　标　人:____________________________(单位签字盖章)
法定代表人:____________________________(签字盖章)
编 制 时 间:____________________________

（3）**工程项目总价表**

如表 13.4 所示为工程项目总价表，表中单项工程名称应按照单项工程费汇总表（见表 13.5）的工程名称填写，金额应按照单项工程费汇总表的合计金额填写。

表 13.4　工程项目总价表

工程名称：　　　　　　　　　　　　　　　　　　　　　第　页　共　页

序　号	单项工程名称	金额/元
	合　计	

（4）**单项工程费汇总表**

如表 13.5 所示为单项工程费汇总表，表中单位工程名称应按照单位工程费汇总表（见表 13.6）的工程名称填写，金额应按照单位工程费汇总表的合计金额填写。

表 13.5　单项工程费汇总表

工程名称：　　　　　　　　　　　　　　　　　　　　　第　页　共　页

序　号	单位工程名称	金额/元
	合　计	

（5）**单位工程费汇总表**

如表 13.6 所示为单位工程费汇总表，表中金额应分别按照分部分项工程量清单计价表（见表 13.7）、措施项目清单计价表（见表 13.8）和其他项目清单计价表（见表 13.9）的合计金额，以及按有关规定计算的规费和税金填写。

表 13.6　单位工程费汇总表

工程名称：　　　　　　　　　　　　　　　　　　　　　第　页　共　页

序　号	项目名称	金额/元
1	分部分项工程量清单计价合计	
2	措施项目清单计价合计	
3	其他项目清单计价合计	
4	规费	
5	税金	
	合　计	

(6)**分部分项工程量清单计价表**

如表13.7所示为分部分项工程量清单计价表,表中序号、项目编码、项目名称、计量单位、工程数量必须按招标文件提供的分部分项工程量清单中的相应内容填写。

表13.7　**分部分项工程量清单计价表**

工程名称:　　　　　　　　　　　　　　　　　　　　　　　　　第　页　共　页

序　号	项目编码	项目名称	计量单位	工程数量	金额/元	
					综合单价	合价
	本页小计					
	合　计					

(7)**措施项目清单计价表**

如表13.8所示为措施项目清单计价表,表中序号、项目名称必须按措施项目清单中的相应内容填写;投标人可根据施工组织设计采取的措施增加项目。投标人根据施工组织设计采取的措施等增加的项目,应排在措施项目清单所列项目之后,并在序号栏以"补"字表示,从01起顺序编码。

表13.8　**措施项目清单计价表**

工程名称:　　　　　　　　　　　　　　　　　　　　　　　　　第　页　共　页

序　号	项目名称	金额/元
	合　计	

(8)**其他项目清单计价表**

如表13.9所示为其他项目清单计价表,表中序号、项目名称必须按招标文件提供的其他项目清单中的相应内容填写,招标人部分的金额必须按招标人提出的数额填写。

表13.9　**其他项目清单计价表**

工程名称:　　　　　　　　　　　　　　　　　　　　　　　　　第　页　共　页

序　号	项目名称	金额/元
1	招标人部分	
	小计	

续表

序　号	项目名称	金额/元
2	投标人部分	
	小计	
	合　计	

(9)**零星工作项目计价表**

如表 13.10 所示为零星工作项目计价表，表中的人工、材料、机械名称、计量单位和相应数量应按零星工作项目表中相应的内容填写。工程竣工后，零星工作费应按实际完成的工程量所需费用结算。

表 13.10　零星工作项目计价表

工程名称：　　　　　　　　　　　　　　　　第　页　共　页

序　号	名　称	计量单位	数　量	金额/元	
				综合单价	合价
1	人工				
	小计				
2	材料				
	小计				
3	机械				
	小计				
	合计				

(10)**分部分项工程量清单综合单价分析表**

如表 13.11 所示为分部分项工程量清单综合单价分析表，它应由招标人根据需要提出要求后填写。

表 13.11　零星工作项目计价表

工程名称：　　　　　　　　　　　　　　　　第　页　共　页

序号	项目编码	项目名称	工程内容	综合单价组成					综合单价
				人工费	材料费	机械使用费	管理费	利润	

(11)**措施项目费分析表**

如表13.12所示为措施项目费分析表,它应由招标人根据需要提出要求后填写。

表13.12 措施项目费分析表

工程名称: 第 页 共 页

序号	措施项目名称	单位	数量	金额/元					
				人工费	材料费	机械使用费	管理费	利润	小计
	合计								

(12)**主要材料价格表**

如表13.13所示为主要材料价格表。招标人提供的主要材料价格表应包括详细的材料编码、材料名称、规格、型号和计量单位等,投标人所填写的单价必须与清单计价中采用的相应材料单价一致。

表13.13 主要材料价格表

工程名称: 第 页 共 页

序 号	材料编码	材料名称	规格、型号等特殊要求	单 位	单价/元

工程量清单计价格式在使用时应注意以下3点:

1)工程招标投标阶段的计价,工程量清单及相应计价表格应于招标文件同时发至投标人。招标人要求填报"分部分项工程量清单综合单价分析表"及"措施项目费分析表"时,应在招标文件中说明,一般情况下应单独装订密封。

2)非工程招标阶段的计价可不填写"投标总价表"。

3)工程招标投标阶段,招标人对"其他项目"费用有专门规定时,应按招标人规定填写。

13.6 案 例

某多层砖混住宅土方工程,土壤类别为三类土;基础为砖大放脚带形基础;垫层宽度为920 mm;挖土深度为1.8 m,弃土运距4 km。

1)经业主根据基础施工图和附录A中的土石方工程量计算规则计算:

基础挖土截面积:$0.92\ \text{m}\times 1.8\ \text{m}=1.656\ \text{m}^2$

基础总长度:1 590.6 m

土方挖方总量：$1.656\ m^2 \times 1\ 590.6\ m = 2\ 634\ m^3$

2）经投标人根据地质资料和施工方案计算：

①基础挖土截面：$(0.92\ m + 0.25\ m \times 2 + 1.8\ m \times 0.2) \times 1.8\ m = 3.20\ m^2$（工作面宽度各边为0.25 m，放坡系数为0.2）

基础总长度：1 590.6 m

土方挖方总量：$3.20\ m^2 \times 1\ 590.6\ m = 5\ 089.92\ m^3$

②采用人工挖土方量为5 089.92 m^3，根据施工方案除沟边堆土外，现场堆土2 170.5 m^3，运距60 m，采用人工运输。还有土方量1 210 m^3，采用装载机装，自卸汽车运输，运距4 km。

③人工挖土、运土(60 m内)，基底打夯：

A. 人工费：$5\ 089.92\ m^3 \times 8.4$ 元/ m^3 $+ 2\ 170.5\ m^3 \times 7.38$ 元/ m^3 $= 58\ 773.62$ 元

B. 机械费：

电动打夯机：8元/台班 $\times 0.001\ 8$ 台班/ $m^2 \times (0.92\ m \times 1\ 590.6\ m) = 21.07$ 元

C. 合计：58 773.62元 + 21.07元 = 58 794.69元

④装载机装自卸汽车运土(4 km)

A. 人工费：25元/工日 $\times 0.006$ 工日/$m^2 \times 1\ 210\ m^2 \times 2 = 363.00$ 元

B. 材料费(水)：1.8元/ $m^3 \times 0.012\ m^3/m^3 \times 1\ 210\ m^3 = 26.14$ 元

C. 机械费：

装载机(轮胎式1 m^3)：280元/台班 $\times 0.003\ 98$ 台班 $\times 1\ 210\ m^3 = 1\ 348.42$ 元

自卸汽车(3.5 t)：340元/台班 $\times 0.049\ 25$ 台班/ $m^3 \times 1\ 210\ m^3 = 20\ 467.15$ 元

推土机(75 kW)：500元/台班 $\times 0.002\ 96$ 台班/ $m^3 \times 1\ 210\ m^3 = 1\ 790.80$ 元

洒水车(400 L)：300元/台班 $\times 0.006$ 台班/ $m^3 \times 1\ 210\ m^3 = 217.8$ 元

小计：23 824.17元

D. 合计：24 213.31元

⑤综合：

A. 直接费合计：83 008元

B. 管理费：直接费 × 34% = 28 222.72元

C. 利润：直接费 × 8% = 6 640.64元

D. 总计：117 871.36元

E. 综合单价：117 871.36元 ÷ 2 634 m^3 = 44.75元/ m^3

⑥大型机械进出场费计算(列入工程量清单措施项目费)：

A. 推土机进出场按平板拖车(15 t)1个台班计算：600元

B. 装载机(1 m^3)进出场按1个台班计算：280元

C. 自卸汽车进出场费(3台)按1.5台班计算：510元

D. 机械进出场费总计：1 390元

分部分项工程量清单计价如表13.14所示，分部分项工程量清单综合单价计算如表13.15所示。

表 13.14　分部分项工程量清单计价表

工程名称:某多层砖混住宅工程　　　　第　页 共　页

序　号	项　目	项目名称	计价单位	工程数量	金额/元	
					综合单价	合　价
1	010101003001	A.1 土(石)方工程 挖基础土方 土壤类别:三类土 基础类型:砖大放脚带型基础 垫层宽度:920 mm 挖土深度:1.8 m 弃土运距:4 km	m^3	2 634	44.75	117 871.36

表 13.15　分部分项工程量清单综合单价计算表

工程名称:某多层砖混住宅工程　　　　计价单位:m^3

项目编码:010101003001　　　　工程数量:2 634

项目名称:挖基础土方　　　　综合单价:44.75 元

序号	定额编号	工程内容	单位	数量	其中/元					
					人工费	材料费	机械费	管理费	利润	小计
	1-8	人工挖土方(三类土 2 m 以内)	m^3	1.932	16.32		0.008	5.52	1.29	23.05
	1-49	人工运土方(60 m)	m^3	0.824	6.08			2.07	0.49	8.64
	1-174 1-195	装载机自卸汽车运土方(4 km)	m^3	0.459	0.14	0.01	9.04	3.13	0.74	13.06
		合　计			22.45	0.01	9.05	10.72	2.52	44.75

注:参考《全国统一建筑工程基础定额》。

复习思考题

1. 什么是工程量清单计价？工程量清单计价应遵循什么原则？
2. 工程量清单计价有哪些性质和特点？
3. 确定社会平均价格和工程个别价格的依据有什么不同？
4. 简述工程量清单计价程序。
5. 在施工中,工程量发生变更时综合单价应如何处理？
6. 什么是综合单价？如何确定清单项目的综合单价？
7. 措施项目费的确定方法有哪些？在实际施工中,对投标人已中标的措施项目费是否能够调整？
8. 如何确定其他项目费？

第 14 章 信息技术在工程造价管理工作中的应用

14.1 信息技术在工程造价管理工作中的应用及发展

工程造价及其相关工作长久以来一直以工作量巨大、计算繁复而著称,纯手工工作的效率非常低,而且容易出错。因此,为了提高工作效率,降低劳动强度,提升管理质量,使用信息技术来参与工程造价的计算和工程造价的管理工作就成为我国造价行业和相关信息技术行业一个不断追求的目标。

在微机技术发展的早期,我国就诞生了第一批具有探索性质的计算造价的软件工具。由于当时的软件功能十分简单,起到的作用也就是简单的运算和表格打印,并且受到硬件的设备能力和普及范围的制约。

随着计算机应用技术和信息技术的飞速发展,以及计算机硬件设备性能的迅速提升和快速普及,进入 20 世纪 90 年代以后,我国工程造价行业进行大规模信息技术应用的硬件环境已经成熟。我国工程造价管理的信息技术应用进入了快速发展期,主要表现在以下 3 个方面:

1)以计算工程造价为核心目的的软件飞速发展起来,并迅速在全国范围获得推广和深入的应用。推广和应用最广泛的就是辅助计算工程量和辅助计算造价的工具级软件。

2)软件的计算机技术含量不断提高,软件结构也从单机版,逐步过渡到局域网网络版,近年更向 Internet 网络应用逐步发展。

3)随着互联网技术的不断发展,我国出现了为工程造价及其相关管理活动提供信息和服务的网站。同时,随着用户业务需求的扩展,我国部分地区出现了为行业用户提供的整体解决方案的系列产品,但都还处在初级阶段。

4)计算机在预算编制中的不可替代的地位已经为广大预算人员所认可。广大设计单位、施工单位、研究院、设计室、各企事业的基础部门及从事预算工作的自由工作者均在使用工程预算软件。目前,在工程的招投标工作中,几乎所有的预算书全部使用预算软件编制。

目前,得到广泛应用的软件主要有以下 3 大类:

第一类是预算编制软件。这类软件需要预算人员读图后根据经验将定额子目列出,并计算出相应子目的工程量,或列出工程的计算式,再将定额子目与工程量输入计算机中,然后确定该工程的取费方法,由计算软件实现对造价和材料的分析,并打印出预算书表格,主要有《单位工程概预算表》《单位工程材料汇总表》《单位工程材料价差表》《单位工程甲供材料表》《单位工程取费表》《单位工程三材料汇总表》。

第二类软件是图形自动算量软件。这类软件需要预算人员读图后将该工程大部分有关工程量的信息输入到计算机中。它主要用于解决民用常见建筑形式的土建部分大部分工程量的计算。在此软件中,能够最大限度地自动套取相应的定额子目,并计算出相应子目的工程量,并能解决定额规定的扣减关系,即实现实体间的自动扣减,在解决复杂工程量计算中发挥了极大作用。该软件的计算结果需要导入到预算编制软件中再进行材料分析和费用分析。

第三类软件是专门解决建筑工程中的钢筋计算问题,能够根据输入的信息实现钢筋的下料与预算计算。

此外,还有审核计软件,统计、变更及结算软件。

除了上述预算编制软件外,还有施工网络图设计软件、标书编制软件、施工平面图设计软件,以及施工统计、项目管理类软件。

应当指出,虽然从信息技术的应用角度来讲,我国取得了长足的进展,应用技术也比较先进,但是从工程造价管理的专业应用深度来讲,信息技术应用的进展并不大,各种 IT 应用工具的关联性都不强,基本上都局限于各自狭小的功能范围,缺乏连贯性和整体关联应用,解决的问题比较单一。对互联网技术的应用也显得比较静态和表面,对各种信息的网络搜集、分析及发布还不完善,无法为行业用户提供核心应用服务。

14.2 计算机编制预算的基本原理

使用计算机编制预算,能够简单地使用鼠标与键盘,能够简单地输入汉字就可以了。正规的软件公司对软件的培训是非常到位的。当然,相应的预算知识是必需的。

使用计算机编制预算,一般的步骤如下:

1)输入定额子目与工程量。根据图纸和相关定额规定,查套出定额子目,并根据图纸计算出子目的工程量,可以列出草稿,也可以边查子目并计算工程量,边输入。在输入的过程中,要注意处理必需的子目换算。子目的换算包括定额说明中相关规定及工程的要求。一般来说,子目换算分为子目的乘系数换算、工料消耗量调整换算、工料类别换算、厚度与运距换算及子目增减换算等。在输入定额子目时,一般提供直接输入定额号的直接输入方法,查询定额子目的查询输入方法。在查询输入子目时,一般提供多选,即一次可以选择多条子目,还提供鼠标拖拉操作。要注意的是,一般输入子目和工程量,要在英文状态下输入,即输入的字符应是半角字符。如果做的是安装工程,还需要将子目中要用到的未计价材料输入,也就是将主材输入。如果软件中该子目已经有了要用的主材,只需预算人员检查、修改主材名称规格,在主材预算价栏中输入主材价格,确定主材使用量;如果该子目下没有所需的主材,则需用户按照软件的操作规定输入主材。一般来说,主材消耗量输入有两种方法:一种是直接输入主材在该子目工作中用到的全部消耗量,另一种是输入该子目工程量为 1 时的消耗量,即定额含量。

软件还根据标准图集,编制了一些综合定额。在输入时,只需打开图集功能,输入图集中的综合定额号,软件能根据标准图集的规定,自动分解出相应定额,并根据做法工程量,自动计算出各定额子目的工程量。

2）确定工程取费程度。按照所用定额的费用定额规定，设定该工程的取费程序，计算机根据取费程序计算工程造价。在计算机软件中，已经根据费用定额的规定将各类工程的取费程序分别制成了模板，使用时，只需将相应类别的取费模板调出，进行必要的检查与修改，如费率、取费基础的表达式。费用模板修改完成后，实际上取费也就结束了。计算机将手工编制预算时的取费过程，由复杂的手工计算简化到了只需确定计算程序的设定，而数值的计算由计算机来完成。

3）确定工程人、材、机的市场价。软件中，定额子目下的工料机（即计价材料）有定额编制时确定的预算价格，工程的项目直接费是根据预算价格计算的，还需要操作人员将工料机的市场价格输入，这个过程一般称为材料调差。在这个过程中，操作人员还可以确定材料的输出形式，也就是材料的转换，最常见的就是在土建预算中，规格料要按原木的形式来汇总。另外，操作人员还可以确定哪些材料要打印到汇总表中，哪些材料是甲方供的，以及甲方供材料的数量。

4）如果需要，则进行必要的设置并进行计算汇总。

5）检查各种表格的格式及结果数据。如果报表格式不符合要求，则可以根据软件提供的功能进行设计调整。如果结果数据不正确，则要检查报表设计中每项的表达式，以及取费程序是否正确，并检查定额子目的工程量和单位。

6）打印需要的报表。

14.3　自动计算工程量软件简介

自动计算工程量软件，一般称为图形计算软件。它的工作原理是将建筑信息在轴线上绘出，计算机根据实体的定义及轴线信息计算出各种工程量。

其操作步骤一般如下：

1）建立工程文件，输入工程信息。比如工程代号、名称等基本信息。

2）输入楼层信息。即定义楼层的信息，如果该工程有楼层，每层的层高，每层的混凝土标号，是否要进行楼层层高换算等。

3）建立轴线信息。计算机提供一个画图区，根据输入的开间、进深数据生成一个轴线网，基础、墙、板及柱等的平面位置就由轴线来确定。

4）定义实体。即将各种要画的实体的基本信息告诉计算机，如要画的墙的名称、材质、宽度、标高及套用的定额子目等。

5）用绘图工具将要画的实体在轴线网中相应的位置中画出。绘图时不必考虑各实体之间的扣减关系，软件会根据定额的规定自动处理。

6）将结果导入到预算软件，进行取费、调差并输出报表。

14.4 工程量清单计价模式下的软件和网络应用

14.4.1 工程量清单计价实施后给企业造价管理带来的影响

实行工程量清单计价,是国家在工程量计价模式上的一次革命,要由计划经济向市场经济过渡中提出的统一量、指导价、竞争费完全要变成清单的“政府宏观调控、企业自由组价、市场竞争形成价格”的体系。《建设工程工程量清单计价规范》实施后,企业会出现的问题就是如何体现个别成本。规范规定:企业必须根据自己的施工工艺方案、技术水平和企业定额,以体现企业个别成本的价格进行自由组价,没有企业定额的可以参照政府能反映社会平均水平的消耗量定额。企业要适应清单下的计价,必须要对本企业的基础数据进行积累,形成反映企业施工工艺水平,用以快速报价的企业定额、材料预算价格库,对每次报价能很好地进行判断分析,并能快速测算出企业的零利润成本。企业如果不形成反映自身施工工艺水平的定额,不进行人工、材料、机械台班含量及价格信息的积累,完全依靠政府定额是无法竞争的。在建筑工程中需要积累的东西项目较多,如施工方案、企业报价、历史结算资料、企业真实成本消耗资料、价格信息及合格供应商信息、竞争对手资料的积累等。对于造价从业人员,应有积累分析后的工程指标经验数据,应对多种报价方式的技能和素质,要有企业定额和行业指标库的积累、灵通的市场信息和充分利用现代软件工具及通晓多种能够快速准确的估价、报价的市场渠道——环境关系、厂家联络及网站信息。这一切对计算机的应用提供了绝好的环境及机遇。只有靠计算机的强大储存、自动处理和信息传递,才能提高企业的管理水平。企业只有选择满足要求的管理软件和管理人才,才能在激烈的竞争中立于不败之地。

14.4.2 工程量清单计价模式下软件和网络的应用

《建设工程工程量清单计价规范》规定:招标文件中的工程量清单包括分部分项工程项目、措施项目及其他项目的明细清单。多数软件针对清单下的招标文件的编制提供了招标助手工具包,主要包括图形自动算量软件、钢筋抽样软件、工程量清单生成软件及招标文件快速生成软件。清单计价模式与定额计价模式最大的不同就是计算工程量的主体发生了变化。招标人的最终目的是形成包括工程量清单在内的招标文件。因此,必须把多个工具性软件进行整体应用才能完成工作。

图形自动算量软件及钢筋抽量软件内置了全国统一工程量清单计算规则,主要是通过计算机对图形自动处理,实现建筑工程工程量自动计算。清单计价模式完全实现了量价分离,招标人可以直接计算出十二位编码的工程量。规范规定编制分部分项工程量清单时除了需要直接输入项目工程量之外,还应该全面、准确地描述清单项目。项目名称应按附录中的项目名称与项目特征并结合拟建工程的实际来确定。因此,完整的清单项目描述应由清单项目名称和项目特征组成。工程量清单计价软件提供了详细描述工程量清单项目的功能,能把图形自动算量软件中的清单项无缝连接,对图形起到一个辅助计算及完善清单的作用,还可以对项目名称及项目特征进行自由编辑及自动选择生成,并对图形代码做二次计算。它能按自由组合的工程量清单名称进行工程量分解,达到更详细、更精确的描述清单项目及计算工程量的目的。

这样不仅符合了计价规范的要求，而且充分地体现了工程量清单计价理念。

措施项目是为完成工程项目施工，发生于该工程施工前和施工过程中的技术、方案、环境及安全等方面的非工程实体项目。其他项目清单是指分部分项工程和措施项目以外，为完成该工程项目施工可能发生的其他费用清单。软件可以自动按规范格式列出《措施项目一览表》的列项，还可以修改、增加和删除，使《措施项目一览表》既能符合设计规范的规定，又能充分满足拟建工程的具体需要。

在工程量清单编制完成后，既可以打印，也可以生成导出"电子招标文件"。招标文件包括工程量清单、招标须知、合同条款及评标办法。招标文件以电子文件的形式发放给投标单位，可使投标单位编制投标文件时，不需要重新编制工程量清单，不但节省了大量时间，而且可以防止投标单位编制投标文件时，可能因出现不符合招标文件格式要求等而造成的不必要损失。

14.5　信息技术在工程造价行业应用的展望

随着信息技术的日益成熟，它为工程造价向纵深发展提供了强有力的工具支持和广阔的发展空间。它主要表现在以下方面：

14.5.1　利用信息技术对影响工程造价的要素进行网络化管理

(1)行业信息的有效搜集、分析、发布及获取等都将全部网络化，有能力的网络信息供应商将在整个工程造价行业中扮演至关重要的角色

例如，通过网络搜集全国以至全球的建筑市场各类信息，予以整理和发布，为行业用户提供最准确、及时的商机。网站可以分析各地的造价指标，为建筑市场的行情提供走势预测，为所有的行业用户提供工程造价参考。搜集各地的材料价格行情，为用户提供参考。网络的信息服务将发展成为未来工程造价行业的工作基础。

(2)建筑市场的交易网络化(电子商务)

随着网络的快速发展，网上的相关应用将无所不在。不久的将来，电子商务将得到全面的应用。届时，招投标工作将全部转移到网络平台，软件系统将会自动监测网上的信息，并及时告之用户网上的商机，供用户选择把握。网络化的电子招投标环境将有助于工程造价行业形成公平的竞争舞台，行业用户的交易成本将大幅降低。建筑材料的采购和交易也将在电子商务平台上进行。

(3)资源的有效利用网络化

在工程造价的每个过程中，用户都可以充分地发掘和利用网络资源。网络的特点就是不受地区限制可以让用户在全球的范围选择最低的成本和最佳的合作伙伴。例如，面向全球的建筑设计方案招标，就可以充分利用网络资源进行全球范围选择，为你提供最优的设计方案。又如，在工程造价的计算过程中，可以利用网络寻找合适的专业人士，并进行远程的服务和协同工作。

14.5.2 利用信息技术进行动态的全过程造价管理

随着竞争的不断激烈,工程造价行业内部的相关企业都必须提升自己的竞争能力,其中,如何提高一个企业的成本控制能力,就是最为关键的因素。要提高成本控制能力就必须要求企业有能力对工程造价的全过程进行控制和管理,信息技术的发展则给全过程动态造价管理的实现带来了可能。它要求在造价工作的全过程对建筑工程造价信息进行收集和有目的的分析整理,并将分析得出的数据用于形成使用者自己的企业个体的实际消耗量标准,或者称为企业的真实成本,可在后续的商业活动中(报价、成本管理和造价控制等多方面)发挥重要的参考作用。

全过程造价管理的信息技术应用,关键是动态管理。只有充分收集各方面的相关信息,把握全过程造价的各个关键环节,并且能利用"数据挖掘、分析技术"对历史数据和新的工程数据进行动态提取和分析,形成经验性的积累,从而形成一个不断循环积累的平台性全过程造价管理软件才能实现。这样的应用才能从根本上帮助用户实行有效的成本控制和管理,从而获得持久的竞争力。

14.5.3 利用信息技术的全方位管理

随着网络化和全过程的信息技术在工程造价行业的深入应用,信息技术的应用不会只集中在某个具体的工作环节或某一类具体的企业或单位身上。随着信息技术的快速发展,整个工程造价行业都将工作在以互联网为基础的信息平台上,不论是行业协会,还是甲方、乙方、中介等相关企业和单位,都将在信息技术的帮助下,重建自己的工作模式,以适应未来社会的竞争。从工作内容上,行业信息发布、搜集、获取,企业商务交易模式,工程造价计算及分析,以及各个企业的全面内部管理都将借助信息技术。

在将来的造价工作过程中,造价行业中甲方、乙方、中介公司所面临的问题,是如何通过不断提升个体竞争能力,在全球化的市场经济竞争中求生存、求发展的问题,而信息技术的深入应用是将来提升整个行业竞争力的关键。在不久的将来,造价行业必将迎来网络化、全过程、全方位的信息化应用时代。

附 录

附录A 建筑工程工程量清单项目及计算规则

A.1 土(石)方工程

A.1.1 土方工程。工程量清单项目设置及工程量计算规则,应按表A.1.1的规定执行。

表A.1.1 土方工程(编码:010101)

项目编码	项目名称	项目特征	计量单位	工程量计算规则	工程内容
010101001	平整场地	1.土壤类别 2.弃土运距 3.取土运距	m^2	按设计图示尺寸以建筑物首层面积计算	1.土方挖填 2.场地找平 3.运输
010101002	挖土方	1.土壤类别 2.挖土平均厚度 3.弃土运距	m^3	按设计图示尺寸以体积计算	1.排地表水 2.土方开挖 3.挡土板支拆 4.截桩头 5.基底钎探 6.运输
010101003	挖基础土方	1.土壤类别 2.基础类型 3.垫层底宽、底面积 4.挖土深度 5.弃土运距		按设计图示尺寸以基础垫层面积乘以挖土深度计算	
010101004	冻土开挖	1.冻土厚度 2.弃土运距		按设计图示尺寸开挖面积乘以厚度以体积计算	1.打眼、装药、爆破 2.开挖 3.清理 4.运输
010101005	挖淤泥、流砂	1.挖掘深度 2.弃淤泥、流砂距离		按设计图示位置、界限以体积计算	1.挖淤泥、流砂 2.弃淤泥、流砂
010101006	管沟土方	1.土壤类别 2.管外径 3.挖沟平均深度 4.弃土石运距 5.回填要求	m	按设计图示以管道中心线长度计算	1.排地表水 2.土方开挖 3.挡土板支拆 4.运输 5.回填

A.1.2　石方工程。工程量清单项目设置及工程量计算规则,应按表A.1.2的规定执行。

表A.1.2　石方工程(编码010102)

项目编码	项目名称	项目特征	计量单位	工程量计算规则	工程内容
010102001	预裂爆破	1.岩石类别 2.单孔深度 3.单孔装药量 4.炸药品种、规格 5.雷管品种、规格	m	按设计图示以钻孔总长度计算	1.打眼、装药、放炮 2.处理渗水、积水 3.安全防护、警卫
010102002	石方开挖	1.岩石类别 2.开凿深度 3.弃渣运距 4.光面爆破要求 5.基底摊座要求 6.爆破石块直径要求	m^3	按设计图示尺寸以体积计算	1.打眼、装药、放炮 2.处理渗水、积水 3.解小 4.岩石开凿 5.摊座 6.清理 7.运输 8.安全防护、警卫
010102003	管沟石方	1.岩石类别 2.管外径 3.开凿深度 4.弃渣运距 5.基底摊座要求 6.爆破石块直径要求	m	按设计图以管道中心线长度计算	1.石方开凿、爆破 2.处理渗水、积水 3.解小 4.摊座 5.清理、运输、回填 6.安全防护、警卫

A.1.3　土石方运输与回填。工程量清单项目设置及工程量计算规则,应按表A.1.3的规定执行。

表A.1.3　土石方回填(编码:010103)

项目编码	项目名称	项目特征	计量单位	工程量计算规则	工程内容
010103001	土(石)方回填	1.土质要求 2.密实度要求 3.粒径要求 4.夯填(碾压) 5.松填 6.运输距离	m^3	按设计图示尺寸以体积计算 注: 1.场地回填:回填面积乘以平均回填厚度 2.室内回填:主墙间净面积乘以回填厚度 3.基础回填:挖方体积减去设计室外地坪以下埋设的基础体积(包括基础垫层及其他构筑物)	1.挖土方 2.装卸、运输 3.回填 4.分层碾压、夯实

A.1.4　其他相关问题应按下列规定处理:

1. 土壤及岩石的分类应按表 A.1.4.1 确定

表 A.1.4.1 土壤及岩石(普氏)分类表

土石分类	普氏分类	土壤及岩石名称	天然湿度下平均容量/(kg·m^{-3})	极限压碎强度/(kg·m^{-2})	用轻钻孔机钻进 1 m 耗时/min	开挖方法及工具	紧固系数 f
一、二类土壤	Ⅰ	砂	1 500			用尖锹开挖	0.5～0.6
		砂壤土	1 600				
		腐殖土	1 200				
		泥炭	600				
	Ⅱ	轻壤和黄土类土	1 600			用锹开挖并少数用镐开挖	0.6～0.8
		潮湿而松散的黄土,软的盐渍土和碱	1 600				
		平均 15 mm 以内的松散而软的砾石	1 700				
		含有草根的密实腐殖土	1 400				
		含有直径在 30 mm 以内根类的泥炭和腐殖土	1 100				
		掺有卵石、碎石和石屑的砂和腐殖土	1 650				
		含有卵石或碎石杂质的胶结成块的填土	1 750				
		含有卵石、碎石和建筑材料杂质的砂壤土	1 900				
三类土壤	Ⅲ	肥黏土其中包括石炭纪、侏罗纪的黏土和冰黏土	1 800			用尖锹并同时用镐开挖(30%)	0.8～1.0
		重壤土、粗砾石,粒径为 15～40 mm 的碎石和卵石	1 750				
		干黄土和掺有碎石或卵石的自然含水量黄土	1 790				
		含有直径大于 30 mm 根类的腐殖土或泥炭	1 400				
		掺有碎石或卵石和建筑碎料的土壤	1 900				
四类土壤	Ⅵ	土含碎石重黏土其中包括侏罗纪和石英纪的硬岩土	1 950			用尖锹并同时用镐和撬棍开挖(30%)	1.0～1.5
		含有碎石、卵石、建筑碎料和重达 25 kg 的顽石(总体积 10% 以内)等杂质的肥黏土和重壤土	1 950				
		冰渍黏土,含有重量在 50 kg以内的巨砾其含量为总体积 10% 以内	2 000				
		泥板岩	2 000				
		不含或含有重量达 10 kg 的顽石	1 950				

续表

土石分类	普氏分类	土壤及岩石名称	天然湿度下平均容量/(kg·m^{-3})	极限压碎强度/(kg·m^{-2})	用轻钻孔机钻进1 m耗时/min	开挖方法及工具	紧固系数 f
松石	Ⅴ	含有重量在50 kg以内的巨砾(占体积10%以上)的冰渍石 矽藻岩和软白垩岩 胶结力弱的砾石 各种不坚实的片岩 石膏	2 100 1 800 1 900 2 600 2 200	小于200	小于3.5	部分用手凿工具,部分用爆破来开挖	1.5~2.0
次坚石	Ⅵ	凝灰岩和浮石 松软多孔和裂隙严重的石灰岩和介质石灰岩 中等硬变的片岩 中等硬变的泥灰岩	1 100 1 200 2 700 2 300	200~400	3.5	用风镐和爆破法开挖	2~4
次坚石	Ⅶ	石灰石胶结的带有卵石和沉积岩的砾石 风华的和有大裂缝的黏土质岩 坚实的泥板岩 坚实的泥灰岩	2 200 2 000 2 800 2 500	400~600	6.0	用爆破方法开挖	4~6
次坚石	Ⅷ	砾质花岗岩 泥灰质石灰岩 黏土质砂岩 砂质云母片岩 硬石膏	2 300 2 300 2 200 2 300 2 900	600~800	8.5	用爆破方法开挖	6~8
普坚石	Ⅸ	严重风化的软弱的花岗岩、片麻岩和正长岩 滑石化的蛇纹岩 致密的石灰岩 含有卵石、沉积岩的渣质胶结的砾岩 砂岩 砂质石灰质片岩 菱镁矿	2 500 2 400 2 500 2 500 2 500 2 500 3 000	800~1 000	11.5	用爆破方法开挖	8~10

续表

土石分类	普氏分类	土壤及岩石名称	天然湿度下平均容量/(kg·m^{-3})	极限压碎强度/(kg·m^{-2})	用轻钻孔机钻进1 m耗时/min	开挖方法及工具	紧固系数 f
普坚石	Ⅹ	白云石 坚固的石灰岩 大理石 石灰胶结的致密砾石 坚固砂质片岩	2 700 2 700 2 700 2 600 2 600	1 000～2 000	15.0	用爆破方法开挖	10～12
	Ⅺ	粗花岗岩 非常坚硬的白云岩 蛇纹岩 石灰质胶结的含有火成岩之卵石的砾石 石英胶结的坚固砂岩 粗砾正长岩	2 800 2 900 2 600 2 800 2 700 2 700	1 200～1 400	18.5	用爆破方法开挖	12～14
	Ⅻ	具有风化痕迹的安山岩和玄武岩 片麻岩 非常坚硬的石炭岩 硅质胶结的含有火成岩之卵石的砾岩 粗石岩	2 700 2 600 2 900 2 900 2 600	1 400～1 600	22.0	用爆破方法开挖	14～16
	XIII	中粒花岗岩 坚固的片麻岩 辉绿岩 玢岩 坚固的粗面岩 中粒正长岩	3 100 2 800 2 700 2 500 2 800 2 800	1 600～1 800	27.5	用爆破方法开挖	16～18
	XIV	非常坚硬的细粒花岗岩 花岗岩麻岩 闪长岩 高硬度的石灰岩 坚固的玢岩	3 300 2 900 2 900 3 100 2 700	1 800～2 000	32.5	用爆破方法开挖	18～20
	XV	安山岩、玄武岩、坚固的角页岩 高硬度的辉绿岩和闪长岩 坚固的辉长岩和石英岩	3 100 2 900 2 800	2 000～2 500	46.0	用爆破方法开挖	20～25

续表

土石分类	普氏分类	土壤及岩石名称	天然湿度下平均容量/(kg·m^{-3})	极限压碎强度/(kg·m^{-2})	用轻钻孔机钻进1 m耗时/min	开挖方法及工具	紧固系数 f
普坚石	ⅩⅥ	拉长玄武岩和橄榄玄武岩 特别坚固的辉长辉绿岩、石英石和玢岩	3 300 3 300	大于2 500	大于60	用爆破方法开挖	大于25

2. 土石方体积应按挖掘前的天然密实体积计算。如需按天然密实体积折算时,应按表A.1.4.2系数计算。

表 A.1.4.2　土石方体积折算系数表

天然密实度体积	虚方体积	夯实后体积	松填体积
1.00	1.30	0.87	1.08
0.77	1.00	0.67	0.83
1.15	1.49	1.00	1.24
0.93	1.20	0.81	1.00

3. 挖土方平均厚度应按自然地面测量标高至设计地坪标高间平均厚度确定。基础土方、石方开挖深度按基础垫层底表面标高至交付施工场地标高确定,无交付施工场地标高时,应按自然地面标高确定。

4. 建筑物场地厚度在±30 cm以内的挖、填、运、找平,应按A.1.1中平整场地项目编码列项。±30 cm以外的竖向布置挖土或山坡切土,应按A.1.1中挖土方项目编码列项。

5. 挖基础土方包括带形基础、独立基础、满堂基础(包括地下室基础)及设备基础、人工挖孔桩等的挖方。带形基础应按不同底宽和深度,独立基础和满堂基础应按不同底面积和深度分别编码列项。

6. 管沟土(石)方工程量应按设计图尺寸以长度计算。有管沟设计时,平均深度以沟垫层底表面标高至交付施工场地标高计算;无管沟设计时,直埋管深度应按管底外表面标高至交付施工场地标高的平均高度计算。

7. 设计要求采用减震孔方式减弱爆破震动波时,应按A.1.2中预裂爆破项目编码列项。

8. 湿土的划分应按地质资料提供的地下水常水位为界,地下常水位以下为湿土。

9. 挖方出现流砂、淤泥时,可根据实际情况由发包人和承包人双方认证。

A.2　桩与地基基础工程

A.2.1　混凝土桩。工程量清单项目设置及工程量计算规则,应按表A.2.1的规定执行。

表 A.2.1　混凝土桩(编码:010201)

项目编码	项目名称	项目特征	计量单位	工程量计算规则	工程内容
010201001	预制钢筋混凝土桩	1. 土壤级别 2. 单桩长度、根数 3. 桩截面 4. 板桩面积 5. 管桩填充材料 6. 桩倾斜度 7. 混凝土强度等级 8. 防护材料种类	m/根	按设计图示尺寸以桩长(包括桩尖)或根数计算	1. 桩制作、运输 2. 打桩、试验桩、斜桩 3. 送桩 4. 管桩填充材料、刷防护材料 5. 清理、运输
010201002	接桩	1. 桩截面 2. 接头长度 3. 接桩材料	个/m	按设计图示规定以接头数量(板桩按接头长度)计算	1. 桩制作、运输 2. 接桩、材料运输
010201003	混凝土灌注桩	1. 土壤级别 2. 单桩长度、根数 3. 桩截面 4. 成孔方法 5. 混凝土强度等级	m/根	按设计图示尺寸以桩长(包括桩尖)或根数计算	1. 成孔、固壁 2. 混凝土制作、运输、灌注、振捣、养护 3. 泥浆池及沟槽砌筑、拆除 4. 泥浆制作、运输 5. 清理、运输

A.2.2　其他桩。工程量清单项目设置及工程量计算规则,应按表 A.2.2 的规定执行。

表 A.2.2　其他桩(编码:010202)

项目编码	项目名称	项目特征	计量单位	工程量计算规则	工程内容
010202001	砂石灌注桩	1. 土壤级别 2. 桩长 3. 桩截面 4. 成孔方法 5. 砂石级配	m	按设计图示尺寸以桩长(包括桩尖)计算	1. 成孔 2. 砂石运输 3. 填充 4. 振实
010202002	灰土挤密桩	1. 土壤级别 2. 桩长 3. 桩截面 4. 成孔方法 5. 灰土级配			1. 成孔 2. 灰土拌和、运输 3. 填充 4. 夯实
010202003	旋喷桩	1. 桩长 2. 桩截面 3. 水泥强度等级			1. 成孔 2. 水泥浆制作、运输 3. 水泥浆旋喷
010202004	喷粉桩	1. 桩长 2. 桩截面 3. 粉体种类 4. 水泥强度等级 5. 石灰粉要求			1. 成孔 2. 粉体运输 3. 喷粉固化

A.2.3　地基与边坡处理。工程量清单项目设置及工程量计算规则，应按表 A.2.3 的规定执行。

表 A.2.3　地基与边坡处理(编码:010203)

项目编码	项目名称	项目特征	计量单位	工程量计算规则	工程内容
010203001	地下连续墙	1. 墙体厚度 2. 成槽深度 3. 混凝土强度等级	m^3	按设计图示墙中心线长乘以厚度乘以槽深以体积计算	1. 挖土成槽、余土运输 2. 导墙制作、安装 3. 锁口管吊拔 4. 浇注混凝土连续墙 5. 材料运输
010203002	振冲灌注碎石	1. 振冲深度 2. 成孔直径 3. 碎石级配		按设计图示孔深乘以孔截面积以体积计算	1. 成孔 2. 碎石运输 3. 灌注、振实
010203003	地基强夯	1. 夯击能量 2. 夯击遍数 3. 地耐材料种类 4. 夯填材料种类	m^2	按设计图示尺寸以支护面积计算	1. 铺夯材料 2. 强夯 3. 夯填材料运输
010203004	锚杆支护	1. 锚孔直径 2. 锚孔平均深度 3. 锚固方法、浆液种类 4. 支护厚度、材料种类 5. 混凝土强度等级 6. 砂浆强度等级		按设计图示尺寸以支护面积计算	1. 钻孔 2. 浆液制作、运输、压浆 3. 张拉锚固 4. 混凝土制作、运输、喷射、养护 5. 砂浆制作、运输、喷射、养护
010203005	土钉支护	1. 支护厚度、材料种类 2. 混凝土强度等级 3. 砂浆强度等级		按设计图示尺寸以支护面积计算	1. 钉土钉 2. 挂网 3. 混凝土制作、运输、喷射、养护 4. 砂浆制作、运输、喷射、养护

A.2.4　其他相关问题应按下列规定处理：

1. 土壤级别按表 A.2.4 确定。

表 A.2.4　土质鉴别表

内容		土壤级别	
		一级土	二级土
砂夹层	砂层连续厚度 砂层中卵石含量	<1 m —	>1 m <15%
物理性能	压缩系数 孔隙比	>0.02 >0.7	<0.02 <0.7
力学性能	静力触探值 动力触探系数	<50 <12	>50 >12
每米纯沉桩时间平均值		<2 min	>2 min
说明		桩经外力作用较易沉入的土，土壤中夹有较薄的砂层	桩经外力作用较难沉入的土，土壤中夹有不超过 3 m 的连续厚度砂层

2. 混凝土灌注桩的钢筋笼、地下连续墙的钢筋网制作、安装，应按 A.4 中相关项目编码列项。

A.3　砌筑工程

A.3.1　砖基础。工程量清单项目设置及工程量计算规则，应按表 A.3.1 的规定执行。

表 A.3.1　砖基础(编码:010301)

项目编码	项目名称	项目特征	计量单位	工程量计算规则	工程内容
010301001	砖基础	1. 垫层材料种类、厚度 2. 砖品种、规格、强度等级 3. 基础类型 4. 基础深度 5. 砂浆强度等级	m^3	按设计图示尺寸以体积计算。包括附墙垛基础宽出部分体积，扣除地梁(圈梁)、构造柱所占体积，不扣除基础大放脚 T 形接头处的重叠部分及嵌入基础内的钢筋、铁件、管道、基础砂浆防潮层和单个面积 0.3 m^2以内的孔洞所占体积，靠墙暖气沟的挑檐不增加 基础长度：外墙按中心线，内墙按净长线计算	1. 砂浆制作、运输 2. 铺设垫层 3. 砌砖 4. 防潮层铺设 5. 材料运输

A.3.2　砖砌体。工程量清单项目设置及工程量计算规则,应按表 A.3.2 的规定执行。

表 A.3.2　砖砌体(编码:010302)

项目编码	项目名称	项目特征	计量单位	工程量计算规则	工程内容
010302001	实心砖墙	1. 砖品种、规格、强度等级 2. 墙体类型 3. 墙体厚度 4. 墙体高度 5. 勾缝要求 6. 砂浆强度等级、配合比	m^3	按设计图示尺寸以体积计算。扣除门窗洞口、过人洞、空圈、嵌入墙内的钢筋混凝土柱、梁、圈梁、挑梁、过梁及凹进墙内的壁龛、管槽、暖气槽、消火栓箱所占体积。不扣除梁头、板头、檩头、垫木、木楞头、檐缘木、木砖、门窗走头、砖墙内加固钢筋、木筋、铁件、钢管及单个面积 0.3 m^2 以内的孔洞所占体积。凸出墙面的腰线、挑檐、压顶、窗台线、虎头砖、门窗套的体积亦不增加。凸出墙面的砖垛并入墙体体积内计算 1. 墙长度:外墙按中心线,内墙按净长计算 2. 墙高度: (1)外墙:斜(坡)屋面无檐口天棚者算至屋面板底;有屋架且室内外均有天棚者算至屋架下弦底另加 200 mm;无天棚者算至屋架下弦底另加 300 mm,出檐宽度超过 600 mm 时按实砌高度计算;平屋面算至钢筋混凝土板底 (2)内墙:位于屋架下弦者,算至屋架下弦底;无屋架者算至天棚底另加 100 mm;有钢筋混凝土楼板隔层者算至楼板顶;有框架梁时算至梁底 (3)女儿墙:从屋面板上表面算至女儿墙顶面(如有混凝土压顶时算至压顶下表面) (4)内、外山墙:按其平均高度计算 3. 围墙:高度算至压顶上表面(如有混凝土压顶时算至压顶下表面),围墙柱并入围墙体积内	1. 砂浆制作、运输 2. 砌砖 3. 勾缝 4. 砖压顶砌筑 5. 材料运输

续表

<table>
<tr><th>项目编码</th><th>项目名称</th><th>项目特征</th><th>计量单位</th><th>工程量计算规则</th><th>工程内容</th></tr>
<tr><td>010302002</td><td>空斗墙</td><td>1. 砖品种、规格、强度等级
2. 墙体类型
3. 墙体厚度
4. 勾缝要求
5. 砂浆强度等级、配合比</td><td rowspan="4">m^3</td><td>按设计图示尺寸以空斗墙外形体积计算。墙角、内外墙交接处、门窗洞口立边、窗台砖、屋檐处的实砌部分体积并入空斗墙体积内</td><td rowspan="3">1. 砂浆制作、运输
2. 砌砖
3. 装填充料
4. 勾缝
5. 材料运输</td></tr>
<tr><td>010302003</td><td>空花墙</td><td>1. 砖品种、规格、强度等级
2. 墙体类型
3. 墙体厚度
4. 勾缝要求
5. 砂浆强度等级</td><td>按设计图示尺寸以空花部分外形体积计算，不扣除空洞部分体积</td></tr>
<tr><td>010302004</td><td>填充墙</td><td>1. 砖品种、规格、强度等级
2. 墙体类型
3. 墙体厚度
4. 勾缝要求
5. 砂浆强度等级</td><td>按设计图示尺寸以填充墙外形体积计算</td></tr>
<tr><td>010302005</td><td>实心砖柱</td><td>1. 砖品种、规格、强度等级
2. 柱类型
3. 柱截面
4. 柱高
5. 勾缝要求
6. 砂浆强度等级、配合比</td><td rowspan="2">按设计图示尺寸以体积计算。扣除混凝土及钢筋混凝土梁垫、梁头、板头所占体积</td><td rowspan="2">1. 砂浆制作、运输
2. 砌砖
3. 勾缝
4. 材料运输</td></tr>
<tr><td>010302006</td><td>零星砌砖</td><td>1. 零星砌砖名称、部位
2. 勾缝要求
3. 砂浆强度等级配合比</td><td>m^3
(m^2,m,个)</td></tr>
</table>

A.3.3　砖构筑物。工程量清单项目设置及工程量计算规则,应按表 A.3.3 的规定执行。

表 A.3.3　砖构筑物(编码:010303)

<table>
<tr><th>项目编码</th><th>项目名称</th><th>项目特征</th><th>计量单位</th><th>工程量计算规则</th><th>工程内容</th></tr>
<tr><td>010303001</td><td>砖烟囱、水塔</td><td>1. 筒身高度
2. 砖品种、规格、强度等级
3. 耐火砖品种、规格
4. 耐火泥品种
5. 隔热材料种类
6. 勾缝要求
7. 砂浆强度等级、配合比</td><td rowspan="2">m^3</td><td>按设计图示筒壁平均中心线周长乘以厚度乘以高度以体积计算。扣除各种孔洞、钢筋混凝土圈梁、过梁等的体积</td><td rowspan="2">1. 砂浆制作、运输
2. 砌砖
3. 涂隔热层
4. 装填充料
5. 砌内衬
6. 勾缝
7. 材料运输</td></tr>
<tr><td>010303002</td><td>砖烟道</td><td>1. 烟道截面形状、长度
2. 砖品种、规格、强度等级
3. 耐火砖品种规格
4. 耐火泥品种
5. 勾缝要求
6. 砂浆强度等级、配合比</td><td>按图示尺寸以体积计算</td></tr>
<tr><td>010303003</td><td>砖窨井、检查井</td><td>1. 井截面
2. 垫层材料种类、厚度
3. 底板厚度
4. 勾缝要求
5. 混凝土强度等级
6. 砂浆强度等级、配合比
7. 防潮层材料种类</td><td rowspan="2">座</td><td rowspan="2">按设计图示数量计算</td><td rowspan="2">1. 土方挖运
2. 砂浆制作、运输
3. 铺设垫层
4. 底板混凝土制作、运输、浇筑、振捣、养护
5. 砌砖
6. 勾缝
7. 井池底、壁抹灰
8. 抹防潮层
9. 回填
10. 材料运输</td></tr>
<tr><td>010303004</td><td>砖水池、化粪池</td><td>1. 池截面
2. 垫层材料种类、厚度
3. 底板厚度
4. 勾缝要求
5. 混凝土强度等级
6. 砂浆强度等级、配合比</td></tr>
</table>

A.3.4　砌块砌体。工程量清单项目设置及工程量计算规则,应按表 A.3.4 的规定执行。

表 A.3.4　砌块砌体(编码:010304)

项目编码	项目名称	项目特征	计量单位	工程量计算规则	工程内容
010304001	空心砖墙、砌块墙	1. 墙体类型 2. 墙体厚度 3. 空心砖、砌块品种、规格、强度等级 4. 勾缝要求 5. 砂浆强度等级、配合比	m^3	按设计图示尺寸以体积计算。扣除门窗洞口、过人洞、空圈、嵌入墙内的钢筋混凝土柱、梁、圈梁、挑梁、过梁及凹进墙内的壁龛、管槽、暖气槽、消火栓箱所占体积。不扣除梁头、板头、檩头、垫木、木楞头、檐缘木、木砖、门窗走头、砖墙内加固钢筋、木筋、铁件、钢管及单个面积 0.3 m^2以内的孔洞所占体积。凸出墙面的腰线、挑檐、压顶、窗台线、虎头砖、门窗套的体积亦不增加。凸出墙面的砖垛并入墙体体积内计算 1. 墙长度:外墙按中心线,内墙按净长计算 2. 墙高度 (1)外墙:斜(坡)屋面无檐口天棚者算至屋面板底;有屋架且室内外均有天棚者算至屋架下弦底另加 200 mm;无天棚者算至屋架下弦底另加 300 mm,出檐宽度超过 600 mm 时按实砌高度计算;平屋面算至钢筋混凝土板底 (2)内墙:位于屋架下弦者,算至屋架下弦底;无屋架者算至天棚底另加 100 mm;有钢筋混凝土楼板隔层者算至楼板顶;有框架梁时算至梁底 (3)女儿墙:从屋面板上表面算至女儿墙顶面(如有混凝土压顶时算至压顶下表面) (4)内、外山墙:按其平均高度计算 3. 围墙:高度算至压顶上表面(如有混凝土压顶时算至压顶下表面),围墙柱并入围墙体积内	1. 砂浆制作、运输 2. 砌砖、砌块 3. 勾缝 4. 材料运输
010304002	空心砖柱、砌块柱	1. 柱高度 2. 柱截面 3. 空心砖、砌块品种、规格、强度等级 4. 勾缝要求 5. 砂浆强度等级、配合比		按设计图示尺寸以体积计算。扣除混凝土及钢筋混凝土梁垫、梁头、板头所占体积	

A.3.5 石砌体。工程量清单项目设置及工程量计算规则,应按表 A.3.5 的规定执行。

表 A.3.5 石砌体(编码:010305)

项目编码	项目名称	项目特征	计量单位	工程量计算规则	工程内容
010305001	石基础	1. 垫层材料种类、厚度 2. 石料种类、规格 3. 基础深度 4. 基础类型 5. 砂浆强度等级、配合比	m^3	按设计图示尺寸以体积计算。包括附墙垛基础宽出部分体积,不扣除基础砂浆防潮层及单个面积 0.3 m^2 以内的孔洞所占体积,靠墙暖气沟的挑檐不增加体积。基础长度:外墙按中心线,内墙按净长计算	1. 砂浆制作、运输 2. 铺设垫层 3. 砌石 4. 防潮层铺设 5. 材料运输
010305002	石勒脚	1. 石料种类、规格 2. 石表面加工要求 3. 勾缝要求 4. 砂浆强度等级、配合比		按设计图示尺寸以体积计算。扣除单个 0.3 m^2 以外的孔洞所占的体积	1. 砂浆制作、运输 2. 砌石 3. 石表面加工 4. 勾缝 5. 材料运输
010305003	石墙	1. 石料种类、规格 2. 墙厚 3. 石表面加工要求 4. 勾缝要求 5. 砂浆强度等级、配合比		按设计图示尺寸以体积计算。扣除门窗洞口、过人洞、空圈、嵌入墙内的钢筋混凝土柱、梁、圈梁、挑梁、过梁及凹进墙内的壁龛、管槽、暖气槽、消火栓箱所占体积。不扣除梁头、板头、檩头、垫木、木楞头、檐缘木、木砖、门窗走头、砖墙内加固钢筋、木筋、铁件、钢管及单个面积 0.3 m^2 以内的孔洞所占体积。凸出墙面的腰线、挑檐、压顶、窗台线、虎头砖、门窗套的体积亦不增加。凸出墙面的砖垛并入墙体体积内计算 1. 墙长度:外墙按中心线,内墙按净长计算 2. 墙高度 (1)外墙:斜(坡)屋面无檐口天棚者算至屋面板底;有屋架且室内外均有天棚者算至屋架下弦底另加 200 mm;无天棚者算至屋架下弦底另加 300 mm,出檐宽度超过 600 mm 时按实砌高度计算;平屋面算至钢筋混凝土板底 (2)内墙:位于屋架下弦者,算至屋架下弦底;无屋架者算至天棚底另加 100 mm;有钢筋混凝土楼板隔层者算至楼板顶;有框架梁时算至梁底 (3)女儿墙:从屋面板上表面算至女儿墙顶面(如有混凝土压顶时算至压顶下表面) (4)内、外山墙:按其平均高度计算 3. 围墙:高度算至压顶上表面(如有混凝土压顶时算至压顶下表面),围墙柱并入围墙体积内	

续表

项目编码	项目名称	项目特征	计量单位	工程量计算规则	工程内容
010305004	石挡土墙	1. 石料种类、规格 2. 墙厚 3. 石表面加工要求 4. 勾缝要求 5. 砂浆强度等级、配合比	m^3	按设计图示尺寸以体积计算	1. 砂浆制作、运输 2. 砌石 3. 压顶抹灰 4. 勾缝 5. 材料运输
010305005	石柱	1. 石料种类、规格 2. 柱截面 3. 石表面加工要求 4. 勾缝要求 5. 砂浆强度等级、配合比			1. 砂浆制作、运输 2. 砌石 3. 石表面加工 4. 勾缝 5. 材料运输
010305006	石栏杆		m	按设计图示长度计算	
010305007	石护坡	1. 垫层材料种类、厚度 2. 石料种类、规格 3. 护坡厚度、高度 4. 石表面加工要求 5. 勾缝要求 6. 砂浆强度等级、配合比	m^3	按设计图示尺寸以体积计算	
010305008	石台阶				1. 铺设垫层 2. 石料加工 3. 砂浆制作、运输 4. 砌石 5. 石表面加工 6. 勾缝 7. 材料运输
010305009	石坡道		m^2	按设计图示尺寸以水平投影面积计算	
010305010	石地沟、石明沟	1. 沟截面尺寸 2. 垫层种类、厚度 3. 石料种类、规格 4. 石表面加工要求 5. 勾缝要求 6. 砂浆强度等级、配合比	m	按设计图示以中心线长度计算	1. 土石挖运 2. 砂浆制作、运输 3. 铺设垫层 4. 砌石 5. 石表面加工 6. 勾缝 7. 回填 8. 材料运输

A.3.6 砖散水、地坪、地沟。工程量清单项目设置及工程量计算规则,应按表 A.3.6 的规定执行。

表 A.3.6 砖散水、地坪、地沟(编码:010306)

项目编码	项目名称	项目特征	计量单位	工程量计算规则	工程内容
010306001	砖散水、地坪	1. 垫层材料种类、厚度 2. 散水、地坪厚度 3. 面层种类、厚度 4. 砂浆强度等级、配合比	m^2	按设计尺寸以面积计算	1. 地基找平、夯实 2. 铺设垫层 3. 砌砖散水、地坪 4. 抹砂浆面层
010306002	砖地沟、明沟	1. 沟截面尺寸 2. 垫层材料种类、厚度 3. 混凝土强度等级 4. 砂浆强度等级、配合比	m	按设计图示以中心线长度计算	1. 挖运土石 2. 铺设垫层 3. 底板混凝土制作、运输、浇筑、振捣、养护 4. 砌砖 5. 勾缝、抹灰 6. 材料运输

A.3.7 其他相关问题应按下列规定处理:

1. 基础垫层包括在基础项目内。

2. 标准砖尺寸应为 240 mm×115 mm×53 mm。标准砖墙厚度应按表 A.3.7 计算:

表 A.3.7 标准墙计算厚度表

砖数(厚度)	1/4	1/2	3/4	1	$1\frac{1}{2}$	2	$2\frac{1}{2}$	3
计算厚度/mm	53	115	180	240	365	490	615	740

3. 砖基础与砖墙(身)划分应以设计室内地坪为界(有地下室的按地下室室内设计地坪为界),以下为基础,以上为墙(柱)身。基础与墙身使用不同材料,位于设计室内地坪 ±300 mm 以内时以不同材料为界;超过 ±300 mm,应以设计室内地坪为界。砖围墙应以设计室外地坪为界,以下为基础,以上为墙身。

4. 框架外表面的镶贴砖部分,应单独按 A.3.2 中相关零星项目编码列项。

5. 附墙烟囱、通风道、垃圾道,应按设计图示尺寸以体积(扣除孔洞所占体积)计算,并入所依附的墙体体积内。当设计规定洞内需抹灰时,应按 B.2 中相关项目编码列项。

6. 空斗墙的窗间墙、窗台下、楼板下等的实砌部分,应按 A.3.2 中零星砌砖项目编码列项。

7. 台阶、台阶挡墙、梯带、锅台、炉灶、蹲台、池槽、池槽腿、花台、花池、楼梯栏板、阳台栏板及地垄墙,层面隔热板下的砖墩,0.3 m^2以内孔洞填塞等,应按零星砌砖项目编码列项。砖砌锅台与炉灶可按外形尺寸以个计算,砖砌台阶可按水平投影面积以 m^2计算,小便槽、地垄墙可按长度计算,其他工程量按 m^3计算。

8. 砖烟囱应按设计室外地坪为界,以下为基础,以上为筒身。

9. 砖烟囱体积可按下式分段计算为

$$V = \sum HC\pi D$$

式中 V——筒身体积;

H——每段筒身垂直高度;

C——每段筒壁厚度;

D——每段筒壁平均直径。

10. 砖烟道与炉体的划分应按第一道闸门为界。

11. 水塔基础与塔身划分应以砖砌体的扩大部分顶面为界,以上为塔身,以下为基础。

12. 石基础、石勒脚、石墙身的划分:基础与勒脚应以设计室外地坪为界,勒脚与墙身应以设计室内地坪为界。石围墙内外地坪标高不同时,应以较低地坪标高为界,以下为基础;内外标高之差为挡土墙时,挡土墙以上为墙身。

13. 石梯带工程量应计算在石阶工程量内。

14. 石梯膀应按 A.3.5 石挡土墙项目编码列项。

15. 砌体内加筋的制作、安装,应按 A.4 相关项目编码列项。

A.4　混凝土及钢筋混凝土工程

A.4.1　现浇混凝土基础。工程量清单项目设置及工程量计算规则,应按表 A.4.1 的规定执行。

表 A.4.1　现浇混凝土基础(编码:010401)

项目编码	项目名称	项目特征	计量单位	工程量计算规则	工程内容
010401001	带形基础	1. 垫层材料种类、厚度 2. 混凝土强度等级 3. 混凝土拌和料要求 4. 砂浆强度等级	m^3	按设计图示尺寸以体积计算。不扣除构件内钢筋、预埋铁件和伸入承台基础的桩头所占体积	1. 铺设垫层 2. 混凝土制作、运输、浇筑、振捣、养护 3. 地脚螺栓二次灌浆
010401002	独立基础				
010401003	满堂基础				
010401004	设备基础				
010401005	桩承台基础				

A.4.2　现浇混凝土柱。工程量清单项目设置及工程量计算规则,应按表 A.4.2 的规定执行。

表 A.4.2 **现浇混凝土柱(编码:010402)**

<table>
<tr><th>项目编码</th><th>项目名称</th><th>项目特征</th><th>计量单位</th><th>工程量计算规则</th><th>工程内容</th></tr>
<tr><td>010402001</td><td>矩形柱</td><td rowspan="2">1. 柱高度
2. 柱截面尺寸
3. 混凝土强度等级
4. 混凝土拌和料要求</td><td rowspan="2">m^3</td><td rowspan="2">按设计图示尺寸以体积计算。不扣除构件内钢筋、预埋铁件所占体积
柱高:
1. 有梁板的柱高,应自柱基上表面(或楼板上表面)至上一层楼板上表面之间的高度计算
2. 无梁板的柱高,应自柱基上表面(或楼板上表面)至柱帽下表面之间的高度计算
3. 框架柱的柱高,应自柱基上表面至柱顶高度计算
4. 构造柱按全高计算,嵌接墙体部分并入柱身体积
5. 依附柱上的牛腿和升板的柱帽,并入柱身体积计算</td><td rowspan="2">混凝土制作、运输、浇筑、振捣、养护</td></tr>
<tr><td>010402002</td><td>异形柱</td></tr>
</table>

A.4.3 现浇混凝土梁。工程量清单项目设置及工程量计算规则,应按表 A.4.3 的规定执行。

表 A.4.3 **现浇混凝土梁(编码:010403)**

<table>
<tr><th>项目编码</th><th>项目名称</th><th>项目特征</th><th>计量单位</th><th>工程量计算规则</th><th>工程内容</th></tr>
<tr><td>010403001</td><td>基础梁</td><td rowspan="6">1. 梁底标高
2. 梁截面
3. 混凝土强度等级
4. 混凝土拌和料要求</td><td rowspan="6">m^3</td><td rowspan="6">按设计图示尺寸以体积计算。不扣除构件内钢筋、预埋铁件所占体积,伸入墙内的梁头、梁垫并入梁体积内
梁长:
1. 梁与柱连接时,梁长算至柱侧面
2. 主梁与次梁连接时,次梁长算至主梁侧面</td><td rowspan="6">混凝土制作、运输、浇筑、振捣、养护</td></tr>
<tr><td>010403002</td><td>矩形梁</td></tr>
<tr><td>010403003</td><td>异形梁</td></tr>
<tr><td>010403004</td><td>圈梁</td></tr>
<tr><td>010403005</td><td>过梁</td></tr>
<tr><td>010403006</td><td>弧形、拱形梁</td></tr>
</table>

A.4.4 现浇混凝土墙。工程量清单项目设置及工程量计算规则,应按表 A.4.4 的规定执行。

表 A.4.4 现浇混凝土墙(编码:010404)

项目编码	项目名称	项目特征	计量单位	工程量计算规则	工程内容
010404001	直形墙	1. 墙类型 2. 墙厚度 3. 混凝土强度等级 4. 混凝土拌和料要求	m^3	按设计图示尺寸以体积计算。不扣除构件内钢筋、预埋铁件所占体积,扣除门窗洞口及单个面积 0.3 m^2 以外的孔洞所占面积,墙垛及突出墙面部分并入墙体体积计算内	混凝土制作、运输、浇筑、振捣、养护
010404002	弧形墙				

A.4.5 现浇混凝土板。工程量清单项目设置及工程量计算规则,应按表 A.4.5 的规定执行。

表 A.4.5 现浇混凝土板(编码:010405)

项目编码	项目名称	项目特征	计量单位	工程量计算规则	工程内容
010405001	有梁板	1. 板底标高 2. 板厚度 3. 混凝土强度等级 4. 混凝土拌和料要求	m^3	按设计图示尺寸以体积计算。不扣除构件内钢筋、预埋铁件及单个面积 0.3 m^2 以内的孔洞所占体积。有梁板(包括主、次梁与板)按梁、板体积之和计算,无梁板按板和柱帽墙体积之和计算,各类板伸入墙内的板头并入板体积内计算,薄壳板的肋、基梁并入薄壳体积内计算	混凝土制作、运输、浇筑、振捣、养护
010405002	无梁板				
010405003	平板				
010405004	拱板				
010405005	薄壳板				
010405006	栏板				
010405007	天沟、挑檐板	1. 混凝土强度等级 2. 混凝土拌和料要求		按设计图示尺寸以体积计算	
010405008	雨篷、阳台板			按设计图示尺寸以墙外部分体积计算。包括伸出墙外的牛腿和雨篷反挑檐的体积	
010405009	其他板			按设计图示尺寸以体积计算	

A.4.6 现浇混凝土楼梯。工程量清单项目设置及工程量计算规则,应按表 A.4.6 的规定执行。

表 A.4.6　现浇混凝土楼梯(编码:010406)

项目编码	项目名称	项目特征	计量单位	工程量计算规则	工程内容
010406001	直形楼梯	1. 混凝土强度等级 2. 混凝土拌和料要求	m^2	按设计图示尺寸以水平投影计算。不扣除宽度小于500 mm 的楼梯井,伸入墙内部分不计算	混凝土制作、运输、浇筑、振捣、养护
010406002	弧形楼梯				

A.4.7　现浇混凝土其他构件。工程量清单项目设置及工程量计算规则,应按表 A.4.7 的规定执行。

表 A.4.7　现浇混凝土其他构件(编码:010407)

项目编码	项目名称	项目特征	计量单位	工程量计算规则	工程内容
010407001	其他构件	1. 构件的类型 2. 构件规格 3. 混凝土强度等级 4. 混凝土拌和料要求	m^3 (m^2,m)	按设计图示尺寸以体积计算。不扣除构件内钢筋、预埋铁件所占体积	混凝土制作、运输、浇筑、振捣、养护
010407002	散水、坡道	1. 垫层材料种类、厚度 2. 面层厚度 3. 混凝土强度等级 4. 混凝土拌和料要求 5. 填塞材料种类	m^2	按设计图示尺寸以面积计算。不扣除单个 0.3 m^2以内的孔洞所占面积	1. 地基夯实 2. 铺设垫层 3. 混凝土制作、运输、浇筑、振捣、养护 4. 变形缝填塞
010407003	电缆沟、地沟	1. 沟截面 2. 垫层材料种类、厚度 3. 混凝土强度等级 4. 混凝土拌和料要求 5. 防护材料种类	m	按设计图示以中心线长度计算	1. 挖运土石 2. 铺设垫层 3. 混凝土制作、运输、浇筑、振捣、养护 4. 刷防护材料

A.4.8　后浇带。工程量清单项目设置及工程量计算规则,应按表 A.4.8 的规定执行。

表 A.4.8　后浇带(编码:010408)

项目编码	项目名称	项目特征	计量单位	工程量计算规则	工程内容
010408001	后浇带	1. 部位 2. 混凝土强度等级 3. 混凝土拌和料要求	m^3	按设计图示尺寸以体积计算	混凝土制作、运输、浇筑、振捣、养护

A.4.9　预制混凝土柱。工程量清单项目设置及工程量计算规则,应按表 A.4.9 的规定执行。

表 A.4.9 预制混凝土柱(编码:010409)

项目编码	项目名称	项目特征	计量单位	工程量计算规则	工程内容
010409001	矩形柱	1. 柱类型 2. 单件体积 3. 安装高度 4. 混凝土强度等级 5. 砂浆强度等级	m^3 (根)	1. 按设计图示尺寸以体积计算。不扣除构件内钢筋、预埋铁件所占体积 2. 按设计图示尺寸以“数量”计算	1. 混凝土制作、运输、浇筑、振捣、养护 2. 构件制作、运输 3. 构件安装 4. 砂浆制作、运输 5. 接头灌缝、养护
010409002	异形柱				

A.4.10 预制混凝土梁。工程量清单项目设置及工程量计算规则,应按表 A.4.10 的规定执行。

表 A.4.10 预制混凝土梁(编码:010410)

项目编码	项目名称	项目特征	计量单位	工程量计算规则	工程内容
010410001	矩形梁	1. 单件体积 2. 安装高度 3. 混凝土强度等级 4. 砂浆强度等级	m^3 (根)	按设计图示尺寸以体积计算。不扣除构件内钢筋、预埋铁件所占体积	1. 混凝土制作、运输、浇筑、振捣、养护 2. 构件制作、运输 3. 构件安装 4. 砂浆制作、运输 5. 接头灌缝、养护
010410002	异形梁				
010410003	过梁				
010410004	拱形梁				
010410005	鱼腹式吊车梁				
010410006	风道梁				

A.4.11 预制混凝土屋架。工程量清单项目设置及工程量计算规则,应按表 A.4.11 的规定执行。

表 A.4.11 预制混凝土屋架(编码:010411)

项目编码	项目名称	项目特征	计量单位	工程量计算规则	工程内容
010411001	折线型屋架	1. 屋架的类型、跨度 2. 单件体积 3. 安装高度 4. 混凝土强度等级 5. 砂浆强度等级	m^3 (榀)	按设计图示尺寸以体积计算。不扣除构件内钢筋、预埋铁件所占体积	1. 混凝土制作、运输、浇筑、振捣、养护 2. 构件制作、运输 3. 构件安装 4. 砂浆制作、运输 5. 接头灌缝、养护
010411002	组合屋架				
010411003	薄腹屋架				
010411004	门式屋架				
010411005	天窗架屋架				

A.4.12 预制混凝土板。工程量清单项目设置及工程量计算规则,应按表 A.4.12 的规定执行。

表 A.4.12　预制混凝土板(编码:010412)

项目编码	项目名称	项目特征	计量单位	工程量计算规则	工程内容
010412001	平板	1. 构件尺寸 2. 安装高度 3. 混凝土强度等级 4. 砂浆强度等级	m^3 (块)	按设计图示尺寸以体积计算。不扣除构件内钢筋、预埋铁件及单个尺寸 300 mm × 300 mm 以内的孔洞所占体积,扣除空心板空洞体积	1. 混凝土制作、运输、浇筑、振捣、养护 2. 构件制作、运输 3. 构件安装 4. 升板提升 5. 砂浆制作、运输 6. 接头灌缝、养护
010412002	空心板				
010412003	槽形板				
010412004	网架板				
010412005	折线板				
010412006	带肋板				
010412007	大型板				
010412008	沟盖板、井盖板、井圈	1. 构件尺寸 2. 安装高度 3. 混凝土强度等级 4. 砂浆强度等级	m^3 (块、套)	按设计图示尺寸以体积计算。不扣除构件内钢筋、预埋铁件所占体积	1. 混凝土制作、运输、浇筑、振捣、养护 2. 构件制作、运输 3. 构件安装 4. 砂浆制作、运输 5. 接头灌缝、养护

A.4.13　预制混凝土楼梯。工程量清单项目设置及工程量计算规则,应按表 A.4.13 的规定执行。

表 A.4.13　预制混凝土楼梯(编码:010413)

项目编码	项目名称	项目特征	计量单位	工程量计算规则	工程内容
010413001	楼梯	1. 楼梯类型 2. 单件体积 3. 混凝土强度等级 4. 砂浆强度等级	m^3	按设计图示尺寸以体积计算。不扣除构件内钢筋、预埋铁件所占体积,扣除空心踏步板空洞体积	1. 混凝土制作、运输、浇筑、振捣、养护 2. 构件制作、运输 3. 构件安装 4. 砂浆制作、运输 5. 接头灌缝、养护

A.4.14 其他预制构件。工程量清单项目设置及工程量计算规则,应按表 A.4.14 的规定执行。

表 A.4.14 其他预制构件(编码:010414)

项目编码	项目名称	项目特征	计量单位	工程量计算规则	工程内容
010414001	烟道、垃圾道、通风道	1. 构件类型 2. 单件体积 3. 安装高度 4. 混凝土强度等级 5. 砂浆强度等级	m^3	按设计图示尺寸以体积计算。不扣除构件内钢筋、预埋铁件及单个尺寸 300 mm × 300 mm 以内的孔洞所占体积,扣除烟道、垃圾道、通风道的孔洞所占体积	1. 混凝土制作、运输、浇筑、振捣、养护 2.(水磨石)构件制作、运输 3. 构件安装 4. 砂浆制作、运输 5. 接头灌缝、养护 6. 酸洗、打蜡
010414002	其他构件	1. 构件类型 2. 单件体积 3. 水磨石面层厚度 4. 安装高度 5. 混凝土强度等级 6. 水泥石子浆配合比 7. 石子品种、规格、颜色 8. 酸洗、打蜡要求			
010414003	水磨石构件				

A.4.15 混凝土构筑物。工程量清单项目设置及工程量计算规则,应按表 A.4.15 的规定执行。

表 A.4.15 混凝土构筑物(编码:010415)

项目编码	项目名称	项目特征	计量单位	工程量计算规则	工程内容
010415001	贮水(油)池	1. 池类型 2. 池规格 3. 混凝土强度等级 4. 混凝土拌和料要求	m^3	按设计图示尺寸以体积计算。不扣除构件内钢筋、预埋铁件及单个面积 0.3 m^2 以内的孔洞所占体积	混凝土制作、运输、浇筑、振捣、养护
010415002	贮仓	1. 类型、高度 2. 混凝土强度等级 3. 混凝土拌和料要求			
010415003	水塔	1. 类型 2. 支筒高度、水箱容积 3. 倒圆锥形罐壳厚度、直径 4. 混凝土强度等级 5. 混凝土拌和料要求 6. 砂浆强度等级			1. 混凝土制作、运输、浇筑、振捣、养护 2. 预制倒圆锥形罐壳、组装、提升、就位 3. 砂浆制作、运输 4. 接头灌缝、养护
010415004	烟囱	1. 高度 2. 混凝土强度等级 3. 混凝土拌和料要求			混凝土制作、运输、浇筑、振捣、养护

A.4.16　钢筋工程。工程量清单项目设置及工程量计算规则，应按表 A.4.16 的规定执行。

表 A.4.16　钢筋工程(编码:010416)

<table>
<tr><th>项目编码</th><th>项目名称</th><th>项目特征</th><th>计量单位</th><th>工程量计算规则</th><th>工程内容</th></tr>
<tr><td>010416001</td><td>现浇混凝土钢筋</td><td rowspan="4">钢筋种类、规格</td><td rowspan="8">t</td><td rowspan="4">按设计图示钢筋(网)长度(面积)乘以单位理论质量计算</td><td rowspan="4">1. 钢筋(网、笼)制作、运输
2. 钢筋(网、笼)安装</td></tr>
<tr><td>010416002</td><td>预制构件钢筋</td></tr>
<tr><td>010416003</td><td>钢筋网片</td></tr>
<tr><td>010416004</td><td>钢筋笼</td></tr>
<tr><td>010416005</td><td>先张法预应力钢筋</td><td>1. 钢筋种类、规格
2. 锚具种类</td><td>按设计图示钢筋长度乘以单位理论质量计算</td><td>1. 钢筋制作、运输
2. 钢筋张拉</td></tr>
<tr><td>010416006</td><td>后张法预应力钢筋</td><td rowspan="3">1. 钢筋种类、规格
2. 钢丝束种类、规格
3. 钢绞线种类、规格
4. 锚具种类
5. 砂浆强度等级</td><td rowspan="3">按设计图示钢筋(丝束、绞线)长度乘以单位理论质量计算
1. 低合金钢筋两端均采用螺杆锚具时，钢筋长度按孔道长度减 0.35 m 计算，螺杆另行计算
2. 低合金钢筋一端采用镦头插片，另一端采用螺杆锚具时，钢筋长度按孔道长度计算，螺杆另行计算
3. 低合金钢筋一端采用镦头插片，另一端采用帮条锚具时，钢筋增加 0.15 m 计算；两端均采用帮条锚具时，钢筋长度按孔道长度增加 0.3 m 计算
4. 低合金钢筋采用后张混凝土自锚时，钢筋长度按孔道长度增加 0.35 m计算
5. 低合金钢筋(钢绞线)采用 JM，XM，QM 型锚具，孔道长度在 20 m 以内时，钢筋长度增加 1 m 计算；孔道长度在 20 m 以外时，钢筋(钢绞线)长度按孔道长度增加 1.8 m 计算
6. 碳素钢丝采用锥形锚具，孔道长度在 20 m 以内时，钢丝束长度按孔道长度增加 1 m 计算；孔道长度在 20 m 以上时，钢丝束长度按孔道长度增加 1.8 m 计算
7. 碳素钢丝束采用镦头锚具时，钢丝束长度按孔道长度增加 0.35 m 计算</td><td rowspan="3">1. 钢筋、钢丝束、钢绞线制作、运输
2. 钢筋、钢丝束、钢绞线安装
3. 预埋管孔道铺设
4. 锚具安装
5. 砂浆制作、运输
6. 孔道压浆、养护</td></tr>
<tr><td>010416007</td><td>预应力钢丝</td></tr>
<tr><td>010416008</td><td>预应力钢绞线</td></tr>
</table>

A.4.17　螺栓、铁件。工程量清单项目设置及工程量计算规则，应按表 A.4.17 的规定执行。

表 A.4.17　螺栓、铁件(编码:010417)

项目编码	项目名称	项目特征	计量单位	工程量计算规则	工程内容
010417001	螺栓	1. 钢材种类、规格 2. 螺栓长度 3. 铁件尺寸	t	按设计图示尺寸以质量计算	1. 螺栓(铁件)制作、运输 2. 螺栓(铁件)安装
010417002	预埋铁件				

A.4.18　其他相关问题应按下列规定处理：

1. 混凝土垫层包括在基础项目内。

2. 有肋带形基础、无肋带形基础应分别编码(第 5 级编码)列项，并注明肋高。

3. 箱式满堂基础，可按 A.4.1，A.4.2，A.4.3，A.4.4，A.4.5 中满堂基础、柱、梁、墙、板分别编码列项；也可利用 A.4.1 的第 5 级编码分别列项。

4. 框架式设备基础，可按 A.4.1，A.4.2，A.4.3，A.4.4，A.4.5 中设备基础、柱、梁、墙、板分别编码列项；也可利用 A.4.1 的第 5 级编码分别列项。

5. 构造柱应按 A.4.2 中矩形项目编码列项。

6. 现浇挑檐、天沟板、雨篷、阳台与板(包括屋面板、楼板)连接时，以外墙外边线为分界线；与圈梁(包括其他梁)连接时，以梁外边线为分界线。外边线以外为挑檐、天沟、雨篷或阳台。

7. 整体楼梯(包括直形楼梯、弧形楼梯)水平投影面积包括休息平台、平台梁、斜梁和楼梯的连接梁。当整体楼梯与现浇楼板无梯梁连接时，以楼梯的最后一个踏步边缘加 300 mm 为界。

8. 现浇混凝土小型池槽、压顶、扶手、垫块、台阶、门框等，应按 A.4.7 中其他构件项目编码列项。其中，扶手、压顶(包括伸入墙内的长度)应按延长米计算，台阶应按水平投影面计算。

9. 三角形屋架应按 A.4.11 中折线型屋架项目编码列项。

10. 不带肋的预制遮阳板、雨篷板、挑檐板、栏板等，应按 A.4.12 中平板项目编码列项。

11. 预制 F 形板、双 T 形板、单肋板和带反挑檐的雨篷板、挑檐板、遮阳板等，应按 A.4.12 中带肋板项目编码列项。

12. 预制大型墙板、大型楼板、大型屋面板等，应按 A.4.12 中大型板项目编码列项。

13. 预制钢筋混凝土楼梯，可按斜梁、踏步分别编码(第 5 级编码)列项。

14. 预制钢筋混凝土小型池槽、压顶、扶手、垫块、隔热板、花格等，应按 A.4.14 中其他构件项目编码列项。

15. 贮水(油)池的池底、池壁、池盖可分别编码(第 5 级编码)列项。有壁基梁的，应以壁基梁底为界，以上为池壁、以下为池底；无壁基梁的，锥形坡底应算至其上口，池壁下部的八字靴角应并入池底体积内。无梁池盖的柱高应从池底上表面算至池盖下表面，柱帽和柱座应并在柱体积内。肋形池盖应包括主、次梁体积；球形池盖应以池壁顶面为界，边侧梁应并入球形池盖体积内。

16. 贮仓立壁和贮仓漏斗可分别编码(第5级编码)列项,应以相互交点水平线为界,壁上圈梁应并入漏斗体积内。

17. 滑模筒仓按A.4.15中贮仓项目编码列项。

18. 水塔基础、塔身、水箱可分别编码(第5级编码)列项。筒式塔身应以筒座上表面或基础底板上表面为界;柱式(框架式)塔身应以柱脚与基础底板或梁顶为界,与基础连接的梁应并入基础体积内。塔身与水箱应以箱底相连接的圈梁下表面为界,以上为水箱,以下为塔身。依附于塔身的过梁、雨篷、挑檐等,应并入塔身体积内;柱式塔身应不分柱、梁合并计算。依附于水箱壁的柱梁,应并入水箱壁体积内。

19. 现浇构件中固定位置的支撑钢筋、双层钢筋用的"铁马"、伸出构件的锚固钢筋、预制构件的吊钩等,应并入钢筋工程量内。

A.5 厂库房大门、特种门、木结构工程

A.5.1 厂库房大门、特种门。工程量清单项目设置及工程量计算规则,应按表A.5.1的规定执行。

表A.5.1 厂库房大门、特种门(编码:010501)

项目编码	项目名称	项目特征	计量单位	工程量计算规则	工程内容
010501001	木板大门	1. 开启方式 2. 有框、无框 3. 含门扇数 4. 材料品种、规格 5. 五金种类、规格 6. 防护材料种类 7. 油漆品种,刷漆遍数	樘	按设计图示数量计算	1. 门(骨架)制作、运输 2. 门、五金配件安装 3. 刷防护材料、油漆
010501002	钢木大门				
010501003	全钢板大门				
010501004	特种门				
010501005	围墙铁丝门				

A.5.2 木屋架。工程量清单项目设置及工程量计算规则,应按表A.5.2的规定执行。

表A.5.2 木屋架(编码:010502)

项目编码	项目名称	项目特征	计量单位	工程量计算规则	工程内容
010502001	木屋架	1. 跨度 2. 安装高度 3. 材料品种、规格 4. 刨光要求 5. 防护材料种类 6. 油漆品种,刷漆遍数	榀	按设计图示数量计算	1. 制作、运输 2. 安装 3. 刷防护材料、油漆
010502002	钢木屋架				

A.5.3 木构件。工程量清单项目设置及工程量计算规则,应按表A.5.3的规定执行。

表 A.5.3　木构件(编码:010503)

项目编码	项目名称	项目特征	计量单位	工程量计算规则	工程内容
010503001	木柱	1. 构件高度、长度 2. 构件截面 3. 木材种类 4. 刨光要求 5. 防护材料种类 6. 油漆品种,刷漆遍数	m^3	按设计图示尺寸以体积计算	1. 制作 2. 运输 3. 安装 4. 刷防护材料、油漆
010503002	木梁				
010503003	木楼梯	1. 木材种类 2. 刨光要求 3. 防护材料种类 4. 油漆品种,刷漆遍数	m^2	按设计图示尺寸以水平投影面积计算。不扣除宽度小于 300 mm 的楼梯井,伸入墙内部分不计算	
010503004	其他木构件	1. 构件名称 2. 构件截面 3. 木材种类 4. 刨光要求 5. 防护材料种类 6. 油漆品种,刷漆遍数	m^3 (m)	按设计图示尺寸以体积或长度计算	

A.5.4　其他相关问题应按下列规定处理:

1. 冷藏门、冷冻间门、保温门、变电室门、隔音门、防射线门、人防门、金库门等,应按 A.5.1 中特种门项目编码列项。

2. 屋架的跨度应以上、下弦中心线两交点之间的距离计算。

3. 带气楼的屋架和马尾、折角及正交部分的半屋架,应按相关屋架项目编码列项。

4. 木楼梯的栏杆(栏板)、扶手,应按 B.1.7 中相关项目编码列项。

A.6　金属结构工程

A.6.1　钢屋架、钢网架。工程量清单项目设置及工程量计算规则,应按表 A.6.1 的规则执行。

表 A.6.1　钢屋架、钢网架(编码:010601)

项目编码	项目名称	项目特征	计量单位	工程量计算规则	工程内容
010601001	钢屋架	1. 钢材品种、规格 2. 单榀屋架的重量 3. 屋架跨度、安装高度 4. 探伤要求 5. 油漆品种,刷漆遍数	t(榀)	按设计图示尺寸以质量计算。不扣除孔眼、切边、切肢的质量,焊条、铆钉、螺栓等不另增加质量,不规则或多边形钢板以其外接矩形面积乘以厚度乘以单位理论质量计算	1. 制作 2. 运输 3. 拼装 4. 安装 5. 探伤 6. 刷油漆
010601002	钢网架	1. 钢材品种、规格 2. 网架节点形式、连接方式 3. 网架跨度、安装高度 4. 探伤要求 5. 油漆品种,刷漆遍数			

A.6.2 钢托架、钢桁架。工程量清单项目设置及工程量计算规则,应按表A.6.2的规则执行。

表A.6.2 钢托架、钢桁架(编码:010602)

项目编码	项目名称	项目特征	计量单位	工程量计算规则	工程内容
010602001	钢托架	1.钢材品种、规格 2.单榀的重量 3.安装高度 4.探伤要求 5.油漆品种,刷漆遍数	t	按设计图示尺寸以质量计算。不扣除孔眼、切边、切肢的质量,焊条、铆钉、螺栓等不另增加质量,不规则或多边形钢板以其外接矩形面积乘以厚度乘以单位理论质量计算	1.制作 2.运输 3.拼装 4.安装 5.探伤 6.刷油漆
010602002	钢桁架				

A.6.3 钢柱。工程量清单项目设置及工程量计算规则,应按表A.6.3的规则执行。

表A.6.3 钢柱(编码:010603)

项目编码	项目名称	项目特征	计量单位	工程量计算规则	工程内容
010603001	实腹柱	1.钢材品种、规格 2.单根柱的重量 3.探伤要求 4.油漆品种,刷漆遍数	t	按设计图示尺寸以质量计算。不扣除孔眼、切边、切肢的质量,焊条、铆钉、螺栓等不另增加质量,不规则或多边形钢板以其外接矩形面积乘以厚度乘以单位理论质量计算,依附在钢柱上的牛腿及悬臂梁等并入钢柱工程量内	1.制作 2.运输 3.拼装 4.安装 5.探伤 6.刷油漆
010603002	空腹柱				
010603003	钢管柱	1.钢材品种、规格 2.单根柱的重量 3.探伤要求 4.油漆品种,刷漆遍数		按设计图示尺寸以质量计算。不扣除孔眼、切边、切肢的质量,焊条、铆钉、螺栓等不另增加质量,不规则或多边形钢板,以其外接矩形面积乘以厚度乘以单位理论质量计算,钢管柱上的节点板、加强环、内衬管、牛腿等并入钢管工程量内	1.制作 2.运输 3.安装 4.探伤 5.刷油漆

A.6.4 钢梁。工程量清单项目设置及工程量计算规则,应按表 A.6.4 的规则执行。

表 A.6.4 钢梁(编码:010604)

项目编码	项目名称	项目特征	计量单位	工程量计算规则	工程内容
010604001	钢梁	1. 钢材品种、规格 2. 单根的重量 3. 安装高度 4. 探伤要求 5. 油漆品种,刷漆遍数	t	按设计图示尺寸以质量计算。不扣除孔眼、切边、切肢的质量,焊条、铆钉、螺栓等不另增加质量,不规则或多边形钢板,以其外接矩形面积乘以厚度乘以单位理论质量计算,制动梁、制动板、制动桁架、车挡并入钢吊车梁工程内	1. 制作 2. 运输 3. 安装 4. 探伤 5. 刷油漆
010604002	钢吊车梁				

A.6.5 压型钢板楼板、墙板。工程量清单项目设置及工程量计算规则,应按表 A.6.5 的规则执行。

表 A.6.5 压型钢板楼板、墙板(编码:010605)

项目编码	项目名称	项目特征	计量单位	工程量计算规则	工程内容
010605001	压型钢板楼板	1. 钢材品种、规格 2. 压型钢板厚度 3. 油漆品种,刷漆遍数	m^2	按设计图示尺寸以铺设水平投影面积计算。不扣除柱、垛及单个 0.3 m^2 以内的孔洞所占面积	1. 制作 2. 运输 3. 安装 4. 刷油漆
010605002	压型钢板、墙板	1. 钢材品种、规格 2. 压型钢板厚度,复合板厚度 3. 复合板夹芯材料种类、层数、型号、规格		按设计图示尺寸以铺挂面积计算。不扣除单个 0.3 m^2 以内的孔洞所占面积、包角、包边、窗台泛水等不另增加面积	

A.6.6 钢构件。工程量清单项目设置及工程量计算规则,应按表 A.6.6 的规则执行。

表 A.6.6　钢构件（编码：010606）

项目编码	项目名称	项目特征	计量单位	工程量计算规则	工程内容
010606001	钢支撑	1. 钢材品种、规格 2. 单式、复式 3. 支撑高度 4. 探伤要求 5. 油漆品种，刷漆遍数	t	按设计图示尺寸以质量计算。不扣除孔眼、切边、切肢的质量，焊条、铆钉、螺栓等不另增加质量，不规则或多边形钢板以其外接矩形面积乘以厚度乘以单位理论质量计算	1. 制作 2. 运输 3. 安装 4. 探伤 5. 刷油漆
010606002	钢檩条	1. 钢材品种、规格 2. 型钢式、格构式 3. 单根重量 4. 安装高度 5. 油漆品种，刷漆遍数			
010606003	钢天窗架	1. 钢材品种、规格 2. 单榀重量 3. 安装高度 4. 探伤要求 5. 油漆品种，刷漆遍数			
010606004	钢挡风架	1. 钢材品种、规格 2. 单榀重量 3. 探伤要求 4. 油漆品种，刷漆遍数			
010606005	钢墙架				
010606006	钢平台	1. 钢材品种、规格 2. 油漆品种，刷漆遍数			
010606007	钢走道				
010606008	钢梯	1. 钢材品种、规格 2. 钢梯形式 3. 油漆品种，刷漆遍数			
010606009	钢栏杆	1. 钢材品种、规格 2. 油漆品种，刷漆遍数			
010606010	钢漏斗	1. 钢材品种、规格 2. 方形、圆形 3. 安装高度 4. 探伤要求 5. 油漆品种，刷漆遍数		按设计图示尺寸以重量计算。不扣除孔眼、切边、切肢的质量，焊条、铆钉、螺栓等不另增加质量，不规则或多边形钢板以其外接矩形面积乘以厚度乘以单位理论质量计算，依附漏斗的钢型并入漏斗工程量内	
010606011	钢支架	1. 钢材品种、规格 2. 单件重量 3. 油漆品种，刷漆遍数		按设计图示尺寸以质量计算。不扣除孔眼、切边、切肢的质量，焊条、铆钉、螺栓等不另增加质量，不规则或多边形钢板以其外接矩形面积乘以厚度乘以单位理论质量计算	
010606012	零星钢构件	1. 钢材品种、规格 2. 构件名称 3. 油漆品种，刷漆遍数			

A.6.7 金属网。工程量清单项目设置及工程量计算规则,应按表 A.6.7 的规则执行。

表 A.6.7 金属网(编码:010607)

项目编码	项目名称	项目特征	计量单位	工程量计算规则	工程内容
010607001	金属网	1. 材料品种、规格 2 边框及立柱型钢品种、规格 3. 油漆品种,刷漆遍数	m^2	按设计图示尺寸以面积计算	1. 制作 2. 运输 3. 安装 4. 刷油漆

A.6.8 其他相关问题应按下列规定处理:

1. 型钢混凝土柱、梁浇注混凝土和压型钢板楼板上浇注钢筋混凝土,混凝土和钢筋应按 A.4 中相关项目编码列项。
2. 钢墙架项目包括墙架柱、墙架梁和连接杆件。
3. 加工铁件等小型构件,应按 A.6.6 中零星钢构件项目编码列项。

A.7 屋面及防水工程

A.7.1 瓦、型材屋面。工程量清单项目设置及工程量计算规则,应按表 A.7.1 的规则执行。

表 A.7.1 瓦、型材屋面(编码:010701)

项目编码	项目名称	项目特征	计量单位	工程量计算规则	工程内容
010701001	瓦屋面	1. 瓦品种、规格、品牌、颜色 2. 防水材料种类 3. 基层材料种类 4. 檩条种类、截面 5. 防护材料种类	m^2	按设计图示尺寸以斜面积计算。不扣除房上烟囱、风帽底座、风道、小气窗、斜沟等所占面积,小气窗的出檐部分不增加面积	1. 檩条、椽子安装 2. 基层铺设 3. 铺防水层 4. 安顺水条和挂瓦条 5. 安瓦 6. 刷防护材料
010701002	型材屋面	1. 型材品种、规格、品牌、颜色 2. 骨架材料品种、规格 3. 接缝、嵌缝材料种类			1. 骨架制作、运输、安装 2. 屋面型材安装 3. 接缝、嵌缝
010701003	膜结构屋面	1. 膜布品种、规格、颜色 2. 支柱(网架)钢材品种规格 3. 钢丝绳品种、规格 4. 油漆品种,刷漆遍数		按设计图示尺寸以需要覆盖的水平面积计算	1. 膜布热压胶接 2. 支柱(网架)制作、安装 3. 膜布安装 4. 穿钢丝绳、锚头锚固 5. 刷油漆

A.7.2　屋面防水。工程量清单项目设置及工程量清单规则，应按表A.7.2的规定执行。

表A.7.2　屋面防水（编码010702）

项目编码	项目名称	项目特征	计量单位	工程量计算规则	工程内容
010702001	屋面卷材防水	1. 卷材品种、规格 2. 防水层做法 3. 嵌缝材料种类 4. 防护材料种类	m^2	按设计图示尺寸以面积计算。 1. 斜屋顶（不包括平屋顶找坡）按斜面积计算，平屋顶按水平投影面积计算 2. 不扣除房上烟囱、风帽底座、风道、屋面小气窗、斜沟等所占面积 3. 屋面的女儿墙、伸缩缝和天窗等处的弯起部分，并入屋面工程量内	1. 基层处理 2. 抹找平层 3. 刷底漆 4. 铺油毡卷材、接缝、嵌缝 5. 铺保护层
010702002	屋面涂膜防水	1. 防水膜品种 2. 涂膜厚度、遍数、增强材料种类 3. 嵌缝材料种类 4. 防护材料种类			1. 基层处理 2. 抹找平层 3. 涂防水膜 4. 铺保护层
010702003	屋面刚性防水	1. 防水层厚度 2. 嵌缝材料种类 3. 混凝土强度等级		按设计图示尺寸以面积计算。不扣除房上烟囱、风帽底座、风道等所占面积	1. 基层处理 2. 混凝土制作、运输、铺筑、养护
010702004	屋面排水管	1. 排水管品种、规格、品牌、颜色 2. 接缝、嵌缝材料种类 3. 油漆品种，刷漆遍数	m	按设计图示尺寸以长度计算。如设计未标注尺寸，以檐口至设计室外散水上表面垂直距离计算	1. 排水管及配件安装、固定 2. 雨水斗、雨水箅子安装 3. 接缝、嵌缝
010702005	屋面天沟、沿沟	1. 材料品种 2. 砂浆配合比 3. 宽度、坡度 4. 接缝、嵌缝材料种类 5. 防护材料种类	m^2	按设计图示尺寸以面积计算。铁皮和卷材天沟按展开面积计算	1. 砂浆制作、运输 2. 砂浆找坡、养护 3. 天沟材料铺设 4. 天沟配件安装 5. 接缝、嵌缝 6. 刷防护材料

A.7.3　墙、地面防水、防潮。工程量清单项目设置及工程量计算规则，应按表A.7.3的规定执行。

表 A.7.3 墙、地面防水、防潮(编码 010703)

<table>
<tr><th>项目编码</th><th>项目名称</th><th>项目特征</th><th>计量单位</th><th>工程量计算规则</th><th>工程内容</th></tr>
<tr><td>010703001</td><td>卷材防水</td><td rowspan="2">1. 卷材涂膜品种
2. 涂膜厚度、遍数、增强材料种类
3. 防水部位
4. 防水做法
5. 接缝、嵌缝材料种类
6. 防护材料种类</td><td rowspan="3">m^2</td><td rowspan="3">按设计图示尺寸以面积计算
1. 地面防水:按主墙间净空面积计算,扣除凸出地面的构筑物、设备基础等所占面积。不扣除间壁墙及单个 0.3 m^2 以内的柱、垛、烟囱和孔洞所占面积
2. 墙基防水:外墙按中心线,内墙按净长乘以宽度计算</td><td>1. 基层处理
2. 抹找平层
3. 刷黏结剂
4. 铺保护层
5. 接缝、嵌缝</td></tr>
<tr><td>010703002</td><td>涂膜防水</td><td>1. 基层处理
2. 抹找平层
3. 刷基层处理剂
4. 铺涂膜防水层
5. 铺保护层</td></tr>
<tr><td>010703003</td><td>砂浆防水(潮)</td><td>1. 防水(潮)部位
2. 防水(潮)厚度、层数
3. 砂浆配合比
4. 外加剂材料种类</td><td>1. 基层处理
2. 挂钢丝网片
3. 设置分格缝
4. 砂浆制作、运输、摊铺、养护</td></tr>
<tr><td>010703004</td><td>变形缝</td><td>1. 变形缝部位
2. 嵌缝材料种类
3. 止水带材料种类
4. 盖板材料
5. 防护材料种类</td><td>m</td><td>按设计图示尺寸以长度计算</td><td>1. 清缝
2. 填塞防水材料
3. 止水带安装
4. 盖板制作
5. 刷防护材料</td></tr>
</table>

A.7.4 其他相关问题应按下列规定处理:

1. 小青瓦、水泥平瓦、琉璃瓦等,应按 A.7.1 中瓦屋面项目编码列项。

2. 压型钢板、阳光板、玻璃钢等,应按 A.7.1 中型材屋面编码列项。

A.8 防腐、隔热、保温工程

A.8.1 防腐面层。工程量清单项目设置及工程量计算规则,应按表 A.8.1 的规定执行。

表 A.8.1　防腐面层(编码:010801)

<table>
<tr><th>项目编码</th><th>项目名称</th><th>项目特征</th><th>计量单位</th><th>工程量计算规则</th><th>工程内容</th></tr>
<tr><td>010801001</td><td>防腐混凝土面层</td><td rowspan="3">1. 防腐部位
2. 面层厚度
3. 砂浆、混凝土、胶泥种类</td><td rowspan="6">m²</td><td rowspan="4">按设计图示尺寸以面积计算
1. 平面防腐:扣除凸出地面的构筑物、设备基础等所占面积
2. 立面防腐:砖垛等突出部分按展开面积并入墙面积内</td><td rowspan="2">1. 基层清理
2. 基层刷稀胶泥
3. 砂浆制作、运输、摊铺、养护
4. 混凝土制作、运输、摊铺、养护</td></tr>
<tr><td>010801002</td><td>防腐砂浆面层</td></tr>
<tr><td>010801003</td><td>防腐胶泥面层</td><td>1. 基层清理
2. 胶泥调制、摊铺</td></tr>
<tr><td>010801004</td><td>玻璃钢防腐面层</td><td>1. 防腐部位
2. 玻璃钢种类
3. 贴布层数
4. 面层材料品种</td><td>1. 基层清理
2. 刷底器漆、刮腻子
3. 胶浆配制、涂刷
4. 粘布、涂刷面层</td></tr>
<tr><td>010801005</td><td>聚氯乙烯板面层</td><td>1. 防腐部位
2. 面层材料品种
3. 黏结材料种类</td><td rowspan="2">按设计图示尺寸以面积计算
1. 平面防腐:扣除凸出地面的构筑物、设备基础等所占面积
2. 立面防腐:砖垛等突出部分按展开面积并入墙面积内
3. 踢脚板防腐:扣除门洞所占面积并相应增加门洞侧壁面积</td><td>1. 基层清理
2. 配料、涂胶
3. 聚氯乙烯板铺设
4. 铺贴踢脚板</td></tr>
<tr><td>010801006</td><td>块料防腐面层</td><td>1. 防腐部位
2. 块料品种、规格
3. 黏结材料种类
4. 勾缝材料种类</td><td>1. 基层清理
2. 砌块料
3. 胶泥调制、勾缝</td></tr>
</table>

A.8.2　其他防腐。工程量清单项目设置及工程量计算规则,应按表 A.8.2 的规定执行。

表 A.8.2　其他防腐(编码:010802)

<table>
<tr><th>项目编码</th><th>项目名称</th><th>项目特征</th><th>计量单位</th><th>工程量计算规则</th><th>工程内容</th></tr>
<tr><td>010802001</td><td>隔离层</td><td>1. 隔离层部位
2. 隔离层材料品种
3. 隔离层做法
4. 黏贴材料种类</td><td rowspan="2">m²</td><td>按设计图示尺寸以面积计算
1. 平面防腐:扣除凸出地面的构筑物、设备基础等所占面积
2. 立面防腐:砖垛等突出部分按展开面积并入墙面积内</td><td>1. 基层清理、刷油
2. 煮沥青
3. 胶泥调制
4. 隔离层铺设</td></tr>
<tr><td>010802002</td><td>砌筑沥青浸渍砖</td><td>1. 砌筑部位
2. 浸渍砖规格
3. 浸渍砖砌法(平砌、立砌)</td><td>按设计图示尺寸以面积计算</td><td>1. 基层清理
2. 胶泥调制
3. 浸渍砖铺砌</td></tr>
</table>

续表

项目编码	项目名称	项目特征	计量单位	工程量计算规则	工程内容
010802003	防腐涂料	1. 涂刷部位 2. 基层材料类型 3. 涂料品种、刷涂遍数	m^2	按设计图示尺寸以面积计算 1. 平面防腐:扣除凸出地面的构筑物、设备基础等所占面积 2. 立面防腐:砖垛等突出部分按展开面积并入墙面积内	1. 基层清理 2. 刷涂料

A.8.3 隔热、保温。工程量清单项目设置及工程量计算规则,应按表 A.8.3 的规定执行。

表 A.8.3 隔热、保温(编码:010803)

<table>
<tr><th>项目编码</th><th>项目名称</th><th>项目特征</th><th>计量单位</th><th>工程量计算规则</th><th>工程内容</th></tr>
<tr><td>010803001</td><td>保温隔热屋面</td><td rowspan="5">1. 保温隔热部位
2. 保温隔热方式(内保温、外保温、夹心保温)
3. 踢脚线、勒脚线保温做法
4. 保温隔热面层材料品种、规格、性能
5. 保温隔热材料品种、规格
6. 隔气层厚度
7. 黏结材料种类
8. 防护材料种类</td><td rowspan="5">m^2</td><td rowspan="2">按设计图示尺寸以面积计算。不扣除柱、垛所占面积</td><td rowspan="2">1. 基层清理
2. 铺粘保温层
3. 刷防护材料</td></tr>
<tr><td>010803002</td><td>保温隔热天棚</td></tr>
<tr><td>010803003</td><td>保温隔热墙</td><td>按设计图示尺寸以面积计算。扣除门窗洞口所占面积;门窗洞口侧壁需做保温时,并入保温墙体工程量内</td><td rowspan="2">1. 基层清理
2. 底层抹灰
3. 粘贴龙骨
4. 填贴保温材料
5. 粘贴面层
6. 嵌缝
7. 刷防护材料</td></tr>
<tr><td>010803004</td><td>保温柱</td><td>按设计图示以保温层中心线展开长度乘以保温层高度计算</td></tr>
<tr><td>010803005</td><td>隔热楼地面</td><td>按设计图示尺寸以面积计算。不扣除柱、垛所占面积</td><td>1. 基层清理
2. 铺设黏贴材料
3. 铺贴保温层
4. 刷防护材料</td></tr>
</table>

A.8.4 其他相关的问题应按下列规定处理:

1. 保温隔热墙的装饰面层,应按 B.2 中的相关项目编码列项。

2. 柱帽保温隔热应并入天棚保温隔热工程量内。

3. 池槽保温隔热,池壁、池底应分别编码列项,池壁应并入墙面保温隔热工程量内,池底应并入地面保温隔热工程量内。

附录B　装饰装修工程工程量清单项目及计算规则

B.1　楼地面工程

B.1.1　整体面层。工程量清单项目设置及工程量计算规则,应按表B.1.1的规定执行。

表B.1.1　整体面层(编码:020101)

项目编码	项目名称	项目特征	计量单位	工程量计算规则	工程内容
020101001	水泥砂浆楼地面	1.垫层材料种类、厚度 2.找平层厚度、砂浆配合比 3.防水层厚度、材料种类 4.面层厚度、砂浆配合比	m^2	按设计图示尺寸以面积计算。扣除凸出地面构筑物、设备基础、室内铁道、地沟等所占面积,不扣除间壁墙和0.3 m^2以内的柱、垛、附墙烟囱及孔洞所占面积。门洞、空圈、暖气包槽、壁龛的开口部分不增加面积	1.清理基层 2.铺设垫层 3.抹找平层 4.铺设防水层 5.抹面层 6.材料运输
020101002	现浇水磨石楼地面	1.垫层材料种类、厚度 2.找平层厚度、砂浆配合比 3.防水层厚度、材料种类 4.面层厚度、水泥石子浆配合比 5.嵌条材料种类、规格 6.石子种类、规格、颜色 7.颜料种类、颜色 8.图案要求 9.磨光、酸洗、打蜡要求			1.清理基层 2.铺设垫层 3.抹找平层 4.铺设防水层 5.铺设面层 6.安装嵌缝条 7.磨光、酸洗、打蜡 8.材料运输
020101003	细石混凝土楼地面	1.垫层材料种类、厚度 2.找平层厚度、砂浆配合比 3.防水层厚度、材料种类 4.面层厚度、混凝土强度等级			1.清理基层 2.铺设垫层 3.抹找平层 4.铺设防水层 5.铺设面层 6.材料运输
020101004	菱苦土楼地面	1.垫层材料种类、厚度 2.找平层厚度、砂浆配合比 3.防水层厚度、材料种类 4.面层厚度 5.打蜡要求			1.清理基层 2.铺设垫层 3.抹找平层 4.铺设防水层 5.铺设面层 6.打蜡 7.材料运输

B.1.2 块料面层。工程量清单项目设置及工程量计算规则，应按表 B.1.2 的规定执行。

表 B.1.2 块料面层（编码：020102）

<table>
<tr><th>项目编码</th><th>项目名称</th><th>项目特征</th><th>计量单位</th><th>工程量计算规则</th><th>工程内容</th></tr>
<tr><td>020102001</td><td>石材楼地面</td><td rowspan="2">1. 垫层材料种类、厚度
2. 找平层厚度、砂浆配合比
3. 防水层厚度、材料种类
4. 填充材料种类、厚度
5. 结合层厚度、砂浆配合比
6. 面层材料品种、规格、品牌、颜色
7. 嵌缝材料种类
8. 防护层材料种类
9. 酸洗、打蜡要求</td><td rowspan="2">m^2</td><td rowspan="2">按设计图示尺寸以面积计算。扣除凸出地面构筑物、设备基础、室内铁道、地沟等所占面积，不扣除间壁墙和 0.3 m^2 以内的柱、垛、附墙烟囱及孔洞所占面积。门洞、空圈、暖气包槽、壁龛的开口部分不增加面积</td><td rowspan="2">1. 清理基层、铺设垫层、抹找平层
2. 铺设防水层、填充层
3. 铺设面层
4. 嵌缝
5. 刷防护材料
6. 酸洗、打蜡
7. 材料运输</td></tr>
<tr><td>020102002</td><td>块料楼地面</td></tr>
</table>

B.1.3 橡塑面层。工程量清单项目设置及工程量计算规则，应按表 B.1.3 的规定执行。

表 B.1.3 橡塑面层（编码：020103）

<table>
<tr><th>项目编码</th><th>项目名称</th><th>项目特征</th><th>计量单位</th><th>工程量计算规则</th><th>工程内容</th></tr>
<tr><td>020103001</td><td>橡胶板楼地面</td><td rowspan="4">1. 找平层厚度、砂浆配合比
2. 填充材料种类、厚度
3. 黏结层厚度、材料种类
4. 面层材料品种、规格、品牌、颜色
5. 压线条种类</td><td rowspan="4">m^2</td><td rowspan="4">按设计图示尺寸以面积计算。门洞、空圈、暖气包槽、壁龛的开口部分并入相应的工程量内</td><td rowspan="4">1. 清理基层、抹找平层
2. 铺设填充层
3. 面层铺贴
4. 压缝条装钉
5. 材料运输</td></tr>
<tr><td>020103002</td><td>橡胶卷材楼地面</td></tr>
<tr><td>020103003</td><td>塑料板楼地面</td></tr>
<tr><td>020103004</td><td>塑料卷材楼地面</td></tr>
</table>

B.1.4 其他材料面层。工程量清单项目设置及工程量计算规则，应按表 B.1.4 的规定执行。

表 B.1.4 其他材料面层(编码:020104)

项目编码	项目名称	项目特征	计量单位	工程量计算规则	工程内容
020104001	楼地面地毯	1. 找平层厚度、砂浆配合比 2. 填充材料种类、厚度 3. 面层材料品种、规格、品牌、颜色 4. 防护材料种类 5. 黏结材料种类 6. 压线条种类	m^2	按设计图示尺寸以面积计算。门洞、空圈、暖气包槽、壁龛的开口部分并入相应的工程量内	1. 清理基层、抹找平层 2. 铺设填充层 3. 铺贴面层 4. 刚防护材料 5. 装钉压条 6. 材料运输
020104002	竹木地板	1. 找平层厚度、砂浆配合比 2. 填充材料种类、厚度 3. 龙骨材料种类、规格、铺设间距 4. 基层材料种类、规格 5. 面层材料品种、规格、品牌、颜色 6. 黏结材料种类 7. 防护材料种类 8. 油漆品种,刷漆遍数			1. 清理基层、抹找平层 2. 铺设填充层 3. 铺设龙骨 4. 铺设基层 5. 铺贴面层 6. 刷防护材料、油漆 7. 材料运输
020104003	防静电活动地板	1. 找平层厚度、砂浆配合比 2. 填充材料种类、厚度 3. 支架高度、材料种类 4. 面层材料品种、规格、品牌、颜色 5. 防护材料种类			1. 清理基层、抹找平层 2. 铺设填充层 3. 安装固定支架 4. 安装活动面层 5. 刷防护材料 6. 材料运输
020104004	金属复合地板	1. 找平层厚度、砂浆配合比 2. 填充材料种类、厚度 3. 龙骨材料种类、规格、铺设间距 4. 基层材料种类、规格 5. 面层材料品种、规格、品牌 6. 防护材料种类			1. 清理基层、抹找平层 2. 铺设填充层 3. 铺设龙骨 4. 铺设基层 5. 铺贴面层 6. 刷防护材料 7. 材料运输

B.1.5 踢脚线。工程量清单项目设置及工程量计算规则,应按表 B.1.5 的规定执行。

表 B.1.5 踢脚线(编码:020105)

项目编码	项目名称	项目特征	计量单位	工程量计算规则	工程内容
020105001	水泥砂浆踢脚线	1. 踢脚线高度 2. 底层厚度、砂浆配合比 3. 面层厚度、砂浆配合比	m^2	按设计图示长度乘以高度以面积计算	1. 清理基层 2. 底层抹灰 3. 面层铺贴 4. 勾缝 5. 磨光、酸洗、打蜡 6. 刷防护材料 7. 材料运输
020105002	石材踢脚线	1. 踢脚线高度 2. 底层厚度、砂浆配合比 3. 粘贴层厚度、材料种类 4. 面层材料品种、规格、品牌、颜色 5. 勾缝材料种类 6. 防护材料种类			
020105003	块料踢脚线				
020105004	现浇水磨石踢脚线	1. 踢脚线高度 2. 底层厚度、砂浆配合比 3. 面层厚度、水泥石子浆配合比 4. 石子种类、规格、颜色 5. 颜料种类、颜色 6. 磨光、酸洗、打蜡要求			
020105005	塑料板踢脚线	1. 踢脚线高度 2. 底层厚度、砂浆配合比 3. 粘贴层厚度、材料种类 4. 面层材料种类、规格、品牌、颜色			
020105006	木质踢脚线	1. 踢脚线高度 2. 底层厚度、砂浆配合比 3. 基层材料种类、规格 4. 面层材料品种、规格、品牌、颜色 5. 防护材料种类 6. 油漆品种,刷漆遍数			1. 清理基层 2. 底层抹灰 3. 基层铺贴 4. 面层铺贴 5. 刷防护材料 6. 油漆 7. 材料运输
020105007	金属踢脚线				
020105008	防静电踢脚线				

B.1.6 楼梯装饰。工程量清单项目设置及工程量计算规则,应按表 B.1.6 的规定执行。

表 B.1.6　楼梯装饰(编码:020106)

项目编码	项目名称	项目特征	计量单位	工程量计算规则	工程内容
020106001	石材楼梯面层	1. 找平层厚度、砂浆配合比 2. 贴结层厚度、材料种类 3. 面层材料品种、规格、品牌、颜色 4. 防滑条材料种类、规格 5. 勾缝材料种类 6. 防护层材料种类 7. 酸洗、打蜡要求	m^2	按设计图示尺寸以楼梯(包括踏步、休息平台及 500 mm 以内的楼梯井)水平投影面积计算。楼梯与楼地面相连时,算至梯口梁内侧边沿;无梯口梁者,算至最上一层踏步边沿加 300 mm	1. 清理基层 2. 抹找平层 3. 铺贴面层 4. 贴嵌防滑条 5. 勾缝 6. 刷防护材料 7. 酸洗、打蜡 8. 材料运输
020106002	块料楼梯面层				
020106003	水泥砂浆楼梯面	1. 找平层厚度、砂浆配合比 2. 面层厚度、砂浆配合比 3. 防滑条材料种类、规格			1. 基层清理 2. 抹找平层 3. 抹面层 4. 抹防滑条 5. 材料运输
020106004	现浇水磨石楼梯面	1. 找平层厚度、砂浆配合比 2. 面层厚度、水泥石子浆配合比 3. 防滑条材料种类、规格 4. 石子种类、规格、颜色 5. 颜料种类、颜色 6. 磨光、酸洗、打蜡要求			1. 清理基层 2. 抹找平层 3. 抹面层 4. 贴嵌防滑条 5. 磨光、酸洗、打蜡 6. 材料运输
020106005	地毯楼梯面	1. 基层种类 2. 找平层厚度、砂浆配合比 5. 面层材料品种、规格、品牌、颜色 4. 防护材料种类 5. 黏结材料种类 6. 固定配件材料种类、规格			1. 清理基层 2. 抹找平层 3. 铺贴面层 4. 安装固定配件 5. 刷防护材料 6. 材料运输
020106006	木板楼梯面	1. 找平层厚度、砂浆配合比 2. 基层材料种类、规格 3. 面层材料品种、规格、品牌、颜色 4. 黏结材料种类 5. 防护材料种类 6. 油漆品种,刷漆遍数			1. 清理基层 2. 抹找平层 3. 基层铺贴 4. 面层铺贴 5. 刷防护材料、油漆 6. 材料运输

B.1.7　扶手、栏杆、栏板装饰。工程量清单项目设置及工程量计算规则,应按表 B.1.7 的规定执行。

表 B.1.7　扶手、栏杆、栏板装饰(编码:020107)

项目编码	项目名称	项目特征	计量单位	工程量计算规则	工程内容
020107001	金属扶手带栏杆、栏板	1. 扶手材料种类、规格、品牌、颜色 2. 栏杆材料种类、规格、品牌、颜色 3. 栏板材料种类、规格、品牌、颜色 4. 固定配件种类 5. 防护材料种类 6. 油漆品种,刷漆遍数	m	按设计图示尺寸以扶手中心线长度(包括弯头长度)计算	1. 制作 2. 运输 3. 安装 4. 刷防护材料 5. 刷油漆
020107002	硬木扶手带栏杆、栏板				
020107003	塑料扶手带栏杆、栏板				
020107004	金属靠墙扶手	1. 扶手材料种类、规格、品牌,颜色 2. 固定配件种类 3. 防护材料种类 4. 油漆品种,刷漆遍数			
020107005	硬木靠墙扶手				
020107006	塑料靠墙扶手				

B.1.8　台阶装饰。工程量清单项目设置及工程量计算规则,应按表 B.1.8 的规定执行。

表 B.1.8　台阶装饰(编码:020108)

项目编码	项目名称	项目特征	计量单位	工程量计算规则	工程内容
020108001	石材台阶面	1. 垫层材料种类、厚度 2. 找平层厚度、砂浆配合比 3. 黏结层材料种类 4. 面层材料品种、规格、品牌、颜色 5. 勾缝材料种类 6. 防滑条材料种类、规格 7. 防护材料种类	m^2	按设计图示尺寸以台阶(包括最上层踏步边沿加 300 mm)水平投影面积计算	1. 清理基层 2. 铺设垫层 3. 抹找平层 4. 面层铺贴 5. 贴嵌防滑条 6. 勾缝 7. 刷防护材料 8. 材料运输
020108002	块料台阶面				
020108003	水泥砂浆台阶面	1. 垫层材料种类、厚度 2. 找平层厚度、砂浆配合比 3. 面层厚度、砂浆配合比 4. 防滑条材料种类			1. 清理基层 2. 铺设垫层 3. 抹找平层 4. 抹面层 5. 抹防滑条 6. 材料运输

续表

项目编码	项目名称	项目特征	计量单位	工程量计算规则	工程内容
020108004	现浇水磨石台阶面	1. 垫层材料种类、厚度 2. 找平层厚度、砂浆配合比 3. 面层厚度、水泥石子浆配合比 4. 防滑条材料种类、规格 5. 石子种类、规格、颜色 6. 颜料种类、颜色 7. 磨光、酸洗、打蜡要求	m^2	按设计图示尺寸以台阶(包括最上层踏步边沿加 300 mm)水平投影面积计算	1. 清理基层 2. 铺设垫层 3. 抹找平层 4. 抹面层 5. 贴嵌防滑条 6. 打磨、酸洗、打蜡 7. 材料运输
020108005	剁假石台阶面	1. 垫层材料种类、厚度 2. 找平层厚度、砂浆配合比 3. 面层厚度、砂浆配合比 4. 剁假石要求			1. 清理基层 2. 铺设垫层 3. 抹找平层 4. 抹面层 5. 剁假石 6. 材料运输

B. 1. 9　零星装饰项目。工程量清单项目设置及工程量计算规则,应按表 B. 1. 9 的规定执行。

表 B. 1. 9　**零星装饰项目**(**编码**:020109)

项目编码	项目名称	项目特征	计量单位	工程量计算规则	工程内容
020109001	石材零星项目	1. 工程部位 2. 找平层厚度、砂浆配合比 3. 结合层厚度、材料种类 4. 面层材料品种、规格、品牌、颜色 5. 勾缝材料种类 6. 防护材料种类 7. 酸洗、打蜡要求	m^2	按设计图示尺寸以面积计算	1. 清理基层 2. 抹找平层 3. 铺贴面层 4. 勾缝 5. 刷防护材料 6. 酸洗、打蜡 7. 材料运输
020109002	碎拼石材零星项目				
020109003	块料零星项目				
020109004	水泥砂浆零星项目	1. 工程部位 2. 找平层厚度、砂浆配合比 3. 面层厚度、砂浆配合比			1. 清理基层 2. 抹找平层 3. 抹面层 4. 材料运输

B. 1. 10　其他相关问题应按下列规定处理:

1. 楼梯、阳台、走廊、回廊及其他的装饰性扶手、栏杆、栏板,应按表 B. 1. 7 项目编码列项。

2. 楼梯、台阶侧面装饰,0. 5 m^2 以内少量分散的楼地面装修,应按表 B. 1. 9 中项目编码列项。

B.2　墙、柱面工程

B.2.1　墙面抹灰。工程量清单项目设置及工程量计算规则，应按表B.2.1的规定执行。

表B.2.1　墙面抹灰(编码:020201)

项目编码	项目名称	项目特征	计量单位	工程量计算规则	工程内容
020201001	墙面一般抹灰	1. 墙体类型 2. 底层厚度、砂浆配合比 3. 面层厚度、砂浆配合比 4. 装饰面材料种类 5. 分格缝宽度、材料种类	m^2	按设计图示尺寸以面积计算：扣除墙裙、门窗洞口及单个 $0.3\ m^2$ 以外的孔洞面积，不扣除踢脚线、挂镜线和墙与构件交接处的面积。门窗洞口和孔洞的侧壁及顶面不增加面积。附墙柱、梁、垛、烟囱侧壁并入相应的墙面面积内 1. 外墙抹灰面积按外墙垂直投影面积计算 2. 外墙裙抹灰面积按其长度乘以高度计算 3. 内墙抹灰面积按主墙间的净长乘以高度计算。高度的确定： (1)无墙裙的，高度按室内楼地面至天棚底面高度 (2)有墙裙的，高度按墙裙顶至天棚底面高度 4. 内墙裙抹灰面按内墙净长乘以高度计算	1. 基层清理 2. 砂浆制作、运输 3. 底面抹灰 4. 抹面层 5. 抹装饰面 6. 勾分格缝
020201002	墙面装饰抹灰				
020201003	墙面勾缝	1. 墙体类型 2. 勾缝类型 3. 勾缝材料种类			1. 基层清理 2. 砂浆制作、运输 3. 勾缝

B.2.2　柱面抹灰。工程量清单项目设置及工程量计算规则，应按表B.2.2的规定执行。

表B.2.2　柱面抹灰(编码:020202)

项目编码	项目名称	项目特征	计量单位	工程量计算规则	工程内容
020202001	柱面一般抹灰	1. 柱体类型 2. 底层厚度、砂浆配合比 3. 面层厚度、砂浆配合比 4. 装饰面材料种类 5. 分格缝宽度、材料种类	m^2	按设计图示柱断面周长乘以高度以面积计算	1. 基层清理 2. 砂浆制作、运输 3. 底面抹灰 4. 抹面层 5. 抹装饰面 6. 勾分格缝
020202002	柱面装饰抹灰				
020202003	柱面勾缝	1. 柱体类型 2. 勾缝类型 3. 勾缝材料种类			1. 基层清理 2. 砂浆制作,运输 3. 勾缝

B.2.3　零星抹灰。工程量清单项目设置及工程量计算规则,应按表 B.2.3 的规定执行。

表 B.2.3　零星抹灰(编码:020203)

项目编码	项目名称	项目特征	计量单位	工程量计算规则	工程内容
020203001	零星项目一般抹灰	1. 墙体类型 2. 底层厚度、砂浆配合比 3. 面层厚度、砂浆配合比 4. 装饰面材料种类 5. 分格缝宽度、材料种类	m^2	按设计图示尺寸以面积计算	1. 基层清理 2. 砂浆制作、运输 3. 底面抹灰 4. 抹面层 5. 抹装饰面 6. 勾分格缝
020203002	零星项目装饰抹灰				

B.2.4　墙面镶贴块料。工程量清单项目设置及工程量计算规则,应按表 B.2.4 的规定执行。

表 B.2.4　墙面镶贴块料(编码:020204)

项目编码	项目名称	项目特征	计量单位	工程量计算规则	工程内容
020204001	石材墙面	1. 墙体类型 2. 底层厚度、砂浆配合比 3. 贴结层厚度、材料种类 4. 挂贴方式 5. 干挂方式(膨胀螺栓、钢龙骨) 6. 面层材料品种、规格、品牌、颜色 7. 缝宽、嵌缝材料种类 8. 防护材料种类 9. 磨光、酸洗、打蜡要求	m^2	按设计图示尺寸以面积计算	1. 基层清理 2. 砂浆制作、运输 3. 底层抹灰 4. 结合层铺贴 5. 面层铺贴 6. 面层挂贴 7. 面层干挂 8. 嵌缝 9. 刷防护材料 10. 磨光、酸洗、打蜡
020204002	碎拼石材墙面				
020204003	块料墙面				
020204004	干挂石材钢骨架	1. 骨架种类、规格 2. 油漆品种、刷油遍数	t	按设计图示尺寸以质量计算	1. 骨架制作、运输、安装 2. 骨架油漆

B.2.5　柱面镶贴块料。工程量清单项目设置及工程量计算规则,应按表 B.2.5 的规定执行。

表 B.2.5　柱面镶贴块料(编码:020205)

<table>
<tr><th>项目编码</th><th>项目名称</th><th>项目特征</th><th>计量单位</th><th>工程量计算规则</th><th>工程内容</th></tr>
<tr><td>020205001</td><td>石材柱面</td><td rowspan="3">1. 柱体材料
2. 柱截面类型、尺寸
3. 底层厚度、砂浆配合比
4. 黏结层厚度、材料种类
5. 挂贴方式
6. 干挂方式
7. 面层材料品种、规格、品牌、颜色
8. 缝宽、嵌缝材料种类
9. 防护材料种类
10. 磨光、酸洗、打蜡要求</td><td rowspan="5">m^2</td><td rowspan="5">按设计图示尺寸以面积计算</td><td rowspan="3">1. 基层清理
2. 砂浆制作、运输
3. 底层抹灰
4. 铺贴结合层
5. 铺贴面层
6. 挂贴面层
7. 干挂面层
8. 嵌缝
9. 刷防护材料
10. 磨光、酸洗、打蜡</td></tr>
<tr><td>020205002</td><td>碎拼石材柱面</td></tr>
<tr><td>020205003</td><td>块料柱面</td></tr>
<tr><td>020205004</td><td>石材梁面</td><td rowspan="2">1. 底层厚度、砂浆配合比
2. 黏结层厚度、材料种类
3. 面层材料品种、规格、品牌、颜色
4. 缝宽、嵌缝材料种类
5. 防护材料种类
6. 磨光、酸洗、打蜡要求</td><td rowspan="2">1. 基层清理
2. 砂浆制作、运输
3. 底层抹灰
4. 结合层铺贴
5. 面层铺贴
6. 面层挂贴
7. 嵌缝
8. 刷防护材料
9. 磨光、酸洗、打蜡</td></tr>
<tr><td>020205005</td><td>块料梁面</td></tr>
</table>

B.2.6　零星镶贴块料。工程量清单项目设置及工程量计算规则,应按表 B.2.6 的规定执行。

表 B.2.6　零星镶贴块料(编码:020206)

<table>
<tr><th>项目编码</th><th>项目名称</th><th>项目特征</th><th>计量单位</th><th>工程量计算规则</th><th>工程内容</th></tr>
<tr><td>020206001</td><td>石材零星项目</td><td rowspan="3">1. 柱、墙体类型
2. 底层厚度、砂浆配合比
3. 黏结层厚度、材料种类
4. 挂贴方式
5. 干挂方式
6. 面层材料品种、规格、品牌、颜色
7. 缝宽、嵌缝材料种类
8. 防护材料种类
9. 磨光、酸洗、打蜡要求</td><td rowspan="3">m^2</td><td rowspan="3">按设计图示尺寸以面积计算</td><td rowspan="3">1. 基层清理
2. 砂浆制作、运输
3. 底层抹灰
4. 铺贴结合层
5. 铺贴面层
6. 挂贴面层
7. 干挂面层
8. 嵌缝
9. 刷防护材料
10. 基层清理磨光、酸洗、打蜡</td></tr>
<tr><td>020206002</td><td>碎拼石材零星项目</td></tr>
<tr><td>020206003</td><td>块料零星项目</td></tr>
</table>

B.2.7　墙饰面。工程量清单项目设置及工程量计算规则,应按表 B.2.7 的规定执行。

表 B.2.7　墙饰面(编码:020207)

项目编码	项目名称	项目特征	计量单位	工程量计算规则	工程内容
020207001	装饰板墙面	1. 墙体类型 2. 底层厚度、砂浆配合比 3. 龙骨材料种类、规格、中距 4. 隔离层材料种类、规格 5. 基层材料种类、规格 6. 面层材料品种、规格、品牌、颜色 7. 压条材料种类、规格 8. 防护材料种类 9. 油漆品种、刷油遍数	m^2	按设计图示墙净长乘以净高以面积计算。扣除门窗洞口及单个 0.3 m^2 以上的孔洞所占面积	1. 基层清理 2. 砂浆制作、运输 3. 底层抹灰 4. 龙骨制作、运输、安装 5. 钉隔离层 6. 铺钉基层 7. 铺贴面层 8. 刷防护材料、油漆

B.2.8　柱(梁)饰面。工程量清单项目设置及工程量计算规则,应按表 B.2.8 的规定执行。

表 B.2.8　柱(梁)饰面(编码:020208)

项目编码	项目名称	项目特征	计量单位	工程量计算规则	工程内容
020208001	柱(梁)面装饰	1. 柱(梁)体类型 2. 底层厚度、砂浆配合比 3. 龙骨材料种类、规格、中距 4. 隔离层材料种类 5. 基层材料种类、规格 6. 面层材料品种、规格、品牌、颜色 7. 压条材料种类、规格 8. 防护材料种类 9. 油漆品种,刷漆遍数	m^2	按设计图示饰面外围尺寸以面积计算。柱帽、柱墩并入相应柱饰面工程量内	1. 基层清理 2. 砂浆制作、运输 3. 底层抹灰 4. 龙骨制作、运输、安装 5. 钉隔离层 6. 铺钉基层 7. 铺贴面层 8. 刷防护材料、油漆

B.2.9　隔断。工程量清单项目设置及工程量计算规则,应按表 B.2.9 的规定执行。

表 B.2.9　隔断(编码:020209)

项目编码	项目名称	项目特征	计量单位	工程量计算规则	工程内容
020209001	隔断	1. 骨架、边框材料种类、规格 2. 隔板材料品种、规格、品牌、颜色 3. 嵌缝、塞口材料品种 4. 压条材料种类 5. 防护材料种类 6. 油漆品种,刷漆遍数	m^2	按设计图示框外围尺寸以面积计算。扣除单个 0.3 m^2 以上的孔洞所占面积。浴厕门的材质与隔断相同时,门的面积并入隔断面积内	1. 骨架、边框制作、运输、安装 2. 隔板制作、运输、安装 3. 嵌缝、塞口 4. 装钉压条 5. 刷防护材料、油漆

B.2.10 幕墙。工程量清单项目设置及工程量计算规则,应按表 B.2.10 的规定执行。

表 B.2.10 幕墙(编码:020210)

项目编码	项目名称	项目特征	计量单位	工程量计算规则	工程内容
020210001	带骨架幕墙	1. 骨架材料种类、规格、中距 2. 面层材料品种、规格、品牌、颜色 3. 面层固定方式 4. 嵌缝、塞口材料种类	m^2	按设计图示框外围尺寸以面积计算;与幕墙同种材质的窗所占面积不扣除	1. 骨架制作、运输、安装 2. 安装面层 3. 嵌缝、塞口 4. 清洗
020210002	全玻幕墙	1. 玻璃品种、规格、品牌、颜色 2. 黏结塞口材料种类 3. 固定方式		按设计图示尺寸以面积计算。带肋全玻幕墙按展开面积计算	1. 幕墙安装 2. 嵌缝、塞口 3. 清洗

B.2.11 其他相关问题应按下列规定处理:

1. 石灰砂浆、水泥砂浆、水泥混合砂浆、聚合物水泥砂浆、麻刀石灰、纸筋石膏灰等的抹灰,应按表 B.2.1 中一般抹灰项目编码列项;水刷石、斩假石(剁斧石、斩假石)、干粘石、假面砖等的抹灰,应按表 B.2.1 中装饰抹灰项目编码列项。

2. 0.5 m^2 以内少量分散的抹灰和镶贴块料面层,应按表 B.2.1 和表 B.2.6 中相关项目编码列项。

B.3 天棚工程

B.3.1 天棚抹灰。工程量清单项目设置及工程量计算规则,应按表 B.3.1 的规定执行。

表 B.3.1 天棚抹灰(编码:020301)

项目编码	项目名称	项目特征	计量单位	工程量计算规则	工程内容
020301001	天棚抹灰	1. 基层类型 2. 抹灰厚度、材料种类 3. 装饰线条道数、材料 4. 砂浆配合比	m^2	按设计图示尺寸以水平投影面积计算。不扣除间壁墙、垛、柱、附墙烟囱、检查口和管道所占的面积,带梁天棚、梁两侧抹灰面积并入天棚面积内。板式楼梯底面抹灰按斜面积计算,锯齿形楼梯底板抹灰按展开面积计算	1. 基层清理 2. 底层抹灰 3. 抹面层 4. 抹装饰线条

B.3.2 天棚吊顶。工程量清单项目设置及工程量计算规则,应按表 B.3.2 的规定执行。

表 B.3.2 天棚吊顶(编码:020302)

<table>
<tr><th>项目编码</th><th>项目名称</th><th>项目特征</th><th>计量单位</th><th>工程量计算规则</th><th>工程内容</th></tr>
<tr><td>020302001</td><td>天棚吊顶</td><td>1. 吊顶形式
2. 龙骨类型、材料种类、规格、中距
3. 基层材料种类、规格
4. 面层材料品种、规格、品牌、颜色
5. 压条材料种类、规格
6. 嵌缝材料种类
7. 防护材料种类
8. 油漆品种,刷漆遍数</td><td>m^2</td><td>按设计图示尺寸以水平投影面积计算。天棚面中的灯槽及跌级、锯齿形、吊挂式、藻井式天棚面积不展开计算。不扣除间壁墙、检查口、附墙烟囱、柱垛和管道所占面积,扣除单个 0.3 m^2 以外的孔洞、独立柱及与天棚相连的窗帘盒所占的面积</td><td>1. 基层清理
2. 龙骨安装
3. 铺贴基层板
4. 铺贴面层
5. 嵌缝
6. 刷防护材料、油漆</td></tr>
<tr><td>020302002</td><td>格栅吊顶</td><td>1. 龙骨类型、材料种类、规格、中距
2. 基层材料种类、规格
3. 面层材料品种、规格、品牌、颜色
4. 防护材料种类
5. 油漆品种,刷漆遍数</td><td rowspan="5">m^2</td><td rowspan="5">按设计图示尺寸以水平投影面积计算</td><td>1. 基层清理
2. 底层抹灰
3. 龙骨安装
4. 铺贴基层板
5. 铺贴面层
6. 刷防护材料、油漆</td></tr>
<tr><td>020302003</td><td>吊筒吊顶</td><td>1. 底层厚度、砂浆配合比
2. 吊筒形状、规格、颜色、材料种类
3. 防护材料种类
4. 油漆品种,刷漆遍数</td><td>1. 基层清理
2. 底层抹灰
3. 安装吊筒
4. 刷防护材料、油漆</td></tr>
<tr><td>020302004</td><td>藤条造型悬挂吊顶</td><td rowspan="2">1. 底层厚度、砂浆配合比
2. 骨架材料种类、规格
3. 面层材料品种、规格、颜色
4. 防护层材料种类
5. 油漆品种,刷漆遍数</td><td rowspan="2">1. 基层清理
2. 底面抹灰
2. 安装龙骨
4. 铺贴面层
5. 刷防护材料、油漆</td></tr>
<tr><td>020302005</td><td>织物软雕吊顶</td></tr>
<tr><td>020302006</td><td>网架(装饰)吊顶</td><td>1. 底层厚度、砂浆配合比
2. 面层材料品种、规格、颜色
3. 防护材料品种
4. 油漆品种,刷漆遍数</td><td>1. 基层清理
2. 底面抹灰
3. 安装面层
4. 刷防护材料、油漆</td></tr>
</table>

B.3.3 天棚其他装饰。工程量清单项目设置及工程量计算规则,应按表 B.3.3 的规定执行。

表 B.3.3　天棚其他装饰(编码:020303)

项目编码	项目名称	项目特征	计量单位	工程量计算规则	工程内容
020303001	灯带	1. 灯带形式、尺寸 2. 格栅片材料品种、规格、品牌、颜色 3. 安装固定方式	m^2	按设计图示尺寸以框外围面积计算	安装、固定
020303002	送风口、回风口	1. 风口材料品种、规格、品牌、颜色 2. 安装固定方式 3. 防护材料种类	个	按设计图示数量计算	1. 安装、固定 2. 刷防护材料

B.3.4　采光天棚和天棚设保温、隔热、吸音层时,应按 A.8 中相关项目编码列项。

B.4　门窗工程

B.4.1　木门。工程量清单项目设置及工程量计算规则,应按表 B.4.1 的规定执行。

表 B.4.1　木门(编码:020401)

项目编码	项目名称	项目特征	计量单位	工程量计算规则	工程内容
020401001	镶板木门	1. 门类型 2. 框截面尺寸、单扇面积 3. 骨架材料种类 4. 面层材料品种、规格、品牌、颜色 5. 玻璃品种、厚度,五金材料品种、规格 6. 防护层材料种类 7. 油漆品种,刷漆遍数	樘	按设计图示数量计算	1. 门制作、运输、安装 2. 五金、玻璃安装 3. 刷防护材料、油漆
020401002	企口木板门				
020401003	实木装饰门				
020401004	胶合板门				
020401005	夹板装饰门	1. 门类型 2. 框截面尺寸、单扇面积 3. 骨架材料种类 4. 防火材料种类 5. 门纱材料品种、规格 6. 面层材料品种、规格、品牌、颜色 7. 玻璃品种、厚度,五金材料品种、规格 8. 防护材料种类 9. 油漆品种,刷漆遍数			
020401006	木质防火门				
020401007	木纱门				
020401008	连窗门	1. 门窗类型 2. 框截面尺寸、单扇面积 3. 骨架材料种类 4. 面层材料品种、规格、品牌、颜色 5. 玻璃品种、厚度,五金材料品种、规格 6. 防护材料种类 7. 油漆品种,刷漆遍数			

B.4.2　金属门。工程量清单项目设置及工程量计算规则，应按表 B.4.2 的规定执行。

表 B.4.2　金属门（编码：020402）

项目编码	项目名称	项目特征	计量单位	工程量计算规则	工程内容
020402001	金属平开门	1. 门类型 2. 框材质、外围尺寸 3. 扇材质、外围尺寸 4. 玻璃品种、厚度，五金材料品种、规格 5. 防护材料种类 6. 油漆品种，刷漆遍数	樘	按设计图示数量计算	1. 门制作、运输、安装 2. 五金、玻璃安装 3. 刷防护材料、油漆
020402002	金属推拉门				
020402003	金属地弹门				
020462004	彩板门				
020402005	塑钢门				
020402006	防盗门				
020402007	钢质防火门				

B.4.3　金属卷帘门。工程量清单项目设置及工程量计算规则，应按表 B.4.3 的规定执行。

表 B.4.3　金属卷帘门（编码：020403）

项目编码	项目名称	项目特征	计量单位	工程量计算规则	工程内容
020403001	金属卷闸门	1. 门材质、框外围尺寸 2. 启动装置品种、规格、品牌 3. 五金材料、品种、规格 4. 刷防护材料种类 5. 油漆品种，刷漆遍数	樘	按设计图示数量计算	1. 门制作、运输、安装 2. 启动装置、五金安装 3. 刷防护材料、油漆
020403002	金属格栅门				
020403003	防火卷帘门				

B.4.4　其他门。工程量清单项目设置及工程量计算规则，应按表 B.4.4 的规定执行。

表 B.4.4　**其他门（编码:020404）**

项目编码	项目名称	项目特征	计量单位	工程量计算规则	工程内容
020404001	电子感应门	1. 门材质、品牌、外围尺寸 2. 玻璃品种、厚度，五金材料、品种、规格 3. 电子配件品种、规格、品牌 4. 防护材料种类 5. 油漆品种，刷漆遍数	樘	按设计图示数量计算	1. 门制作、运输、安装 2. 五金、电子配件安装 3. 刷防护材料、油漆
020404002	转门				
020404003	电子对讲门				
020404004	电动伸缩门				
020404005	全玻门（带扇框）	1. 门类型 2. 框材质、外围尺寸 3. 扇材质、外围尺寸 4. 玻璃品种、厚度，五金材料品种、规格 5. 防护材料种类 6. 油漆品种，刷漆遍数			1. 门制作、运输、安装 2. 五金安装 3. 刷防护材料、油漆
020404006	全玻自由门（无扇框）				
020404007	半玻门（带扇框）				
020404008	镜面不锈钢饰面门				1. 门扇骨架及基层制作、运输、安装 2. 包面层 3. 五金安装 4. 刷防护材料

B.4.5　木窗。工程量清单项目设置及工程量计算规则，应按表 B.4.5 的规定执行。

表 B.4.5　**木窗（编码:020405）**

项目编码	项目名称	项目特征	计量单位	工程量计算规则	工程内容
020405001	木质平开窗	1. 窗类型 2. 框材质、外围尺寸 3. 扇材质、外围尺寸 4. 玻璃品种、厚度，五金材料品种、规格 5. 防护材料种类 6. 油漆品种，刷漆遍数	樘	按设计图示数量计算	1. 窗制作、运输、安装 2 五金、玻璃安装 3 刷防护材料、油漆
020405002	木质推拉窗				
020405003	矩形木百叶窗				
020405004	异形木百叶窗				
020405005	木组合窗				
020405006	木天窗				
020405007	矩形木固定窗				
020405008	异形木固定窗				
020405009	装饰空花木窗				

B.4.6　金属窗。工程量清单项目设置及工程量计算规则,应按表 B.4.6 的规定执行。

表 B.4.6　金属窗(编码:020406)

项目编码	项目名称	项目特征	计量单位	工程量计算规则	工程内容
020406001	金属推拉窗	1. 窗类型 2. 框材质、外围尺寸 3. 扇材质、外围尺寸 4. 玻璃品种、厚度,五金材料品种、规格 5. 防护材料种类 6. 油漆品种,刷漆遍数	樘	按设计图示数量计算	1. 窗制作、运输、安装 2. 五金、玻璃安装 3. 刷防护材料、油漆
020406002	金属平开窗				
020406003	金属固定窗				
020406004	金属百叶窗				
020406005	金属组合窗				
020406006	彩板窗				
020406007	塑钢窗				
020406008	金属防盗窗				
020406009	金属格栅窗				
020406010	特殊五金	1. 五金名称、用途 2. 五金材料品种、规格	个/套		1. 五金安装 2. 刷防护材料、油漆

B.4.7　门窗套。工程量清单项目设置及工程量计算规则,应按表 B.4.7 的规定执行。

表 B.4.7　门窗套(编码:020407)

项目编码	项目名称	项目特征	计量单位	工程量计算规则	工程内容
020407001	木门窗套	1. 底层厚度、砂浆配合比 2. 立筋材料种类、规格 3. 基层材料种类 4. 面层材料品种、规格、品牌、颜色 5. 防护材料种类 6. 油漆品种,刷漆遍数	m^2	按设计图示尺寸以展开面积计算	1. 基层清理 2. 底层抹灰 3. 立筋制作、安装 4. 基层板安装 5. 铺贴面层 6. 刷防护材料、油漆
020407002	金属门窗套				
020407003	石材门窗套				
020407004	门窗木贴脸				
020407005	硬木筒子板				
020407006	饰面夹板筒子板				

B.4.8　窗帘盒、窗帘轨。工程量清单项目设置及工程量计算规则,应按表 B.4.8 的规定

执行。

表 B.4.8　**窗帘盒、窗帘轨**(**编码**:020408)

项目编码	项目名称	项目特征	计量单位	工程量计算规则	工程内容
020408001	木窗帘盒	1. 窗帘盒材质、规格、颜色 2. 窗帘轨材质、规格 3. 防护材料种类 4. 油漆种类、刷漆遍数	m	按设计图示尺寸以长度计算	1. 制作、运 输、安装 2. 刷防护材料、油漆
026408002	饰面夹板、塑料窗帘盒				
020408003	金属窗帘盒				
020408004	窗帘轨				

B.4.9　窗台板。工程量清单项目设置及工程量计算规则,应按表 B.4.9 的规定执行。

表 B.4.9　**窗台板**(**编码**:020409)

项目编码	项目名称	项目特征	计量单位	工程量计算规则	工程内容
020409001	木窗台板	1. 找平层厚度、砂浆配合比 2. 窗台板材质、规格、颜色 3. 防护材料种类 4. 油漆种类、刷漆遍数	m	按设计图示尺寸以长度计算	1. 基层清理 2. 抹找平层 3. 窗台板制作、安装 4. 刷防护材料、油漆
020409002	铝塑窗台板				
020409003	石材窗台板				
020409004	金属窗台板				

B.4.10　其他相关问题应按下列规定处理:

1. 玻璃、百叶面积占其门扇面积 1/2 以内者应为半玻门或半百叶门;超过 1/2 时应为全玻门或全百叶门。

2. 木窗五金应包括折页、插销、风钩、弓背拉手、搭扣、木螺丝、弹簧折页(自动门)、管子拉手(自由门、地弹门)、地弹簧(地弹门)、角铁、门扎头(地弹门、自由门)等。

3. 木窗五金应包括折页、插销、风钩、木螺丝、滑轮滑轨(推拉窗)等。

4. 铝合金窗五金应包括卡锁、滑轮、铰拉、执手、拉把、拉手、风撑、角码、牛角制等。

5. 铝合金门五金应包括地弹簧、门锁、拉手、门插、门铰、螺丝等。

6. 其他门五金应包括 L 形执手插锁(双舌)、球形执手锁(单舌)、门扎头、地锁、防盗门扣、门眼(猫眼)、门碰珠、电子销(磁卡销)、闭门器、装饰拉手等。

B.5　油漆、涂料、裱糊工程

B.5.1　门油漆。工程量清单项目设置及工程量计算规则,应按表 B.5.1 的规定执行。

表 B.5.1　门油漆(编码:020501)

项目编码	项目名称	项目特征	计量单位	工程量计算规则	工程内容
020501001	门油漆	1. 门类型 2. 腻子种类 3. 刮腻子要求 4. 防护材料种类 5. 油漆品种,刷漆遍数	樘	按设计图示数量计算	1. 基层清理 2. 刮腻子 3. 刷防护材料、油漆

B.5.2　窗油漆。工程量清单项目设置及工程量计算规则,应按表 B.5.2 的规定执行。

表 B.5.2　窗油漆(编码:020502)

项目编码	项目名称	项目特征	计量单位	工程量计算规则	工程内容
020502001	窗油漆	1. 窗类型 2. 腻子种类 3. 刮腻子要求 4. 防护材料种类 5. 油漆品种,刷漆遍数	樘	按设计图示以数量计算	1. 基层清理 2. 刮腻子 3. 刷防护材料、油漆

B.5.3　木扶手及其他板条线条油漆。工程量清单项目设置及工程量计算规则,应按表 B.5.3 的规定执行。

表 B.5.3　木扶手及其他板条线条油漆(编码:020503)

项目编码	项目名称	项目特征	计量单位	工程量计算规则	工程内容
020503001	木扶手油漆	1. 腻子种类 2. 刮腻子要求 3. 油漆部位单位展开面积 4. 油漆体长度 5. 防护材料种类 6. 油漆品种,刷漆遍数	m	按设计图示尺寸以长度计算	1. 基层清理 2. 刮腻子 3. 刷防护材料、油漆
020503002	窗帘盒油漆				
020503003	封檐板、顺水板油漆				
020503004	挂衣板、黑板框油漆				
020503005	挂镜线、窗帘棍、单独木线油漆				

B.5.4　木材面油漆。工程量清单项目设置及工程量计算规则，应按表 B.5.4 的规定执行。

表 B.5.4　木材面油漆（编码：020504）

<table>
<tr><th>项目编码</th><th>项目名称</th><th>项目特征</th><th>计量单位</th><th>工程量计算规则</th><th>工程内容</th></tr>
<tr><td>020504001</td><td>木板、纤维板、胶合板油漆</td><td rowspan="14">1. 腻子种类
2. 刮腻子要求
3. 防护材料种类
4. 油漆品种，刷漆遍数</td><td rowspan="15">m^2</td><td rowspan="7">按设计图示尺寸以面积计算</td><td rowspan="14">1. 基层清理
2. 刮腻子
3. 刷防护材料、油漆</td></tr>
<tr><td>020504002</td><td>木护墙、木墙裙油漆</td></tr>
<tr><td>020504003</td><td>窗台板、筒子板、盖板、门窗套、踢脚线油漆</td></tr>
<tr><td>020504004</td><td>清水板条天棚、檐口油漆</td></tr>
<tr><td>020504805</td><td>木方格吊顶天棚油漆</td></tr>
<tr><td>020504006</td><td>吸音板墙面、天棚面油漆</td></tr>
<tr><td>020504007</td><td>暖气罩油漆</td></tr>
<tr><td>020504008</td><td>木间壁、木隔断油漆</td><td rowspan="3">按设计图示尺寸以单面外围面积计算</td></tr>
<tr><td>020504009</td><td>玻璃间壁露明墙筋油漆</td></tr>
<tr><td>020504010</td><td>木栅栏、木栏杆（带扶手）油漆</td></tr>
<tr><td>020504011</td><td>衣柜、壁柜油漆</td><td rowspan="4">按设计图示尺寸以油漆部分展开面积计算</td></tr>
<tr><td>020504012</td><td>梁柱饰面油漆</td></tr>
<tr><td>020504013</td><td>零星木装修油漆</td></tr>
<tr><td>020504014</td><td>木地板油漆</td></tr>
<tr><td>020504015</td><td>木地板烫硬蜡面</td><td>1. 硬蜡品种
2. 面层处理要求</td><td>按设计图示尺寸以面积计算。空洞、空圈、暖气包槽、壁龛的开口部分并入相应的工程量内</td><td>1. 基层清理
2. 烫蜡</td></tr>
</table>

B.5.5　金属面油漆。工程量清单项目设置及工程量计算规则，应按表 B.5.5 的规定执行。

表 B.5.5　金属面油漆(编码:020505)

项目编码	项目名称	项目特征	计量单位	工程量计算规则	工程内容
020505001	金属面油漆	1. 腻子种类 2. 刮腻子要求 3. 防护材料种类 4. 油漆品种,刷漆遍数	t	按设计图示尺寸以质量计算	1. 基层清理 2. 刮腻子 3. 刷防护材料、油漆

B.5.6　抹灰面油漆。工程量清单项目设置及工程量计算规则,应按表 B.5.6 的规定执行。

表 B.5.6　抹灰面油漆(编码:020506)

项目编码	项目名称	项目特征	计量单位	工程量计算规则	工程内容
020506001	抹灰面油漆	1. 基层类型 2. 线条宽度、道数 3. 腻子种类 4. 刮腻子要求 5. 防护材料种类 6. 油漆品种,刷漆遍数	m^2	按设计图示尺寸以面积计算	1. 基层清理 2. 刮腻子 3. 刷防护材料、油漆
020506002	抹灰线条油漆		m	按设计图示尺寸以长度计算	

B.5.7　喷刷、涂料。工程量清单项目设置及工程量计算规则,应按表 B.5.7 的规定执行。

表 B.5.7　喷刷、涂料(编码:020507)

项目编码	项目名称	项目特征	计量单位	工程量计算规则	工程内容
020507001	刷喷涂料	1. 基层类别 2. 腻子种类 3. 刮腻子要求 4. 涂料品种,刷喷遍数	m^2	按设计图示尺寸以面积计算	1. 基层清理 2. 刮腻子 3. 刷、喷涂料

B.5.8　花饰、线条刷涂料。工程量清单项目设置及工程量计算规则,应按表 B.5.8 的规定执行。

表 B.5.8　花饰、线条刷涂料(编码:020508)

项目编码	项目名称	项目特征	计量单位	工程量计算规则	工程内容
020508001	空花格、栏杆刷涂料	1. 腻子种类 2. 线条宽度 3. 刮腻子要求 4. 涂料品种,刷喷遍数	m^2	按设计图示尺寸以单面外围面积计算	1. 基层清理 2. 刮腻子 3. 刷、喷涂料
020508002	线条刷涂料		m	按设计图示尺寸以长度计算	

B.5.9　裱糊。工程量清单项目设置及工程量计算规则,应按表 B.5.9 的规定执行。

表 B.5.9 裱糊(编码:020509)

项目编码	项目名称	项目特征	计量单位	工程量计算规则	工程内容
020509001	墙纸裱糊	1. 基层类型 2. 裱糊构件部位 3. 腻子种类 4. 刮腻子要求 5. 黏结材料种类 6. 防护材料种类 7. 面层材料品种、规格、品牌、颜色	m^2	按设计图示尺寸以面积计算	1. 基层清理 2. 刮腻子 3. 面层铺粘 4. 刷防护材料
020509002	织锦缎裱糊				

B.5.10 其他相关问题应按下列规定处理:

1. 门油漆应分单层木门、双层(一玻一纱)木门、双层(单裁口)木门、全玻自由门、半玻自由门、装饰门及有框门或无框门等,分别编码列项。

2. 窗油漆应区分单层玻璃窗、双层(一玻一纱)木窗、双层框扇(单裁口)木窗、双层框三层(二玻一纱)木窗、单层组合窗、双层组合窗、木百叶窗、木推拉窗等,分别编码列项。

3. 木扶手应区分带托板与不带托板,分别编码列项。

B.6 其他工程

B.6.1 柜类、货架。工程量清单项目设置及工程量计算规则,应按表 B.6.1 的规定执行。

表 B.6.1 柜类、货架(编码:020601)

项目编码	项目名称	项目特征	计量单位	工程量计算规则	工程内容
020601001	柜台	1. 台柜规格 2. 材料种类、规格 3. 五金种类、规格 4. 防护材料种类 5. 油漆品种,刷漆遍数	个	按设计图示数量计算	1. 台柜制作、运输、安装(安放) 2. 刷防护材料、油漆
020601002	酒柜				
020601003	衣柜				
020601004	存包柜				
020601005	鞋柜				
020601006	书柜				
020601007	厨房壁柜				
020601008	木壁柜				

续表

项目编码	项目名称	项目特征	计量单位	工程量计算规则	工程内容
020601009	厨房低柜	1. 台柜规格 2. 材料种类、规格 3. 五金种类、规格 4. 防护材料种类 5. 油漆品种,刷漆遍数	个	按设计图示数量计算	1. 台柜制作、运输、安装(安放) 2. 刷防护材料、油漆
020601010	厨房吊柜				
020601011	矮柜				
020601012	吧台背柜				
020601013	酒吧吊柜				
020601014	酒吧台				
020601015	展台				
020601016	收银台				
020601017	试衣间				
020601018	货架				
020601019	书架				
020601020	服务台				

B.6.2　暖气罩。工程量清单项目设置及工程量计算规则,应按表B.6.2的规定执行。

表B.6.2　暖气罩(编码:020602)

项目编码	项目名称	项目特征	计量单位	工程量计算规则	工程内容
020602001	饰面板暖气罩	1. 暖气罩材质 2. 单个罩垂直投影面积 3. 防护材料种类 4. 油漆品种,刷漆遍数	m^2	按设计图示尺寸以垂直投影面积(不展开)计算	1. 暖气罩制作、运输、安装 2. 刷防护材料、油漆
020602002	塑料板暖气罩				
020602003	金属暖气罩				

B.6.3　浴厕配件。工程量清单项目设置及工程量计算规则,应按表B.6.3的规定执行。

表 B.6.3　浴厕配件（编码:02060）

<table>
<tr><th>项目编码</th><th>项目名称</th><th>项目特征</th><th>计量单位</th><th>工程量计算规则</th><th>工程内容</th></tr>
<tr><td>020603001</td><td>洗漱台</td><td rowspan="8">1. 材料品种、规格、品牌、颜色
2. 支架、配件品种、规格、品牌
3. 油漆品种，刷漆遍数</td><td>m^2</td><td>按设计图示尺寸以台面外接矩形面积计算：不扣除孔洞、挖弯、削角所占面积，挡板、吊沿板面积并入台面面积内</td><td rowspan="8">1. 台面及支架制作、运输、安装
2. 杆、环、盒、配件安装
3. 刷油漆</td></tr>
<tr><td>020603002</td><td>晒衣架</td><td rowspan="4">根
（套）</td><td rowspan="7">按设计图示数量计算</td></tr>
<tr><td>020603003</td><td>帘子杆</td></tr>
<tr><td>020603004</td><td>浴缸拉手</td></tr>
<tr><td>020603005</td><td>毛巾杆
（架）</td></tr>
<tr><td>020603006</td><td>毛巾环</td><td>副</td></tr>
<tr><td>020603007</td><td>卫生纸盒</td><td rowspan="2">个</td></tr>
<tr><td>020603008</td><td>肥皂盒</td></tr>
<tr><td>020603009</td><td>镜面玻璃</td><td>1. 镜面玻璃品种、规格
2. 框材质、断面尺寸
3. 基层材料种类
4. 防护材料种类
5. 油漆品种，刷漆遍数</td><td>m^2</td><td>按设计图示尺寸以边框外围面积计算</td><td>1 基层安装
2 玻璃及框制作、运输、安装
3. 刷防护材料，油漆</td></tr>
<tr><td>020603010</td><td>镜箱</td><td>1. 箱材质、规格
2. 玻璃品种、规格
3. 基层材料种类
4. 防护材料种类
5. 油漆品种，刷漆遍数</td><td>个</td><td>按设计图示数量计算</td><td>1. 基层安装
2. 箱体制作、运输、安装
3. 玻璃安装
4. 刷防护材料，油漆</td></tr>
</table>

B.6.4　压条、装饰线。工程量清单项目设置及工程量计算规则，应按表 B.6.4 的规定执行。

表 B.6.4　压条、装饰线（编码:020604）

<table>
<tr><th>项目编码</th><th>项目名称</th><th>项目特征</th><th>计量单位</th><th>工程量计算规则</th><th>工程内容</th></tr>
<tr><td>020604001</td><td>金属装饰线</td><td rowspan="7">1. 基层类型
2. 线条材料品种、规格、颜色
3. 防护材料种类
4. 油漆品种，刷漆遍数</td><td rowspan="7">m</td><td rowspan="7">按设计图示尺寸以长度计算</td><td rowspan="7">1. 线条制作、安装
2. 刷防护材料、油漆</td></tr>
<tr><td>020604002</td><td>木质装饰线</td></tr>
<tr><td>020604003</td><td>石材装饰线</td></tr>
<tr><td>020604004</td><td>石膏装饰线</td></tr>
<tr><td>020604005</td><td>镜面玻璃线</td></tr>
<tr><td>020604006</td><td>铝塑装饰线</td></tr>
<tr><td>020604007</td><td>塑料装饰线</td></tr>
</table>

B.6.5　雨篷、旗杆。工程量清单项目设置及工程量计算规则，应按表 B.6.5 的规定执行。

表 B.6.5　雨篷、旗杆（编码：020605）

项目编码	项目名称	项目特征	计量单位	工程量计算规则	工程内容
020605001	雨篷吊挂饰面	1. 基层类型 2. 龙骨材料种类、规格、中距 3. 面层材料品种、规格、品牌 4. 吊顶（天棚）材料品种、规格、品牌 5. 嵌缝材料种类 6. 防护材料种类 7. 油漆品种，刷漆遍数	m^2	按设计图示尺寸以水平投影面积计算	1. 底层抹灰 2. 龙骨基层安装 3. 面层安装 4. 刷防护材料、油漆
020605002	金属旗杆	1. 旗杆材料、种类、规格 2. 旗杆高度 3. 基础材料种类 4. 基座材料种类 5. 基座面层材料、种类、规格	根	按设计图示数量计算	1. 挖填土（石） 2. 混凝土制作、运输、浇注、养护 3. 旗杆制作、安装 4. 旗杆台座制作、饰面

B.6.6　招牌、灯箱。工程量清单项目设置及工程量计算规则，应按表 B.6.6 的规定执行。

表 B.6.6　招牌、灯箱（编码：020606）

项目编码	项目名称	项目特征	计量单位	工程量计算规则	工程内容
020606001	平面、箱式招牌	1. 箱体规格 2. 基层材料种类 3. 面层材料种类 4. 防护材料种类 5. 油漆品种，刷漆遍数	m^2	按设计图示尺寸以正立面边框外围面积计算。复杂形的凸凹造型部分不增加面积	1. 基层安装 2. 箱体及支架制作、运输、安装 3. 面层制作、安装 4. 刷防护材料、油漆
020606602	竖式标箱		个	按设计图示数量计算	
020606003	灯箱				

B.6.7　美术字。工程量清单项目设置及工程量计算规则，应按表 B.6.7 的规定执行。

表 B.6.7 美术字(编码:020607)

项目编码	项目名称	项目特征	计量单位	工程量计算规则	工程内容
020607001	泡沫塑料字	1. 基层类型 2. 镌字材料品种、颜色 3. 字体规格 4. 固定方式 5. 油漆品种,刷漆遍数	个	按设计图示数量计算	1. 字制作、运输、安装 2. 刷油漆
020607002	有机玻璃字				
020607003	木质字				
020607004	金属字				

附录C　全国统一建筑工程预算工程量计算规则（土建工程）GJD_{GZ}—101—95

目　录

第1章 总 则

第1.0.1条 为统一工业与民用建筑工程预算工程量的计算,制定本规则。

第1.0.2条 本规则适用于工业与民用房屋建筑及构筑物施工图设计阶段编制工程预算及工程量清单,也适用于工程设计变更后的工程量计算。本规则与《全国统一建筑工程基础定额》相配套,作为确定建筑工程造价及其消耗量的依据。

第1.0.3条 建筑工程预算工程量除依据《全国统一建筑工程基础定额》及本规则各项规定外,尚应依据以下文件:

1. 经审定的施工设计图纸及其说明。
2. 经审定的施工组织设计或施工技术措施方案。
3. 经审定的其他有关技术经济文件。

第1.0.4条 本规则的计算尺寸,以设计图纸表示的尺寸或设计图纸能读出的尺寸为准。除另有规定外,工程量的计量单位应按下列规定计算:

1. 以体积计算的为立方米(m^3)。
2. 以面积计算的为平方米(m^2)。
3. 以长度计算的为米(m)。
4. 以重量计算的为吨或千克(t或kg)。
5. 以件(个或组)计算的为件(个或组)。

汇总工程量时,其准确度取值:立方米、平方米、米以下取2位;吨以下取3位;千克、件取整数。

第1.0.5条 计算工程量时,应依施工图纸顺序,分部、分项,依次计算,并尽可能采用计算表格及计算机计算,简化计算过程。

第 3 章 土建工程预算工程量计算规则

第 1 节 土石方工程

第 3.1.1 条 计算土石方工程量前,应确定下列各项资料:

1. 土壤及岩石类别的确定:

土石方工程土壤及岩石类别的划分,依工程勘测资料与《土壤及岩石分类表》对照后确定。

2. 地下水位标高及排(降)水方法。

3. 土方、沟槽、基坑挖(填)起止标高、施工方法及运距。

4. 岩石开凿、爆破方法、石渣清运方法及运距。

5. 其他有关资料。

第 3.1.2 条 土石方工程量计算一般规则:

1. 土方体积,均以挖掘前的天然密实体积为准计算。如遇有必须以天然密实体积折算时,可按表 3.1.2 所列数值换算。

表 3.1.2 土方体积折算表

虚方体积	天然密实度体积	夯实后体积	松填体积	虚方体积	天然密实度体积	夯实后体积	松填体积
1.00	0.77	0.67	0.83	1.50	1.15	1.00	1.25
1.30	1.00	0.87	1.08	1.20	0.92	0.80	1.00

2. 挖土一律以设计室外地坪标高为准计算。

第 3.1.3 条 平整场地及碾压工程量,按下列规定计算:

1. 人工平整场地是指建筑场地挖、填土方厚度在 ±30 cm 以内及找平。挖、填土方厚度超过 ±30 cm 时,按场地土方平衡竖向布置图另行计算。

2. 平整场地工程量按建筑物外墙外边线每边各加 2 m,以平方米计算。

3. 建筑场地原土碾压以平方米计算,填土碾压按图示填土厚度以立方米计算。

第 3.1.4 条 挖掘沟槽、基坑土方工程量,按下列规定计算:

1. 沟槽、基坑划分:

凡图示沟槽底宽在 3 m 以内,且沟槽长大于槽宽 3 倍以上的,为沟槽。

凡图示基坑底面积在 20 m^2以内的为基坑。

凡图示沟槽底宽 3 m 以外,坑底面积 20 m^2以外,平整场地挖土方厚度在 30 cm 以外,均按挖土方计算。

2. 计算挖沟槽、基坑、土方工程量需放坡时,放坡系数按表 3.1.4.1 规定计算。

表 3.1.4.1 放坡系数表

土壤类别	放坡起点/m	人工挖土	机械挖土	
			在坑内作业	在坑上作业
一、二类土	1.20	1∶0.5	1∶0.33	1∶0.75
三类土	1.50	1∶0.33	1∶0.25	1∶0.67
四类土	2.00	1∶0.25	1∶0.10	1∶0.33

注：1. 沟槽、基坑中土壤类别不同时，分别按其放坡起点、放坡系数，依不同土壤厚度加权平均计算。

2. 计算放坡时，在交接处的重复工程量不予扣除，原槽、坑作基础垫层时，放坡自垫层上表面开始计算。

3. 挖沟槽、基坑需支挡土板时，其宽度按图示沟槽、基坑底宽，单面加 10 cm，双面加 20 cm 计算。挡土板面积按槽、坑垂直支撑面积计算，支挡土板后，不得再计算放坡。

4. 基础施工所需工作面，按表 3.1.4.2 规定计算。

表 3.1.4.2 基础施工所需工作面宽度计算表

基础材料	每边各增加工作面宽度/mm	基础材料	每边各增加工作面宽度/mm
砖基础	200	混凝土基础支模板	300
浆砌毛石、条石基础	150	基础垂直面做防水层	800(防水层面)
混凝土基础垫层支模板	300		

5. 挖沟槽长度，外墙按图示中心线长度计算；内墙按图示基础底面之间净长线长度计算；内外突出部分(垛、附墙烟囱等)体积并入挖沟槽土方工程量内计算。

6. 人工挖土方深度超过 1.5 m 时，按下表增加工日。

人工挖土方超深增加工日表　　单位：100 m^3

深 2 m 以内	深 4 m 以内	深 6 m 以内
5.55 工日	17.60 工日	26.16 工日

7. 挖管道沟槽按图示中心线长度计算，沟底宽度，设计有规定的，按设计规定尺寸计算；设计无规定的，可按表 3.1.4.3 规定宽度计算。

表 3.1.4.3　管道地沟沟底宽度计算表　　单位:m

管径/mm	铸铁管、钢管、石棉水泥管	混凝土、钢筋混凝土、预应力混凝土管	陶土管
50 ~ 70	0.60	0.80	0.70
100 ~ 200	0.70	0.90	0.80
250 ~ 350	0.80	1.00	0.90
400 ~ 450	1.00	1.30	1.10
500 ~ 600	1.30	1.50	1.40
700 ~ 800	1.60	1.80	
900 ~ 1 000	1.80	2.00	
1 100 ~ 1 200	2.00	2.30	
1 300 ~ 1 400	2.20	2.60	

注:1. 按上表计算管道沟土方工程量时,各种井类及管道(不含铸铁给排水管)接口等处需加宽增加的土方量不另行计算,底面积大于 20 m^2 的井类,其增加工程量并入管沟土方内计算。

2. 铺设铸铁给排水管道时其接口等处土方增加量,可按铸铁给排水管道地沟土方总量的 2.5% 计算。

8. 沟槽、基坑深度,按图示槽、坑底面至室外地坪深度计算;管道地沟按图示沟底至室外地坪深度计算。

第 3.1.5 条　人工挖孔桩土方量按图示桩断面积乘以设计桩孔中心线深度计算。

第 3.1.6 条　岩石开凿及爆破工程量,区别石质按下列规定计算:

1. 人工凿岩石,按图示尺寸以立方米计算。

2. 爆破岩石按图示尺寸以立方米计算,其沟槽、基坑深度、宽允许超挖量:

次坚石:200 mm

特坚石:150 mm

超挖部分岩石并入岩石挖方量之内计算。

第 3.1.7 条　回填土区分夯填、松填按图示回填体积并依下列规定,以立方米计算:

1. 沟槽、基坑回填土,沟槽、基坑回填体积以挖方体积减去设计室外地坪以下埋设砌筑物(包括基础垫层、基础等)体积计算。

2. 管道沟槽回填,以挖方体积减去管径所占体积计算。管径在 500 mm 以下的不扣除管道所占体积;管径超过 500 mm 以上时按表 3.1.7 规定扣除管道所占体积计算。

表 3.1.7　管道扣除土方体积表

管道名称	管道直径/mm					
	501 ~ 600	601 ~ 800	801 ~ 1 000	1 001 ~ 1 200	1 201 ~ 1 400	1 401 ~ 1 600
钢管	0.21	0.44	0.71			
铸铁管	0.24	0.49	0.77			
混凝土管	0.33	0.60	0.92	1.15	1.35	1.55

3. 房心回填土,按主墙之间的面积乘以回填土厚度计算。

4. 余土或取土工程量,可按下式计算为

$$余土外运体积 = 挖土总体积 - 回填土总体积$$

式中,计算结果为正值时,为余土外运体积;负值时,为需取土体积。

第 3.1.8 条　土方运距,按下列规定计算:

1. 推土机推土运距:按挖方区重心至回填区重心之间的直线距离计算。

2. 铲运机运土运距:按挖方区重心至卸土区重心加转向距离 45 m 计算。

3. 自卸汽车运土运距:按挖方区重心至填土区(或堆放地点)重心的最短距离计算。

第 3.1.9 条　地基强夯按设计图示强夯面积,区分夯击能量,夯击遍数以平方米计算。

第 3.1.10 条　井点降水区别轻型井点、喷射井点、大口径井点、电渗井点、水平井点,按不同井管深度的井管安装、拆除,以根为单位计算,使用按套、天计算。

井点套组成:

轻型井点:50 根为 1 套;

喷射井点:30 根为 1 套;

大口径井点:45 根为 1 套;

电渗井点阳极:30 根为 1 套;

水平井点:10 根为 1 套。

井管间距应根据地质条件和施工降水要求,依施工组织设计确定,施工组织设计没有规定时,可按轻型井点管距 0.8 ~ 1.6 m,喷射井点管距 2 ~ 3 m 确定。

使用天应以每昼夜 24 小时为 1 天,使用天数应按施工组织设计规定的使用天数计算。

第 2 节　桩基础工程

第 3.2.1 条　计算打桩(灌注桩)工程量前应确定下列事项:

1. 确定土质级别:依工程地质资料中的土层构造,土壤物理、化学性质及每米沉桩时间鉴别适用定额土质级别。

2. 确定施工方法、工艺流程,采用机型,桩、土壤泥浆运距。

第 3.2.2 条　打预制钢筋混凝土桩的体积,按设计桩长(包括桩尖,不扣除桩尖虚体积)乘以桩截面面积计算。管桩的空心体积应扣除。如管桩的空心部分按设计要求灌注混凝土或其他填充材料时,应另行计算。

第 3.2.3 条　接桩:电焊接桩按设计接头,以个计算;硫磺胶泥接桩按桩断面以平方米计算。

第 3.2.4 条　送桩:按桩截面面积乘以送桩长度(即打桩架底至桩顶面高度或自桩顶面至自然地坪面另加 0.5 m)计算。

第 3.2.5 条　打拔钢板桩按钢板桩重量以吨计算。

第 3.2.6 条　打孔灌注桩:

1. 混凝土桩、砂桩、碎石桩的体积,按设计规定的桩长(包括桩尖,不扣除桩尖虚体积)乘以钢管管箍外径截面面积计算。

2. 扩大桩的体积按单桩体积乘以次数计算。

3. 打孔后先埋入预制混凝土桩尖,再灌注混凝土者,桩尖按钢筋混凝土章节规定计算体积,灌注桩按设计长度(自桩尖顶面至桩顶面高度)乘以钢管管箍外径截面面积计算。

第 3.2.7 条　钻孔灌注桩,按设计桩长(包括桩尖,不扣除桩尖虚体积)增加 0.25 m 乘以设计断面面积计算。

第 3.2.8 条　灌注混凝土桩的钢筋笼制作依设计规定,按钢筋混凝土章节相应项目以吨计算。

第3.2.9条 泥浆运输工程量按钻孔体积以立方米计算。

第3.2.10条 其他:

1. 安、拆导向夹具,按设计图纸规定的水平延长米计算。

2. 桩架90°调面只适用轨道式、走管式、导杆、筒式柴油打桩机以次计算。

第3节 脚手架工程

第3.3.1条 脚手架工程量计算一般规则:

1. 建筑物外墙脚手架,凡设计室外地坪至檐口(或女儿墙上表面)的砌筑高度在15 m以下的按单排脚手架计算;砌筑高度在15 m以上的或砌筑高度虽不足15 m,但外墙门窗及装饰面积超过外墙表面积60%以上时,均按双排脚手架计算。

采用竹制脚手架时,按双排计算。

2. 建筑物内墙脚手架,凡设计室内地坪至顶板下表面(或山墙高度的1/2处)的砌筑高度在3.6 m以下的,按里脚手架计算;砌筑高度超过3.6 m以上时,按单排脚手架计算。

3. 石砌墙体,凡砌筑高度超过1.0 m以上时,按外脚手架计算。

4. 计算内、外墙脚手架时,均不扣除门、窗洞口、空圈洞口等所占的面积。

5. 同一建筑物高度不同时,应按不同高度分别计算。

6. 现浇钢筋混凝土框架柱、梁按双排脚手架计算。

7. 围墙脚手架,凡室外自然地坪至围墙顶面的砌筑高度在3.6 m以下的,按里脚手架计算;砌筑高度超过3.6 m以上时,按单排脚手架计算。

8. 室内天棚装饰面距设计室内地坪在3.6 m以上时,应计算满堂脚手架,计算满堂脚手架后,墙面装饰工程则不再计算脚手架。

9. 滑升模板施工的钢筋混凝土烟囱、筒仓,不另计算脚手架。

10. 砌筑贮仓,按双排外脚手架计算。

11. 贮水(油)池,大型设备基础,凡距地坪高度超过1.2 m以上的,均按双排脚手架计算。

12. 整体满堂钢筋混凝土基础,凡其宽度超过3 m以上时,按其底板面积计算满堂脚手架。

第3.3.2条 砌筑脚手架工程量计算:

1. 外脚手架按外墙外边线长度,乘以外墙砌筑高度以平方米计算,突出墙外宽度在24 cm以内的墙垛,附墙烟囱等不计算脚手架;宽度超过24 cm以外时按图示尺寸展开计算,并入外脚手架工程量之内。

2. 里脚手架按墙面垂直投影面积计算。

3. 独立柱按图示柱结构外围周长另加3.6 m,乘以砌筑高度以平方米计算,套用相应外脚手架定额。

第3.3.3条 现浇钢筋混凝土框架脚手架工程量计算:

1. 现浇钢筋混凝土柱,按柱图示周长尺寸另加3.6 m,乘以柱高以平方米计算,套用相应外脚手架定额。

2. 现浇钢筋混凝土梁、墙,按设计室外地坪或楼板上表面至楼板底之间的高度,乘以梁、墙净长以平方米计算,套用相应双排外脚手架定额。

第3.3.4条 装饰工程脚手架工程量计算:

1. 满堂脚手架,按室内净面积计算,其高度为3.6~5.2 m时,计算基本层,超过5.2 m时,

每增加 1.2 m 按增加一层计算，不足 0.6 m 的不计。计算式表示为

$$\text{满堂脚手架增加层} = \frac{\text{室内净高度} - 5.2(\mathrm{m})}{1.2(\mathrm{m})}$$

2. 挑脚手架，按搭设长度和层数，以延长米计算。

3. 悬空脚手架，按搭设水平投影面积以平方米计算。

4. 高度超过 3.6 m 墙面装饰不能利用原砌筑脚手架时，可以计算装饰脚手架。装饰脚手架按双排脚手架乘以 0.3 计算。

第 3.3.5 条　其他脚手架工程量计算：

1. 水平防护架，按实际铺板的水平投影面积，以平方米计算。

2. 垂直防护架，按自然地坪至最上一层横杆之间的搭设高度，乘以实际搭设长度，以平方米计算。

3. 架空运输脚手架，按搭设长度以延长米计算。

4. 烟囱、水塔脚手架，区别不同搭设高度，以座计算。

5. 电梯井脚手架，按单孔以座计算。

6. 斜道，区别不同高度以座计算。

7. 砌筑贮仓脚手架，不分单筒或贮仓组均按单筒外边线周长，乘以设计室外地坪至贮仓上口之间高度，以平方米计算。

8. 贮水(油)池脚手架，按外壁周长乘以室外地坪至池壁顶面之间高度，以平方米计算。

9. 大型设备基础脚手架，按其外形周长乘以地坪至外形顶面边线之间高度，以平方米计算。

10. 建筑物垂直封闭工程量按封闭面的垂直投影面积计算。

第 3.3.6 条　安全网工程量计算：

1. 立挂式安全网按架网部分的实挂长度乘以实挂高度计算。

2. 挑出式安全网按挑出的水平投影面积计算。

第 4 节　砌筑工程

第 3.4.1 条　砌筑工程量一般规则：

1. 计算墙体时，应扣除门窗洞口、过人洞、空圈、嵌入墙身的钢筋混凝土柱、梁(包括过梁、圈梁、挑梁)、砖平碹、平砌砖过梁和暖气包壁龛及内墙板头的体积，不扣除梁头、外墙板头、檩头、垫木、木楞头、沿椽木、木砖、门窗走头、砖墙内的加固钢筋、木筋、铁件、钢管及每个面积在 0.3 m^2 以下的孔洞等所占的体积，突出墙面的窗台虎头砖、压顶线、山墙泛水、烟囱根、门窗套及三匹砖以内的腰线和挑檐等体积亦不增加。

2. 砖垛、三匹砖以上的腰线和挑檐等体积，并入墙身体积内计算。

3. 附墙烟囱(包括附墙通风道、垃圾道)按其外形体积计算，并入所依附的墙体积内，不扣除每一个孔洞横截面在 0.1 m^2 以下的体积，但孔洞内的抹灰工程量亦不增加。

4. 女儿墙高度，自外墙顶面至图示女儿墙顶面高度，分别不同墙厚并入外墙计算。

5. 砖平碹、平砌砖过梁按图示尺寸以立方米计算。如设计无规定时，砖平碹按门窗洞口宽度两端共加 100 mm，乘以高度(门窗洞口宽小于 1 500 mm 时，高度为 240 mm，大于 1 500 mm时，高度为 365 mm)计算；平砌砖过梁按门窗洞口宽度两端共加 500 mm，高度按 440 mm计算。

第 3.4.2 条　砌体厚度，按如下规定计算：

1. 标准砖以 240 mm×115 mm×53 mm 为准，其砌体计算厚度，按表 3.4.2 计算。

表 3.4.2　标准砖砌体计算厚度表

砖数(厚度)	1/4	1/2	3/4	1	1.5	2	2.5	3
计算厚度/mm	53	115	180	240	365	490	615	740

2. 使用非标准砖时，其砌体厚度应按砖实际规格和设计厚度计算。

第 3.4.3 条　基础与墙身(柱身)的划分：

1. 基础与墙(柱)身使用同一种材料时，以设计室内地面为界(有地下室者，以地下室室内设计地面为界)，以下为基础，以上为墙(柱)身。

2. 基础与墙身使用不同材料时，位于设计室内地面 ±300 mm 以内时，以不同材料为分界线，超过 ±300 mm 时，以设计室内地面为分界线。

3. 砖、石围墙，以设计室外地坪为界线，以下为基础，以上为墙身。

第 3.4.4 条　基础长度：外墙墙基按外墙中心线长度计算；内墙墙基按内墙基净长计算。基础大放脚 T 形接头处的重叠部分以及嵌入基础的钢筋、铁件、管道、基础防潮层及单个面积在 0.3 m^2 以内孔洞所占体积不予扣除，但靠墙暖气沟的挑檐亦不增加。附墙垛基础宽出部分体积应并入基础工程量内。

砖砌挖孔桩护壁工程量按实砌体积计算。

第 3.4.5 条　墙的长度：外墙长度按外墙中心线长度计算，内墙长度按内墙净长线计算。

第 3.4.6 条　墙身高度按下列规定计算：

1. 外墙墙身高度：斜(坡)屋面无檐口天棚者算至屋面板底；有屋架，且室内外均有天棚者，算至屋架下弦底面另加 200 mm；无天棚者算至屋架下弦底加 300 mm，出檐宽度超过600 mm 时，应按实砌高度计算；平屋面算至钢筋混凝土板底。

2. 内墙墙身高度：位于屋架下弦者，其高度算至屋架底；无屋架者算至天棚底另加100 mm；有钢筋混凝土楼板隔层者算至板底；有框架梁时算至梁底面。

3. 内、外山墙，墙身高度：按其平均高度计算。

第 3.4.7 条　框架间砌体，分别内外墙以框架间的净空面积乘以墙厚计算，框架外表镶贴砖部分亦并入框架间砌体工程量内计算。

第 3.4.8 条　空花墙按空花部分外形体积以立方米计算，空花部分不予扣除，其中实体部分以立方米另行计算。

第 3.4.9 条　空斗墙按外形尺寸以立方米计算，墙角、内外墙交接处，门窗洞口立边，窗台砖及屋檐处的实砌部分已包括在定额内，不另行计算。但窗间墙、窗台下、楼板下、梁头下等实砌部分，应另行计算，套零星砌体定额项目。

第 3.4.10 条　多孔砖、空心砖按图示厚度以立方米计算，不扣除其孔、空心部分体积。

第 3.4.11 条　填充墙按外形尺寸以立方米计算，其中实砌部分已包括在定额内，不另计算。

第 3.4.12 条　加气混凝土墙、硅酸盐砌块墙、小型空心砌块墙，按图示尺寸以立方米计算，按设计规定需要镶嵌砖砌体部分已包括在定额内，不另计算。

第 3.4.13 条　其他砖砌体：

1. 砖砌锅台、炉灶，不分大小，均按图示外形尺寸以立方米计算，不扣除各种空洞的体积。

2. 砖砌台阶（不包括梯带）按水平投影面积以平方米计算。

3. 厕所蹲台、水槽腿、灯箱、垃圾箱、台阶挡墙或梯带、花台、花池、地垄墙及支撑地楞的砖墩，房上烟囱、屋面架空隔热层砖墩及毛石墙的门窗立边、窗台虎头砖等实砌体积，以立方米计算，套用零星砌体定额项目。

4. 检查井及化粪池不分壁厚均以立方米计算，洞口上的砖平拱碳等并入砌体体积内计算。

5. 砖砌地沟不分墙基、墙身合并以立方米计算。石砌地沟按其中心线长度以延长米计算。

第 3.4.14 条　砖烟囱：

1. 筒身，圆形、方形均按图示筒壁平均中心线周长乘以厚度并扣除筒身各种孔洞、钢筋混凝土圈梁、过梁等体积以立方米计算。其筒壁周长不同时，可按下式分段计算为

$$V = \sum H \times C \times \pi D$$

式中　V——筒身体积；

H——每段筒身垂直高度；

C——每段筒壁厚度；

D——每段筒壁中心线的平均直径。

2. 烟道、烟囱内衬按不同内衬材料并扣除孔洞后，以图示实体积计算。

3. 烟囱内壁表面隔热层，按筒身内壁并扣除各种孔洞后的面积以平方米计算；填料按烟囱内衬与筒身之间的中心线平均周长乘以图示宽度和筒高，并扣除各种孔洞所占体积（但不扣除连接横砖及防沉带的体积）后以立方米计算。

4. 烟道砌砖：烟道与炉体的划分以第一道闸门为界，炉体内的烟道部分列入炉体工程量计算。

第 3.4.15 条　砖砌水塔：

1. 水塔基础与塔身划分：以砖砌体的扩大部分顶面分界，以上为塔身，以下为基础，分别套相应基础砌体定额。

2. 塔身以图示实砌体积计算，并扣除门窗洞口和混凝土构件所占的体积，砖平拱碳及砖出檐等并入塔身体积内计算，套水塔砌筑定额。

3. 砖水箱内外壁，不分壁厚，均以图示实砌体积计算，套相应的内外砖墙定额。

第 3.4.16 条　砖体内的钢筋加固应根据设计规定，以吨计算，套钢筋混凝土章节相应项目。

第 5 节　混凝土及钢筋混凝土工程

第 3.5.1 条　现浇混凝土及钢筋混凝土模板工程量，按以下规定计算：

1. 现浇混凝土及钢筋混凝土模板工程量，除另有规定者外，均应区别模板的不同材质，按混凝土与模板接触面的面积，以平方米计算。

2. 现浇钢筋混凝土柱、梁、板、墙的支模高度（即室外地坪至板底或板面至板底之间的高度）以 3.6 m 以内为准，超过 3.6 m 以上部分，另按超过部分计算增加支撑工程量。

3. 现浇钢筋混凝土墙、板上单孔面积在 0.3 m^2 以内的孔洞，不予扣除，洞侧壁模板亦不增加；单孔面积在 0.3 m^2 以外时，应予扣除，洞侧壁模板面积并入墙、板模板工程量之内计算。

4. 现浇钢筋混凝土框架分别按梁、板、柱、墙有关规定计算，附墙柱，并入墙内工程量计算。

5. 杯形基础杯口高度大于杯口大边长度的，套高杯基础定额项目。

6. 柱与梁、柱与墙、梁与梁等连接的重叠部分以及伸入墙内的梁头、板头部分，均不计算模板面积。

7. 构造柱外露面均应按图示外露部分计算模板面积。构造柱与墙接触面不计算模板面积。

8. 现浇钢筋混凝土悬挑板(雨篷、阳台)按图示外挑部分尺寸的水平投影面积计算。挑出墙外的牛腿梁及板边模板不另计算。

9. 现浇钢筋混凝土楼梯，以图示露明面尺寸的水平投影面积计算，不扣除小于 500 mm 楼梯井所占面积。楼梯的踏步、踏步板平台梁等侧面模板，不另计算。

10. 混凝土台阶不包括梯带，按图示台阶尺寸的水平投影面积计算，台阶端头两侧不另计算模板面积。

11. 现浇混凝土小型池槽按构件外围体积计算，池槽内、外侧及底部的模板不应另计算。

第 3.5.2 条　预制钢筋混凝土构件模板工程量，按以下规定计算：

1. 预制钢筋混凝土模板工程量，除另有规定者外均按混凝土实体体积以立方米计算。

2. 小型池槽按外形体积以立方米计算。

3. 预制桩尖按虚体积(不扣除桩尖虚体积部分)计算。

第 3.5.3 条　构筑物钢筋混凝土模板工程量，按以下规定计算：

1. 构筑物工程的模板工程量，除另有规定者外，区别现浇、预制和构件类别，分别按第 3.5.1条和第 3.5.2 条的有关规定计算。

2. 大型池槽等分别按基础、墙、板、梁、柱等有关规定计算并套相应定额项目。

3. 液压滑升钢模板施工的烟筒、水塔塔身、贮仓等，均按混凝土体积，以立方米计算。

预制倒圆锥形水塔罐壳模板按混凝土体积，以立方米计算。

4. 预制倒圆锥形水塔罐壳组装、提升、就位，按不同容积以座计算。

第 3.5.4 条　钢筋工程量，按以下规定计算：

1. 钢筋工程，应区别现浇、预制构件、不同钢种和规格，分别按设计长度乘以单位重量，以吨计算。

2. 计算钢筋工程量时，设计已规定钢筋搭接长度的，按规定搭接长度计算；设计未规定搭接长度的，已包括在钢筋的损耗率之内，不另计算搭接长度。钢筋电渣压力焊接、套筒挤压等接头，以个计算。

3. 先张法预应力钢筋，按构件外形尺寸计算长度，后张法预应力钢筋按设计图规定的预应力钢筋预留孔道长度，并区别不同的锚具类型，分别按下列规定计算：

(1)低合金钢筋两端采用螺杆锚具时，预应力的钢筋按预留孔道长度减 0.35 m，螺杆另行计算。

(2)低合金钢筋一端采用镦头插片，另一端螺杆锚具时，预应力钢筋长度按预留孔道长度计算，螺杆另行计算。

(3)低合金钢筋一端采用镦头插片，另一端采用帮条锚具时，预应力钢筋增加 0.15 m，两端均采用帮条锚具时预应力钢筋共增加 0.3 m 计算。

(4)低合金钢筋采用后张混凝土自锚时，预应力钢筋长度增加 0.35 m 计算。

(5)低合金钢筋或钢绞线采用 JM，XM，QM 型锚具，孔道长度在 20 m 以内时，预应力钢筋长度增加 1 m；孔道长度 20 m 以上时预应力钢筋长度增加 1.8 m 计算。

(6)碳素钢丝采用锥形锚具，孔道长在 20 m 以内时，预应力钢筋长度增加 1 m；孔道长在 20 m 以上时，预应力钢筋长度增加 1.8 m。

(7)碳素钢丝两端采用镦粗头时，预应力钢丝长度增加 0.35 m 计算。

第 3.5.5 条　钢筋混凝土构件预埋铁件工程量，按设计图示尺寸，以吨计算。

第 3.5.6 条　现浇混凝土工程量，按以下规定计算：

1. 混凝土工程量除另有规定者外，均按图示尺寸实体体积以立方米计算。不扣除构件内钢筋、预埋铁件及墙、板中 0.3 m^2 内的孔洞所占体积。

2. 基础：

(1)有肋带形混凝土基础，其肋高与肋宽之比在 4∶1 以内的按有肋带形基础计算。超过 4∶1 时，其基础底按板式基础计算，以上部分按墙计算。

(2)箱式满堂基础应分别按无梁式满堂基础、柱、墙、梁、板有关规定计算，套相应定额项目。

(3)设备基础除块体以外，其他类型设备基础分别按基础、梁、柱、板、墙等有关规定计算，套相应的定额项目计算。

3. 柱：按图示断面尺寸乘以柱高以立方米计算。柱高按下列规定确定：

(1)有梁板的柱高，应自柱基上表面(或楼板上表面)至上一层楼板上表面之间的高度计算。

(2)无梁板的柱高，应自柱基上表面(或楼板上表面)至柱帽下表面之间的高度计算。

(3)框架柱的柱高应自柱基上表面至柱顶高度计算。

(4)构造柱按全高计算，与砖墙嵌接部分的体积并入柱身体积内计算。

(5)依附柱上的牛腿，并入柱身体积内计算。

4. 梁：按图示断面尺寸乘以梁长以立方米计算，梁长按下列规定确定：

(1)梁与柱连接时，梁长算至柱侧面。

(2)主梁与次梁连接时，次梁长算至主梁侧面。

伸入墙内梁头，梁垫体积并入梁体积内计算。

5. 板：按图示面积乘以板厚以立方米计算，其中：

(1)有梁板包括主、次梁与板，按梁、板体积之和计算。

(2)无梁板按板和柱帽体积之和计算。

(3)平板按板实体体积计算。

(4)现浇挑檐天沟与板(包括屋面板、楼板)连接时，以外墙为分界线，与圈梁(包括其他梁)连接时，以梁外边线为分界线。外墙边线以外或梁外边线以外为挑檐天沟。

(5)各类板伸入墙内的板头并入板体积内计算。

6. 墙：按图示中心线长度乘以墙高及厚度以立方米计算，应扣除门窗洞口及 0.3 m^2 以外孔洞的体积，墙垛及突出部分并入墙体积内计算。

7. 整体楼梯包括休息平台、平台梁、斜梁及楼梯的连接梁，按水平投影面积计算，不扣除宽度小于 500 mm 的楼梯井，伸入墙内部分不另增加。

8. 阳台、雨篷(悬挑板)，按伸出外墙的水平投影面积计算，伸出外墙的牛腿不另计算。带反挑檐的雨篷按展开面积并入雨篷内计算。

9. 栏杆按净长度以延长米计算。伸入墙内的长度已综合在定额内。栏板以立方米计算，伸入墙内的栏板，合并计算。

10. 预制板补现浇板缝时，按平板计算。

11. 预制钢筋混凝土框架柱现浇接头（包括梁接头）按设计规定断面和长度以立方米计算。

第 3.5.7 条　预制混凝土工程量，按以下规定计算：

1. 混凝土工程量均按图示尺寸实体体积以立方米计算，不扣除构件内钢筋，铁件及小于 300 mm×300 mm 以内孔洞面积。

2. 预制桩按桩全长（包括桩尖）乘以桩断面（空心桩应扣除孔洞体积）以立方米计算。

3. 混凝土与钢杆件组合的构件，混凝土部分按构件实体积以立方米计算，钢构件部分按吨计算，分别套相应的定额项目。

第 3.5.8 条　固定预埋螺栓、铁件的支架，固定双层钢筋的铁马登、垫铁件，按审定的施工组织设计规定计算，套相应定额项目。

第 3.5.9 条　构筑物钢筋混凝土工程量，按以下规定计算：

1. 构筑物混凝土除另规定者外，均按图示尺寸扣除门窗洞口及 0.3 m^2 以外孔洞所占体积以实体体积计算。

2. 水塔：

(1)筒身与槽底以槽底连接的圈梁底为界，以上为槽底，以下为筒身。

(2)筒式塔身及依附于筒身的边梁、雨篷挑檐等并入筒身体积内计算；柱式塔身、柱、梁合并计算。

(3)塔顶及槽底，塔顶包括顶板和圈梁，槽底包括底板挑出的斜壁板和圈梁等合并计算。

3. 贮水池不分平底、锥底、坡底，均按池底计算；壁基梁、池壁不分圆形壁和矩形壁，均按池壁计算；其他项目均按现浇混凝土部分相应项目计算。

第 3.5.10 条　钢筋混凝土构件接头灌缝。

1. 钢筋混凝土构件接头灌缝：包括构件坐浆、灌缝、堵板孔、塞板梁缝等。均按预制钢筋混凝土构件实体积以立方米计算。

2. 柱与柱基的灌缝，按首层柱体积计算；首层以上柱灌缝按各层柱体积计算。

3. 空心板堵孔的人工材料，已包括在定额内。如不堵孔时，每 10 m^3 空心板体积应扣除 0.23 m^3 预制混凝土块和 2.2 工日。

第 6 节　构件运输及安装工程

第 3.6.1 条　预制混凝土构件运输及安装均按构件图示尺寸，以实体积计算；钢构件按构件设计图示尺寸以吨计算，所需螺栓、电焊条等重量不另计算。木门窗以外框面积以平方米计算。

第 3.6.2 条　预制混凝土构件运输及安装损耗率，按表 3.6.2 规定计算后并入构件工程量内。其中预制混凝土屋架、桁架、托架及长度在 9 m 以上的梁、板、柱不计算损耗率。

表 3.6.2　预制钢筋混凝土构件制作、运输、安装损耗率表/%

名　称	制作废品率	运输堆放损耗	安装(打桩)损耗
各类预制构件	0.2	0.8	0 5
预制钢筋混凝土桩	0.1	0.4	1 5

第 3.6.3 条　构件运输：

1. 预制混凝土构件运输的最大运输距离取 50 km 以内；钢构件和木门窗的最大运输距离 20 km 以内；超过时另行补充。

2. 加气混凝土板(块)、硅酸盐块运输每立方米折合钢筋混凝土构件体积 0.4 m^3 按一类构件运输计算。

第 3.6.4 条　预制混凝土构件安装：

1. 焊接形成的预制钢筋混凝土框架结构，其柱安装按框架柱计算，梁安装按框架梁计算；节点浇注成形的框架，按连体框架梁、柱计算。

2. 预制钢筋混凝土工字形柱、矩形柱、空腹柱、双肢柱、空心柱、管道支架等安装，均按柱安装计算。

3. 组合屋架安装，以混凝土部分实体体积计算，钢杆件部分不另计算。

4. 预制钢筋混凝土多层柱安装，首层柱按柱安装计算，2 层及 2 层以上按柱接柱计算。

第 3.6.5 条　钢构件安装：

1. 钢构件安装按图示构件钢材重量以吨计算。

2. 依附于钢柱上的牛腿及悬臂梁等，并入柱身主材重量计算。

3. 金属结构中所用钢板，设计为多边形者，按矩形计算，矩形的边长以设计尺寸中互相垂直的最大尺寸为准。

第 7 节　门窗及木结构工程

第 3.7.1 条　各类门、窗制作、安装工程量均按门、窗洞口面积计算。

1. 门、窗盖口条、贴脸、披水条，按图示尺寸以延长米计算，执行木装修项目。

2. 普通窗上部带有半圆窗的工程量应分别按半圆窗和普通窗计算。其分界线以普通窗和半圆窗之间的横框上裁口线为分界线。

3. 门窗扇包镀锌铁皮，按门、窗洞口面积以平方米计算；门窗框包镀锌铁皮，钉橡皮条、钉毛毡按图示门窗洞口尺寸以延长米计算。

第 3.7.2 条　铝合金门窗制作、安装，铝合金、不锈钢门窗、彩板组角钢门窗、塑料门窗、钢门窗安装，均按设计门窗洞口面积计算。

第 3.7.3 条　卷闸门安装按洞口高度增加 600 mm 乘以门实际宽度以平方米计算。电动装置安装以套计算，小门安装以个计算。

第 3.7.4 条　不锈钢片包门框按框外表面面积以平方米计算；彩板组角钢门窗附框安装按延长米计算。

第 3.7.5 条　木屋架的制作安装工程量，按以下规定计算：

1. 木屋架制作安装均按设计断面竣工木料以立方米计算，其后备长度及配制损耗均不另外计算。

2. 方木屋架一面刨光时增加 3 mm，两面刨光增加时 5 mm，圆木屋架按屋架刨光时木材体积每立方米增加 0.05 m^3算。附属于屋架的夹板、垫木等已并入相应的屋架制作项目中，不另计算；与屋架连接的挑檐木、支撑等，其工程量并入屋架竣工木料体积内计算。

3. 屋架的制作安装应区别不同跨度，其跨度应以屋架上下弦杆的中心线交点之间的长度为准。带气楼的屋架并入所依附屋架的体积内计算。

4. 屋架的马尾、折角和正交部分半屋架，应并入相连接屋架的体积内计算。

5. 钢木屋架区分圆、方木，按竣工木料以立方米计算。

第 3.7.6 条　圆木屋架连接的挑檐木、支撑等如为方木时，其方木部分应乘以系数 1.7 折合成圆木并入屋架竣工木料内，单独的方木挑檐，按矩形檩木计算。

第 3.7.7 条　檩木按竣工木料以立方米计算。简支檩长度按设计规定计算，如设计无规定者，按屋架或山墙中距增加 200 mm 计算，如两端出山，檩条长度算至搏风板；连续檩条的长度按设计长度计算，其接头长度按全部连续檩木总体积的 5% 计算。檩条托木已计入相应的檩木制作安装项目中，不另计算。

第 3.7.8 条　屋面木基层，按屋面的斜面积计算。天窗挑檐重叠部分按设计规定计算，屋面烟囱及斜沟部分所占面积不扣除。

第 3.7.9 条　封檐板按图示檐口外围长度计算，搏风板按斜长度计算，每个大刀头增加长度 500 mm。

第 3.7.10 条　木楼梯按水平投影面积计算，不扣除宽度小于 300 mm 的楼梯井，其踢脚板、平台和伸入墙内部分，不另计算。

第 8 节　楼地面工程

第 3.8.1 条　地面垫层按室内主墙间净空面积乘以设计厚度以立方米计算。应扣除凸出地面的构筑物、设备基础、室内铁道、地沟等所占体积，不扣除柱、垛、间壁墙、附墙烟囱及面积在 0.3 m^2以内孔洞所占体积。

第 3.8.2 条　整体面层、找平层均按主墙间净空面积以平方米计算。应扣除凸出地面构筑物、设备基础、室内管道、地沟等所占面积，不扣除柱、垛、间壁墙、附墙烟囱及面积在 0.3 m^2以内的孔洞所占面积，但门洞、空圈、暖气包槽、壁龛的开口部分亦不增加。

第 3.8.3 条　块料面层，按图示尺寸实铺面积以平方米计算，门洞、空圈、暖气包槽和壁龛的开口部分的工程量并入相应的面层内计算。

第 3.8.4 条　楼梯面层（包括踏步、平台以及小于 500 mm 宽的楼梯井）按水平投影面积计算。

第 3.8.5 条　台阶面层（包括踏步及最上一层踏步沿 300 mm）按水平投影面积计算。

第 3.8.6 条　其他：

1. 踢脚板按延长米计算，洞口、空圈长度不予扣除，洞口、空圈、垛、附墙烟囱等侧壁长度亦不增加。

2. 散水、防滑坡道按图示尺寸以平方米计算。

3. 栏杆、扶手包括弯头长度按延长米计算。

4. 防滑条按楼梯踏步两端距离减 300 mm 以延长米计算。

5. 明沟按图示尺寸以延长米计算。

第9节 屋面及防水工程

第3.9.1条 瓦屋面,金属压型板(包括挑檐部分)均按图3.9.1中尺寸的水平投影面积乘以屋面坡度系数(见表3.9.1),以平方米计算。不扣除房上烟囱、风帽底座、风道、屋面小气窗、斜沟等所占面积,屋面小气窗的出檐部分亦不增加。

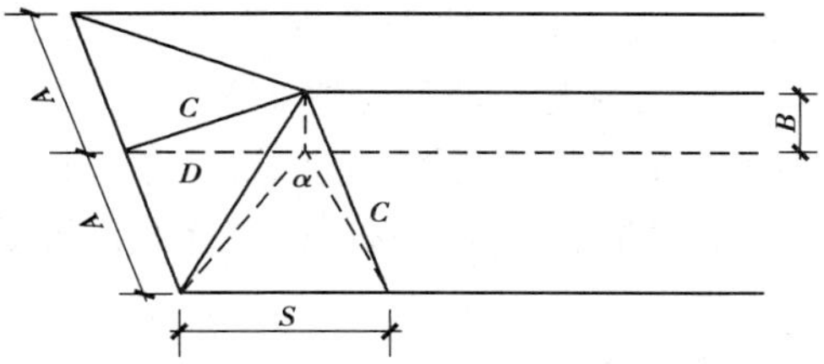

注:1. 两坡排水屋面面积为屋面水平投影面积乘以延尺系数 C;

2. 四坡排水屋面斜脊长度 = A × D(当 S = A 时);

3. 沿山墙泛水长度 = A × C。

图3.9.1

表3.9.1 屋面坡度系数表

坡度 $B(A=1)$	坡度 $B/2A$	坡度角度 α	延尺系数 $C(A=1)$	隅延尺系数 $D(A=1)$
1	1/2	45°	1.414 2	1.732 1
0.75		36°52′	1.250 0	1.600 8
0.70		35°	1.220 7	1.577 9
0.666	1/3	33°40′	1.201 5	1.562 0
0.65		33°01′	1.192 6	1.556 4
0.60		30°58′	1.166 2	1.536 2
0.577		30°	1.154 7	1.527 0
0.55		28°49′	1.141 3	1.517 0
0.50	1/4	26°34′	1.118 0	1.500 0
0.45		24°14′	1.096 6	1.483 9
0.40	1/5	21°48′	1.077 0	1.469 7
0.35		19°17′	1.059 4	1.456 9
0.30		16°42′	1.044 0	1.445 7
0.25		14°02′	1.030 8	1.436 2
0.20	1/10	11°19′	1.019 8	1.428 3
0.15		8°32′	1.011 2	1.422 1
0.125		7°8′	1.007 8	1.419 1
0.100	1/20	5°42′	1.005 0	1.417 7
0.083		4°45′	1.003 5	1.416 6
0.066	1/30	3°49′	1.002 2	1.415 7

第3.9.2条　卷材屋面工程量按以下规定计算:

1. 卷材屋面按图示尺寸的水平投影面积乘以规定的坡度系数(见表3.9.1)以平方米计算。但不扣除房上烟囱、风帽底座、风道、屋面小气窗和斜沟所占的面积,屋面的女儿墙、伸缩缝和天窗等处的弯起部分,按图示尺寸并入屋面工程量计算。如图纸无规定时,伸缩缝、女儿墙的弯起部分可按250 mm计算,天窗弯起部分可按500 mm计算。

2. 卷材屋面的附加层、接缝、收头、找平层的嵌缝、冷底子油已计入定额内,不另计算。

第3.9.3条　涂膜屋面的工程量计算同卷材屋面。涂膜屋面的油膏嵌缝、玻璃布盖缝、屋面分格缝,以延长米计算。

第3.9.4条　屋面排水工程量按以下规定计算:

1. 铁皮排水按图示尺寸以展开面积计算,如图纸没有注明尺寸时,可按表3.9.4计算。咬口和搭接等已计入定额项目中,不另计算。

表3.9.4　铁皮排水单体零件折算表

<table>
<tr><th colspan="2">名　称</th><th>单位</th><th>水落管
/m</th><th>檐沟
/m</th><th>水斗
/个</th><th colspan="2">漏斗
/个</th><th colspan="2">下水口
/个</th></tr>
<tr><td rowspan="3">铁皮排水</td><td>水落管、檐沟、水斗、漏斗、下水口</td><td>m^2</td><td>0.32</td><td>0.30</td><td>0.40</td><td colspan="2">0.16</td><td colspan="2">0.45</td></tr>
<tr><td rowspan="2">天沟、斜沟、天窗窗台泛水、天窗侧面泛水、烟囱泛水、通气管泛水、滴水檐头泛水、滴水</td><td rowspan="2">m^2</td><td>天沟/m</td><td>斜沟天窗窗台泛水/m</td><td>天窗侧面泛水/m</td><td>烟囱泛水/m</td><td>通气管泛水/m</td><td>滴水檐头泛水/m</td><td>滴水/m</td></tr>
<tr><td>1.30</td><td>0.50</td><td>0.70</td><td>0.80</td><td>0.22</td><td>0.24</td><td>0.11</td></tr>
</table>

2. 铸铁、玻璃钢水落管区别不同直径按图示尺寸以延长米计算,雨水口、水斗、弯头、短管以个计算。

第3.9.5条　防水工程工程量按以下规定计算:

1. 建筑物地面防水、防潮层,按主墙间净空面积计算,扣除凸出地面的构筑物、设备基础等所占的面积,不扣除柱、垛、间壁墙、烟囱及0.3 m^2以内孔洞所占面积。与墙面连接处高度在500 mm以内者,按展开面积计算,并入平面工程量内;超过500 mm时,按立面防水层计算。

2. 建筑物墙基防水、防潮层、外墙长度按中心线,内墙按净长乘以宽度以平方米计算。

3. 构筑物及建筑物地下室防水层,按实铺面积计算,但不扣除0.3 m^2以内的孔洞面积。平面与立面交接处的防水层,其上卷高度超过500 mm时,按立面防水层计算。

4. 防水卷材的附加层、接缝、收头、冷底子油等人工材料均已计入定额内,不另计算。

5. 变形缝按延长米计算。

第10节　防腐、保温、隔热工程

第3.10.1条　防腐工程量按以下规定计算:

1. 防腐工程项目应区分不同防腐材料种类及其厚度,按设计实铺面积以平方米计算。应扣除凸出地面的构筑物、设备基础等所占的面积,砖垛等突出墙面部分按展开面积计算并入墙面防腐工程量之内。

2. 踢脚板按实铺长度乘以高度以平方米计算，应扣除门洞所占面积并相应增加侧壁展开面积。

3. 平面砌筑双层耐酸块料时，按单层面积乘以系数2计算。

4. 防腐卷材接缝、附加层、收头等人工材料，已计入在定额中，不再另行计算。

第3.10.2条　保温隔热工程量按以下规定计算：

1. 保温隔热层应区别不同保温隔热材料，除另有规定者外，均按设计实铺厚度以立方米计算。

2. 保温隔热层的厚度按隔热材料(不包括胶结材料)净厚度计算。

3. 地面隔热层按围护结构墙体间净面积乘以设计厚度以立方米计算，不扣除柱、垛所占的体积。

4. 墙体隔热层，外墙按隔热层中心线、内墙按隔热层净长乘以图示尺寸的高度及厚度以立方米计算。应扣除冷藏门洞口和管道穿墙洞口所占的体积。

5. 柱包隔热层，按图示柱的隔热层中心线的展开长度乘以图示尺寸高度及厚度以立方米计算。

6. 其他保温隔热：

(1)池槽隔热层按图示池槽保温隔热层的长、宽及其厚度以立方米计算。其中池壁按墙面计算，池底按地面计算。

(2)门洞口侧壁周围的隔热部分，按图示隔热层尺寸以立方米计算，并入墙面的保温隔热工程量内。

(3)柱帽保温隔热层按图示保温隔热层体积并入天棚保温隔热层工程量内。

第11节　装饰工程

第3.11.1条　内墙抹灰工程量按以下规定计算：

1. 内墙抹灰面积，应扣除门窗洞口和空圈所占的面积，不扣除踢脚板、挂镜线、0.3 m^2以内的孔洞和墙与构件交接处的面积，洞口侧壁和顶面亦不增加。墙垛和附墙烟囱侧壁面积与内墙抹灰工程量合并计算。

2. 内墙面抹灰的长度，以主墙间的图示净长尺寸计算。其高度确定如下：

(1)无墙裙的，其高度按室内地面或楼面至顶棚底面之间距离计算。

(2)有墙裙的，其高度按墙裙顶至顶棚底面之间距离计算。

(3)钉板条顶棚的内墙面抹灰，其高度按室内地面或楼面至顶棚底面另加100 mm计算。

3. 内墙裙抹灰面积按内墙净长乘以高度计算。应扣除门窗洞口和空圈所占的面积，门窗洞口和空圈的侧壁面积不另增加，墙垛、附墙烟囱侧壁面积并入墙裙抹灰面积内计算。

第3.11.2条　外墙抹灰工程量按以下规定计算：

1. 外墙抹灰面积，按外墙面的垂直投影面积以平方米计算。应扣除门窗洞口，外墙裙和大于0.3 m^2孔洞所占面积，洞口侧壁面积不另增加。附墙垛、梁、柱侧面抹灰面积并入外墙面抹灰工程量内计算。栏板、栏杆、窗台线、门窗套、扶手、压顶、挑檐、遮阳板、突出墙外的腰线等，另按相应规定计算。

2. 外墙裙抹灰面积按其长度乘高度计算，扣除门窗洞口和大于0.3 m^2孔洞所占的面积，门窗洞口及孔洞的侧壁不增加。

3. 窗台线、门窗套、挑檐、腰线、遮阳板等展开宽度在300 mm以内者，按装饰线以延长米计算，如展开宽度超过300 mm以上时，按图示尺寸以展开面积计算，套零星抹灰定额项目。

4. 栏板、栏杆(包括立柱、扶手或压顶等)抹灰按立面垂直投影面积乘以系数2.2以平方米计算。

5. 阳台底面抹灰按水平投影面积以平方米计算，并入相应顶棚抹灰面积内。阳台如带悬臂梁者，其工程量乘系数1.30。

6. 雨篷底面或顶面抹灰分别按水平投影面积以平方米计算，并入相应顶棚抹灰面积内。雨篷顶面带反沿或反梁者，其工程量乘系数1.20，底面带悬臂梁者，其工程量乘以系数1.20。雨篷外边线按相应装饰或零星项目执行。

7. 墙面勾缝按垂直投影面积计算，应扣除墙裙和墙面抹灰的面积，不扣除门窗洞口、门窗套、腰线等零星抹灰所占的面积，附墙柱和门窗洞口侧面的勾缝面积亦不增加。独立柱、房上烟囱勾缝，按图示尺寸以平方米计算。

第3.11.3条　外墙装饰抹灰工程量按以下规定计算：

1. 外墙各种装饰抹灰均按图示尺寸以实抹面积计算。应扣除门窗洞口空圈的面积，其侧壁面积不另增加。

2. 挑檐、天沟、腰线、栏杆、栏板、门窗套、窗台线、压顶等均按图示尺寸展开面积以平方米计算，并入相应的外墙面积内。

第3.11.4条　块料面层工程量按以下规定计算：

1. 墙面贴块料面层均按图示尺寸以实贴面积计算。

2. 墙裙以高度在1 500 mm以内为准，超过1 500 mm时，按墙面计算；高度低于300 mm以内时，按踢脚板计算。

第3.11.5条　木隔墙、墙裙、护壁板均按图示尺寸长度乘以高度按实铺面积以平方米计算。

第3.11.6条　玻璃隔墙按上横挡顶面至下横挡底面之间高度乘以宽度(两边立挺外边线之间)以平方米计算。

第3.11.7条　浴厕木隔断，按下横挡底面至上横挡顶面高度乘以图示长度以平方米计算，门扇面积并入隔断面积内计算。

第3.11.8条　铝合金、轻钢隔墙、幕墙，按四周框外围面积计算。

第3.11.9条　独立柱：

1. 一般抹灰、装饰抹灰、镶贴块料按结构断面周长乘以柱的高度以平方米计算。

2. 柱面装饰按柱外围饰面尺寸乘以柱的高以平方米计算。

第3.11.10条　各种“零星项目”均按图示尺寸以展开面积计算。

第3.11.11条　顶棚抹灰工程量按以下规定计算：

1. 顶棚抹灰面积，按主墙间的净面积计算，不扣除间壁墙、垛、柱、附墙烟囱、检查口和管道所占的面积。带梁顶棚，梁两侧抹灰面积，并入顶棚抹灰工程量内计算。

2. 密肋梁和井字梁顶棚抹灰面积，按展开面积计算。

3. 顶棚抹灰如带有装饰线时，区别按三道线以内或五道线以内按延长米计算，线角的道数以一个突出的棱角为一道线。

4. 檐口顶棚的抹灰面积，并入相同的顶棚抹灰工程量内计算。

5. 顶棚中的折线、灯槽线、圆弧形线、拱形线等艺术形式的抹灰，按展开面积计算。

第3.11.12条 各种吊顶顶棚龙骨按主墙间净空面积计算，不扣除间壁墙、检查口、附墙烟囱、柱、垛和管道所占面积。但顶棚中的折线、迭落等圆弧形、高低吊灯槽等面积也不展开计算。

第3.11.13条 顶棚面装饰工程量按以下规定计算：

1. 顶棚装饰面积，按主墙间实铺面积以平方米计算，不扣除间壁墙、检查口、附墙烟囱、附墙垛和管道所占面积，应扣除独立柱及与顶棚相连的窗帘盒所占的面积。

2. 顶棚中的折线、迭落等圆弧形、拱形、高低灯槽及其他艺术形式顶棚面层均按展开面积计算。

第3.11.14条 喷涂、油漆、裱糊工程量按以下规定计算：

1. 楼地面、顶棚面、墙、柱、梁面的喷(刷)涂料、抹灰面、油漆及裱糊工程，均按楼地面、顶棚面、墙、柱、梁面装饰工程相应的工程量计算规则规定计算。

2. 木材面、金属面油漆的工程量分别按表3.11.14.1至表3.11.14.9规定计算，并乘以表列系数以平方米计算。

(1)木材面油漆

表3.11.14.1 单层木门工程量系数表

项目名称	系数	工程量计算方法	项目名称	系数	工程量计算方法
单层木门 双层(一板一纱)木门 双层(单裁口)木门	1.00 1.36 2.00	按单面洞口面积	单层全玻门 木百叶门 厂库大门	0.83 1.25 1.10	按单面洞口面积

表3.11.14.2 单层木窗工程量系数表

项目名称	系数	工程量计算方法	项目名称	系数	工程量计算方法
单层玻璃窗 双层(一玻一纱)窗 双层(单裁口)窗 三层(二玻一纱)窗	1.00 1.36 2.00 2.60	按单面洞口面积	单层组合窗 双层组合窗 木百叶窗	0.83 1.13 1.50	按单面洞口面积

表3.11.14.3 木扶手(不带托板)工程量系数表

项目名称	系数	工程量计算方法	项目名称	系数	工程量计算方法
木扶手(不带托板) 木扶手(带托板) 窗帘盒	1.00 2.60 2.04	按延长米	封檐板、顺水板 挂衣板、黑板框 生活园地框、挂镜线、窗帘棍	1.74 0.52 0.35	按延长米

表 3.11.14.4　其他木材面工程量系数表

项目名称	系数	工程量计算方法	项目名称	系数	工程量计算方法
木板、纤维板、胶合板顶棚、檐口	1.00	长×宽	屋面板(带檩条)	1.11	斜长×宽
清水板条顶棚、檐口	1.07		木间壁、木隔断	1.90	单面外围面积
木方格吊顶顶棚	1.20		玻璃间壁露明墙筋	1.65	
吸音板、墙面、顶棚面	0.87		木栅栏、木栏杆(带扶手)	1.82	
鱼鳞板墙	2.48		木屋架	1.79	跨度(长)×中高×1/2
木护墙、墙裙	0.91		衣柜、壁柜	0.91	投影面积(不展开)
窗台板、筒子板、盖板	0.82		零星木装修	0.87	展开面积
暖气罩	1.28				

表 3.11.14.5　木地板工程量系数表

项目名称	系数	工程量计算方法
木地板、木踢脚线	1.00	长×宽
木楼梯(不包括底面)	2.30	水平投影面积

(2)金属面油漆

表 3.11.14.6　单层钢门窗工程量系数表

项目名称	系数	工程量计算方法	项目名称	系数	工程量计算方法
单层钢门窗	1.00	洞口面积	射线防护门	2.96	框(扇)外围面积
双层(一玻一纱)钢门窗	1.48		厂库房平开、推拉门	1.70	
钢百叶钢门	2.74		铁丝网大门	0.81	
半截百叶钢门	2.22		间 壁	1.85	长×宽
满钢门或包铁皮门	1.63		平板屋面	0.74	斜长×宽
钢折叠门	2.30		瓦垄板屋面	0.89	斜长×宽
			排水、伸缩缝盖板	0.78	展开面积
			吸气罩	1.63	水平投影面积

表 3.11.14.7　其他金属面工程量系数表

项目名称	系数	工程量计算方法	项目名称	系数	工程量计算方法
钢屋架、天窗架、挡风架、屋架梁、支撑、檩条	1.00	重量(t)	钢梁车挡		重量(t)
墙架(空腹式)	0.50		钢栅栏门、栏杆、窗栅	1.71	
墙架(格板式)	0.82		钢爬梯	1.18	
钢柱、吊车梁、花式梁柱、空花构件	0.63		轻型屋架	1.42	
操作台、走台、制动梁	0.71		踏步式钢扶梯	1.05	
			零星铁件	1.32	

表 3.11.14.8 平板屋面涂刷磷化、锌黄底漆工程量系数表

项目名称	系数	工程量计算方法	项目名称	系数	工程量计算方法
平板屋面 瓦垄板屋面	1.00 1.20	斜长×宽	吸气罩	2.20	水平投影面积
排水、伸缩缝盖板	1.05	展开面积	包镀锌铁皮门	2.20	洞口面积

(3)抹灰面油漆、涂料

表 3.11.14.9 抹灰面工程量系数表

项目名称	系数	工程量计算方法
槽形底板、混凝土折板 有梁板底 密肋、井字梁底板	1.30 1.10 1.50	长×宽
混凝土平板式楼梯底	1.30	水平投影面积

第 12 节 金属结构制作工程

第 3.12.1 条 金属结构制作按图示钢材尺寸以吨计算,不扣除孔眼、切边的重量,焊条、铆钉、螺栓等重量,已包括在定额内不另计算。在计算不规则或多边形钢板重量时均以其最大对角线乘最大宽度的矩形面积计算。

第 3.12.2 条 实腹柱、吊车梁、H 形钢按图示尺寸计算,其中腹板及翼板宽度按每边增加 25 mm 计算。

第 3.12.3 条 制动梁的制作工程量包括制动梁、制动桁架、制动板重量;墙架的制作工程量包括墙架柱、墙架梁及连接柱杆重量;钢柱制作工程量包括依附于柱上的牛腿及悬臂梁重量。

第 3.12.4 条 轨道制作工程量,只计算轨道本身重量,不包括轨道垫板、压板、斜垫、夹板及连接角钢等重量。

第 3.12.5 条 铁栏杆制作,仅适用于工业厂房中平台、操作台的钢栏杆。民用建筑中铁栏杆等按本定额其他章节有关项目计算。

第 3.12.6 条 钢漏斗制作工程量,矩形按图示分片,圆形按图示展开尺寸,并依钢板宽度分段计算,每段均以其上口长度(圆形以分段展开上口长度)与钢板宽度,按矩形计算,依附漏斗的型钢并入漏斗重量内计算。

第 13 节 建筑工程垂直运输定额

第 3.13.1 条 建筑物垂直运输机械台班用量,区分不同建筑物的结构类型及高度按建筑面积以平方米计算。建筑面积按本规则第 2 章规定计算。

第 3.13.2 条 构筑物垂直运输机械台班以座计算。超过规定高度时再按每增高 1 m 定额项目计算,其高度不足 1 m 时,亦按 1 m 计算。

第14节 建筑物超高增加人工、机械定额

第3.14.1条 各项降效系数中包括的内容是指建筑物基础以上的全部工程项目，但不包括垂直运输、各类构件的水平运输及各项脚手架。

第3.14.2条 人工降效按规定内容中的全部人工费乘以定额系数计算。

第3.14.3条 吊装机械降效按第6章吊装项目中的全部机械费乘以定额系数计算。

第3.14.4条 其他机械降效按规定内容中的全部机械费（不包括吊装机械）乘以定额系数计算。

第3.14.5条 建筑物施工用水加压增加的水泵台班，按建筑面积以平方米计算。

参考文献

[1] 中华人民共和国建设部. GB 50500—2003 建设工程工程量清单计价规范[S]. 北京:中国计划出版社,2003.
[2] 建设部标准定额研究所.《建设工程工程量清单计价规范》宣贯辅导教材[M]. 北京:中国计划出版社,2003.
[3] 全国造价工程师执业资格考试培训教材编审委员会. 工程造价计价与控制[M]. 北京:中国计划出版社,2006.
[4] 闫文周,李芊. 工程造价基础理论[M]. 西安:陕西科学技术出版社,2006.
[5] 袁建新,迟晓明. 建筑工程预算[M]. 北京:中国建筑工业出版社,2007.
[6] 张月明,等. 工程造价常识与示例[M]. 北京:中国建筑工业出版社,2001.
[7] 王春宁. 建筑工程概预算[M]. 哈尔滨:黑龙江科学技术出版社,2000.
[8] 张国栋. 全国统一建筑工程基础定额应用手册[M]. 北京:中国建材出版社,2002.
[9] 肖翥. 建筑工程预算与报价[M]. 北京:科学出版社,2001.
[10] 朱志杰. 建筑工程预算报价改革与应用[M]. 北京:中国计划出版社,1999.
[11] 武育秦,李景云. 建筑工程定额与预算[M]. 重庆:重庆大学出版社,1993.
[12] 侯国华. 建筑装饰工程定额与预算[M]. 天津:天津科学技术出版社,1997.
[13] 武育秦,杨宾. 装饰工程定额与预算[M]. 重庆:重庆大学出版社,2002.
[14] 庞永师,等. 建筑工程造价手册[M]. 广州:华南理工大学出版社,2002.